第三届黄河国际论坛论文集

流域水资源可持续利用与
河流三角洲生态系统的良性维持

第三册

黄 河 水 利 出 版 社

图书在版编目(CIP)数据

第三届黄河国际论坛论文集/尚宏琦,骆向新主编.
郑州:黄河水利出版社,2007.10
ISBN 978-7-80734-295-3

Ⅰ.第… Ⅱ.①尚…②骆… Ⅲ.黄河-河道整治-国际学术会议-文集 Ⅳ.TV882.1-53

中国版本图书馆 CIP 数据核字(2007)第150064号

组稿编辑:岳德军 手机:13838122133 E-mail:dejunyue@163.com

出 版 社:黄河水利出版社
地址:河南省郑州市金水路11号 邮政编码:450003
发行单位:黄河水利出版社
发行部电话:0371-66026940 传真:0371-66022620
E-mail:hhslcbs@126.com
承印单位:河南省瑞光印务股份有限公司
开本:787 mm×1 092 mm 1/16
印张:161.75
印数:1—1 500
版次:2007年10月第1版 印次:2007年10月第1次印刷

书号:ISBN 978-7-80734-295-3/TV·524 定价(全六册):300.00元

第三届黄河国际论坛
流域水资源可持续利用与河流三角洲生态系统的良性维持研讨会

主办单位

水利部黄河水利委员会(YRCC)

承办单位

山东省东营市人民政府
胜利石油管理局
山东黄河河务局

协办单位

中欧合作流域管理项目
西班牙环境部
WWF(世界自然基金会)
英国国际发展部(DFID)
世界银行(WB)
亚洲开发银行(ADB)
全球水伙伴(GWP)
水和粮食挑战计划(CPWF)
流域组织国际网络(INBO)
世界自然保护联盟(IUCN)
全球水系统计划(GWSP)亚洲区域办公室
国家自然科学基金委员会(NSFC)
清华大学(TU)
中国科学院(CAS)水资源研究中心
中国水利水电科学研究院(IWHR)
南京水利科学研究院(NHRI)
小浪底水利枢纽建设管理局(YRWHDC)
水利部国际经济技术合作交流中心(IETCEC,MWR)

顾问委员会

Khalid Mohtadullah　全球水伙伴(GWP)高级顾问,巴基斯坦
匡尚富　中国水利水电科学研究院院长
刘伟民　青海省水利厅厅长
刘志广　水利部国科司副司长
潘军峰　山西省水利厅厅长
Pierre ROUSSEL　法国环境总检查处,法国环境工程科技协会主席
邵新民　河南省水利厅副巡视员
谭策吾　陕西省水利厅厅长
武铁群　山东省水利厅副厅长
许文海　甘肃省水利厅厅长
吴洪相　宁夏回族自治区水利厅厅长
Yves Caristan　法国地质调查局局长
张建云　南京水利科学研究院院长

组织委员会

名誉主席

陈　雷　中华人民共和国水利部部长

主　席

李国英　黄河水利委员会主任

副主席

高　波　水利部国科司司长
王文珂　水利部综合事业局局长
徐　乘　黄河水利委员会副主任
殷保合　小浪底水利枢纽建设管理局局长
袁崇仁　山东黄河河务局局长
高洪波　山东省人民政府办公厅副主任
吕雪萍　东营市人民政府副市长
李中树　胜利石油管理局副局长
Emilio Gabbrielli　全球水伙伴(GWP)秘书长,瑞典
Andras Szollosi - Nagy　联合国教科文组织(UNESCO)总裁副助理,法国
Kunhamboo Kannan　亚洲开发银行(ADB)中东亚局农业、环境与自然资源处处长,菲律宾

委　员

安新代　黄河水利委员会水调局局长
A. W. A. Oosterbaan　荷兰交通、公共工程和水资源管理部国际事务高级专家
Bjorn Guterstam　全球水伙伴(GWP)网络联络员,瑞典
Bryan Lohmar　美国农业部(USDA)经济研究局经济师
陈怡勇　小浪底水利枢纽建设管理局副局长
陈荫鲁　东营市人民政府副秘书长
杜振坤　全球水伙伴(中国)副秘书长
郭国顺　黄河水利委员会工会主席
侯全亮　黄河水利委员会办公室巡视员
黄国和　加拿大 REGINA 大学教授
Huub Lavooij　荷兰驻华大使馆一等秘书
贾金生　中国水利水电科学研究院副院长
Jonathan Woolley　水和粮食挑战计划(CPWF)协调人,斯里兰卡
Joop L. G. de Schutter　联合国科教文组织国际水管理学院(UNESCO - IHE)水工程系主任,荷兰
黎　明　国家自然科学基金委员会学部主任、研究员
李桂芬　中国水利水电科学研究院教授,国际水利工程研究协会(IAHR)理事
李景宗　黄河水利委员会总工程师办公室主任
李新民　黄河水利委员会人事劳动与教育局局长
刘栓明　黄河水利委员会建设与管理局局长
刘晓燕　黄河水利委员会副总工程师
骆向新　黄河水利委员会新闻宣传出版中心主任
马超德　WWF(世界自然基金会)中国淡水项目官员
Paul van Hofwegen　WWC(世界水理事会)水资源管理高级专家,法国
Paul van Meel　中欧合作流域管理项目咨询专家组组长
Stephen Beare　澳大利亚农业与资源经济局研究总监
谈广鸣　武汉大学水利水电学院院长、教授
汪习军　黄河水利委员会水保局局长
王昌慈　山东黄河河务局副局长
王光谦　清华大学主任、教授
王建中　黄河水利委员会水政局局长
王学鲁　黄河万家寨水利枢纽有限公司总经理
Wouter T. Lincklaen Arriens　亚洲开发银行(ADB)水资源专家,菲律宾
吴保生　清华大学河流海洋研究所所长、教授
夏明海　黄河水利委员会财务局局长

Huib J. de Vriend　荷兰德尔伏特水力所所长
Jean - Francois Donzier　流域组织国际网络(INBO)秘书长,水资源国际办公室总经理
纪昌明　华北电力大学研究生院院长、教授
冀春楼　重庆市水利局副局长,教授级高级工程师
Kuniyoshi Takeuchi(竹内邦良)　日本山梨大学教授,联合国教科文组织水灾害和风险管理国际中心(UNESCO - ICHARM)主任
Laszlo Iritz　科威公司(COWI)副总裁,丹麦
雷廷武　中科院/水利部水土保持研究所教授
李家洋　中国科学院副院长、院士
李鸿源　台湾大学教授
李利锋　WWF(世界自然基金会)中国淡水项目主任
李万红　国家自然科学基金委员会学科主任、教授级高级工程师
李文学　黄河设计公司董事长、教授级高级工程师
李行伟　香港大学教授
李怡章　马来西亚科学院院士
李焯芬　香港大学副校长,中国工程院院士,加拿大工程院院士,香港工程科学院院长
林斌文　黄河水利委员会教授级高级工程师
刘　斌　甘肃省水利厅副厅长
刘昌明　中国科学院院士,北京师范大学教授
陆永军　南京水利科学研究院教授级高级工程师
陆佑楣　中国工程院院士
马吉明　清华大学教授
茆　智　中国工程院院士,武汉大学教授
Mohamed Nor bin Mohamed Desa　联合国教科文组织(UNESCO)马来西亚热带研究中心(HTC)主任
倪晋仁　北京大学教授
彭　静　中国水利水电科学研究院教授级高级工程师
Peter A. Michel　瑞士联邦环保与林业局水产与水资源部主任
Peter Rogers　全球水伙伴(GWP)技术顾问委员会委员,美国哈佛大学教授
任立良　河海大学水文水资源学院院长、教授
Richard Hardiman　欧盟驻华代表团项目官员
师长兴　中国科学院地理科学与资源研究所研究员
Stefan Agne　欧盟驻华代表团一等秘书
孙鸿烈　中国科学院院士,中国科学院原副院长、国际科学联合会副主席
孙平安　陕西省水利厅总工程师、教授级高级工程师

田　震　内蒙古水利水电勘测设计院院长、教授级高级工程师

Volkhard Wetzel　德国联邦水文研究院院长

汪集旸　中国科学院院士

王　浩　中国工程院院士,中国水利水电科学研究院水资源研究所所长

王丙忱　国务院参事,清华大学教授

王家耀　中国工程院院士,中国信息工程大学教授

王宪章　河南省水利厅总工程师、教授级高级工程师

王亚东　内蒙古水利水电勘测设计院总工程师、教授级高级工程师

王兆印　清华大学教授

William BOUFFARD　法国罗讷河流域委员会协调与质量局局长

吴炳方　中国科学院遥感应用研究所研究员

夏　军　中国科学院地理科学与资源研究所研究员,国际水文科学协会副主席,国际水资源协会副主席

薛塞光　宁夏回族自治区水利厅总工程师、教授级高级工程师

严大考　华北水利水电学院院长、教授

颜清连　台湾大学教授

杨国炜　全球水伙伴(GWP)中国技术顾问委员会副主席、教授级高级工程师

杨锦钏　台湾交通大学教授

杨志达　美国垦务局研究员

曾光明　湖南大学环境科学与工程学院院长、教授

张　仁　清华大学教授

张柏山　山东黄河河务局副局长

张红武　黄河水利委员会副总工程师,清华大学教授

张强言　四川省水利厅总工程师、教授级高级工程师

张仁铎　中山大学环境工程学院教授

周建军　清华大学教授

朱庆平　水利部新华国际工程咨询公司总经理、教授级高级工程师

《第三届黄河国际论坛论文集》
编辑委员会

欢 迎 词

(代序)

我代表第三届黄河国际论坛组织委员会和本届会议主办单位黄河水利委员会,热烈欢迎各位代表从世界各地汇聚东营,参加世界水利盛会第三届黄河国际论坛——流域水资源可持续利用与河流三角洲生态系统的良性维持研讨会。

黄河水利委员会在中国郑州分别于2003年10月和2005年10月成功举办了两届黄河国际论坛。第一届论坛主题为"现代化流域管理",第二届论坛主题为"维持河流健康生命",两届论坛都得到了世界各国水利界的高度重视和支持。我们还记得,在以往两届论坛的大会和分会上,与会专家进行了广泛的交流与对话,充分展示了自己的最新科研成果,从多维视角透析了河流治理及流域管理的经验模式。我们把会议交流发表的许多具有创新价值的学术观点和先进经验的论文,汇编成论文集供大家参阅、借鉴,对维持河流健康生命的流域管理及科学研究等工作起到积极的推动作用。

本次会议是黄河国际论坛的第三届会议,中心议题是流域水资源可持续利用与河流三角洲生态系统的良性维持。中心议题下分八个专题,分别是:流域水资源可持续利用及流域良性生态构建、河流三角洲生态系统保护及良性维持、河流三角洲生态系统及三角洲开发模式、维持河流健康生命战略及科学实践、河流工程及河流生态、区域水资源配置及跨流域调水、水权水市场及节水型社会、现代流域管理高科技技术应用及发展趋势。会议期间,我们还与一些国际著名机构共同主办以下18个相关专题会议:中西水论坛、中荷水管理联合指导委员会第八次会议、中欧合作流域管理项目专题会、WWF(世界自然基金会)流域综合管理专题论坛、全球水伙伴(GWP)河口三角洲水生态保护与良性维持高级论坛、中挪水资源可持续管理专题会议、英国发展部黄河上中游水土保持项目专题会议、水和粮食挑战计划(CPWF)专题会议、流域组织国际网络(INBO)流域水资源一体化管理专题会议、中意环保合作项目论坛、全球水系统(GWSP)全球气候变化与黄河流域水资源风险管理专题会议、中荷科技合作河流三角洲湿地生态需水与保护专题会议与中荷环境流量培训、中荷科技合作河源区项目专题会、中澳科技交流人才培养及合作专题会议、UNESCO - IHE 人才培养后评估会议、中国水资源配置专题会议、流域水利工程建设与管理专题会议、供水管理与安全专题会议。

本次会议,有来自 64 个国家和地区的近 800 位专家学者报名参会,收到论文 500 余篇。经第三届黄河国际论坛技术委员会专家严格审查,选出 400 多篇编入会议论文集。与以往两届论坛相比,本届论坛内容更丰富、形式更多样,除了全方位展示中国水利和黄河流域管理所取得的成就之外,还将就河流管理的热点难点问题进行深入交流和探讨,建立起更为广泛的国际合作与交流机制。

我相信,在论坛顾问委员会、组织委员会、技术委员会以及全体参会代表的努力下,本次会议一定能使各位代表在专业上有所收获,在论坛期间生活上过得愉快。我也深信,各位专家学者发表的观点、介绍的经验,将为流域水资源可持续利用与河流三角洲生态系统的良性维持提供良策,必定会对今后黄河及世界上各流域的管理工作产生积极的影响。同时,我也希望,世界各国的水利同仁,相互学习交流,取长补短,把黄河管理的经验及新技术带到世界各地,为世界水利及流域管理提供科学借鉴和管理依据。

最后,我希望本次会议能给大家留下美好的回忆,并预祝大会成功。祝各位代表身体健康,在东营过得愉快!

李国英
黄河国际论坛组织委员会主席
黄河水利委员会主任
2007 年 10 月于中国东营

前　言

黄河国际论坛是水利界从事流域管理、水利工程研究与管理工作的科学工作者的盛会，为他们提供了交流和探索流域管理和水科学的良好机会。

黄河国际论坛的第三届会议于2007年10月16～19日在中国东营召开，会议中心议题是：流域水资源可持续利用与河流三角洲生态系统的良性维持。中心议题下分八个专题：

A. 流域水资源可持续利用及流域良性生态构建；

B. 河流三角洲生态系统保护及良性维持；

C. 河流三角洲生态系统及三角洲开发模式；

D. 维持河流健康生命战略及科学实践；

E. 河流工程及河流生态；

F. 区域水资源配置及跨流域调水；

G. 水权、水市场及节水型社会；

H. 现代流域管理高科技技术应用及发展趋势。

在论坛期间，黄河水利委员会还与一些政府和国际知名机构共同主办以下18个相关专题会议：

As. 中西水论坛；

Bs. 中荷水管理联合指导委员会第八次会议；

Cs. 中欧合作流域管理项目专题会；

Ds. WWF(世界自然基金会)流域综合管理专题论坛；

Es. 全球水伙伴(GWP)河口三角洲水生态保护与良性维持高级论坛；

Fs. 中挪水资源可持续管理专题会议；

Gs. 英国发展部黄河上中游水土保持项目专题会议；

Hs. 水和粮食挑战计划(CPWF)专题会议；

Is. 流域组织国际网络(INBO)流域水资源一体化管理专题会议；

Js. 中意环保合作项目论坛；

Ks. 全球水系统计划(GWSP)全球气候变化与黄河流域水资源风险管理专题会议；

Ls. 中荷科技合作河流三角洲湿地生态需水与保护专题会议与中荷环境流量培训；

Ms. 中荷科技合作河源区项目专题会；

Ns. 中澳科技交流、人才培养及合作专题会议；

Os. UNESCO - IHE 人才培养后评估会议；

Ps. 中国水资源配置专题会议；

Ar. 流域水利工程建设与管理专题会议；

Br. 供水管理与安全专题会议。

自第二届黄河国际论坛会议结束后，论坛秘书处就开始了第三届黄河国际论坛的筹备工作。自第一号会议通知发出后，共收到了来自64 个国家和地区的近 800 位决策者、专家、学者的论文 500 余篇。经第三届黄河国际论坛技术委员会专家严格审查，选出 400 多篇编入会议论文集。其中 322 篇编入会前出版的如下六册论文集中：

第一册：包括 52 篇专题 A 的论文；

第二册：包括 50 篇专题 B 和专题 C 的论文；

第三册：包括 52 篇专题 D 和专题 E 的论文；

第四册：包括 64 篇专题 E 的论文；

第五册：包括 60 篇专题 F 和专题 G 的论文；

第六册：包括 44 篇专题 H 的论文。

会后还有约 100 篇文章，将编入第七、第八册论文集中。其中有300 余篇论文在本次会议的 77 个分会场和 5 个大会会场上作报告。

我们衷心感谢本届会议协办单位的大力支持，这些单位包括：山东省东营市人民政府、胜利石油管理局、中欧合作流域管理项目、小浪底水利枢纽建设管理局、水利部综合事业管理局、黄河万家寨水利枢纽有限公司、西班牙环境部、WWF(世界自然基金会)、英国国际发展部(DFID)、世界银行(WB)、亚洲开发银行(ADB)、全球水伙伴(GWP)、水和粮食挑战计划(CPWF)、流域组织国际网络(INBO)、国家自然科学基金委员会(NSFC)、清华大学(TU)、中国水利水电科学研究院(IWHR)、南京水利科学研究院(NHRI)、水利部国际经济技术合作交流中心(IETCEC,MWR)等。

我们也要向本届论坛的顾问委员会、组织委员会和技术委员会的各位领导、专家的大力支持和辛勤工作表示感谢,同时对来自世界各地的专家及论文作者为本届会议所做出的杰出贡献表示感谢!

我们衷心希望本论文集的出版,将对流域水资源可持续利用与河流三角洲生态系统的良性维持有积极的推动作用,并具有重要的参考价值。

尚宏琦

黄河国际论坛组织委员会秘书长

2007 年 10 月于中国东营

目　录

维持河流健康生命战略及科学实践

河流工程及河流生态(Ⅰ)

维持河流健康生命战略及科学实践

黄河下游滩区问题的思考

翟家瑞

（水利部黄河水利委员会）

摘要：本文介绍了黄河下游滩区的基本情况，论述了黄河下游滩区的地位和在防洪中的作用，分析了当前存在的主要问题。提出了坚持调水调沙，继续扩大并维持主河槽的过流能力；优化水库调度，减小中小清水漫滩几率；加快滩区安全建设步伐；黄河下游滩区尽快享受蓄滞洪区补偿政策的四项建议。通过调水调沙、水库优化调度和滩区安全建设，使黄河下游洪水漫滩几率达到3～5年一遇，村台上水几率20年一遇。并通过享受国家的蓄滞洪区补偿政策，基本解决黄河下游防洪与滩区群众居住的矛盾，建设滩区和谐社会。

关键词：黄河下游　调水调沙　中水调度　滩区建设　政策补偿

1　黄河下游滩区概况

1.1　自然地理概况

黄河下游河道自河南省孟津县白鹤镇至山东省垦利县入海口，全长878 km。下游河道总面积4 647 km^2（包含封丘倒灌区407 km^2，下同），河道一般为复式河槽，其中滩区面积4 047 km^2，占下游河道总面积的87%。河道上宽下窄，大部分滩区位于陶城铺以上河段，陶城铺以上滩区面积3 188 km^2，占全下游滩区总面积的79%。按滩区面积划分，单个滩区面积大于100 km^{2}的7个(其中1个是封丘倒灌区)，50～100 km^{2}的9个，30～50 km^{2}的12个，30 km^{2}以下的90多个。比降上陡下缓，由0.265‰变化到0.1‰。过流能力上大下小，堤防的设防标准从22 000 m^3/s变化到11 000 m^3/s。

白鹤镇至京广铁路桥河段为禹王故道，长98 km，属游荡性河段，河道宽4.1～10.0 km。此河段滩区面积580 km^2，其中温孟滩519 km^2。为了保护小浪底水库移民，大玉兰工程以上修有防护堤，设防标准10 000 m^3/s，相当于小浪底水库运用后的100年一遇洪水。

京广铁路桥至东坝头河段为明清故道，长131 km。河道宽浅，是典型的游荡型河道，两岸堤距5.5～12.7 km，河槽宽1.5～7.5 km，河段内滩地面积848 km^2。1855年铜瓦厢决口后河床下切形成的高滩，经过150多年的主河槽淤积，高滩已不高。该河段滩地一般高于两岸背河地面4～6 m，平均5 m，最大10 m

多,悬河问题突出。根据统计断面分析,左岸平滩水位高出临河滩面0.28~2.38 m,平均为1.12 m,横比降平均为0.333‰,大于河道纵比降;右岸有一部分断面平滩水位低于临河滩面,其他断面平滩水位高于临河滩面0.26~2.11 m,平均为0.42 m,横比降平均为0.121‰,小于河道纵比降。本河段"二级悬河"问题不严重。

东坝头至陶城铺河段是1855年铜瓦厢决口改道后形成的河道,全长235 km,两岸堤距1.4~20.0 km,河槽宽1.0~6.5 km,该河段滩区面积1 760 km^2,是黄河下游河道的主要削峰沉沙区。滩地一般高于两岸背河地面2~3 m,平均2.5 m,最大5 m。其中,东坝头至高村河段,长70 km,宽5.0~20.0 km,主流游荡多变,俗称"豆腐腰"河段。左岸平滩水位高出临河滩面0.52~2.98 m,平均为1.96 m,横比降平均为0.515‰,明显大于河道纵比降;右岸平滩水位高出临河滩面0.62~4.34 m,平均为2.09 m,横比降平均为0.584‰,也明显大于河道纵比降;该河段滩面宽、横比降大,"二级悬河"最为严重。高村至陶城铺河段,长165 km,河宽1.4~8.5 km,属过渡性河段。左岸平滩水位高出临河滩面1.08~3.43 m,平均为2.17 m,横比降平均为0.98‰,明显大于河道纵比降;右岸平滩水位高出临河滩面0.84~2.78 m,平均为2.15 m,横比降平均为1.039‰,也明显大于河道纵比降。该河段滩面较窄,横比降大,"二级悬河"形势也非常严重。

陶城铺至渔洼河段,长350 km,两岸堤距0.4~5.0 km,河槽宽0.3~1.5 km,是铜瓦厢决口改道后夺大清河演变形成的。本河段已治理为弯曲型河道,河势流路比较稳定。河段滩槽高差较大,滩区面积859 km^2,除长清、平阴两县为连片的大滩外,其余均为小片滩地。该河段比降小,滩面窄,滩地高出背河地面2~4 m,平均3 m,最大7.6 m。该河段平滩水位高出临河滩面0.10~2.75 m,两岸平均为1.5 m左右,由于滩面窄,横比降异常偏大,最大达3.0‰以上。"二级悬河"不容忽视。

渔洼以下河段,长64 km,属河口地区。

1.2 社会经济及受灾情况

黄河下游滩区涉及河南、山东两省15个地(市)43个县(区),截至2003年底,滩区共有村庄1 924个,人口179.47万人,耕地25万 hm^2。其中,河南省村庄1 156个,人口116.74万人,耕地16.0万 hm^2;山东省村庄768个,人口62.73万人,耕地9.0万 hm^2。

滩区是典型的农业经济,除少数油井外,基本无工业。农作物以小麦、大豆、玉米、花生、棉花为主。按2000年资料,滩区粮食总产量208.92万t,其中夏粮113.45万t,秋粮95.47万t,人均纯收入600~2 200元。

据不完全统计,1949 ~ 2000 年,黄河下游遭受不同程度的洪水漫滩 20 余次,累计受灾人口 800 多万人,受淹耕地 170 万 hm^2。滩区洪涝灾害最为严重的是 1958 年、1976 年、1982 年和 1996 年。其中,1958 年、1976 年和 1982 年东坝头以下低滩区基本全部上水,东坝头以上局部受淹。1996 年 8 月花园口洪峰流量 7 860 m^3/s,由于河道淤积严重,水位表现异常偏高,致使下游 100 多万人受灾,16 万 hm^2 耕地受淹。同时,在冬季黄河下游封冻或开河期间,由于冰塞、冰坝影响,水位升高,滩区还受到凌汛洪水的威胁。

1.3 滩区安全建设情况

黄河下游滩区群众的安全问题,国家一直很重视。1958 年以后,下游滩区普遍修建生产堤,由于生产堤的束水作用,认识到对防洪具有不利影响。1974 年国务院要求,"从全局和长远考虑,黄河滩区应迅速废除生产堤,修建避水台,实行'一水一麦,一季留足群众全年口粮'的政策"。其后,滩区群众开始有计划地修建避水工程。避水工程投资主要以群众为主,国家适当补助。1982 年以前,修建的避水台主要有公共台和房台,公共台不盖房子,人均面积 3 m^2,用于群众临时避洪。由于孤立的房台抗冲能力小,公共避水台避水不方便。因此,1982 年之后开始修建村台、联台,并修筑了一些用于洪水期撤离的砂石路、柏油公路,配置了撤退船只和救生器材。根据防洪需要,1990 年国家还在下游滩区安装配置了通信预警系统。

1996 年以后,国家加大滩区建设投资力度,按照人均 60 ~ 80 m^2 建大村台,并有计划地开展滩区人口外迁。截至 2000 年底,黄河下游滩区共外迁村庄 176 个,人口 9.35 万人,其中河南省外迁村庄 9 个,人口 0.46 万人;山东省外迁村庄 167 个,人口 8.89 万人。修筑避水村台面积 7 355 万 m^2,完成有效土方 14 055 万 m^3,撤退道路总长度 1 117 km。

2 黄河下游滩区的地位与防洪作用

2.1 黄河下游滩区的地位

黄河下游滩区两岸大堤分别是黄河与淮河、黄河与海河的分水岭,两岸的保护区为 12 万 km^2,县级以上城市 110 个,保护人口 8 000 多万人,必须确保黄河大堤安全。两大堤之间的滩区是由于黄河决口改道,摆动淤积、修筑堤防形成的,滩区面积 4 000 多 km^2,居住有约 180 万人。所以,黄河下游滩区既是黄河行洪通道、滞蓄洪水区域、沉沙场地,也是滩区群众安居乐业、生产、生活的地方,相当于其他江河上设置的蓄滞洪区。

2.2 黄河下游滩区的防洪作用

2.2.1 行洪作用

黄河下游洪水漫滩后,由于河槽水深大、糙率小、排洪能力强,是排洪的主要通道,但滩地的行洪能力也不可忽视。从表1可以看出,滩地流量占全断面流量的10%~45%,过流的比例与大断面的形态有关,一般为20%左右。

表1 主要水文站几场洪水期间实测滩地过流比例

时间(年·月)	花园口		高村		孙口	
	断面流量(m^3/s)	滩地过流比(%)	断面流量(m^3/s)	滩地过流比(%)	断面流量(m^3/s)	滩地过流比(%)
1958.7	11 500	14	17 400	38	15 900	45
1982.8	14 700	20	12 300	21	10 000	36
1996.8	7 860	11	6 810	31	5 680	44

2.2.2 滞洪削峰作用

黄河下游滩区具有滩区多、面积大的特点,对黄河洪水的削峰滞洪作用十分明显。以1954年、1958年、1977年、1982年和1996年为例,黄河下游各河段对几场大洪水的削峰情况如表2所示。

表2 黄河下游各河段对几场大洪水的削峰情况

年份	花园口	夹河滩		高村		孙口	
	洪峰流量(m^3/s)	洪峰流量(m^3/s)	削峰率(%)	洪峰流量(m^3/s)	削峰率(%)	洪峰流量(m^3/s)	削峰率(%)
1954	15 000	13 300	11.3	12 600	16.0	8 640	42.4
1958	22 300	20 500	8.1	17 900	19.7	15 900	28.7
1977	10 800	8 000	25.9	6 100	43.5	6 060	43.9
1982	15 300	14 500	5.2	13 000	15.0	10 100	34.0
1996	7 860	7 150	9.0	6 810	14.4	5 800	26.2

从表2中可以看出,仅花园口至孙口的319 km的宽河道内,对花园口站洪峰流量的削减率都在26%以上,削峰作用十分显著。1958年和1982年两次大水,花园口站洪峰流量分别为22 300 m^3/s、15 300 m^3/s,到达孙口站的洪峰流量分别为15 900 m^3/s、10 100 m^3/s,削峰率分别为28.7%和34.0%,花园口至孙口河段的最大槽蓄量分别为25.9亿m^3、24.5亿m^3,相当于故县和陆浑水库的总库容。由于黄河下游滩区的滞洪削峰作用,大大减轻了下游窄河段的防洪压力和减小东平湖滞洪区的分洪几率和分洪量。

2.2.3 沉沙作用

黄河水少沙多,水沙关系不协调,长期以来有大量的泥沙淤积在黄河下游河道，使河槽不断抬高，形成“地上悬河”。根据实测资料统计，1950～1998年，黄河下游滩区共淤积泥沙92.0亿t，其中滩地淤积63.7亿t，主槽淤积28.3亿t，滩地淤积占总淤积量的69.2%。由此可见，如果没有滩区的沉沙，河道淤积更快，悬河形势更为严峻。由于黄河水少沙多的特点难以改变，未来仍有大量泥沙淤积在下游，黄河下游滩区的地位和作用难以替代。

同时，由于洪水漫滩以后，水流变缓，通过水流的横向交换，泥沙大量淤积在滩上，清水进入主槽，继续加大主槽的冲刷，通过淤滩刷槽，从而增大主槽过流能力。

3 黄河下游滩区存在问题

3.1 滩区长期遭受洪水袭击，经济发展落后

黄河下游滩区是群众赖以生存和生产的场所，受特殊的自然地理环境限制，滩区基本无工业，属典型的农业经济。由于黄河夏秋季洪水及凌汛洪水的经常漫滩淹没，滩区频繁受灾，秋季作物种不保收，产量低而不稳，不少村庄多次搬移，房屋数次受淹坍塌，生产生活条件相当恶劣，生命财产安全受到威胁，致使滩区居民经济、文化落后，生活贫困。据统计，滩区群众的每年收入不足本省农民人均收入的50%，当前，黄河下游滩区有省级贫困县6个，国家贫困县3个，与全面建设小康社会的要求极不相应。

3.2 滩区安全建设滞后

黄河下游滩区自贯彻国务院(1974)27号文“废堤筑台”的政策以来，滩区安全建设取得了一定进展，在稳定群众情绪、解决群众基本生活条件、保障生命财产安全等方面发挥了一定作用。但由于黄河下游滩区面积广、人口多、工程量大，加上河道不断淤积抬高，避水工程达不到规划设计要求。一是村台高度不够，滩区内村台95%以上未达到规划设计的防御花园口20年一遇洪水12 370 m^3/s相应水位的要求；二是面积不够，当前滩区内人均村台面积约40 m^2，达不到人均60～80 m^2的要求，特别是所谓的东坝头以上高滩区大部分无村台。

3.3 滩区政策不适应当前经济社会发展

国务院(1974)27号文件对滩区的主要政策是：废除生产堤，修建避水台，一水一麦，一季留足群众全年口粮。这一政策在全国大多数地区尚未基本解决温饱问题的计划经济时期，对于解决滩区群众的基本生活问题发挥了一定的作用。随着经济社会的发展，特别是全国已取消了农业税，滩区政策远远不能满足滩区人民社会和生产发展的要求。由于防洪需要，滩区的经济发展受到严格制约，滩区经济与周边地区的差别越来越大，已成为豫鲁两省乃至全国最贫穷的地区，这与以人为本、构建和谐社会极不相称。

3.4 滩区生产发展与防洪的矛盾突出

由于滩区政策不落实,群众生活生产无保障,滩区群众为了发展生产,确保丰收,大力修筑生产堤,生产堤总是破而复修,破而复堵,甚至越建越强。由于生产堤的存在,人为缩窄了行洪河道,影响了水沙交换,加剧了主河槽的淤积,使黄河下游河道演变成了槽高于滩、滩高于背河地面的"二级悬河",恶化了黄河下游的防洪形势。

4 对黄河下游滩区治理的建议

4.1 坚持调水调沙,继续扩大并维持主河槽的过流能力

2002~2006年,黄河实施了3次调水调沙试验和2次调水调沙生产运行,5次共进入下游河道总水量208.29亿 m^3,沙量1.22亿t,均实现了下游主槽全线冲刷,利津站入海总沙量3.83亿t,下游河道冲刷2.73亿t,主河槽的最小过流能力已从2002年汛前的1 800 m^3/s 恢复到3 500 m^3/s 左右,取得了良好的效果。因此,应该坚持下去,利用小浪底水库的调水调沙库容,用好黄河的输沙水量,采取人造洪峰,集中下泄,加大冲刷效果,早日使黄河下游主河槽过流能力恢复到4 000 m^3/s 左右,并长期维持下来,使之与黄河下游河道整治工程设计标准相匹配,以利于塑造中常洪水的流路。

4.2 优化水库调度,减小中小清水漫滩几率

小浪底水库未来的调度运用,进入黄河下游的流量可能为3级控制,一是生态及供水调度,以基本满足黄河下游引水和生态用水为目标,保证黄河不断流;二是调水调沙调度,控制进入下游的最大洪峰流量不超过并接近黄河下游主槽过流能力,实现下游主槽冲刷或不淤,维持黄河下游主河槽的过流能力;三是防洪调度,当小浪底水库以下无控制区发生可能漫滩洪水,或潼关以上发生较大的高含沙洪水时,水库加大泄量、充分排沙,实现黄河下游淤滩刷槽。对于"下大型"洪水,含沙量小,根据2000年水规总院审查通过的小花间洪水成果,黄河小浪底、陆浑、故县至花园口区间4年一遇洪峰流量为3 030 m^3/s,5年一遇洪峰流量为3 650 m^3/s。在沁河张峰水库、河口村水库建成后,小浪底以下无控制区的洪峰流量还会进一步减小。对于"上大型"洪水,自龙羊峡水库1986年开始蓄水至2005年,潼关站年最大洪峰流量大于6 000 m^3/s 和8 000 m^3/s 的分别有5年、1年,平均出现几率分别为4年一遇和20年一遇。20年中,最大日平均流量大于6 000 m^3/s 的年份为0;最大日平均流量4 000~6 000 m^3/s,且最大日平均含沙量大于200 kg/m^3 的有3年。当黄河下游主槽最小过流能力维持在4 000 m^3/s 时,基本可以利用水库调度,减少中小清水上滩,实现黄河下游洪水漫滩几率为3~5年一遇,接近于修建水库征地淹没赔偿标准。

4.3 加快滩区安全建设步伐

黄河下游滩区人多地广，实行全部外迁不现实，也不必要。不现实是因为人太多，难以找到如此大的移民安置空间容量；不必要是因为滩区 4 000 多 km^2 的土地资源需要开发利用。同时，根据滩区 2.3 万人的样本调查，倾向于外迁的仅 20%，大部分群众倾向于村台安置。因此，黄河下游滩区的安全建设宜采取迁留并举、以留为主的方式。把一些靠堤村迁至背河，其他村庄采取“集中建镇”，按照防御 20 年一遇洪水标准修建大村台，相当于修建水库移民标准。

4.4 尽快享受蓄滞洪区补偿政策

黄河下游滩区具有滞洪、蓄水、沉沙的功能，在黄河防洪中占有极其重要地位。黄河下游滩区群众为了保护背河两岸黄淮海平原的广大人民安全做出了巨大牺牲，由于黄河泥沙问题，黄河下游滩区不能像其他河流一样围起来。从 20 世纪 70 年代起，国家就对黄河下游滩区给予了“一季留足群众全年口粮”，免缴公粮税的优惠政策，而在全国减免农业税的今天，这一政策已不适应。为了有利于解决黄河下游防洪与滩区群众生产生活的矛盾，有利于实现黄河长治久安，有利于滩区人民早日脱贫致富，应该让黄河下游滩区早日享受国家实施的蓄滞洪区补偿政策。

黄河下游滩区是黄河防洪体系中的重要组成部分，是滩区人民群众长期生活居住的场所，具有蓄滞洪区的性质。通过调水调沙，使主河槽的过流能力恢复并维持在 4 000 m^3/s 左右，在河道控导工程的作用下，实现主槽稳定。通过水库优化调度，减少中小清水漫滩，使黄河下游洪水漫滩几率达到 3～5 年一遇，通过滩区安全建设，把近堤村迁至背河，其他村庄“集中建镇”，按照防御 20 年一遇洪水标准修建大村台，再通过实施滩区享受蓄滞洪区补偿政策，解决滩区防洪与群众居住的矛盾，构建滩区和谐社会。

坡面漫流冲刷能力研究

杨志达 Hui-Ming Shih

(科罗拉多州立大学土木及环境工程系,美国科罗拉多州)

摘要:水流产生的水土流失是一个复杂的问题。基于经验的及物理学的方法都曾用来估算表面侵蚀率,但它们的应用还主要限于试验区和实验室的研究。在目前大多数的表层侵蚀模型中都没有考虑坡面漫流可挟带的最大含沙量。由于侵蚀能力局限性的限制可能造成对含沙量的过高估计。该研究中将通过相关分析来确定影响表层侵蚀能力的重要参数。用有界回归公式来反映一个含沙量的限制区间,既不能小于零,也不能大于一个最大值。该模型中用到的数据根据公开发表的实验室数据进行校准,该计算结果与实验室数据吻合的非常好。一维坡面漫流扩散波模型与得出的土壤侵蚀方程进行耦合,一起来模拟野外试验结果(Barfield et al., 1983)。研究认为,以单位水流动力作为主导因素的非线性回归方法对于分析坡面漫流侵蚀能力非常有效。

关键词:坡面 漫流 冲刷能力

1 导言

土壤的侵蚀包括土壤粒子与土壤的分离和传输两个过程。雨滴飞溅和流水挟带是从土壤表面移动土壤粒子最主要的分离动因。被分开的土壤粒子将被流水带走。当传输土粒所需的能量不再存在时,第三种状态就发生了,即沉积。

表层土壤的侵蚀是一个复杂的过程,受宏观地貌、土地覆盖、表层材质、水流特性及边界条件等的影响。数学模型经常用来预测流域内的表层土壤侵蚀过程。数学模型中的计算要素包含下垫面信息、流态和水流特性信息。想得到一个土壤侵蚀过程的预测分析结果是非常困难的。因此,基于自然物理参数的经验方法应用于表层侵蚀率的估算。

由于复杂的水文和水力学问题包含大量的变量,我们经常用基于幂函数的模型来获得统计学的解决方法。Foster 和 Meyer (1972) 和 Gilley 等 (1985)推荐用含有幂函数方程的底沙传输公式来估算表层侵蚀率。这个公式如下:

$$q_s = A \cdot \Omega_e^{\,B} \tag{1}$$

其中:q_s 为单位宽度沙流量;A 和 B 为与水流和泥沙状态有关的参数;Ω_e 为有效优势变量。一般来说,作为重要参数的流量和地面坡度可以直接从实验室中得到，所以常用的经验侵蚀经验公式是：

$$q_s = kq^{\alpha} S^{\beta} \tag{2}$$

其中：α、k 和 β 为系数；q 为单位流量。Julien 和 Simons（1985）建议的取值区间是 $1.2 < \alpha < 1.9$ 和 $1.4 < \beta < 2.4$。Prosser 和 Rustomji（2000）的建议是 $1.0 < \alpha < 1.8$ 和 $0.9 < \beta < 1.8$。对于坡面漫流，泥沙传输率定义为水流所挟带的土粒总量，且可用流量和含沙量的乘积来表示。即

$$q_s = q \cdot C_s \tag{3}$$

方程（3）可以重新写成：

$$C_s = kS^{\beta} q^{\varepsilon} \tag{4}$$

其中 $C_s = q_s/q$，$\varepsilon = \alpha - 1$。含沙量与坡度和流量成正比，系数 β 和 ε 均大于零。本次研究对 1947 ~ 1999 年间现存的坡面漫流泥沙传输方程的动力系数进行了校准。图 1 显示，系数并不是常数，它根据不同的数据源和变量而变化。我们还发现有些方程中的单位流量含有负的动力系数。这表明，含沙量与单位流量成反比，但这是不合理的。这就提示我们，方程（4）的系数应该进行修正，以适应流态的变化（见图 1）。

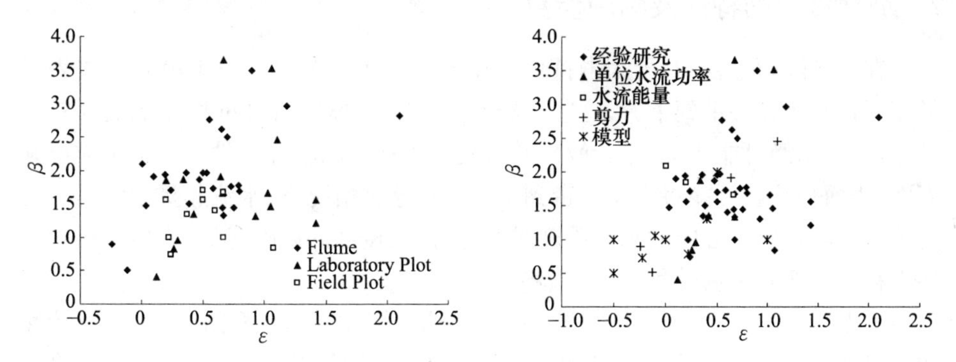

图 1　坡面漫流泥沙传输方程式

含间隙的最大饱和含沙量是 1 922 000 mg/L。根据公式（4）这一传统的公式可能造成高速水流状态下的含沙量过高估计。例如，两个坡面漫流泥沙传输方程可以表达为：

Kilinc's（1972）

$$C_{\mathrm{mgl}} = 1\,986\,289\,351 \times q^{1.035} S^{1.664} \tag{5}$$

Guy et al（1987）

$$C_{\mathrm{mgl}} = 1.13 \times 10^{18} \times q^{2.986} S^{8.835 + 0.767 \mathrm{In} q} \tag{6}$$

其中，C_{mgl} = 含沙量，单位为 mg/L。图 2 显示了公式（5）和公式（6）超过最大含沙量上限而过高估计了含沙量。因此，泥沙传输模型中的流速的指数应该重新

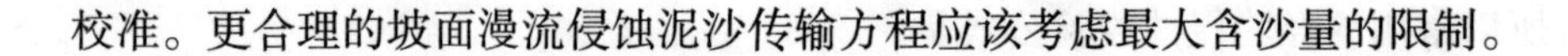

校准。更合理的坡面漫流侵蚀泥沙传输方程应该考虑最大含沙量的限制。

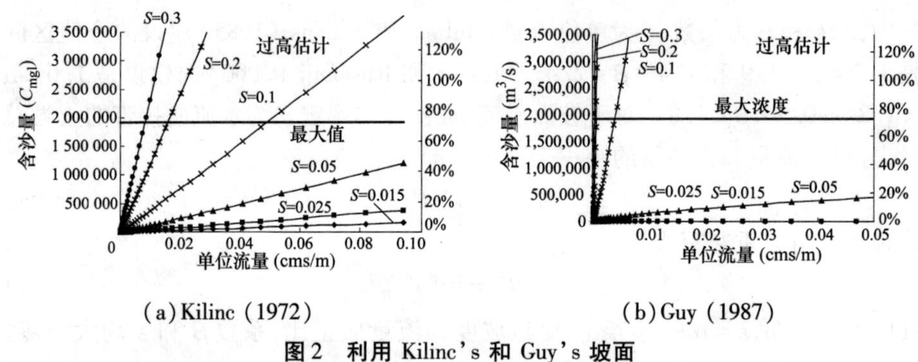

(a) Kilinc (1972)　　　　(b) Guy (1987)

图2　利用 Kilinc's 和 Guy's 坡面漫流传输方程产生的过高估计

坡面漫流的特性随着河道水流的不同而不同(Govers,1992)。由于坡面漫流土壤侵蚀受到含沙量的限制,传统形式的底沙传输方程需要校准。

2　坡面漫流的特性及物理参数

在一场降雨过程中,雨滴击打地面使土粒与土壤分离。由于没有形成表层径流把这些土粒挟带到下游,这些土粒在被雨滴分离以后又沉积在地面。对于薄层水流,雨滴可能扰乱坡面漫流,并改变粒子挟带的临界条件。一旦土粒离开表面,表面径流就可能将土粒挟带到下游。在这种情况下,水流和降雨将是主要参数。随着在向下方向的水流深度增加,降雨对侵蚀的影响降低,表层水流将主导土粒的分离和传输过程。

根据以前的研究,与土壤侵蚀有关的变量可以概括为:降雨影响、水流特性和下垫面条件。图3 显示了在裸露土壤表层的土壤侵蚀过程,各类变量的物理参数也给予了描述。

2.1　降雨影响

降雨的影响可以通过雨量强度 i 来表示,雨量强度与水流深度的比例 i/h (Ferro, 1998)、降雨速度 V_i、降雨能量 P_i,或雨量强度与水流速度的比值 i/V。降雨速度和降雨能量可以表述为:

$$V_i = 6.6 i^{0.07} \quad \text{(Schmidt, 1993)} \tag{7}$$

$$P_i = \frac{\rho i V_i^2 \cos\theta}{2} \quad \text{(Gabet 和 Dunne, 2003)} \tag{8}$$

其中,ρ 为水的密度(1 000 kg/m^3),θ 为山的倾斜角,i/V 为雨量强度与水流速度的无量纲比值。

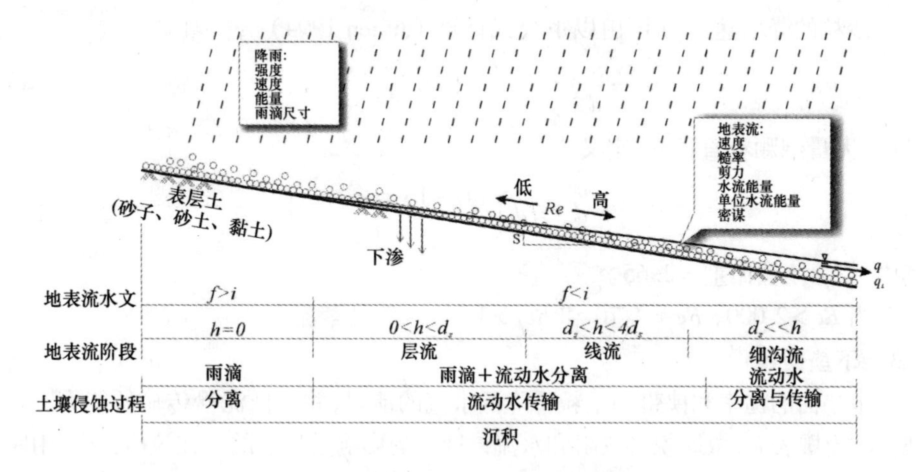

图 3　裸露土壤表面土粒的分离、传输和沉积

2.2　水流特征

根据多数泥沙传输方程的基本假设(Graf, 1971; Yang, 1972, 1973, 1996; Foster 和 Meyer, 1972, 1975),流速 V,单位宽度的水流能量 q_S,单位水流能量 V_S,或剪力 τ 被认为是主要变量。除了上述变量外,能量坡度 S_e、单位流量 q、水流深度 h、雷诺数 R_e 和佛汝德数 Fr 是一般用于进行侵蚀和泥沙传输率估算的物理参数。雷诺数是惯性力与黏滞力的比值。佛汝德数是惯性力与重力的比值。它们定义为:

佛汝德数:

$$Fr = \frac{V}{\sqrt{gh}} \tag{9}$$

其中:v 为水的动黏滞度;h 为水流深度;g 为重力加速度。

雷诺数:

$$Re = \frac{Vh}{v} \tag{10}$$

颗粒剪切雷诺数:

$$Re* = \frac{u_* d_s}{v} \tag{11}$$

其中:d_s 为泥沙直径;v 为动黏滞度;剪切速度 u_* 定义为

$$u_* = \sqrt{ghS} \tag{12}$$

土粒雷诺数:

$$Re_p = \frac{\omega d_s}{v} \tag{13}$$

沙粒的降落速度 ω 可由以下公式计算（Julien 1994）

$$\omega = \frac{8v}{d_s}[(1 + 0.0139d_*^3)^{0.5} - 1] \tag{14}$$

其中:无量纲颗粒直径 d_* 定义为

$$d_* = d_s\left[\frac{(G-1)g}{v^2}\right]^{1/3} \tag{15}$$

其中,G 为沙粒比重 =2.65。

当 $Re > 2\,000$，$Re* > 70$ 和 $Re_p > 1$ 时,水流是紊流。

2.3 下垫面条件

下垫面的糙率和挟带的土粒将降低水流的能量,并降低泥沙传输的能力。在裸露的土壤表面,微地貌对流阻和水流侵蚀率的影响是显著的。在该研究中,用底层沙粒尺寸 d_s 和相对沉没度 h/d_s 或相对糙率 d_s/h 来描述下垫面条件。杨(1979)认为,在含沙量的重量大于 100 ppm,且远远小于坡面漫流时,初始启动条件可以忽略。因此,对于坡面漫流土粒挟带的临界状态在本次研究中不予考虑。

下文将对试验数据进行相关分析来确定有关重要的参数。

3 现有数据

为提高回归分析的统计学优势,需要大量的样本支持。Kilinc（1972）, Aziz、Scott（1989）, Guy、Dickinson（1990）等的试验数据用来确定物理参数的显著性,这些参数通过生成回归方程对表层侵蚀率进行估计。在该文章中总共用到了 158 组数据,其中包含 42 组通过模拟降雨获得的数据。表 1 汇总了每个参数的取值范围。平均颗粒尺寸 d_{50} 用来表示颗粒大小 d_s,水槽坡度或土层表面坡度 S 用做坡面漫流的能量梯度。

表 1 坡面漫流泥沙输移试验数据汇总

参数	浓度 C_{mgl}	d_{50} (mm)	坡度 (m/m)	降雨量强度 (mm/h)	单位流量 (m²/(s·m))	水深 h (mm)
最大值	612 504	1.0	0.4	223	0.004 732	11.6
最小值	959	0.2	0.02	32	9.07E-06	0.2
参数	流速 V (m/s)	V_S (m/s)	q_S (cms/m)	τ (N/m²)	Re	$Re*$
最大值	0.706	125.73	0.463 7	0.866	54.806	94.5
最小值	0.019	0.38	0.000 2	0.007	0.002	1.9
参数	Fr	h/d_s 相对淹没	雨速 V_i(m/s)	雨能 P_i(kg/s)	i/V	i/h (1/s)
最大值	4.61	29.95	3.35	0.35	0.001 3	0.151
最小值	0.27	0.99	2.92	0.035	7.16E-05	0.018

在利用实验室数据进行回归分析的同时,由 Barfield 等(1983)野外监测的试验数据也用来验证已生成的回归方程。进行野外侵蚀试验的区域为 4.6 m × 22.1 m 矩形,坡度为 9%。经过 7 次试验获得的实测水位流量关系曲线和泥沙淤积曲线将用来与本次研究的模拟结果进行比较。在本次研究区域内的是潮湿的熟化土壤。表 2 汇总了野外测验的环境条件。

表 2 野外试验汇总(Barfield 等, 1983)

试验序号	下垫面材质	雨量强度 (mm/h)	降雨历时 (min)	d_{50} (mm)	单位宽度土壤产量 (g/m)	土壤侵蚀度参数 K (t/亩)
P33231	熟化 & 潮湿 表层土	66	30	0.06	5 577.78	0.437
P33131		61			4 203.67	0.388
P32131	熟化 & 潮湿 底层土	66		0.04	8 829.77	0.527
P32231		66			4 846.85	0.371
P32331		66			4 342.51	0.256
P31131	熟化 & 潮湿 基岩	61		0.05	1 011.25	0.148
P31231		61			893.04	0.126

4 基于幂函数的泥沙输移方程和主要物理参数

在运动机理方面,坡面漫流的泥沙输移可以看做一种底沙输移。公式(1)主要用来估算坡面漫流侵蚀能力。很多前期的研究建议用流量、流速、剪力、水流能量、单位水流能量,或无量纲单位水流能量作为泥沙输移的主要影响因素。因此,最基本的坡面漫流泥沙侵蚀方程可以写成:

$$q_s = A \cdot V^B \tag{16}$$

$$q_s = A \cdot q^B = A \cdot (V \cdot h)^B \tag{17}$$

$$q_s = A \cdot \tau^B = A \cdot (\gamma \cdot h \cdot S)^B \text{ 或 } q_s \propto A \cdot (h \cdot S)^B \tag{18}$$

$$q_s = A \cdot (\gamma \cdot V_S)^B \text{ 或 } q_s \propto A \cdot (V_S)^B \tag{19}$$

$$q_s = A \cdot \left(\gamma \cdot \frac{V_S}{\omega}\right)^B \text{ 或 } q_s \propto A \cdot \left(\frac{V_S}{\omega}\right)^B \tag{20}$$

$$q_s = A \cdot (\tau V)^B = A \cdot (\gamma \cdot h \cdot S \cdot V)^B \text{ 或 } q_s \propto A \cdot (h \cdot S \cdot V)^B \tag{21}$$

$$q_s = A \cdot (\gamma \cdot q_S)^B = A \cdot (\gamma \cdot h \cdot S \cdot V)^B \text{ 或 } q_s \propto A \cdot (h \cdot S \cdot V)^B \tag{22}$$

其中:γ 为水的比重,在本次研究中视为常数;V_S 为单位宽度的单位水流功率;V_S/ω 为无量纲的单位水体的单位水流功率;τV 为单位河床范围的水流功率;q_S 为单位宽度的水流功率。公式(21)和公式(22)显示 τV 和 q_S 对于坡面漫流具有相同的量纲。

在此次研究中,158 组试验数据用来测试该 6 个回归方程的吻合度。如果剔除降雨期间采集的数据,仅有地表漫流的116组数据用来进行单元回归分析。含沙量被认为是一个独立的变量。结果按照相关系数 R^2 来排序如下:

$$C_{mgl} = 4\ 684\ 972.4(VS)^{1.217}, R^2 = 0.879 \tag{23}$$

$$C_{mgl} = 19\ 709\ 844(qS)^{0.68}, R^2 = 0.714 \tag{24}$$

$$C_{mgl} = 161\ 366(\tau)^{1.11}, R^2 = 0.680 \tag{25}$$

$$C_{mgl} = 172\ 856.6(V)^{1.519}, R^2 = 0.667 \tag{26}$$

$$C_{mgl} = 130\ 081(\frac{VS}{\omega})^{1.022}, R^2 = 0.661 \tag{27}$$

$$C_{mgl} = 1\ 243\ 153(q)^{0.554}, R^2 = 0.458 \tag{28}$$

根据以上的结果,我们可以发现公式(23)具有较高的相关系数。对于表层侵蚀,单位水流功率是最重要的变量。尽管单位流量可以通过试验测得,但回归分析表明单位流量与含沙量并没有很好的相关性。变异系数将取决于水流、土壤表层和降雨情况,并将通过相关分析来确定最重要的变量。在表3中列出了相关关系的结果。单位流量功率,$\Phi = VS$,与含沙量之间有着最好的相关性,相关系数达0.94。相关关系最差的是单位流量,相关系数仅0.27。这一结果与传统的认为单位流量是影响坡面漫流侵蚀的主要因素的想法有矛盾。作为一个温度和颗粒尺寸的函数降落速度是变化的,因为缺乏温度的测量在此次研究中假定为常数。这可能就是 Φ 与 C_{mgl} 的相关性高于与 Φ/ω 的相关性的原因。

表3 传统控制性变量的相关性表

相关性	C_s	q	V	Φ	Φ/ω	Ψ	τ
C_s	1	0.27	0.59	0.94	0.82	0.68	0.63
q	0.27	1	0.83	0.33	-0.03	0.76	0.73
V	0.59	0.83	1	0.68	0.38	0.82	0.74
Φ	0.94	0.33	0.68	1	0.79	0.76	0.69
Φ/ω	0.82	-0.03	0.38	0.79	1	0.29	0.17
Ψ	0.68	0.76	0.82	0.76	0.29	1	0.95
τ	0.63	0.73	0.74	0.69	0.17	0.95	1

注:单位宽度的水流功率 $\Psi = qS$。

5 相关分析与回归分析

相关分析将用来确定物理参数的意义。包括降雨过程中采集的数据,在该相关分析中用到的参数是含沙量 C_s、颗粒尺度 d_s、底坡斜度 S、单位流量 q、水深 h、流速 V、颗粒降落速度 ω、雷诺数 Re、颗粒剪切雷诺数 $Re*$、粒子雷诺数 Re_p、

佛汝德数 Fr 和相对淹没 h/d_s。

表4显示了不同参数的相关系数。由于坡面漫流是一个重力流，所以很明显的佛汝德数较雷诺数有更高的相关性。斜率和速度之间的相关性相当差，相关系数仅 -0.04，这表明坡度和水流速度是相互独立的。颗粒尺寸、相当淹没及含沙量之间的相关性也很差。这说明颗粒的糙度不是一个重要参数，或者说较差的相关性是由于该分析中用到的颗粒尺寸范围较小的原因。

降雨强度 i、雨滴速度 V_i、降雨能量 P_i、降雨强度与流速的比值 i/V 及降雨强度和水深的比值 i/h 用来确定各个参数与降雨的关联。整个比较内容汇总在表5中。降雨强度 i 与水流速度 V 的比值，与降雨对表面侵蚀率的含沙量的影响具有较高的相关性，相关系数是 -0.43。

表4和表5中的统计分析数据显示，在公式(29)中的参数应该用来生成一个坡面漫流泥沙传输方程。

$$C_{mgl}=f(\Phi, Fr, V, S, i/V) \tag{29}$$

本次研究的一个首要任务是寻找一个坡面漫流的泥沙输移方程，该方程同时考虑最大及最小的浓度限制，对不同的泥沙颗粒分别是 0 mgL 和 1 922 000 mgL。一个有限指数回归方程，Weibull 方程（Weibull，1951），可以体现限制约束。该方程的一般形式如下：

$$Y=1-e^{-X} \tag{30}$$

其中 Y 和 X 均为变量。得

$$Y\to 1 \text{ 当 } X\to\infty \tag{31}$$

和

$$Y\to 0 \text{ 当 } X\to 0 \tag{32}$$

表4　物理参数的相关性

相关性	C_s	d_s	S	q	h	V	ω	Re	$Re*$	Re_p	Fr	h/d_s
C_s	1	0.001	0.59	0.27	0.05	0.59	0.02	0.12	-0.01	0.26	0.70	0.13
d_s	0.001	1	-0.16	0.44	0.65	0.22	0.99	0.47	0.99	0.93	-0.29	-0.20
S	0.59	-0.16	1	-0.28	-0.44	-0.04	-0.19	-0.31	-0.14	-0.01	0.52	-0.39
q	0.27	0.44	-0.28	1	0.91	0.83	0.50	0.95	0.40	0.56	0.08	0.63
h	0.05	0.65	-0.44	0.91	1	0.65	0.69	0.91	0.61	0.66	-0.15	0.55
V	0.59	0.22	-0.04	0.83	0.65	1	0.30	0.64	0.16	0.39	0.52	0.62
ω	0.02	0.99	-0.19	0.50	0.69	0.30	1	0.51	0.97	0.93	-0.26	-0.15
Re	0.12	0.47	-0.31	0.95	0.91	0.64	0.51	1	0.45	0.56	-0.05	0.54
$Re*$	-0.01	0.99	-0.14	0.40	0.61	0.16	0.97	0.45	1	0.93	-0.31	-0.23
Re_p	0.26	0.93	-0.01	0.56	0.66	0.39	0.93	0.56	0.93	1	-0.14	-0.11
Fr	0.70	-0.29	0.52	0.08	-0.15	0.52	-0.26	-0.05	-0.31	-0.14	1	0.13
h/d_s	0.13	-0.20	-0.39	0.63	0.55	0.62	-0.15	0.54	-0.23	-0.11	0.13	1

表 5　考虑降雨影响的物理参数相关性表

相关性	C_s	i	V_i	P_i	i/V	i/h
C_s	1	-0.04	0.06	-0.07	-0.43	0.04
i	-0.04	1	0.97	1.00	0.73	0.81
V_i	0.06	0.97	1	0.96	0.64	0.77
P_i	-0.07	1.00	0.96	1	0.75	0.80
i/V	-0.43	0.73	0.64	0.75	1	0.52
i/h	0.04	0.81	0.77	0.80	0.52	1

在此次研究中,实测的含沙量 C_{mgl} 是因变量 Y,控制变量的幂函数 $a \cdot \Omega^b$ 是自变量 X。根据回归方程建立的 Weibull 方程用来估算坡面漫流的泥沙输移能力,其可表示为

$$C_{mgl} = C_{max}(1 - e^{-a \cdot \Omega^b}) \tag{33}$$

其中:a 和 b 为系数,C_{max} 为最大允许浓度。对于含隙饱和沙粒,$C_{max} = 1\ 922\ 000$ mg/L。这一公式是控制变量 Ω 非线性方程。

在这次研究中,发现单位水流功率 Φ 是最显著的控制变量。公式(33) 可以写成:

$$C_{mgl} = 1\ 922\ 000 \times (1 - e^{-M \cdot \Phi^N}) \tag{34}$$

其中:M 和 N 为物理参数的函数。Gilbert (1914) 证明 M 总是随着 N 的增加而线性增加,因此 M 和 N 可以表述为

$$M = m_1 \cdot S + m_2 \cdot V + m_3 \cdot Fr + m_4 \tag{35}$$

$$N = n_1 \cdot S + n_2 \cdot V + n_3 \cdot Fr + n_4 \tag{36}$$

其中:m_i 和 n_i 为系数。

非线性回归分析可以用来确定待定土壤侵蚀方程(35)和方程(36)中的一些系数。根据表层流量数据,包括降雨数据,得到的回归方程如下:

$$C_{mgl} = 1\ 922\ 000(1 - e^{-M \cdot \Phi^N}),\ C_{mgl} = 0 \text{ 如果 } C_{mgl} \leqslant 0 \tag{37}$$

其中:

$$M = -0.654\ S - 3.848\ V + 0.227\ Fr + 2.657 \tag{38}$$

$$N = -1.692\ S - 1.170\ V + 0.071\ Fr + 1.532 \tag{39}$$

同时,$R^2 = 0.911$。

对于所有 158 组数据,包括降雨期间获得的数据,我们可得以下方程:

$$C_{mgl} = 1\ 922\ 000(1 - e^{-(M \cdot \Phi^N)\left(1 + a\left(\frac{i}{V}\right)^b\right)}),\ C_{mgl} = 0 \tag{40}$$

其中:

$$M = -0.654\ S - 3.848\ V + 0.227\ Fr + 0.657 \tag{41}$$

$$N = -1.692\ S - 1.170\ V + 0.071\ Fr + 1.532 \tag{42}$$

$$a = 18\ 801.996 \tag{43}$$

$$b = 1.716 \tag{44}$$

同时,$R^2 = 0.769$。

两个回归方程均含有较高的 R^2 数值。R^2 高于 0.75 的回归方程可以看做是一个好的回归方程。图 4 显示了预期和实测浓度的一致性。图 4(a)和图 4(b)的比较显示这些包含了降雨期间采集的数据的数据之间的相关性非常好。降雨能使表层侵蚀率和单位水流功率的关系变的复杂。

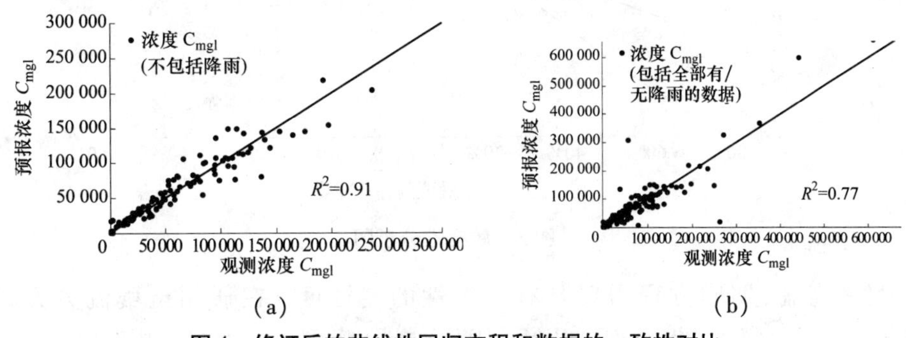

图 4 修订后的非线性回归方程和数据的一致性对比

6 敏感度分析

模型的敏感度分析将通过改变输入变量的数值来实现,其变动区间为 -60% ~60%。根据输入数据变化预期浓度变化的曲线见图 5。分析认为在图上的单位水流功率具有最陡峭的斜度,对于含沙量是模型中最敏感的变量。此次敏感度分析的结果支持这样一个观点,即对于表层侵蚀单位水流功率是重要的控制因素。水流速度、斜度和佛汝德数是其他的一些敏感变量。降雨强度的敏感性低于其他的。这次研究显示重力是坡面漫流最重要的驱动力,单位水流功率控制了含沙量。

7 实际应用和无量纲侵蚀度参数 K'

对于裸露的表面,土壤侵蚀或产沙可以表示为:

$$\text{产沙} = f(\text{Erosivity}, \text{Erodibility}) \tag{45}$$

侵蚀是由于坡面漫流和雨滴击打分离造成的潜在土壤流失。它是坡面漫流特性、下垫面条件及降雨强度的方程。侵蚀度是土壤颗粒或整体被侵蚀介质如降雨或径流所分离和挟带的固有属性。侵蚀度的控制性因素是土壤的性质、覆盖层及地貌等。回归方程的建立包含了水流的侵蚀力和泥沙的侵蚀度。基于实

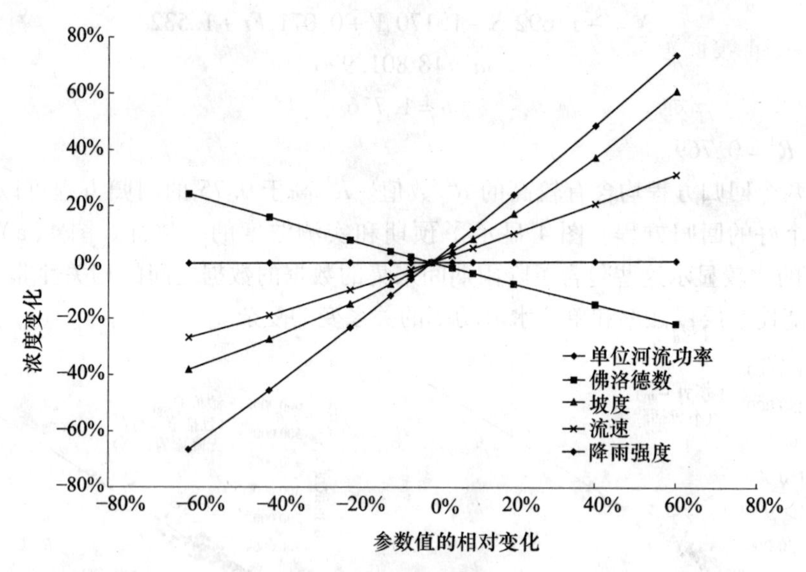

图5 敏感性分析图

用性的考虑，回归方程需要具有代表性的侵蚀度。在通用土壤流失方程（Wischmeier 和 Smith，1962，1965，1978）中 K（吨/英亩）是最常用的侵蚀度参数。本次研究建立的回归方程中的典型侵蚀度参数 K_s 由 Barfield 等（1983）的野外实测数据确定。K_s 的值是 0.038 吨/英亩。为在实际中应用此次研究中建立的方程，将用到以下的无量纲土壤侵蚀度参数 K'：

$$K' = \frac{K}{K_S} = \frac{K}{0.038} \tag{46}$$

对于裸露土壤，为计算表层土砂流量可以采用以下的公式：

$$q_s = q \cdot C_{mgl} \tag{47}$$

其中：

$$C_{mgl} = K' \times 1\ 922\ 000 \times \left(1 - e^{-(M \cdot \Phi^N)\left(1 + a\left(\frac{i}{V}\right)^b\right)}\right) \tag{48}$$

$$\Phi = V_S \tag{49}$$

$$M = -0.654\ S - 3.848\ V + 0.227\ Fr + 2.657 \tag{50}$$

$$N = -1.692\ S - 1.170\ V + 0.071\ Fr + 1.532 \tag{51}$$

$$a = 18\ 801.996 \tag{52}$$

$$b = 1.716 \tag{53}$$

$$K' = \frac{K}{0.038} \tag{54}$$

8 一维坡面漫流侵蚀模拟的试验验证

在表2中列出的 Barfield 等(1983)野外试验的数据,将用来检验本文章中建立的方程。建立的一维(1D)扩散波模型将用来模拟水文条件和预测土壤侵蚀和产沙量。1D 坡面漫流扩散波方程是一个偏微分方程:

$$\frac{\partial h}{\partial t}+c\frac{\partial h}{\partial x}-D_d\frac{\partial^2 h}{\partial x^2}=i-f \tag{55}$$

其中:$c=\eta V$;$D_d=\frac{Vh}{2S_e}$;t 为时间;f 为土壤渗透率;x 为距离。如果用曼宁公式来表示流阻,则 $\eta=5/3$,且

$$c=\frac{5}{3}V \tag{56}$$

其中,$V=\frac{1}{n}h^{2/3}\sqrt{S_e}=\frac{1}{n}h^{2/3}\sqrt{S-\frac{\partial y}{\partial x}}$;$n$ 为曼宁粗糙系数。1D 扩散波方程的数解可以通过 MacCormack (1971)网格获得。

在 MacCormack 网格中,导数算子是前后算子的平均。

$$h=\frac{h^{*}+h^{**}}{2} \tag{57}$$

其中:h 为预测水深;h^{*}、h^{**} 分别表示一侧前后的差分。方程(55) 可以通过在时间和步长上的前向差分来估计,并给出下一步的预测。

$$\frac{h_n^{*}-h_n^{j}}{\Delta t}+c\frac{h_{n+1}^{j}-h_n^{j}}{\Delta x}-(D_d+D_{num})\frac{h_{n+1}^{j}-2h_n^{j}+h_{n-1}^{j}}{\Delta x^2}=(i-f)_n^{j} \tag{58}$$

$$\Rightarrow h_n^{*}=h_n^{j}-\frac{c\Delta t}{\Delta x}(h_{n+1}^{j}-h_n^{j})+(D_d+D_{num})\frac{\Delta t}{\Delta x^2}(h_{n+1}^{j}-2h_n^{j}+h_{n-1}^{j})+(i-f)_n^{j}\Delta t \tag{59}$$

其中:Δt 为时间步长;Δx 为距离步长;j 为模拟时间;n 为模拟位置;D_{num} 为水平网格的截断误差,含数值扩散项(Julien, 2002)。

$$D_d+D_{num}=\frac{Vh}{2S_e}+\left(\frac{-c^2\Delta t}{2}+\frac{c\Delta x}{2}\right) \tag{60}$$

同理,方程 (55) 可以通过时间和空间的后向差分来估计,对趋势进行校正。

$$\frac{h_n^{**}-h_n^{*}}{\Delta t}+c\frac{h_n^{*}-h_{n-1}^{*}}{\Delta x}-(D_d+D_{num})\frac{h_{n+1}^{*}-2h_n^{*}+h_{n-1}^{*}}{\Delta x^2}=(i-f)_n^{*} \tag{61}$$

$$\Rightarrow h_n^{**}=h_n^{*}-\frac{c\Delta t}{\Delta x}(h_n^{*}-h_{n-1}^{*})+(D_d+D_{num})\frac{\Delta t}{\Delta x^2}(h_{n+1}^{*}-2h_n^{*}+h_{n-1}^{*})+(i-f)_n^{*}\Delta t \tag{62}$$

库郎数，$C_c = \frac{c\Delta t}{\Delta x} = \frac{5}{3}V\frac{\Delta t}{\Delta x}$，用来验证数字网格的稳定性。如果 $C_c < 1$，则 MacCormack 网格是稳定的。

野外试验研究是用来验证一维扩散坡面漫流模型和建立的土壤侵蚀方程。表 6 中列出了数学模拟中推荐的曼宁粗糙率和平均渗透率。

表 6　建议曼宁数 n 和平均渗透率

序号	曼宁数 n	平均渗透率 f (mm/h)	K'	C_c	i_e (in)
P33231	0.13	10.5	11.50	0.49	1.06
P33131	0.10	4.5	10.21	0.58	1.09
P32131	0.10	4.5	13.87	0.60	1.19
P32231	0.07	7.1	9.76	0.74	1.14
P32331	0.07	7.1	6.74	0.74	1.14
P31131	0.10	2.0	3.89	0.59	1.15
P31231	0.20	8.5	3.32	0.37	0.99

图 6 和图 7 中显示的是模拟结果和实测数据，可以看出预测数据和实测数据之间有很好的一致性。在一维数值模型中，根据模拟运算最大的 C_c 取值范围是 0.37～0.74。因为 $C_c<1$，这表明演进模型是稳定的。此一维坡面漫流网格和建立的土壤侵蚀方程可以很好地反映坡面漫流的土壤侵蚀过程。

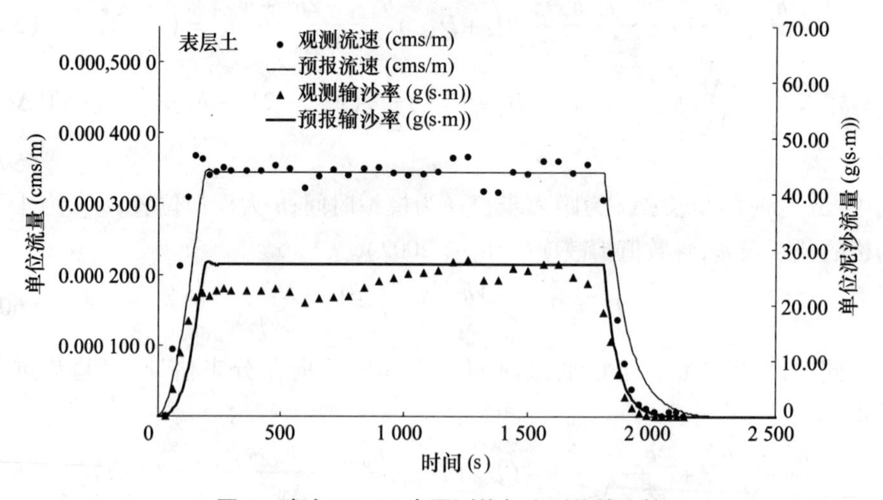

图 6　试验 P33131 中预测值与实测值的比较

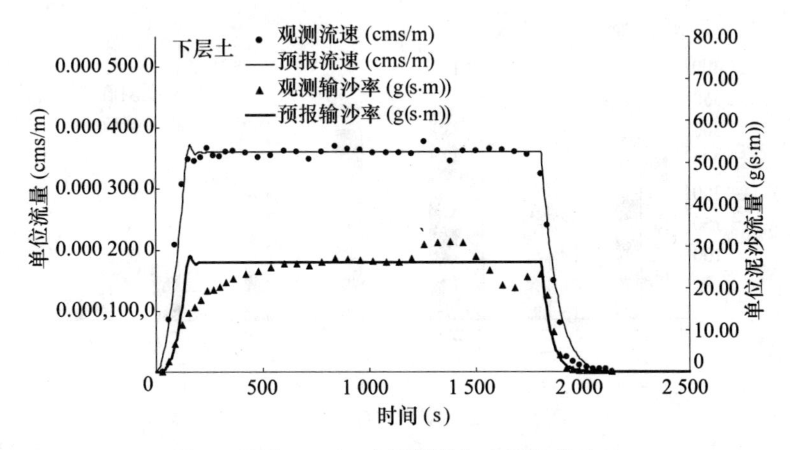

图 7　试验 P32331 中预测值与实测值的比较

9　模型验证

在此次研究中,Nash 和 Sutcliffe (1970)提出的以下效率系数将当做相关系数的一个选项来确定模型的验算。

$$CE = \frac{\sum (X_{obs} - X_{mean})^2 - \sum (x_{pred} - X_{obs})^2}{\sum (X_{obs} - X_{mean})^2} \tag{63}$$

其中,X_{obs} 为实测值,X_{mean} 为一系列实测值的均值,X_{pred} 为预测值。通常认为,当 *CE* 数值大于 0.5 时可以断定为满意的(Quinton,1997)。

图 8 显示了实测值和预测值的对比。根据 *CE* 数值的定义,公式(63),表 7 用来进行 *CE* 数值计算的实测和预测数据。如公式(64)给出,模型验证计算的 *CE* 数值是 0.814。

表 7　模型验证数据的计算表

运行序号	产沙量 (kg)		$(X_{obs} - X_{mean})^2$	$(X_{pred} - X_{obs})^2$
	观察值	预测值		
P33231	257	188	3 739	4 647
P33131	193	216	4	508
P32131	406	341	44 481	4 248
P32231	223	303	758	6 340
P32331	200	209	19	82
P31131	47	89	21 985	1 750
P31231	42	34	23 587	58
平均	195. 43	总计	94 573	17 633

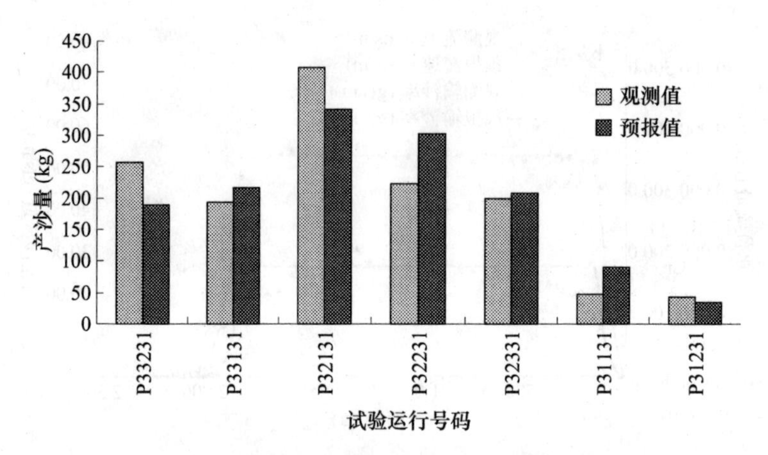

图 8　实测和预测情况下的产沙数值比较

$$CE = \frac{94\ 573 - 17\ 633}{94\ 573} = 0.814 \tag{64}$$

10　结语

根据相关分析和回归分析我们可以得出，在确定表层土壤侵蚀率的所有控制变量中单位水流功率具有最高的相关性。流速、坡度和佛汝德数是影响坡面漫流泥沙输移的其他因素。由于两者间的相关性很差，所以坡面漫流的坡度和流速的联系并不紧密。相关关系还显示，重力是影响坡面漫流的主导因素，颗粒尺寸并不是重要因素，即相对糙率并不重要。这一结论也可能是由于此次研究中用到的侵蚀土壤的颗粒尺寸较狭窄，不能全面反映其影响效果。

基于回归方程的且经修正的 Weibull 方程用来建立坡面漫流的泥沙输移方程。因此，该方程可以根据不同的水流条件和降雨影响对泥沙的输移率进行预测，包括对含沙量限制的考虑。预测数值与实测数据吻合得非常好。敏感度分析结果表明，单位水流功率是影响表层侵蚀率估算的最重要参数。这与用于河流泥沙输移方程的单位水流功率相一致。

通过应用一个无量纲的土壤侵蚀率因子 K'，本次研究中的土壤侵蚀方程可以应用到野外的环境。应用 MacCormack 网格，我们还建立一维扩散波水流演进模型。7 组野外试验数据（Barfield 等，1983）与本次研究中建立的土壤侵蚀方程及一维扩散波演进模型的模拟结果相吻合。在模型验证中的效率系数 CE 高达 0.814，表明该模型非常成功。

单位水流功率方法证明是进行淤积性渠道泥沙输移研究最有效的方法。在本次试验中，实验室的数据以及野外的试验数据表明，基于单位流量功率作为最重要变量的表层侵蚀方程对于确定坡面漫流的侵蚀率具有非常高的稳定性。

参考文献

[1] Aziz, N. M. and Scott, D. E. (1989). Experiments on sediment transport in shallow flows in high gradient channels[J]. Journal of Hydrological Sciences, Vol. 34, pp. 465 – 478.

[2] Barfield, B. J., Barnhisel, R. I., Powell, M. C. Hirschi, M. C., and Moore, I. D. (1983). "Erodibilities and Eroded Size Distribution of Western Kentucky Mine Spoil and Reconstructed Topsoil", Final Report for Title III Grant No. G1115211, Institute for Mining and Minerals Research and CRIS Project No. 907 – 15 – 2, College of Agriculture, University of Kentucky, Lexington, Kentucky.

[3] Ferro, V. (1998). Evaluating overland flow sediment transport capacity[J]. Hydrological Processes, 12, pp. 1895 – 1910.

[4] Foster, G. R. and Meyer, L. D. (1972). Transport of soil particles by shallow flow[J]. Transactions of the American Society of Agricultural Engineers, Vol. 15, pp. 99 – 102.

[5] Foster, G. R. and Meyer, L. D. (1975). Mathematical simulation of upland erosion using fundamental erosion mechanics. Present and Prospective Technology for Predicting Sediment Yields and Sources, Washington, DC: US Department of Agriculture, Agricultural Research Service, pp. 190 – 207.

[6] Gabet Emmanuel J. and Dunne, D. (2003). Sediment detachment by rain power[J]. Water Resources Research, Vol. 39, No. 1, 1002.

[7] Gilbert, K. G. (1914). The transportation of debries by running water. U. S. Geological Survey Professional Paper 86, 263p.

[8] Gilley, J. E., Woolhiser, D. A, and McWhorter, D. B. (1985). Interrill soil erosion – Part I: Development of model equations, Transactions of the American Society of Agricultural Engineers Vol. 28, No. 1, pp. 147 – 153 and 159.

[9] Govers, G. (1992). Evaluation of transporting capacity formulae for overland flow[J]. Overland Flow, edited by Parsons, J. and Abrahams, A. D., pp. 243 – 274.

[10] Graf, W. H. (1971). Hydraulic of Sediment Transport. New York: McGraw – Hill.

[11] Guy, B. T., Dickinson, W. T. and Rudra, R. P. (1987). The roles of rainfall and runoff in the sediment transport capacity of interrill flow[J]. Soil and Water Division of ASAE, No. 86 – 2537, pp. 1378 – 1386.

[12] Guy, B. T. and Dickinson, W. T. (1990). Inception of sediment transport in shallow overland flow. Soil Erosion – Experiment and Models, 91 – 109, edited by R. B. Bryan, Catena Supplement 17. Cremlingen: Springer – Verlag.

[13] Julien, P. Y. and Simons, D. B. (1985). Sediment transport capacity of overland flow. American Society of Agricultural Engineers, Vol. 28, No. 3, pp. 755 – 762.

[14] Julien, P. Y. (2002). River Mechanics. Cambridge University Press, UK.

[15] Kilinc, M. Y., 1972. Mechanics of soil erosion from overland flow generated by simulated

rainfall. Ph. D. dissertation, Colorado State University, Fort Collins, 183 p.

[16] MacCormack, R. W. (1971). Numerical Solution of Interaction of Shock Wave with Laminar Boundary Layer, Lecture Notes in Physics, Spring - Verlag, 8, pp. 151 - 163.

[17] Nash, J. E. and Sutcliffe, J. V. (1970). River flow forecasting through conceptual models. I. Discussion of principles[J]. Journal of Hydrology, Vol. 10, pp. 282 - 90.

[18] Prosser I. P. and Rustomji, P. (2000). Sediment transport capacity relations for overland flow. Progress in Physical Geography, Vol. 20, No. 2, pp. 179 - 193.

[19] Quinton, J. N. (1997). Reducing predictive uncertainty in model simulations: a comparison of two methods using the European Soil Erosion Model (EUROSEM). Catena, 30: 101 - 17.

[20] Schmidt, J. (1993). Modeling long - term soil loss and landform change. in Overland Flow: Hydraulic and Erosion Mechanics, edited by A. J. Parsons.

[21] Weibull, W. (1951). A statistical distribution function of wide applicability[J]. Journal of Applied Mechanics, Transactions of ASME, Vol. 18, No. 3, pp. 293 - 297.

[22] Wischmeier, W. H. and Smith, D. D. (1962). Soil - loss estimation as a tool in soil and water management planning, Institution of Association of Scientific Hydrology, Publication No. 59, pp. 148 - 159.

[23] Wischmeier, W. H. and Smith, D. D. (1965). Predicting Rainfall - Erosion Losses from Cropland East of the Rocky Mountains, U. S. Department of Agriculture, Agriculture Handbook No. 282.

[24] Wischmeier, W. H. and Smith, D. D. (1978). Prediction of Rainfall Erosion Losses - A Guide to Conservation Planning, U. S. Department of Agriculture, Agriculture Handbook No. 537.

[25] Yang, C. T. (1972). Unit stream power and sediment transport [J]. Journal of the Hydraulics Division, ASCE, Vol. 98, No. HY10, pp. 1805 - 1826.

[26] Yang, C. T. (1973). Incipient motion and sediment transport [J]. Journal of the Hydraulics Division, ASCE Vol 99, No. HY10, pp. 1679 - 1704.

[27] Yang, C. T. (1996). Sediment Transport Theory and Practice, McGraw - Hill Publishing Company, N. Y., N. Y. (reprint by Krieger Publishing Company, Malabar, Florida, 2003).

[28] Yang, C. T. (1979). Unit stream power equations for total load [J]. Journal of Hydrology, Vol. 40, pp. 123 - 138.

“维持黄河健康生命”生产体系框架

刘立斌 张锁成 李景宗

（黄河水利委员会总工程师办公室）

摘要：本文重点论述维持黄河健康生命生产体系及其构成。在理论体系研究成果的基础上，以实现维持黄河健康生命的治黄终极目标为宗旨，从分析当前黄河面临的严重生存危机入手，重点围绕解决水少、沙多、水沙关系不协调以及河流生态环境脆弱等治黄面临的根本性问题，提出增水、减沙、调控水沙、下游河道治理、水环境和河流生态保护等方面的主要途径、措施、科技手段和保障措施，为新时期黄河治理开发与管理提供参考。

关键词：生产体系 治理途径 三条黄河 维持黄河健康生命

1 黄河面临的严重生存危机及其根本性问题

1.1 黄河生命面临的严重生存威胁

黄河在经历了50多年大规模的治理开发，取得防洪（包括防凌）、减淤、灌溉、供水、发电等巨大成就，促进地区经济社会发展的同时，也面临着严重的生存危机，主要表现在以下4个方面：

（1）水资源供需矛盾尖锐，大量生态用水被挤占，河道频繁断流。现状黄河流域及其相邻地区年平均耗用黄河河川径流量达到300多亿 m^3，比20世纪50年代增加2.5倍；目前黄河水资源利用程度接近70%，已超过国际上公认的40%的警戒线。由于经济用水大量挤占了输沙和生态环境用水，水资源供需矛盾逐渐加剧，黄河下游一度断流十分严重。自1999年对黄河干流实行水量统一调度以来，断流现象虽然有所缓解，但黄河流域属资源性缺水地区，随着经济社会的发展，需水量不断增加，缺水形势将越来越严峻，功能型断流问题远未解决。

（2）河床淤积萎缩加剧，过洪能力急剧下降，洪水威胁严重。近20年来，黄河下游河道主槽淤积萎缩加重。1985～1999年下游河道年平均淤积2.23亿t，其中72%的泥沙淤积在主河槽里，导致主槽过流能力由20世纪80年代初平均6 000～6 500 m^3/s（即平滩流量）锐减至2001年局部河段1 800 m^3/s 左右，使得“二级悬河”发展迅速，严重威胁黄河下游防洪安全。与此同时，黄河上游宁蒙河道、黄河最大的支流渭河下游河道主槽淤积萎缩也十分明显，中小洪水水位显著抬高，平滩流量下降，洪水威胁严重。

(3)水土流失尚未得到有效遏制。黄河流经世界上水土流失面积最广、侵蚀强度最大的黄土高原,年侵蚀模数大于1 000 t/km^2 的水土流失面积45.4万km^2,占黄土高原总面积的71%。黄土高原严重的水土流失,是黄河16亿t泥沙的最主要来源。经过50多年坚持不懈的水土保持治理,在一定程度上遏制了黄土高原的水土流失,20世纪70年代以来年平均减少入黄泥沙3亿t。但初步治理的区域治理标准低,工程不配套,特别是多沙粗沙区(面积7.86万km^2)治理严重滞后,尚未有效控制水土流失,侵蚀模数仍远远高于国家规定的1 000 $t/(km^2 \cdot a)$的轻度侵蚀标准。随着黄土高原地区经济建设的加快和人口的不断增长,人类对自然的索取还会不断增加,产生新的水土流失因素增多,对环境的压力越来越大。

(4)水质污染日趋严重,河口生态环境恶化。根据《2004年黄河流域水资源质量公报》,干流32个监测断面中,65.6%的断面水质劣于地表水环境质量Ⅲ类标准。黄河干流近70%的城市集中饮用水水源地不能满足水质标准要求。主要支流51个监测断面中,76.5%的断面水质劣于地表水环境质量Ⅲ类标准。水质恶化不仅直接影响人民生活和身体健康,而且大大加剧了水资源的紧缺程度,同时对河道水生态系统造成极其不利的影响。近10年来,由于入海水量锐减,黄河三角洲生态系统呈恶化趋势,主要表现为:其一,淡水湿地面积逐年减少,湿地质量下降,一些依赖湿地生存的动、植物明显减少;其二,河口海域入海营养物下降,以及表层盐度增加,使近海水生生物的生存条件受到严重影响;其三,大规模的经济开发不但缩小了自然保护区的面积和野生动物的生存空间,而且污染了环境,给生物物种资源的自然演变和栖息环境带来干扰。

1.2 根本原因

通过解剖上述黄河面临的严重生存危机,不难看出导致其存在上述危机的根本原因在于黄河水少、沙多、水沙关系不协调以及河流水生态环境脆弱,这些问题是在维持黄河健康生命的过程中,需要长期解决的关键问题,应该贯穿于今后黄河治理开发与管理的始终。

(1)水少。黄河水少,自古皆然。黄河多年平均天然径流量仅580亿m^3,可开采的地下水资源量约110亿m^3。流域内人均水量527 m^3,为全国人均水量的22%;耕地亩均水量294 m^3,仅为全国耕地亩均水量的16%。再加上流域外的供水需求,人均占有水资源量更少。目前黄河流域及其相关地区工农业和城乡生活耗用水量410亿m^3左右(其中开采地下水110亿m^3)。随着经济社会的持续发展,预测2020年、2050年,工农业和城乡生活需耗水量将分别增加到530亿m^3、620亿m^3,扣除地下水可利用量,需要黄河供水420亿m^3和510亿m^3。显然,如无外来水源补充,黄河水资源供需矛盾将日益尖锐,河道实际来水量将进一步减少。

(2)沙多。黄河是世界大江大河中输沙量最大、水流含沙量最高的河流。黄河“沙多”的主要原因是黄土高原严重的水土流失。通过对黄河泥沙来源的数量上和颗粒级配上分别加以考证,黄河不仅沙多,而且地区分布相对集中,约62.8%的全沙和72.5%的粗泥沙(粒径 $d \geqslant 0.05$ mm)来自于7.86万 km^2 的黄河中游多沙粗沙区(1950~1960年资料)。天然情况下,黄河年平均输沙量约16亿t。20世纪80年代以来,主要受水利水保工程减沙作用的影响,加之降雨特别是暴雨偏少,黄河年输沙量明显减少;未来随着水土保持措施的进一步加强,黄河沙量还将呈继续减少趋势,估计到2050年,黄河输沙量有望减少到8亿t左右。尽管如此,多沙依然是黄河的基本特征。

(3)水沙关系不协调。由于黄河水少、沙多,水流含沙量高,黄河自古以来就存在水沙关系不协调问题。水沙关系不协调是河道淤积的根本原因。在20世纪以前漫长的历史时期,黄河水沙关系不协调主要体现在下游,并通过河道的不断淤积抬高、堤防的频繁决口、改道和迁徙来长期维系这一关系。但现在的黄河下游河道穿越人口稠密、工农业生产体系比较完善的黄淮海大平原,客观上已不允许黄河决口改道。鉴于此,黄河水沙关系不协调的矛盾更加突出,其根本原因在于伴随着流域及相关地区经济社会的持续发展,沿黄用水不断增加,致使河道径流减少的幅度远大于入黄泥沙减少幅度,并呈继续发展态势。由此可以预测,在无外流域增水条件下,如果不采取有效措施协调水沙过程,未来黄河水沙关系不协调的问题将更加突出,河道形态必将进一步恶化。

(4)河流水生态环境脆弱。黄河水少、沙多,水沙关系不协调的矛盾直接导致了以黄河为中心的水生态环境极其脆弱。尽管进入河道的泥沙通过吸附、中和等理化反应对河流水质具有一定的净化作用,但因水在河流水生态环境中起主导作用,河道泥沙在其中发挥的正面作用远不能抵消由于河道水量的日渐减少和污染物排放量的日趋增加给水生态环境所带来的负面影响。

2 维持黄河健康生命的主要途径和措施

综上所述,水少、沙多,水沙关系不协调以及河流水生态环境脆弱将是长期困扰黄河生命健康的四个根本性问题,因此生产体系的构建重点是围绕解决上述根本问题而展开。对应于“水少、沙多,水沙关系不协调”问题,解决的基本思路是“增水、减沙,调控水沙”;对于“河流水生态环境脆弱”问题,解决的基本思路是“维持河流水生态系统的健康发展”。其中,“增水”的主要途径是“黄河水资源利用的有效管理”和“外流域调水增加黄河水量”;“减沙”的主要途径是减少和处理黄河泥沙;“调控水沙”的主要途径包括“黄河水沙调控体系建设”、“黄河下游河道科学治理"、"调水调沙塑造协调的水沙关系"和"减缓河口淤积延伸速率";"维持河流水生态系统健康发展"的主要途径包括"降低污径比保护水资源"和"河流生态系统的良性维持"。上述九条治理途径既相互独立,又互为依托,经逐步实施并充分发挥作用后,可以基本实现"堤防不决口、河道不断流、污染不超标、河床不抬高"(即"四个不")的治理目标,长期维持黄河的健康生命。

2.1 水资源的有效管理及外流域调水

为了解决黄河水资源短缺问题,首先要加强水资源的有效管理,建立节水型社会,在此基础上,逐步实施跨流域调水,增加黄河水资源量。

2.1.1 水资源的有效管理

通过采取行政、经济、工程、科技、法律等多种手段,全面构建黄河水资源统一管理与调度的综合保障体系。加强计划用水和定额管理,制定黄河水资源合理配置方案,建立引水、耗水、省际断面三套配水指标;完善取水许可制度,实施国家统一分配水量,流量、水量断面控制,省(区)负责用水配水,对干支流重要水利枢纽工程实行统一调度。逐步建立合理的水价形成机制,充分利用水价、水权转换等经济手段,调节黄河水资源的供求关系。加强河源区的水源和生态保护,逐步恢复水源涵养功能。进一步完善和加强法律手段,以保障水资源统一管理与调度的实施。

2.1.2 节水型社会建设

节约用水是缓解黄河水资源供需矛盾的有效途径,节水应以灌溉节水为主。黄河灌区节水潜力较大,目前黄河流域和流域外引黄灌区达到节水标准的灌溉面积只有2 395万亩(159.67万hm^2),仅占总灌溉面积的20%;近期安排新增节水面积4 847万亩(323.13万hm^2),使节水面积达到7 242万亩(482.8万hm^2),占黄河灌区面积的64.3%,灌溉水利用系数由目前的0.4左右提高到0.5以上,可节约水量达34.7亿m^3,如能提高到0.6以上,可节约水量还将进一步增加。因此,要大力开展灌区的节水配套改造,发展节水农业;有条件的灌区实施井渠双灌,以灌代排;充分利用雨水资源,实行耕作制度变革,提高旱作农业生产水平。同时,要加大以节水为重点的结构调整和技术改造力度,严格限制高耗水重污染项目,鼓励发展用水效率高的高新技术产业,搞好城市工业和生活节水。

2.1.3 外流域调水

跨流域调水是解决黄河资源性缺水的关键措施。目前比较明确的跨流域调水入黄方案,一是利用南水北调西线工程增加黄河水量,该方案是解决黄河水资源短缺的根本途径;二是利用已经开工的南水北调东线和中线工程相机向黄河补水,以缓解近期黄河下游河道及河口生态环境用水不足;三是引江济渭入黄等其他调水入黄方案,其目的主要是解决渭河流域资源性缺水,并适当补充黄河下游生态环境用水。

南水北调西线工程规划从长江上游的大渡河、雅砻江、金沙江源头调水进入黄河河源区,多年平均可调水量170亿m^3,其中相对容易实施的一期、二期工程共计可调水量80亿~90亿m^3,拟于2020年之前逐步建成生效。

2.2 减少和处理黄河泥沙

泥沙是黄河难治的症结所在。经过长时期的治黄实践探索,减少、处理和利用黄河泥沙的基本思路要采用"拦、排、放、调、挖"等综合治理措施。其中"拦"和"放"的重点应着眼于对下游河道主槽淤积危害最大的粗泥沙,因此必须尽快构筑控制黄河粗泥沙的"三道防线"。一是在对黄土高原地区坚持不懈地进行水土流失治理的同时,本着"先粗后细"的原则,以淤地坝建设为主要工程手段,进行水土流失综合治理,尽量减少进入黄河的粗泥沙;二是利用黄河上中游干流骨干工程的死库容拦沙,通过实行"拦粗泄细",减少进入中下游淤积性河道的粗泥沙;三是主要依靠小北干流广阔的滩区放淤,通过"淤粗排细",进一步拦截进入黄河的部分粗泥沙,减少进入小浪底水库和黄河下游的粗泥沙。另外,当小浪底水库在汛期排泄高含沙小洪水时,还可利用小浪底以下黄河滩区引洪防淤,减少下游河道主槽的淤积。

2.2.1 黄土高原水土保持

黄土高原的水土流失防治,要继续按照"防治结合,保护优先,强化治理"的方略,既要不断加大投入力度,采取人工综合治理和生态修复等必要措施,坚持不懈地治理水土流失,又要搞好预防监督工作,防止开发建设过程中造成新的水土流失。近期应将黄河中游多沙粗沙区(面积7.86万km^2)作为黄土高原水土流失治理的重点,特别要把其中对黄河下游河床淤积影响重大的粗泥沙集中来源区(面积1.88万km^2)作为突破口,优先考虑,集中安排,以重点支流拦沙工程及其淤地坝工程建设为主,尽快构建减少入黄粗泥沙的第一道防线。估计2020年、2050年黄土高原年平均可减少入黄沙量分别达到6亿t和8亿t。

2.2.2 骨干工程拦沙

黄河干流骨干工程和支流骨干工程全部建成后,总体可拦减泥沙500多亿t(不含龙羊峡、刘家峡和三门峡水库),在一定时期内显著减少进入下游河道及上中游冲积性河段的泥沙。2020年以前主要依靠小浪底水库拦沙100亿t(目前该水库已拦沙19亿t)。2020年前后建成古贤水库,运用40年左右可以拦沙160亿t。在古贤水库投入后,在干流继续建成大柳树、碛口水利枢纽,渭河支流建成东庄水库,运用40~60年,共可拦沙240亿t左右。通过水库(群)"拦粗泄细"和水沙联合调控运用,可显著减少进入下游河道的泥沙,改善水沙关系。

2.2.3 小北干流放淤

小北干流放淤分为无坝放淤试验、无坝放淤和有坝放淤三个阶段实施。首先,利用2~3年的时间进行无坝放淤试验,以取得基本参数并积累经验;在此基础上,于2010年前初步建成无坝放淤工程体系,于2025年前全面完成无坝放淤,规划总放淤面积303 km^2,放淤拦沙12亿t。远期在黄河北干流建设以放淤为主要目的禹门口水利枢纽,通过与其上游的古贤水库联合调控,进一步扩大放淤区域,提高放淤效率。小北干流两岸滩区总计可放淤泥沙约100亿t,其中粗泥沙淤积量占40%左右。

2.3 建设水沙调控体系,塑造协调的水沙关系

解决黄河水沙关系不协调问题,除了上述增水、减沙措施外,还要建设完善的水沙调控体系,通过干支流骨干水库对水沙进行的联合调度,塑造协调的水沙关系,恢复和维持冲积性河道主河槽的排洪输沙功能。

2.3.1 恢复和维持干支流冲积性河道中水河槽的主要途径

黄河冲积性河段主要指黄河下游、上游宁蒙、中游小北干流以及支流渭河下游等四个河段。黄河冲积性河道主槽是河道排洪输沙的主体,其排洪能力一般占全断面的60%~80%,河道输沙则几乎全部依靠主河槽。因此,维持适宜的主槽断面形态对保障河道排洪输沙功能至关重要。长期的治黄实践和研究结果表明,恢复和维持干支流各冲积性河段主槽具有一定过流能力的中水河槽,必须充分利用洪水的造床动力。根据黄河不同量级洪水发生的可能性,恢复和维持干支流冲积性河道中水河槽的主要途径有三条:对于大洪水和特大洪水,要按照科学合理的洪水处理方案,通过干支流水库的联合调度和蓄滞洪区的适时启用,在确保大堤不决口的前提下,充分发挥冲积性河道具有的大水多排沙和淤滩刷槽的作用,达到扩大主槽断面、降低滩面横比降的目的。对于中常洪水,要本着合理承担适度风险的原则,通过黄河水沙调控体系的联合调水调沙,塑造协调的水沙关系,让洪水塑造河槽,挟沙入海,恢复河槽的过流能力;当河道内没有洪水且条件具备时,要通过水库群联合调度等措施塑造人工洪水及其过程,达到冲刷主河槽、阻止主槽萎缩及多冲沙入海的目的。除了控制、利用、塑造洪水外,还可通过人工淤滩(或放淤)、河槽疏浚等辅助性措施恢复并维持中水河槽。

2002~2004年连续三次的黄河调水调沙试验结果表明,调水调沙是恢复和维持黄河冲积性河道中水河槽的关键措施。目前,黄河干流已建成龙羊峡、刘家峡、三门峡和小浪底水库等四座骨干工程,四座水库总库容517亿m^3,其中有效库容286亿m^3。这四座工程建成以来,在黄河防洪(包括防凌)减淤、调水调沙和水量调度等方面发挥了巨大作用,有力地支持了沿黄地区经济社会的持续发展。但在调控黄河水沙方面还有很大的局限性。因此,要维持黄河冲积性河段

具有较稳定的中水河槽，就必须尽快建设完善的黄河水沙调控体系，实施外流域调水，进行全流域骨干水库群联合调水调沙，塑造协调的水沙关系。

根据黄河不同河段的水沙特点，从流域全局出发，按照新的治河理念，并根据不同河段协调水沙关系和治理开发的要求，最终形成以干流龙羊峡、刘家峡、黑山峡、碛口、古贤、三门峡、小浪底水库七大控制性工程为主体，与支流陆浑、故县、河口村、东庄水库构成完善的黄河水沙调控体系，提高管理和控制黄河不同河段洪水泥沙的能力，变不利水沙过程为有利水沙过程，使之适应河道的输沙特性，提高输沙效率，减少河道淤积，节约输沙水量。

2.3.2 近期水沙调控

在南水北调工程和古贤水利枢纽、黑山峡水利枢纽建成以前，近期主要是利用现状工程龙羊峡、刘家峡、万家寨、三门峡、小浪底、陆浑、故县水库等干支流水库联合运用调水调沙，使下游河道主槽过流能力扩大到4 000 ~5 000 m^3/s，并遏制宁蒙河段主槽淤积萎缩的趋势和潼关河床高程的抬升。

2.3.3 中期水沙调控

2020 年黄河干流的古贤、大柳树水利枢纽以及支流的河口村、东庄水利枢纽建成后，南水北调西线工程入黄水量达到80 亿 ~90 亿 m^3。利用大柳树水库对黄河水量和南水北调西线工程配置的河道内用水进行调节，在汛期集中大流量下泄，塑造有利于宁蒙河段输沙的水沙关系，使该河段的主槽过流能力恢复到3 000 m^3/s 以上；通过古贤水库和三门峡、小浪底等水库联合调控运用，对黄河上游河道下泄的水沙过程及中游来水来沙进行调节，塑造有利于河道输沙的水沙关系，变不利水沙条件为有利水沙条件，减轻小北干流及下游河道的淤积，降低潼关高程，恢复并维持河道主槽过流能力；同时，利用渭河支流泾河东庄水库拦沙和调水调沙，配合外流域调水，协调进入渭河下游河道的水沙条件，减缓渭河下游河道淤积，使其主槽过流能力恢复到3 000 m^3/s 以上。

2.3.4 远期水沙调控

远期干流碛口水利枢纽建成后，形成完善的黄河水沙调控体系，干流七大骨干工程和支流水库联合运用，对黄河的洪水、径流、泥沙和南水北调西线入黄水量进行有效调控。随着外流域调水工程逐步生效，远期入黄水量达到170 亿 m^3 以上，通过合理的水资源配置进一步增加黄河输沙用水，充分发挥黄河水沙调控体系的作用，协调黄河水沙关系，使河道主槽基本上冲淤平衡，长期保持各河段一定过流能力的中水河槽，维持黄河健康生命。

2.4 下游河道科学治理

由于长时期的淤积，黄河下游成为著名的“地上悬河”。1946 年以前漫长的历史时期，下游决口改道频繁，洪水灾害严重。下游河道内广阔的滩地为洪水通道，目前居住人口 181 万人。加强下游河道治理，对保障下游防洪安全，实现滩区人水和谐具有重要意义。

2.4.1 下游河道治理方略

基于对今后长时期进入黄河下游水沙条件的认识和以往治黄实践以及大量的研究成果，在“上拦下排、两岸分滞”的防洪工程体系基本形成的前提下，按照科学发展观的要求，提出新时期黄河下游河道科学合理的治理方略为“稳定主槽、调水调沙，宽河固堤、政策补偿”。其内涵为：通过进一步完善和建设河道整治工程，适应黄河下游河道游荡多变的特点，稳定中水流路，并主要采取调水调沙措施，使中水河槽长期保持一定的过洪和排沙能力，控制中常洪水漫滩。陶城铺以上河段继续采取宽河固堤方案，按照现有堤防工程布局继续加固堤防，建成标准化堤防。中小洪水时主要通过塑造的中水河槽排洪输沙；大洪水时依靠广阔的滩地，滞洪沉沙，淤滩刷槽，增强主槽过洪能力。同时通过滩区安全建设，使滩区群众在中常洪水时能够安居乐业；当发生漫滩的大洪水时，滩区群众的生命财产安全可以得到保障，通过建立滩区补偿政策，帮助群众恢复生产。

2.4.2 下游河道治理措施

（1）建设标准化堤防工程。标准化堤防工程是实现宽河固堤、确保花园口站发生 22 000 m^3/s 洪水时“堤防不决口”的重要屏障，通过逐步完善下游标准化堤防，使下游堤防成为“防洪保障线、抢险交通线、生态景观线”。

（2）河道整治等工程建设。在黄河泥沙来源区未得到有效控制前，应充分利用小浪底水库运用初期这一有利时机，在黄河下游游荡性河道（铁谢至高村河段，长约 299 km）合理布置控导工程，进一步缩小主流游荡摆动范围，近期基本控制游荡性河段的河势，确保下游防洪安全，并为逐步营造高效输沙通道创造条件。

（3）加强滩区综合治理，建立政策补偿机制。与国内外其他大江大河不同的是，黄河下游河道内有广阔的滩地，既是黄河行洪、滞洪、沉沙的场所，又是 180 余万群众生存发展的场所。按照因地制宜的原则，黄河下游滩区安全建设工程措施拟采用三种方式，即外迁，临时撤离，就地移民、集中建镇等。根据黄河下游滩区地形情况，初步规划外迁人口约 46.7 万人，发生洪水时临时撤离人口约 39 万人，其余群众在滩区修筑大村台就地移民，集中建镇，村台防洪标准为防御花园口站 12 370 m^3/s 洪水（20 年一遇）。黄河下游滩区是特殊的蓄滞洪区，当滩区遭受洪水灾害后，积极争取国家给予一定的补偿。针对东坝头至陶城铺河段突出的“二级悬河”问题，配合调水调沙，采取疏浚主槽、淤背、淤堵串沟、淤填堤河、引洪淤滩等可行措施，加快治理步伐，遏制河道萎缩，减轻“二级悬河”对下游防洪和治理带来的不利影响。

2.5 治理河口,减缓河口淤积延伸速率

黄河是世界上泥沙最多的河流之一,每年约有10亿t泥沙进入河口(利津站,1950~1987年),而黄河水流和渤海海洋动力相对较弱,不能将进入口门的泥沙输送到外海,绝大部分泥沙沉积在河口及浅海水域。随着河口淤积延伸,黄河下游的侵蚀基面相对抬升,从而对河口以上河道产生溯源淤积,对防洪产生不利影响。为了尽量减少河口淤积延伸对下游河道的不利反馈影响,需要加强河口治理,减缓河口淤积延伸速率。

2.5.1 科学安排入海流路

为了充分利用清水沟流路的海域容沙能力,减缓河口延伸速度,保证黄河下游的防洪防凌安全,有利于黄河三角洲和胜利油田的开发建设,应使河口淤积保持较宽的扇面。根据清水沟河道冲淤变化预测,有计划地安排改走北汊入海。根据目前的分析,清水沟流路行河年限毕竟是有限的。同时考虑到可能出现的特殊情况,需对河口入海备用流路做好安排。以往规划将钓口河流路作为优先使用的备用流路,马新河流路作为远景备用流路。应按照已经出台的《黄河河口管理办法》,加强对备用流路的管护,为远期入海流路使用创造条件。

2.5.2 加强尾闾河道治理

根据对未来河口来水来沙及其入海流路演变趋势预测,今后清水沟流路还将行河30年以上。为了维持现行清水沟流路一定的排洪输沙能力,减轻对下游河道的溯源淤积影响,并保障河口地区的防洪安全,需加强尾闾河道的堤防工程和河道整治工程建设,相对稳定入海流路,确保河口堤防在10 000 m^3/s以下洪水时不决口。此外,在河口河段有计划地进行挖河疏浚,减轻主河槽淤积,并使其在一定水沙条件下发生溯源冲刷,不仅有利于现行河口流路的通畅和稳定,而且对河口以上局部河道将起到一定的减淤作用,同时将挖出的泥沙用于加强堤防工程建设,达到“挖”和“放”有机结合的目的。

2.5.3 延缓河口淤积延伸速率

为减缓河口淤积延伸速率,除了前述的黄土高原水土流失综合治理、黄河干流骨干工程拦沙和小北干流滩地放淤等措施尽量减少进入河口的泥沙外,还要在河口采取一定的措施,扩大泥沙的处理范围和堆积空间,尽量减少泥沙在尾闾河道和浅海的淤积。如实施拦门沙治理工程,充分利用海洋动力,加大向外海的输沙量;在河口两岸低洼地区引洪放淤,改良土地;结合油田开采,利用泥沙集中造陆等。

2.6 保护水资源,维持河流生态系统健康

黄河水生态系统能否良性发展是维持黄河健康生命的关键因素之一。近10年来黄河水质日趋恶化,河流生态系统不断退化,如果任其发展,将使黄河的

水环境承载能力逐步减小,饮水安全、生态安全失去保障。因此,需要进一步加强黄河水资源保护,维护河流生态系统健康。

2.6.1 水资源保护

目前黄河水质污染问题十分严重,已影响到沿黄城乡的饮用水和河道生态安全。初步估计,黄河流域水污染每年造成的直接经济损失为115亿~156亿元。实现黄河“污染不超标”,关键是要通过减少污染物的排放和增加黄河水量的途径降低污径比。在强化政府监督管理基础上,充分重视发挥地方政府、环保和水利三方面的作用,贯彻水利环保统一规划、团结治污和分工协作的方针,建立和完善联合治污机制。以保护水资源为根本,在确保流域污染源稳定达标基础上,通过必要的法律、行政、经济、技术、舆论手段和工程措施,实行污染物排放和入河的总量控制;通过南水北调工程和水量统一调度,增加和调节黄河水量,提高和优化河流的水资源与水环境承载能力。

2.6.2 河流生态系统的良性维持

黄河河流生态系统包括陆地河岸生态系统、水生生态系统、相关湿地及沼泽生态系统在内的一系列子系统,是一个复合生态系统。该系统主要包括源区生态系统、干流生态系统、河口生态系统三部分,贯穿了黄河流域不同自然地带及其相应的生态特点。河源区地广人稀,在总体上和大范围内应以保护为先,以自然恢复和调整人类经济行为为主,以人工建设和生态建设为辅,采取管理、生态、工程等措施恢复高寒草地生态系统,逐步实现河源区生态系统的良性循环。干流要采取保护和开发相结合的措施,在满足人类正常需求的前提下,通过工程、管理、生态措施保证干流生态环境需水量,恢复水生生态系统,修复湿地生态系统,实现干流生态系统的良性维持。对河口生态系统采取的主要措施:一是加强黄河水资源的有效管理和优化调度,确保河口不断流,保证黄河三角洲生态良性维持所必要的基本水量;二是正确处理好河口治理与三角洲经济、社会发展的关系,在河口治理方案上,划分不同的生态功能区,因地制宜,分区治理,优化河口治理的总体布局;三是加强河口治理的法规建设,为实现黄河三角洲生态系统良性维持提供法律保障。

3 “三条黄河”科技手段

作为黄河治理开发与管理的终极目标,“维持黄河健康生命”的顺利实现必须树立现代水利理念,借助现代科技手段,这种有效的手段就是“三条黄河”决策支持系统,即原型黄河、数字黄河和模型黄河。只有借助“三条黄河”的科技手段,才能确保各条治理途径技术先进、经济合理、安全可靠。

原型黄河,就是自然界中的黄河,它是我们研究和治理、开发与管理的对象。数字黄河,是原型黄河的虚拟对照体。其主要是借助现代化手段及传统手段采集基础数据,对全流域及其相关地区的自然、经济、社会等要素构建一体化的数字集成平台和虚拟环境,以功能强大的系统软件和数学模型对黄河治理开发与管理的各种方案进行模拟、分析和研究,并在可视化条件下提供决策支持,增强决策的科学性和预见性。模型黄河,是原型黄河的物理对照体。其主要是利用物理模拟技术,将原型黄河的各种技术要素按一定比例缩小,按其研究对象分类组成既相对独立又相互联系的实体模型体系,以期通过该手段对原型黄河所反映的自然现象进行反演、模拟和试验,并能对综合因素进行单因子“剥离”,从而揭示原型黄河所蕴含的内在规律。

原型黄河、数字黄河和模型黄河,“三条黄河”之间相互关联,互为作用,共同构成一个科学决策“场”。在这一科学决策“场”中,原型黄河是数字黄河和模型黄河建设的基础,也是数字黄河和模型黄河研究的对象。原型黄河建设的主要目标是借助一系列测验手段,在原型黄河上获取原始数据,并通过对原型黄河有关重大问题的研究分析,提出黄河治理开发与管理的各种需求;数字黄河建设的主要目标是充分利用数字黄河反应迅速、成本低廉的优势,对黄河治理开发与管理方案超前进行计算机模拟,提出若干可能方案,或方案趋势与方向;模型黄河建设的主要目标是利用模型黄河所具有的与实际流场物理相似的功能,对数字黄河提出的可能方案进行模拟试验,从中选取或完善可行的原型黄河治理开发与管理方案。由此可认为,模型黄河是数字黄河通过数学模拟和分析提出原型黄河治理开发和管理方案的“中试”环节。同时,在模型黄河上开展的物理模拟试验还可为数字黄河建设提供物理参数,使数学模拟系统更加具有物理意义,更加符合黄河的实际。最后,通过模型黄河模拟试验提出的可行方案在原型黄河上布置或实施,经过原型黄河实践,逐步调整、稳定,确保实现各种治理开发与管理方案在原型黄河上技术先进、经济合理和安全有效。

4　保障措施

黄河治理开发与管理属于跨地区、跨部门的综合性巨系统工程,具有特殊的重要性、复杂性和艰巨性。为了统筹协调有关地区和部门各方面关系,保障黄河治理开发与管理各项工作的顺利进行,促进黄河水资源的可持续利用、流域生态环境建设及相关地区经济社会的可持续发展,实现维持黄河健康生命的终极目标,在大力开展九条治理途径的各项配套措施、建设“三条黄河”决策支持系统的同时,还必须加强黄河治理开发与管理的保障措施体系建设,包括流域管理、工程管理、投入保障机制的研究与建立以及政策法规体系的建设等。

5　战略实施步骤及预期效果

“维持黄河健康生命”是黄河治理开发和管理的终极目标,实现这个终极目标将是一个长期而艰巨的历史任务。通过逐步实施增水、减沙、调控水沙、恢复河流生态环境等措施，将达到遏制黄河“病态”发展，逐步恢复河道基本功能、维持黄河健康生命形态的预期效果。

5.1 近期

近期是指南水北调西线工程调水生效之前(2020 年前)。通过采取一系列措施，达到的预期效果是：①水资源统一管理和调度体制进一步完善，节水型社会建设初见成效，实现黄河不断流；②基本控制人为因素产生新的水土流失，有效减少对下游河道淤积危害大的粗泥沙，遏制黄土高原生态环境恶化的趋势，黄土高原平均每年减少入黄泥沙 5 亿 ~6 亿 t；③通过以小浪底水库为中心的骨干水库群联合调水调沙运用，使下游河道主槽过流能力恢复到 4 000 ~5 000 m^3/s；④黄河下游基本建成标准化堤防，确保防御花园口站洪峰流量 22 000 m^3/s 堤防不决口，基本控制游荡性河道河势，相对稳定河道主槽和入海流路，上中游干流重点防洪河段的河防工程达到设计标准；⑤建立联合治污机制，进入黄河干流的污染物符合总量控制要求，基本遏制湿地生态系统恶化趋势。

5.2 中期

中期是指南水北调西线一、二期工程生效之后，三期工程生效之前。通过采取一系列措施，达到的预期效果是：①黄河灌区全部达到节水要求，城市及工业节水达到国内先进水平，节水型社会大见成效，南水北调西线工程可增加黄河水量 80 亿 ~90 亿 m^3；②黄土高原水土流失治理平均每年减少入黄泥沙的总量达到 7 亿 t 左右，黄河水沙关系明显改善；③建成古贤、大柳树和河口村水库，进一步完善水沙调控体系，通过干支流骨干水库有效控制和管理黄河洪水，恢复各冲积性河段河道基本功能，形成稳定的中水河槽；④强化联合治污机制，进入黄河的污水排放量得到控制，全河水质达到水功能区水质目标；⑤保证维持河口湿地生态系统平衡的基本水量，逐步恢复湿地生态系统的良性循环，基本实现人水和谐。

5.3 远期

远期是指南水北调西线三期工程生效之后。通过长期不懈的努力，远期达到的预期效果是：①建成节水型社会，黄河流域地表水水质恢复良好状态，南水北调西线工程总计向黄河增加水量 170 亿 m^3 左右，黄河水资源供需矛盾基本解决；②黄土高原水土流失区适宜治理的地区基本得到治理，平均每年减少入黄泥沙达到 8 亿 t；③建成完善的水沙调控体系，有效控制黄河洪水泥沙，形成“相对地下河”，实现黄河长治久安；④实现河流水环境和流域生态系统的良性循环；⑤通过 100 年左右的努力，实现黄河“堤防不决口、河道不断流、污染不超标、河床不抬高”，维持黄河健康生命形态，实现人与黄河的和谐相处。

黄河健康状况评判方法的探讨

王　煜

（黄河勘测规划设计有限公司）

摘要：河流系统是一个耗散结构，因此评价河流健康状况可以从系统的观点出发进行探讨研究。本文应用系统论和信息论的有关概念及理论，提出了基于系统有序度熵的河流健康评价方法，导出了综合考虑河流系统多个子系统（健康目标）的河流健康指标的数学表达。以黄河为例，分析提出了黄河健康因子，研究了各健康因子的阈值范围，评价了黄河现状的健康状况。

关键词：河流　健康　熵　评价

1　引言

河流和人类的文明进程密不可分，从某种意义上说，人类是依附于河流而成长和发展的，无数古代文明和现代文明都可以证明这一点。人类文明的进步一方面受益于河流，一方面也影响着河流，随着文明的进程，人类越来越多地需要水资源支撑其自身的发展，在某个时间点，甚至已经超过了河流所能够承载的负荷，河流本身的健康就会受到影响。以黄河来说，由于人类耗水量超过了流域水资源承载能力，导致一系列社会经济和生态问题，主要包括：主槽严重萎缩、“二级悬河”加剧，水资源紧缺供需矛盾日益突出、河道断流频繁，多数河段水质恶化，河流生态系统退化。

如何评价河流的健康状况，以更好地实现人水和谐，这是本文研究探讨的内容。众所周知，河流系统是一个耗散结构，因此评价河流健康状况可以从系统的观点出发进行探讨研究。本文应用系统论和信息论的有关概念和理论，提出了基于系统有序度熵的河流健康评价方法，导出了综合考虑河流系统多个子系统（健康目标）的河流健康指标的数学表达。以黄河为例，分析提出了黄河健康因子（序参量组），研究了各健康因子的阈值范围，评价了黄河现状的健康状况。

2　基于系统有序度熵的河流健康评判方法

本文应用系统论、信息论、水资源临界调控理论的思想，进行河流健康的评价，提出基于系统有序度熵的河流健康评判方法，提出了河流健康指标的数学表达。

2.1 熵和耗散结构

约140年前,德国物理学家克劳修斯(R. Clausius)把可逆过程中要作物质吸收的热与温度之比值称为Entropie,用符号S表示,后来熵引申为描述信息的一种量化指标。

耗散结构理论认为:一个远离平衡态的非线性的开放系统(不管是物理的、化学的、生物的乃至社会的、经济的系统)通过不断地与外界交换物质、能量和信息,系统中存在有非线性动力过程和正负反馈机制,在系统内部某个参量的变化达到一定的阈值时,通过涨落及负熵的增加,系统可能发生突变即非平衡相变,由原来的混沌无序状态转变为一种在时间上、空间上或功能上新的有序的耗散结构。

2.2 耗散结构系统演变的评判方法

对于河流系统等耗散结构,系统的相变结果不一定都走向新的有序,也可能走向无序。因此,为了把握系统协调的程度,以促使系统向更加有序的方向转化,引入有序度这一概念来衡量协同作用。考虑系统具有K个子系统,各子系统以序参量组e_j来表达,$j=1,2,\cdots,K,K\geqslant 1$。设$e_j$子系统演变过程中的序参量变量为$e_j=(e_{ji},e_{j2},\cdots,e_{jk})$,$e_{ji}$有序度定义为$U_j(e_{ji})$,且$U_j(e_{ji})\in[0,1]$。

e_{ji}的取值应在临界阈值区间,如$\beta_i\leqslant e_{ji}\leqslant\alpha_i$。假定$e_{ji},e_{j2},\cdots,e_{jm}(1\leqslant m\leqslant p)$在阈值区间的取值越大,则有序程度越高,其取值越小,有序程度越低;假定$e_{jm+1},e_{jm+2},\cdots,e_{jp}(m\leqslant p\leqslant n)$在临界阈值区间的取值越大,其有序程度越低,取值越小,有序程度越高;假定$e_{jp+1},e_{jp+2},\cdots,e_{jn}$在临界阈值区间越接近某一值$c$,有序程度越高。这样,$e_j$序参量变量$e_{ji}$的有序度$U_j(e_{ji})$为:

$$U_j(e_{ji})=\begin{cases}\dfrac{e_{ji}-\beta_{ji}}{\alpha_{ji}-\beta_{ji}} & i\in[1,m]\\[2ex]\dfrac{\alpha_{ji}-e_{ji}}{\alpha_{ji}-\beta_{ji}} & i\in[m+1,p]\\[2ex]1-\dfrac{e_{ji}-c}{\alpha_{ji}-\beta_{ji}} & i\in[p+1,n]\end{cases}\tag{1}$$

式中:$U_j(e_{ji})$为序参量变量e_{ji}的有序度;β_i和α_i分别为e_{ji}的最小和最大临界阈值。

由上式可知,若序参量变量e_{ji}的有序度值$U_j(e_{ji})\in[0,1]$,则序参量变量在临界阈值区间,且其值越大,e_{ji}对e_j有序的贡献越大;相反,若$U_j(e_{ji})\notin[0,1]$,说明e_{ji}不在合理阈值区间,需进行调节。从总体上看,序参量变量e_{ji}对e_j有序程度的总贡献可通过的$U_j(e_{ji})$集成来实现,如下式所示:

$$U_j(e_j) = \sum_{i=1}^{n} \lambda_i U_j(e_{ji}), \quad \lambda_i \geqslant 0, \sum_{i=1}^{n} \lambda_i = 1 \tag{2}$$

$U_j(e_j)$为序参量组 e_j 的有序度,$U_j(e_j) \in [0,1]$。$U_j(e_j)$越大,说明 e_j 对整个系统有序的贡献越大,系统有序的程度就越高,反之则越低。λ_i 为序参量变量 e_{ji}的权系数,它的确定既应考虑到系统的实际运行情况,又应能够反映系统在一定时期内的发展目标。

考虑系统的多个序参量组 $e_j(j=1,2,\cdots,K)$,根据信息熵的定义,利用 e_j 的有序度 $U_j(e_j)$,提出系统有序度熵 S_Y,以此来评价系统演化的状态。河流系统有序度熵越小,表明河流系统相对越健康。

$$S_Y = -\sum_{j=1}^{K} \frac{1-U_j(e_j)}{K} \ln \frac{1-U_j(e_j)}{K} \tag{3}$$

2.3 河流健康指数

根据上述河流系统有序度熵 S_Y,提出河流健康指数。首先,定义河流系统各序参量变量的有序度阈值为中值情况下的河流为中等健康程度,此情况下:

$$U_j(e_{ji}) = \frac{1}{2} \quad (j=1,2,\cdots,K; i=1,2,\cdots,n) \tag{4}$$

$$U_j(e_j) = \frac{1}{2} \quad (j=1,2,\cdots,K) \tag{5}$$

将式(4)和式(5)带入式(3),获得河流中等健康程度的系统有序度熵 S_Y,定义为 S_{YM}:

$$S_{YM} = \frac{1}{2}\ln 2K \tag{6}$$

将河流中等健康程度对应的有序度熵 S_{YM}和河流系统有序度熵 S_Y 的比值,作为河流健康指数 I_H,即:

$$I_H = \frac{S_{YM}}{S_Y} \tag{7}$$

将式(5)和式(6)带入上式,得到河流健康指标 I_H

$$I_H = -\frac{\ln 2K}{2\sum_{j=1}^{K} \frac{1-U_j(e_j)}{K} \ln \frac{1-U_j(e_j)}{K}} \tag{8}$$

根据上述定义可知,$I_H = 1$ 时表示河流为中等健康状态;$I_H < 1$ 时表示河流为亚健康或者非健康状态;$I_H > 1$ 时表示河流为基本健康或者健康状态,据此可以评价河流健康的状态。

应用河流健康指数还可以评价采取治理和调控措施后河流健康的演变方向。如果调控后河流健康指数大于治理前河流健康指数,表示调控措施利于河流健康，河流系统向健康方向转化，调控措施合理；如果治理后河流健康指数小于治理前河流健康指数，表明调控措施不利于河流健康，河流系统健康向不利的方向发展，调控措施不合理。

2.4 河流健康评价的关键问题

按照式(8)可以评价河流的健康程度，评价的关键问题包括：系统序参量选择，分析评价河流系统的特点、开发利用目标、存在主要问题，提出所需要评价的子系统（序参量分组），再进行各子系统量化指标的选择，即序参量变量 $e_j=(e_{j1},e_{j2},\cdots,e_{jK})$ 的确定；序参量合理阈值的确定，就是合理确定序参量目标值和变化范围，即确定每个序参量变量 e_{ji} 的阈值范围 $\beta_i \leqslant e_{ji} \leqslant \alpha_i$，阈值需要根据河流情况和开发治理规划确定；河流健康指数的计算和调控措施对河流健康的影响分析。

3 黄河健康生命评价的探讨

在分析黄河的水沙特点、存在问题和治理目标的基础上，按照科学、独立、客观、可操作的原则，参考有关研究成果，提出河流形态、河流水生态、河流水环境、河流对人类的支撑和河流对洪水的容纳等5个序参量分组，并用16个序参量变量表达，通过研究提出各序参量变量阈值的研究成果，见表1。当然，限于问题的复杂性和指标获取的可能性，本文提出的序参量分组和各序参量变量阈值仅仅是探讨性和初步的，需要开展更深入的工作以使指标选择更加科学和全面。

以2000年为代表，评价黄河现状的健康状况。2000年为黄河特别枯水年份，利津断面全年实际来水仅48亿 m^3，其中非汛期入海水量仅31亿 m^3，汛期仅17亿 m^3，非汛期最小流量为30 m^3/s，下游平滩流量约2 200 m^3/s；河口镇断面全年实际来水140亿 m^3，其中非汛期94亿 m^3，汛期46亿 m^3，最小日流量31 m^3/s；宁蒙河段平滩流量为1 000 m^3/s 左右；上游河段水质为Ⅲ类～Ⅳ类，中下游河段基本为Ⅳ类；流域国民经济耗用地表水290亿 m^3，地下水130亿 m^3；宁蒙河段防洪能力为5 900 m^3/s，下游防洪能力22 000 m^3/s。

根据上述提出的5个序参量组的16个序参量变量2000年实际值（表1中c栏）及其各自的阈值（表1中b栏），应用式(1)，计算各序参量变量 e_{ji} 的有序度 $U_j(e_{ji})$，结果见表1中d栏；应用式(2)，并认为各序参量变量的权系数 λ_i 相等，可以得到各序参量组的有序度 $U_j(e_j)$，见表1中e栏；最后应用式(8)，式中 $K=5$，可以得到2000年黄河健康指数 $I_H=0.95$，说明现状黄河处于非健康状态。对于黄河这条高度开发和人工干预的河流，河流非健康状态的根本原因是人类耗用的水资源量超过了河流水资源的承载能力，造成河流维持其生命的所需用水量（如输沙用水、非汛期生态用水等）被人类挤占，水沙关系不协调，因此重塑黄河健康、维持黄河健康生命的重要措施是实施跨流域调水及流域和谐水沙关系的塑造。

表 1　黄河健康生命评价指标

序	参量组	序参量变量	域值	2000 年情况	$U_j(e_{ji})$	$U_j(e_j)$
		(a)	(b)	(c)	(d)	(e)
1	河流形态	黄河下游汛期输沙水量（利津断面，亿 m^3）	10 ~ 240	17	0.030	0.062
		黄河下游平滩流量（m^3/s）	1 500 ~ 6 000	2 200	0.156	
		宁蒙河段平滩流量（m^3/s）	1 000 ~ 5 000	1 000	0	
2	河流水生态	黄河上游非汛期最小流量（河口镇断面，m^3/s）	30 ~ 450	31	0.002	0.057 3
		黄河上游非汛期水量（河口镇断面，亿 m^3）	50 ~ 300	94	0.176	
		黄河下游非汛期最小流量（利津断面，m^3/s）	30 ~ 300	30	0	
		黄河下游非汛期水量（利津断面，亿 m^3）	30 ~ 150	31	0.008	
		湿地面积（以河口自然保护区核心区淡水湿地为表征，万 hm^2）	2 ~ 7	2.5	0.100	
3	河流水环境	上游河段	Ⅱ ~ Ⅲ类	Ⅳ类	0	0
		中游河段	Ⅲ ~ Ⅳ类	Ⅳ类	0	
		下游河段	Ⅲ ~ Ⅳ类	Ⅳ类	0	
4	河流对人类的支撑	流域国民经济耗用地表水量（亿 m^3）	250 ~ 450	290	0.200	0.400
		流域国民经济耗用地下水（亿 m^3）	100 ~ 150	130	0.600	
5	河流对洪水的容纳	宁蒙河段防洪能力（m^3/s）	≥5 900	5 900	0.999	0.999
		下游防洪能力（m^3/s）	≥22 000	22 000	0.999	

注：部分阈值代表了黄河水沙关系极其恶劣的情况。

4　结语

河流健康生命理论是一个崭新的理论，河流健康因子选择和综合评价方法本身就是一个复杂的科学问题，本文仅从系统熵的角度进行了一些有益的探索，取得了一些认识，现状黄河健康指标 I_H 为 0.95，处于非健康状态。但是，仍有许多问题需要进一步的研究和探索，一方面需要研究健康因子及其阈值的动态特征和健康指标的演变特征等，还需要不断研究探索新的方法，另一方面需要研究河流健康生命和流域开发治理的关系，以更好地为流域开发治理提供技术支撑。

参考文献

[1] 黄委会.黄河流域水资源多维临界调控研究报告[R].2005.
[2] 黄委会.维持黄河健康生命理论体系框架[R].2005.
[3] 哈肯 H.高等协同学[M].郭治安译.北京:科学出版社,1998.
[4] 朱稼兴.信息和熵[J].北京航天航空大学学报,1995,21(2).

北京什刹海湖反向渗透法的富营养化控制与环境修复

Renato Iannelli[1] Augusto Pretner[2] Nicolò Moschini[2] Francesco Dotto[3]

（1. 比萨大学土木工程系，意大利；2. SGI 工程咨询公司，意大利帕多瓦；3. DFS 工程公司，中国北京）

摘要：什刹海工程是由意大利土地与环境部和北京市环境保护局共同资助的中意合作计划项目，该项目旨在改善北京市区什刹海湖的水质。项目第一阶段主要进行了污染问题的调研，提出了2008年奥运会期间水质的恢复措施。由于什刹海湖主要处于营养化扩散状态，所以不能用传统方法对超额营养荷载进行处理。因此，控制湖泊富营养化的方法是利用“泵吸处理”对湖水进行净化，降低水体营养富集。但是，即使是在超富营养化的状态下，地表水体的营养物浓度仍显著低于废水。因此，本项目目标是：选取能够高效处理低富营养化水体的净化技术；确定最佳的识别位置，最大限度地处理高营养化水体。通过辅助性的化学反向渗透设施、连续的现场监测和数值模型实现上述目标，数学模型的目的是选取最佳位置和最佳时机，并估算水体修复所需时间。

关键词：富营养化 除磷 湖泊修复 反向渗透

1 引言

什刹海湖位于北京市中心，临近紫禁城，包括西海、后海和前海湖（见图1），水面面积33.6 hm^2（不含北海、中海和南海），属“护城河”河网的一部分。该河网的水来自密云水库，流经路线为密云水库—北京密源渠—颐和园—北京密云渠—西海—后海—前海。

什刹海湖长5.2 km，平均宽0.29 km，平均水深1.5 m，总水量约60万 m^3。史书记载，公元前1000～前2000年，北京地区接纳来自西北山区数条河流和天然水库的来水，水资源丰富。公元1200年以后（什刹海修建于1270年）对原河道进行了修整，河道围绕皇宫，供给北京市区用水。20世纪中期，河道再次进行了整修，并与北京城西部的新建渠道和湖泊联系起来。但是，1950～1960年间，包括连接引水和排水的莲花湖在内的大部分河道被填平，湖泊发生了变化（湖

图1　什刹海湖

岸建设、引水闸和水深变化,目前约1.5 m),从而影响到河道的水流循环。证据显示,1970年以前,永定河、密云水库和官厅水库仍在向老城区周围河道和湖泊供水,并通过什刹海向"御河"(天安门前面)排水,随后泄入老城的城南护城河。20世纪70年代以后,由于干旱原因,永定河供给水量减小,而密云水库和官厅水库成为什刹海的主要水源。此外,由于90年代以来其他一些河道的填埋,进一步阻碍了湖泊的水体循环。图2为古今水系比较图。

近年来,受上游水资源短缺、水体排污增加和地表水体循环减少的影响,什刹海湖泊系统平衡受到严重威胁。此外,从水资源管理的角度来看,由于受有限水资源多目标用途的影响,什刹海湖逐步地转变成了一个人工调控的水力系统。比如,当前正在实施的一项政策:为了在一定的时间内保持一定的湖面水位,定期地向该水系输入外部污水,而没有考虑到湖水水质变化,特别是富营养化的问题。

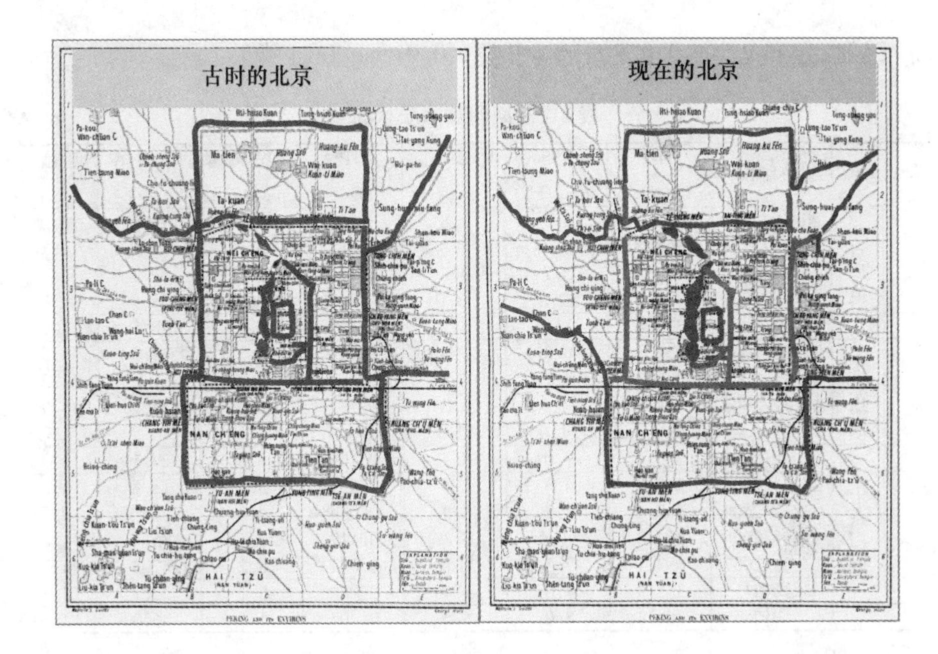

图 2　北京古今水系对比

2　前期调查研究

2005 年,由意大利土地与环境部和北京环境保护局共同资助的中意合作计划项目开展了一项研究,探求当前湖泊退化的原因,并提出了有效解决方案的经费预算。为了更好地了解湖泊系统的水力和化学状况,构建了数值模型,对水体的总体污染状况进行了评价,同时对湖底沉积物的组成也进行了分析。并分析评价了什刹海水污染总体状况和湖底沉积物组成成分。表 1 为水质调查结果。研究表明,什刹海湖水质退化是多种原因造成的。

(1)湖泊水体接近零循环,降低了湖水二次氧化的数量,减少了湖泊不同水域间的水体流动,从而造成了局部区域的水质恶化。

(2)污水间断性地排泄入湖,导致湖泊大量的有机沉积物,特别是富含营养物(不同化学形式的 N 和 P)的固体物质不断地积累,以及湖水污染物多样化。

(3)湖泊大量的营养物质造成了水体富营养化,海藻的过量生长往往导致水体氧的缺失,产生多种不良后果,如水体浑浊、鱼类死亡、周期性的藻类繁衍、水体呈现绿色、胶状成分等。

根据中国地表水水质标准,什刹海湖的水质介于Ⅲ类和Ⅳ类之间;在考虑氨、总氮和总磷的情况下,甚至达到Ⅴ类标准。中国地表水体水质标准对于河流、湖泊是一致的,只有磷除外,湖泊和水库水质磷含量具有严格标准值 0.05

mg/L(Ⅲ、Ⅳ和Ⅴ类),0.025 mg/L(Ⅱ类),0.01 mg/L(Ⅰ类)。

表1　前期调查水质状况

湖泊名称		时间	TDS (mg/L)	TSS (mg/L)	TN (mg/L)	TP (mg/L)	BOD_5 (mg O_2/L)	Chlo - A (μgr/L)	温度 (℃)
西海	八点均值	20/10/2006	242.3	4.8	1.8	0.084	5.7	19.6	16.0
		01/11/2006	268.8	11.0	6.8	0.148	5.1	3.8	14.5
		15/11/2006	256.5	3.7	3.3	0.150	5.5	32.1	9.3
		15/03/2007	731.9	12.8	13.0	0.112	8.7	58.9	7.7
		均值	374.8	8.1	6.2	0.123	6.3	28.6	11.9
后海	十点均值	21/10/2006	256.7	8.5	1.4	0.111	5.5	17.5	16.5
		02/11/2006	286.2	4.7	4.7	0.107	5.2	2.1	14.5
		16/11/2006	262.5	11.7	3.3	0.141	8.4	44.2	14.9
		16/03/2007	656.0	11.0	12.3	0.063	8.3	44.7	7.5
		均值	365.4	9.0	5.4	0.106	6.8	27.1	13.3
前海	十点均值	22/10/2006	245.9	6.3	1.4	0.057	5.5	15.8	16.5
		03/11/2006	268.4	2.7	3.3	0.074	4.7	4.9	14.5
		17/11/2006	264.3	11.4	3.1	0.117	8.4	35.4	14.5
		17/03/2007	633.1	7.5	11.7	0.074	8.2	32.3	8.8
		均值	352.9	7.0	4.9	0.080	6.7	22.1	13.6
		均值	364.4	8.0	5.5	0.103	6.6	26.0	12.9

3　湖泊水体营养化现状评价

由于藻类的过量繁殖,什刹海湖最为突出的特点是水体质量较低,如水体呈现绿色、过量的海藻和浑浊等,局部地区情况更为严重。富营养化的主要原因是营养物(主要是N和P)积累造成的,点源污染(生活和工业污水)和非点源污染物(主要是农业和畜牧业)入湖,被湖泊生态系统食物链所截留,大部分以有机物的形式储存在湖底沉积物中。富营养化是一个长期的过程,营养物质往往要经过数年甚至数十年的富集,其影响才能显现出来(Provini 和 Premazzi, 1984)。当富营养化发生前,可以通过减少外部营养物质的输入来控制;当发生富营养化时,在减少外部营养物质输入的同时,设法排除内部营养物质。水体营养物质的评价通常用以下几个参数:N和P的含量、叶绿素(海藻指标)和浑浊度。国际上普遍接受的是用OECD评价,该指标与总磷和叶绿素a相对应。通过将监测到的总磷和叶绿素a的含量与OECD分布曲线相比较,我们可以得到什刹海湖水体营养化的状态(见表1)。图3是二者参数的对比图,由图3可见,无论是总P还是叶绿素a,都显示三个湖的水体均处于超营养作用状态。

其次,较为重要的营养元素是N和P。根据Liebig原理,藻类的生长需要C、N、P三种元素按一定的比例组成。由于C的来源广泛(包括大气中的CO_2),因此最小限制因子排除C。在比较N、P两种元素何为限制因子时,一般选用P元素为代表。限制因子的界定非常重要,因为最简单的抑制藻类生长的途径是降低限制因子含量。进一步的研究表明,减小水体限制因子含量会改善水体富营养程度(如对固氮藻类),减小限制因子含量的方法无疑是有效降低湖泊富营养化的最佳途径。限制因子的选择可以根据 OECD 建议的关于 N、P 两种元素的比例范围确定(Vollenweider 和 Kerekes,1982)。具体如下:

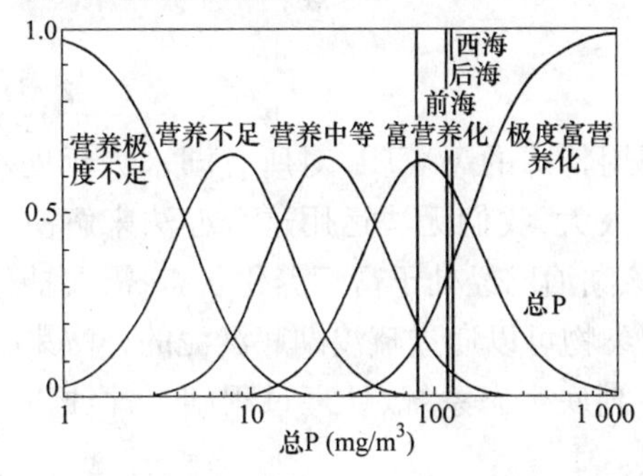

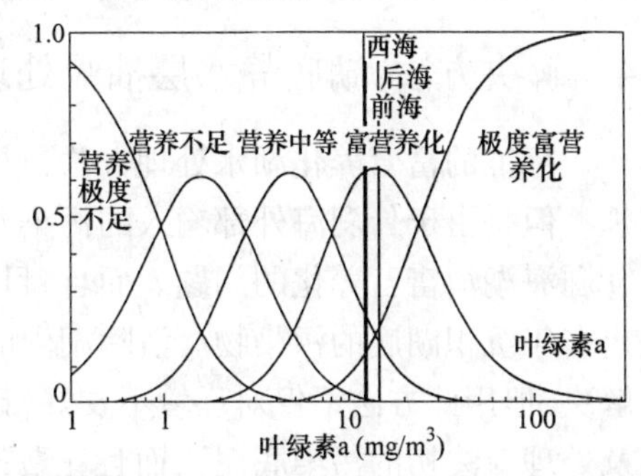

图3　基于年均总 P 和叶绿素 a 概率分布的什刹海湖分类

N－inorg/P－ortho＜10→氮为限制因子　N－inorg/P－ortho＞18→磷为限制因子。

根据首次观测数据资料,计算出什刹海不同水域的 N、P 比值如下:

西海:31.1　后海:26.0　前海:31.3

由于这些结果远远大于对比值,从而得出在这 3 个湖泊中限制因子是 P。这表明 P 是主要研究的污染物质,因为除去 P 可以使控制富营养化获得最大效果。当然,也要设法减少氮的含量,但是当限制因子磷的含量开始显著减小时,可观测到水体恢复的效果。

恢复后的水质状态要求水质参数有所提高,湖水从现状的“湖泊营养化”(见图3)净化为一个令人满意的状态。在此基础上,第一步是评价选取可行方法降低污染物,并为选取什刹海湖水体恢复的合适方法。基于此,急需开展以下污染评估和水体恢复工程:

(1)什刹海湖的污染特征与目前水体处于富营养化状态相关,依据中国地表水水质标准,什刹海湖一年中大部分时间湖水浑浊、水体发绿。

(2)恢复工程应以持续稳定改善湖泊参数为目标,并可进行下一阶段的评估。

(3)考虑到什刹海湖现已形成以闸、堰等控制的人工调节水系,所以来水中污染物的控制将面临严峻挑战。为控制水系外污染,应进行以下工作:①控制来水养分,维持水体达到恢复要求的水质目标;②建立“泵吸处理”厂房系统,从湖水中抽出富集营养的水体,达到湖泊外来水养分平衡;③上述二者结合。

(4)湖泊水体恢复目标是绝大部分水体清澈、藻类和有机物质减少、水流畅通、湖泊恢复生机。

在此基础上,下一步工作主要是在后海开展以“泵吸处理”为主的中试试验,建立什刹海水质监测网络,并开展环境恢复计划。监测数据将传输至中试试验,并对原有数据进行及时更新。

4 解决方法:湖底静水层抽吸处理

标准的富营养化湖水处理方法包括利用特殊的 WWTPs 对所有湖水进行处理。但是由于什刹海外部输入的污染水量太大,我们无法运用这个办法来解决什刹海湖泊富营养化的问题。而且,目前该湖泊已经处于富营养化状态,需要抽出多年沉积湖底的污染物。清除湖内的污染物可以通过疏浚湖底淤泥的办法来解决,但用此方法不仅对环境不友好(破坏湖底生态系统、处理过程湖水浑浊以及处理疏浚初的污染底泥),而且花费昂贵。

故需要选择不同的方式,既要满足抽取湖内污染,又要使湖水从富营养化状态向良性状态转换时保持过程稳定。包括持续移去湖水内可溶的以及特定的营养物质。如前所述,湖内污染物主要沉积于湖底。同时,湖底物质的新陈代谢随着季节的变化发生不同的情况,其循环是以可溶的粒子形式进行。特别是在夏季,湖底静水层经常出现高浓度的氮磷溶解物,这主要是由于温度梯度造成的湖水分层以及高温加速湖底生化过程所致。因此,促进湖底静水层流量交换是减少湖内污染物的可取方法。图 4 为运用这种方法恢复 Arendsees 湖水的结果与静水层处理的示意图。在这个例子中,抽出的下层水由于营养物质含量较高,可用于农业灌溉。

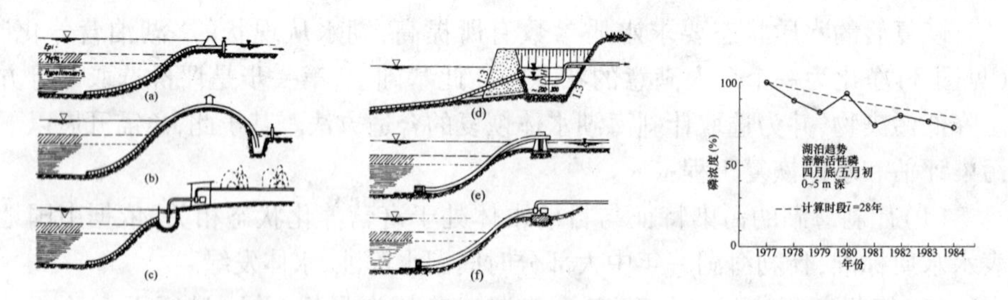

左图为推荐方案,右图为采用该方式后磷浓度的变化情况(Uhlmann 和 Klapper, 1985)

图 4 湖底静水层抽取方式

但是这种方法不适合处理什刹海湖水,因为什刹海现存水量较少,不允许抽出大量的水。不过将富含高浓度的 N、P 下层湖水抽出处理仍是一个很有效的方法。该方法要求在含 N、P 浓度高的地点设立一个或多个处理厂高效处理污水并返还湖内。选择最佳抽水点以及现场试验将在试验的第二阶段开展。

5　试验

第二阶段试验的目的是对几个不同的、重要的问题进行检验,并寻求对策:

(1)“泵吸处理”在没有外来污水进入的情况下能否使湖水达到较好的水质标准。

(2)用该方法来修复水体需要多长时间。

(3)需要多少处理厂才能达到最佳效果。

(4)要达到上述目的,最经济有效的方式是什么。

(5)实现目标(连续或间断处理、最佳恢复点、最优水处理水平)的最有效政策是什么。

(6)将湖水进行氧饱和处理并回补湖泊,是否能有效替代传统的充气方法使得湖底水层水质得到快速改善。

为实现这一目标,需要开展以下三方面的工作:①开展现场试验,确定处理厂规模、效率及运行维护费用;②通过一年的监测和调查,获取湖泊营养化状况及主要污染物;③构建数学模型评价什刹海湖水力状况、主要污染物及湖泊营养化状态。上述3方面的工作具体描述如下。

5.1　化学辅助反渗透试验

处理废水中磷的常用方法是在沉淀池里进行絮状沉积。但是,由于低价磷和TSS的浓度接近胶体,在较小的空间用反萃取法处理更为有效(Böller, 1985)。在处理地表水,特别是明显含有机物质的地表废水时,该技术有显著的效果。在特定环境和底栖生物活动情况下,容易发生胶体凝结。其他条件下,磷的最主要形式是可溶性磷酸盐,当浓度小于0.5 mg/L时,较难用沉淀的方法处理。

对低浓度磷的处理,近年来较为推崇的方法是膜渗透技术。国家水环境研究基金(WERF)研究组认为,膜渗透不仅能够降低TSS中磷的含量,还可以有效减小水体非溶解性磷。反渗透膜系统的大规模应用已经显示了其良好效果。Reardon (2006)建议将0.008 mg/L作为该技术的一个临界点。此外,化学技术能够增加反渗透膜的效率,并提高总体传导度。

为实现这些目标,试验设计了多目标框架,包括多处理阶段组合(氯化、辅助过滤、吸附以及反渗透),主要包括以下几个处理:

(1)抽取湖水至过滤器。

(2)预处理。在必要的时候加入次氯酸盐、凝结剂、聚合电解质等。

(3)加入10%的次氯酸钠用于降低氨水的观测浓度。

(4)铁的氯化物引起的胶凝产物特别是pH值接近或高于8的胶凝产物可

被移出湖体,通过过滤,沉降性铁化合物也可从水中提取。

(5)加入反应剂进行不间断混合搅拌促进更好地凝结。

(6)设计了沙和活性炭过滤监测系统,以得出下一步计划。特别是该部分通过气阀装置具有最大的灵活性,以进行以下操作:①用单功能过滤器完成过滤;②连续用两个过滤器;③同时将水体分配给两个过滤器,并利用通风机向水体供氧,以提高并检验过滤效率。

(7)出流 10.0 L/s 的流量分成 2 束,为下一步的反渗透腾出 5.0 L/s 的流量。所以,流入湖泊的总流量变化一般在 5.0 L/s 至 10.0 L/s 之间。根据设计,流量为 10.0 L/s 的处理厂可以在不到 2 年的时间内对三个湖泊的水(600 000 m^3)进行连续处理,同时,三个处理厂可在 7 个月内对整个湖泊进行处理。

(8)为避免"水垢"现象的出现,反渗透系统加入了 9% 的盐酸以防止反渗透过程出现堵塞。

处理过的水经过加氧后送入电离系统。通风系统接近出口处以最大可能获取氧气,其目的主要是加速硝化作用降低磷的溶解,湖底水层的处理可用类似的方法。

盐水(流量 1.0 L/s)排入污水系统。

处理厂的详细介绍见图 5。该设备设计精巧,可根据需要移动至不同位置。此外,设备外部有保护罩和氖灯装备(见图 6)。

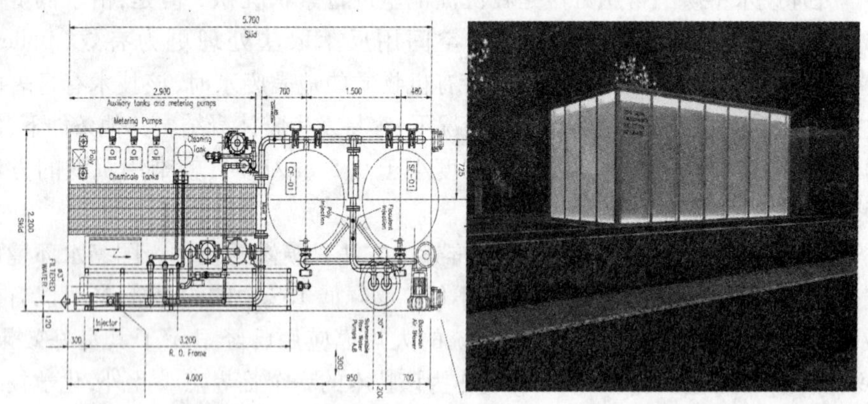

图 5　中试试验厂房内部布置　　图 6　厂房外部建筑透视图

5.2　追踪监测装备

水质检测贯穿整个过程,以监测湖水中化学物理参数(包括 BOD、COD、TDS、TSS、TN、TPT 以及总溶氧量等)。监测系统由功能探头组成,进行自动分析,并辅助实验室测验。夏季专门设有评价磷酸盐浓度和硝酸盐浓度的装备。另外,也能监测沉积物中营养物质(TP, TN, NO_2-N+NO_3-N)和碳(DOC)的含量。

5.3　水力和营养状态的数值模型

由监测系统监测到的数据可用两个数学模型校准。第一个模型是二维的水动力学模型,可用于评估什刹海三个湖泊的健康状况,这是依据 30 m×30 m 水平网格建立的二维模型,包括一些固定参数集。第二个模型是水体营养化准三维模型。CE－Qual－W2 模型将用于校准和评价什刹海不同措施水体恢复的效率。

参考文献

[1] Böller M. (1985) Practical experience with phosphorus removal and nitrogen conversion. Proceedings of EWPCA international congress "Lakes pollution and recovery", Rome.

[2] Provini A., Premazzi G. (1985) The role of internal loadings. Proceedings of EWPCA international congress "Lakes pollution and recovery", Rome.

[3] Reardon, R. (2006) Technical introduction of membrane separation processes for low TP limits. Proceedings of Water Environment Research Foundation (WERF) workshop "Nutrient Removal: How Low Can We Go & What Is Stopping Us from Going Lower, Washington, DC.

[4] Strom P. F. (2006) Technologies to Remove Phosphorus from Wastewater, Rutgers University.

[5] Uhlmann D., Klapper H. (1985) Protection and restoration of lakes and reservoirs in the German Democratic Republic - Case studies. Procs. of EWPCA international congress "Lakes pollution and recovery", Rome.

[6] Vollenweider R., Kerekes J. (1982) Eutrophication of waters: monitoring, assessment and control, OECD, Paris.

基于耗散结构理论的黄河健康生命内涵研究

许士国[1] 冯 峰[1,2]

(1. 大连理工大学土木水利学院水环境教研室;2. 黄河水利职业技术学院)

摘要:本文应用基于热力学第二定律发展起来的耗散结构理论,对黄河健康生命的内涵进行了探讨。按照普利高津的理论,一个耗散结构的形成和维持至少需要四个条件:一是系统必须是开放的;二是系统必须处于远离平衡的非线性区,耗散结构是一种"活"的有序化结构;三是系统中必须存在某些非线性动力学过程;四是系统通过功能、结构涨落之间的相互作用达到有序和谐。按照这四个方面对黄河进行分析,认为其满足耗散结构的四个条件。推导出黄河的熵变形式及健康生命的总熵表达式,并提出增大负熵流是维持其健康生命的根本途径。增大负熵流的措施为增加原系统与外界环境的物质和能量的交换,最大程度实现物质和能量的耗散,形成和维持健康黄河的系统结构。应根据黄河不同子循环系统采取相应措施,确保其向有序的方向发展,成为一种自组织的时间、空间和功能的有序耗散结构。

关键词:耗散结构理论 开放系统 熵 负熵流 黄河健康生命

1 引论

耗散结构(Dissipative Structure)理论是20世纪70年代兴起的一种新的科学方法论[1],是基于物理学中热力学第二定律发展起来的。比利时著名的物理学家普利高津(I. Prigogine)指出,一个远离平衡的开放体系(力学的、物理的、化学的、生物的乃至社会的、经济的系统),通过不断地与外界交换能量和分子,当外界条件达到某一阈值时,量变可能引起质变,会自动出现一种自组织现象,组成系统的各子系统会产生一种互相协调的作用,从而可能从原来的无序状态变为一种时间、空间和功能的有序结构,这种非平衡状态下的新的有序结构就是耗散结构[2]。

2 黄河满足耗散结构的四个条件

按照普利高津的理论[3],一个耗散结构的形成和维持至少需要四个条件:

基金项目:国家自然科学基金项目(50679012)。

一是系统必须是开放的，孤立系统和封闭系统都不可能产生耗散结构；二是系统必须处于远离平衡的非线性区，耗散结构是一种“活”的有序化结构；三是系统中必须存在某些非线性动力学过程，如正负反馈机制等；四是系统通过功能、结构涨落之间的相互作用达到有序和谐。按照这四个方面对黄河进行分析，得出其满足耗散结构的四个条件。

2.1 黄河是一个复杂的开放系统

在物理学、热力学以及力学中都把被研究的对象作为一个系统加以考察，然后对不同的系统采用的理论有着严格的要求。通常根据系统与外界相互作用程度，可分为孤立系统、封闭系统和开放系统三种模式[4]。三种系统的特征及状态见表1。

表1　三种系统的特征及状态

系统名称	表现特征	系统状态
孤立系统	系统与外界既无能量，也无物质的交换	理想系统
封闭系统	系统与外界只有能量交换，而无物质的交换	传统系统
开放系统	系统与外界既有能量、物质，又有信息的交换	复杂行为系统

严格来说，孤立系统在实际中并不真正存在。因为每个系统和它周围的环境总是有着各种各样的联系，并受到周围环境影响，它们之间相互作用。由于孤立系统不受外界影响，所以系统内发生的过程是自发的。而开放系统在实际中是普遍存在的。封闭系统和开放系统均受外界影响，系统内发生的过程与孤立系统不同。

黄河显然既不是一个孤立的系统，也不是一个封闭系统。她在流动过程中与外界既有能量、物质的交换，也有信息的交换。陆地上和海洋中的水吸收了太阳辐射能转化为自身的势能，并克服地球引力蒸发为大气水分，水又受地球引力作用而降落到陆地上形成径流一部分，势能在降水过程中散失掉一部分成为河流流动的动能，同时仍保留一定的势能在地球引力作用下河水不断从上游向下游流动，因克服流动阻力、冲蚀河床、挟带泥沙等所含水的能量，分散地逐渐被消耗[4]。河流不断接受来自于流域干支流的径流和泥沙，沿途还伴随有为克服边界阻力摩擦生热而产生的能量损失，流动过程中势能与动能相互交换与变化，此外还通过蒸发、降雨和渗流与外界交换水分。所以，黄河是一个真正的、复杂的、开放的系统。

2.2 黄河是非平衡有序结构

在自然界中存在两类有序结构，一类是在平衡的条件下形成的，平衡结构不需任何能量或物质的交换就能维持，可称为“死”的有序化结构；另一类是耗散结构要靠外界不断供应能量或物质才能维持,可称为"活"的有序化结构[5]。黄河是一种复杂的开放系统,无时无刻不与外界进行各种物质交换,是非平衡态的有序结构。如黄河的河床形态、水流过程、泥沙含量等,不仅是自然界动态过程的产物,同时其本身也是一种过程。从较长的时间段来看,黄河在不同的时刻有不同的表现,从空间来看也表现为空间的变化。显然,黄河是一种空间有序、时间有序和功能有序的非平衡结构。

2.3　黄河内部子系统之间存在非线性作用

耗散结构要求系统中必须有某些非线性动力学过程。所谓非线性反馈过程,即一个过程的结果会影响到过程本身。正是这种非线性的相互行为,导致系统各元素间协调动作而产生有序结构。黄河系统包含许多内部的子系统,如水循环的子系统有降雨、渗流、径流、入海、蒸发等;泥沙的子系统有水土流失、淤积、冲刷、造床等;黄河河口三角洲的形成对河道的负反馈作用等。这些子系统是组成黄河有序结构的各个要素,它们之间存在着非线性的相互作用,这种相互作用使各要素间产生相干效应与协调动作,从而可以使系统从杂乱无章变为井然有序,这些子系统之间的相互作用是不能用线性来描述的,通常是在若干子系统综合作用下的一种非线性的耦合作用。

2.4　黄河通过结构、功能之间的涨落达到有序和谐

黄河存在着涨落现象,并且不断受到外界人为或自然因素的影响,导致河流径流量的枯丰变化,泥沙含量、河床形态在时空上分布不均,产生无数个"小涨落",从而达到有序和谐,当涨落达到一定程度时,河流系统就会产生"巨涨落",从当前的状态跳跃到另外一种状态。

3　基于耗散结构理论的黄河健康生命内涵

3.1　黄河的熵变形式

在耗散结构理论中,普利高津为了说明系统是如何与外界相互作用进而从无序转变为有序的,因而引入了熵的概念。熵在热力学中是指系统有序程度大小的量度,熵越大,系统的无序程度越高。任何一个系统熵变由两部分组成[5]:

$$dS = d_eS + d_iS \tag{1}$$

式中:d_eS 是系统与外界交换物质和能量引起的熵变,称为熵流,其值可正可负可为零;d_iS 为系统本身由于不可逆过程引起的熵变,称为熵产生,其值永远为正。

开放系统的熵流 d_eS 的值可正可负可为零,熵变形式见表2。当总熵 $dS \geqslant 0$ 时,说明负熵流不足以抵消熵产生或环境供给了正熵流,这样系统的不可逆过程无法进行下去,系统将会解体。黄河属于开放系统,由于一些人为的或是自然的

因素,如用水过度、水污染、水土流失等,就会出现淤积、断流、洪水、干旱等问题,如果不加以控制和调整,使系统产生足够大的负熵流,当总熵增加到最大值会导致系统崩溃,黄河的健康生命难以持续。

表2 开放系统的总熵形式

总熵 dS	熵式	系统演变过程
$dS>0$	$d_iS>-d_eS$	系统总熵不断增大,最终解体
$dS=0$	$d_iS=-d_eS$	负熵流抵消熵产生,系统处于定常状态
$dS<0$	$d_iS<-d_eS$	负熵流足够充分,系统通过自组织作用向有序化方向发展

3.2 黄河健康生命的总熵表达示

从表2可以看出,想维持一个开放系统的健康生命,必须保证系统有绝对值足够大的熵流,大到足以抵抗系统本身由于不可逆过程引起的熵产生,从而完成从无序状态到有序状态的转化。黄河只有在式(2)成立的条件下健康生命才能得以持续,也就是表示黄河需要不断从环境中获取能量与物质,在内部流通转化,逐渐耗散来维持黄河健康生命。

$$dS=d_eS+d_iS<0 \tag{2}$$

根据热力学第一定律可知一个生物总在不断地增加熵(d_iS),当熵达到最大值时生命便终结了。按照耗散结构理论,生物体之所以能够延续下去,从无序走向有序,是一个不断与外界交换物质和能量从而吸取负熵流(d_eS),使其维持有序状态。从耗散结构理论的角度考虑黄河健康生命问题,就必须尽力引入较大的负熵流,以减少总熵,达到维持系统有序、良性循环的目的。

3.3 增大负熵流是维持黄河健康生命的根本

根据耗散结构理论,负熵就是系统组织化的量度,是作为衡量系统有序性或能量转换效率的指标[6],负熵值越大,说明系统的效率越高。对于黄河健康生命的维持要大力采取能够增大负熵流的措施,增加原系统与外界环境的物质和能量的交换,最大程度实现物质和能量的耗散,从而形成和维持健康黄河的系统结构,做到空间有序、时间有序和功能有序,从而获得最大的经济效益、生态效益和社会效益。

如图1所示,黄河内部存在若干子系统,对于每一个子系统由于本身的不可逆性都有熵产生,为了增加每个子系统的负熵流,需要一系列的相关具体措施,加强与外界环境的物质和能量交换、信息交流,最终达到每个子系统产生的负熵流的绝对值能够大于系统本身所产生的熵变,从而达到总熵为负的结果,使黄河生命达到健康有序。

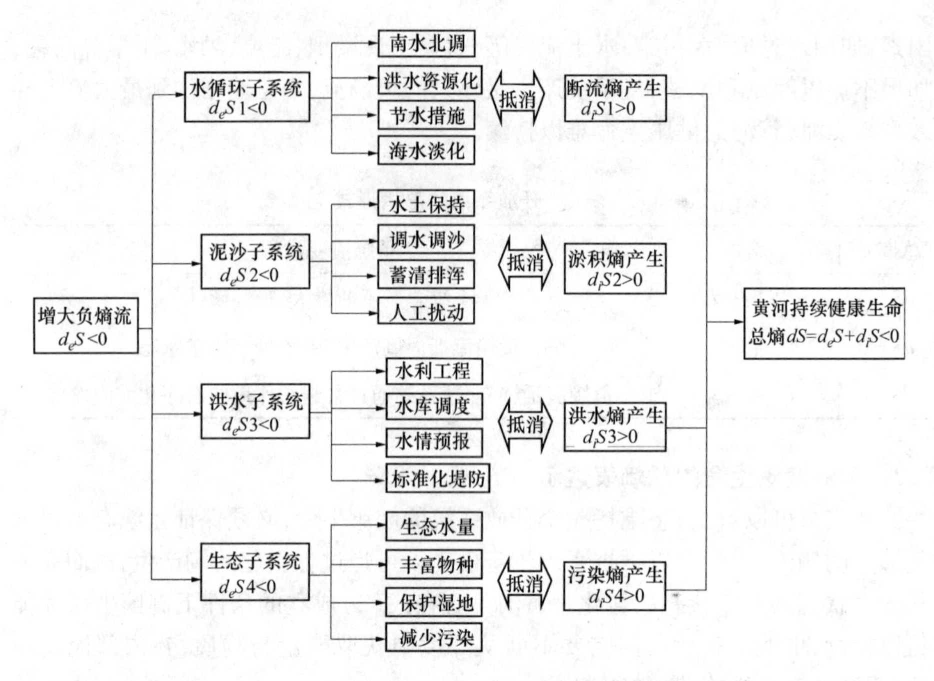

图1　增大负熵流维持黄河健康生命措施示意

为了防止黄河水循环子系统 d_iS1 过大而产生的缺水、断流等现象，可以通过南水北调、洪水资源化、节水措施、海水淡化等措施增加系统与外界的物质和能量交换，产生足够的负熵流 d_eS1 进行抵消；为了防止泥沙子系统 d_iS2 过大产生的河道淤积和一、二级悬河等问题，可能通过上游水土保持、中游调水调沙、下游人工扰动、水库蓄清排浑等措施产生足够的负熵流 d_eS2 进行抵消；为了防止洪水子系统 d_iS3 过大而产生的洪水、冲刷、漫滩等问题，可以通过水利工程、水库调度、水情预报、下游标准化堤防建设等措施产生足够的负熵流 d_eS3 进行抵消；为了防止生态子系统 d_iS4 过大而产生的水质污染、物种减少、湿地消失等问题，可以通过确保下游生态水量、丰富湿地物种、保护湿地、减少污染等措施产生足够的负熵流 d_eS4 进行抵消。黄河各子系统之间存在着非线性相互作用，最终只要满足式(3)，各个子系统就会产生相互效应和协调作用，从而达到一种时间、空间、功能的自组织有序状态。

$$dS = \sum_{n=1}^{4} d_eS + \sum_{n=1}^{4} d_iS < 0 \tag{3}$$

其中$\left|\sum_{n=1}^{4} d_eS\right| > \sum_{n=1}^{4} d_iS$。

4 结论

基于耗散结构理论来研究黄河健康生命内涵突破了以往的思维方式,以一种崭新的视角去观察和解决关于黄河健康生命的问题。增大负熵流是维持黄河健康生命的根本,要扩大黄河与外界环境的能量和物质、信息交换,使内部子系统之间能够相互协调,从而形成一种有序的自组织结构。耗散结构理论是当代发展起来的一种新理论,其应用前景十分广阔。尽管本文的分析是探索性的,但为应用耗散结构理论分析研究黄河健康生命等问题开辟了一条新途径。

参考文献

[1] 普利高津. 从混沌到有序[M]. 上海:上海译文出版社. 2005.

[2] 湛垦华,沈小锋. 普利高津与耗散结构理论[M]. 西安:陕西科学技术出版社,1998.

[3] NICOLISG,PRIGOGINE I. Exploring Complexity[M]. New York:Freeman,1986.

[4] 李国英. 维持河流健康生命[J]. 人民黄河,2005(11).

[5] 徐国宾,练继建. 应用耗散结构理论分析河型转化[J]. 水动力学研究与进展,2004(5).

[6] NICOLISG,PRIGOGINE I. Self-Organization in Non-Equilibrium Systems [M]. New York: Wiley-Interscience,1977.

[7] 李如生. 非平衡态热力学和耗散结构[M]. 北京:清华大学出版社,1986.

生态风险评估值作为水质指标

——以第聂伯河为例

Baitchorov Vladimir

(白俄罗斯动物学会研究所)

摘要:本文基于概率法和 Woodiwiss 指标评估了白俄罗斯不同污染程度河流的生态风险。根据评估的风险值,目前白俄罗斯河流生态系统质量相当高。在其中的一个排污口风险概率高达 80% ~90% 。为了在国际、国内、区域和流域等不同层次间的对比分析而相互校准指标值,采用了 Woodiwiss 指标临界值等于 25% 的百分数原理。该设定方法能够提供更确切地监视生态系统概率变化并显示其在早期阶段进一步退化的可能性。风险评估方法允许显示参考点。欧盟水框架指令推荐使用他们作为水质比较分析的一般机制之一。为水系定义和使用风险概率值是水质监测和确定水质的通用机制,其可能会成为水资源管理的决策工具。

关键词: 白俄罗斯 生态风险评估 Woodiwiss 指标 河流生态系统 参考点

1 概述

评价地表水质的众多方法中,水文的、水文物理的、水化学的、生物学的,以及其他方法已广为人知。

可以理解污染物浓度的测定并不能回答水生态系统状况,这就是为什么生物学的探讨方法在地表水质确定中处于非常重要的地位。

然而早在 19 世纪以前人们就已尝试利用水生生物作为指示器开发一种水质评价技术,其原理是基于动物物种组成。不相容的水生生物表汇的物种指示清洁水、污染水,以及介于二者之间的过渡水,有助于 Mez(Mez C. , 1898)应用水生生物学的方法进行地表水卫生评价。Mez 的工作是 Kolkwitz 和 Marsson (Kolkwitz R. ,Marrson M. ,1908,1909)开发经典生物指示体系的基础,污水生物为污水栖居者,清水生物为清水的栖居者。作者把污染分为三个带,并把表汇的各种指示生物分配到各个带。基于这种表汇,许多方法已被开发出来(Knopp H. ,1954,1955;Pantle E. ,Buck H. ,1955),其允许评价生物群落的平均染污程度,生物分析结果有助于非专家所理解。Zelinka 和 Marvan (Zelinka M. ,Marvan P. ,1961)已经引进了污水生物价概念。该方法的应用已被 Liebman (Liebman

H. ,1962)和 Sladecek (Sladecek V. 1973)进行了延伸。目前其已用于水质有机污染物的分类和生物学指示。这种方法是建立于群落生境发生重要变化的原理上,更大程度上适用于外部反应力的急剧聚集(生态灾难)。然而,在污染物浓度长期处于低水平状况下,使用无脊椎物种组成实际上是不适用的。

因此基于指示种的生物监测可能并不总是用于实际目的。在自然条件下污染反应力的影响实质上可能并不起多大作用,比方说,对一些物种的数量密度影响就是如此。

目前为了表征生态系统的状况,种群生态学中应用的多样性指标(Shannon E. E. ,1948;Wilhm J. L. ,Dorris T. C. ,1968)是经常被用到的。计算时考虑单个群落的物种组成,例如,为了对河流中生物群落状态的评估考虑到底栖水生生物群落。

这种方法证明对于确定 2 个及 2 个以上参数的研究系统范围 (例如,对种多样性及指示生物的指示值)是很有实效的。这种系统的例子可能是 Trent 河流生物指标(TBI) (Woodiwiss F. S. ,1964), Verneaux 及 Tuffery 指标(Verneaux J. ,Tuffery A. ,1967),Chandler 指标(Chandler J. A. ,1970)及其他指标。

目前为了上述目的,TBI 的使用与欧洲水框架指令推荐的真实相关。

对淡水生态系统的生物监测,使用水生无脊椎动物的可能性是以这样的事实为条件的,即它们组成水体物种多样性的大多数,是自我净化的主要成分,并以多边生态关系为特征(Odum J. ,1975)。另外,在生态系统污染的影响下,生物组分的状况变化是水体生态状况的一个直接反映。尽管在地表水保护领域已有许许多多的全面研究及国际协定(例如,欧洲水框架指令),然而直至目前,在白俄罗斯仍未开发出基于生物组成的统一的淡水生态系统监测方法,其尤其关注生态风险评估(ERA)。生态风险分析和评估十分有效,特别是当人类活动对生态系统的压力及生态系统的状态的原始资料有显著的不确定性时,当生态系统的反作用力并不清楚并有概率特征,或是当在今后一种生态系统利用方法假定有多个替代方案时特别有效。

在对水质评价问题进行解释时,ERA 方法应用被认为是比传统的以多标准(特别是环境水质标准及其他方面)为目标的方法更有效、更系统。

2 方法

以用水目标的污染源影响的风险评估方法 (Aphanasiev S. ,A. ,Grodzinski M. D. ,2004)已被用于生态风险评估(ERA)。当执行由 IDRC 财经支持的第聂伯河流域生态改善 PROON - GEF 计划时,这些方法得到开发和认可。这项工作由白俄罗斯、俄罗斯、乌克兰等国家的专家完成,使用的是河流系统生态风险评估(ERA)。它是在第聂伯河流域开发全国生态风险评估标准化文件的第一步,基于考虑2000/60EC指令需求的统一方法学基础,水生态系统的生态风险评估处理原则上不同于基于化学污染、物理污染或其他人类活动压力的水生态系统质量确定的传统方法。该方法(Aphanasiev S. A.,Grodzinski M. D.,2004)是生态风险评估框架版:为加拿大环境部议事会对出现在水体目标的污染源影响评估这一具体问题的总体导则。

ERA方法论最完整的工作有三层结构:①测试评估;②初级定量生态风险评估;③详细定量生态风险评估(…框架,1996;环境保护局,1993)。通常完成前两级评估就够了。

测试评估是优先执行基于文学报告、统计及其他资料的分析。工作可能涉及该带的专家疑问及每一个野外标注点的原始记录数据。测试评估的主要目的是支持或者反驳认为生态系统有不利风险变化的假设。它为引导下述阶段,即初级定量评价提供基础。

初级定量评价最终目的在于当这些风险成为现实时,获得可能出现在生态系统的不利变化的近似评估。获得初级定量风险评估的方法可能包括专家概率评估及数理统计的标准方法。

计算方法遵从以下假定(Grodzinski M. D.,1995)。如果风险指标x超过假定的对生态系统具有不利变化的可能性范围值的边界,那么这种事件的概率(即风险)变化范围越小。风险指标值x_i离边界范围(x_{max}和x_{min})越远,在给定的时间间隔Δt或给定的区域ΔS内这些值的变化越小。由此,一定允许变化范围内的风险指标x值的概率可以被定义为:

$$q_x(\Delta t) = p(x_{min} < x_i < x_{max}) = \int_{x_{min}}^{x_{max}} f(x_i)\,dx_i \tag{1}$$

式中:$q_x(\Delta t)$为在一定时间间隔Δt内及设定标准限值内能够找到的风险指标x值的概率;x_{min}和x_{max}为生态容许值的上下风险指标x的范围;$f(x)$为x的分布密度。

当没有其他假设时,x_i的指示值分布可以假定为高斯正态分布,则方程式(1)可以定义为:

$$q_x = q(x_{min} < x_i < x_{max}) = \Phi\left(\frac{x_{max} - \bar{x}}{\sigma_x}\right) - \Phi\left(\frac{x_{min} - \bar{x}}{\sigma_x}\right) \tag{2}$$

式中:Φ为正态分布函数,其值可以从数学统计手册查到;σ_x为x值的二次方程偏差的平均数。

因此在一定时间间隔Δt内,生态风险x的概率定义为:

$$P_x = 1 - q_x \tag{3}$$

当 x 和 σ_x 值评估足够真实，那么 ERA 方法是十分可靠的。在表示 ERA 方法时，可能会用专家评估值来替代统计值 $\bar{x}$ 和 σ_x。

作为算术平均值 x，推荐使用风险评估所在位置值。为了替代，使用给定河流所有探测点（包括非常重要点，即热点）测得的变量 x 的值是可能的。在此情况下，如果与热点比较，其是过低评价，对于所有取样点，x 值证明是过高评估。被分割的"平均河流"值的校正系数值（k）在表 1 中给出。

表 1　用于 ERA 计算的校正系数值 k

离排污口的距离	排污口之上（控点）	排污口	排污口以下至			
			1 km	3 km	5 km	15 km
系数（k）	3.0	3.0	1.5	2.0	2.5	3.0

目前，初级定量风险评估框架工作中，评估的算法描述及第聂伯河流域最显著的热点的风险增长概率已经算出。

这些评估可能仅仅是初级的，然而作出一个决定，设计一个易遭影响地段不利变化的总体行动方案，基于污染源数据研究已经充足了。

3　结果和讨论

3.1　生物指数之间的相关性

我们已经研究了以河流及泉水生态系统为例的各种经常用到的生物指标的相关性（Megarran E.，1992；Semenchenko V. P.，2004）。Svisloch－Berezina 河流系统的 Shannon 指数、Goodnight － Whitley 指数及 TBI 指数值在图 1 中给出。

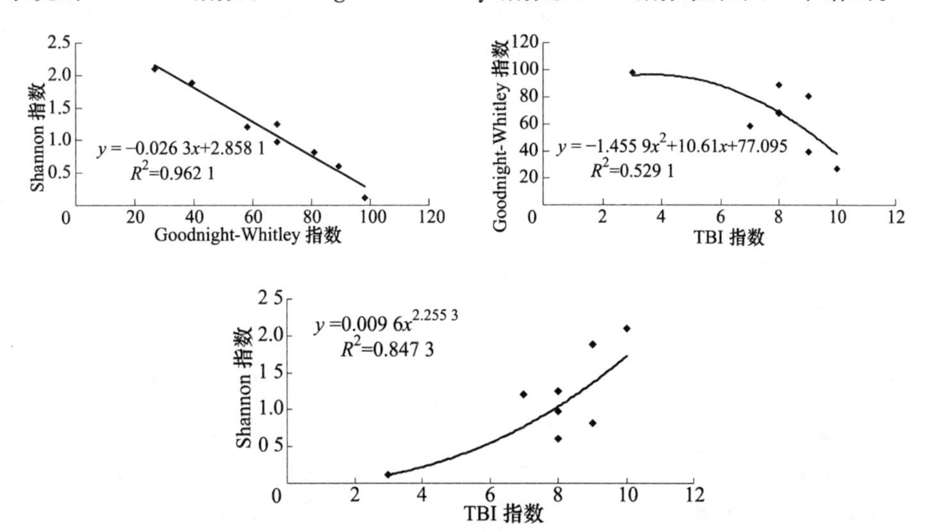

图 1　Shannon **指数**、Goodnight－Whitley **指数及** TBI **指数之间的关系**

指标值根据斯维斯洛奇 - 贝尔齐纳(Svisloch - Berezina)河系计算得出。正如各指数定义时期望的那样,Shannon 与 Goodnight - Whitley 以及 TBI 与 Goodnight - Whitley 指数之间的关系是负相关,Shannon 与 TBI 之间的关系是正相关。随着生物多样性的增长,Shannon 与 TBI 指数值越来越大,而 Goodnight - Whitley 指数值越来越小。

图 2 给出国家公园 Braslav 湖的 19 个泉的 Shannon 指数、Simpson 指数及 Berger - Parker 指数值。可以看出,所有三个指数的动力变化是吻合的。

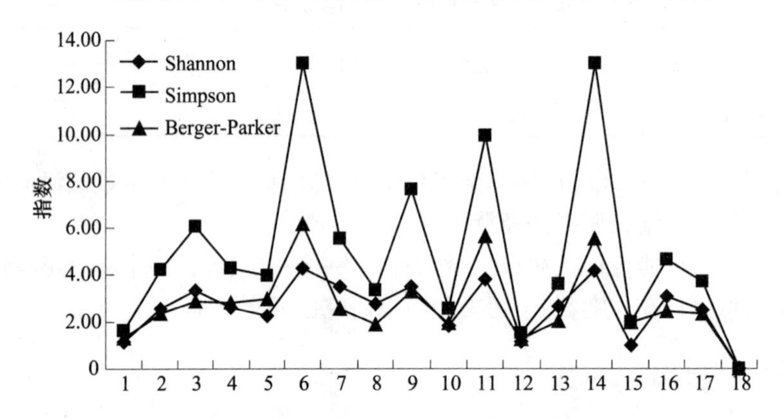

图 2 国家公园 Braslav 湖的 19 个泉的 Shannon 指数、Simpson 指数及 Berger - Parker 指数值的计算结果

3.2 生物指数与环境因素之间的相关关系

我们利用水污染及 15 种重金属的底质数据对斯维斯洛奇河 - 贝尔齐纳河水系的 8 个点作了分析,同时也对第聂伯河、贝尔齐纳河、普里皮亚季河的 17 个点水污染资料进行了分析(见图 3 ~ 图 5)。

根据采样日期,第聂伯河、贝尔齐纳河、普里皮亚季河三条河流 17 个站的动态水化学参数及 TBI 如图 5 所示。

从可得到的数据来看,生物指数随着污染物(包括水中及底质中重金属及水化学参数)浓度增加而减少的趋势是十分明显的。

3.3 生态风险评估

更进一步地,由于 TBI 指标被白俄罗斯水质评价及 EFWD(Directive2000/60/EC)所采用,它已被用于 ERA。这些研究已经在第聂伯河流域执行,四个"热点"已得到分析。采集了距 Sozh 河的戈梅尔(Gomel)、第聂伯河的 Retchitsa、普里皮亚季河的 Mozyr,以及斯维斯洛奇 - 贝尔齐纳河水系的 Minsk 等几个大城镇的排污口不同距离的样品。每个排污口的水生生物样品被采集,同时其物种组成被确定。基于物种组成的生物指数 TBI 值被计算出来。这些值证明 Mozyr

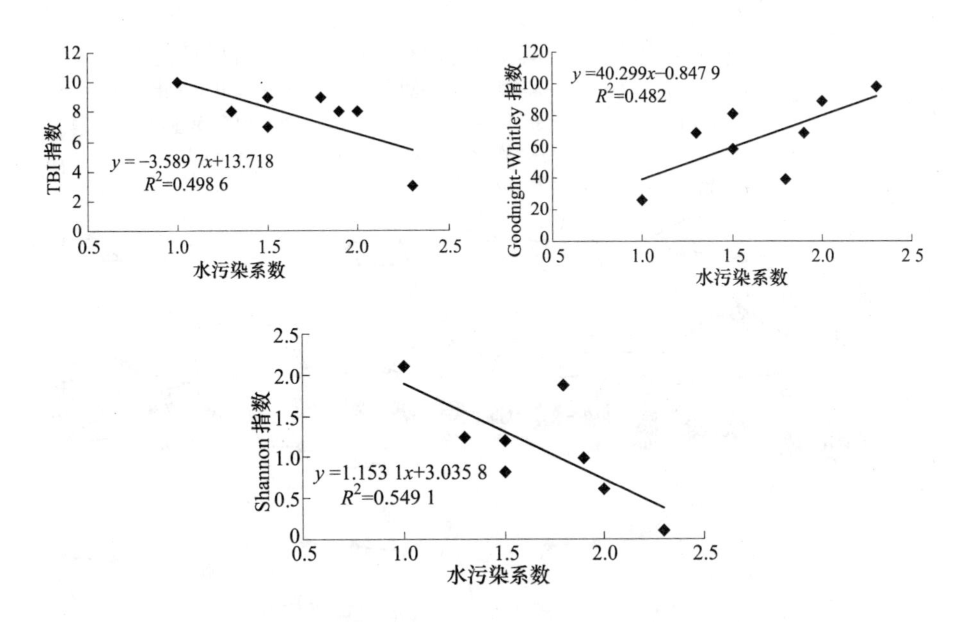

图 3　斯维斯洛奇－贝尔齐纳河水系样品站生物指数与重金属水污染系数之间的关系

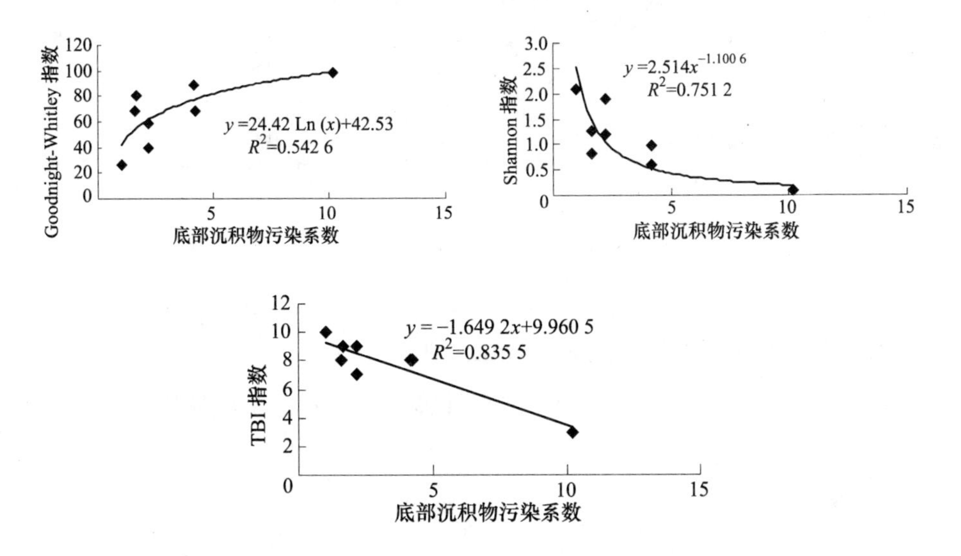

图 4　维斯洛奇－贝尔齐纳河水系样品站生物指数与重金属底质污染系数之间的关系

和 Retchitsa 的“热点”超过 6。该方法计算得出的风险最小临界值推荐等于 4。因此河流生态系统风险退化不存在并且在这些城镇的一些情况可能相当好。我们已应用百分数原理选择 25% 作为计算 TBI 风险临界值。对于 Retchitsa，该值

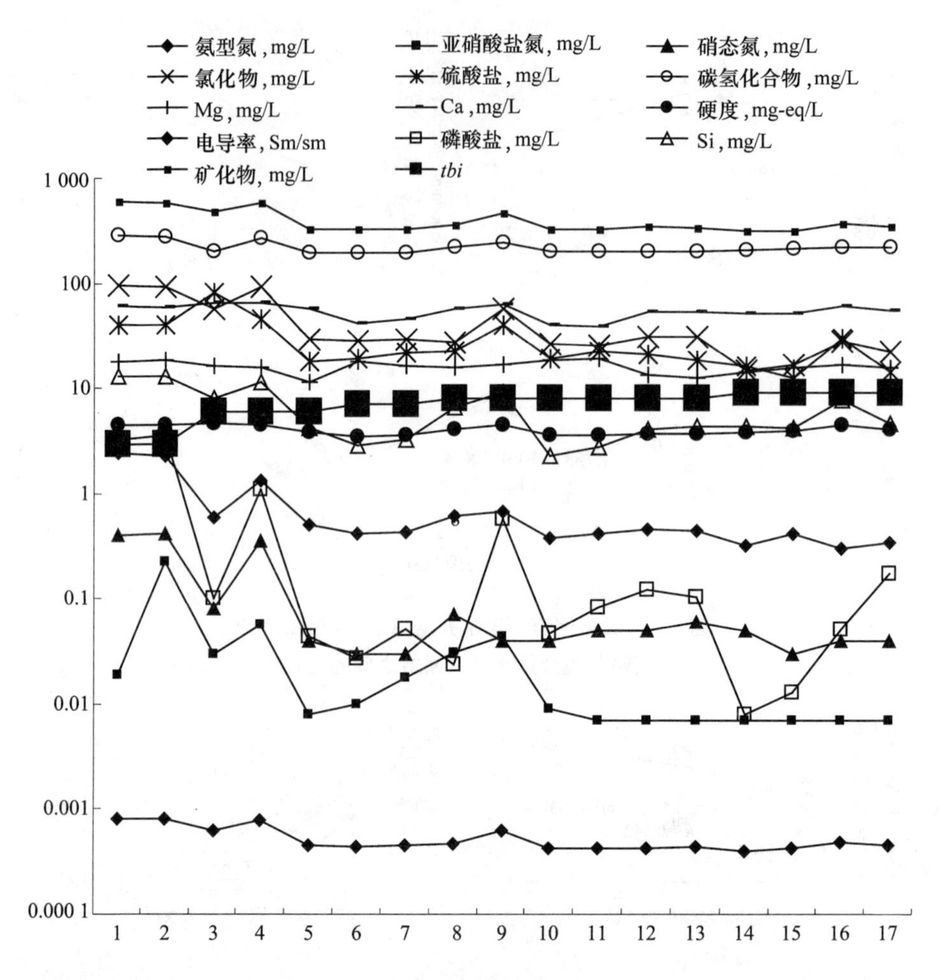

图5　根据采样日期的第聂伯河、贝尔齐纳河和普里皮亚季河17个站动态水化学参数（纵坐标为对数值,TBI增长站的变化范围位于纵坐标轴上。

为7.5,而对于Mozyr,该值为6.5。根据计算TBI临界值获得各个风险概率值（见表2）。

4　结论

因此,基于概率方法的TBI指数能被用于生态风险评估。研究表明,生态系统退化的概率首先依赖于其距离排污口的位置有多远。在排污口且强度非常大时,风险概率会高达80%～90%,有些情况甚至等于100%,也就是说系统已经退化。白俄罗斯的情况是生态系统质量恢复程度非常高。在大多数情况下沿河道15 km距离内,风险概率值减小到对应于上述排污口的相应值。获得的资料

表2 不同临界 TBI 值下各调查站 TBI 指标(*tbi*)和风险概率值(*p*)

参考点位置	Gomel		Retchitsa		Mozyr		Minsk	
	tbi	*p*(%)	*tbi*	*p*(%)	*tbi*	*p*(%)	*tbi*	*p*(%)
排污口之上 20 km	—	—	—	—	—	—	10	0
排污口之上 2 km	9	0	8	0	8	0	8	0
排污口之上 0.2 km	6	0	—	—	—	—	—	—
排污口	3	80	7	96	6	82		
排污口之下 0.2 km	3	80	7	100	6	89	3	80
排污口之下 3 km			8	13	6	72	3	100
排污口之下 5 km	6	20	8	1	—	—	—	—
排污口之下 8 km	9	0	—	—	7	18	—	—
排污口之下 9 km	8	0	—	—	—	—	—	—
排污口之下 10 km	9	0	8	0	7	11	—	—
排污口之下 11 km	8	0	—	—	—	—	—	—
排污口之下 15 km	8	0	8	0	8	0	—	—
排污口之下 23 km	9	0			—	—	—	—
排污口之下 100 km	—	—	—	—	—	—	8	0
临界 TBI 值	4		7,5		6,5		4	

证据表明必须使用多层次的生态风险评估。在不同的国家,由于使用不同的系统及保护水资源,国际水平的风险概率比较是必需的。对于流域和区域水平来说,国家水平的比较是必需的,而对于流域内不同级别的支流来说,流域级水平的比较应得到应用。根据“顺流和逆流原理”,对于具体的污染源评估,区域级水平是最好的。对于第一级,相应的评价因素最小临界值可能被用到。因此,如果公认的风险计算 Woodiwiss 指标的最小值为 4 的话,那么对于白俄罗斯的大多数河流,即使河流流经城镇居民点,风险概率也是不存在的。为了作国际、国内、区域和流域等不同层次的比较分析而相互校准指标值,确定 Woodiwiss 指标临界值的百分数等于 25% 可能被应用到。

提出的方法提供了更确切地监视生态系统概率变化,并显示在早期阶段进一步退化的可能性。对于计算得出的不同位置、不同程度人类活动影响河系风险概率值的使用允许离析出各个参考点。作为比较分析水质的普遍机制之一,欧盟水框架指令推荐使用这种方法。风险概率值提供了利用 GIS 系统制作水生态系统状况动态图的可能性。

因此为河系定义和使用风险概率值是水质监测与确定的通用机制,其可能成为水资源管理的决策工具。

参考文献

[1] A framework for Ecological Risk Assessment: General Guidance. Canadian Council of Ministers of the Environment, The National Contaminated Sites Remediation Program. March,1996.

[2] Aphanasiev S. ,A. ,Grodzinski M. D. Methods of the ecological assessment of risks arising at the impact of sources of contamination on water objects. IDRC at a support of INDP – GEF. – Kiev,2004.

[3] Chandler J. R. A biological approach to water quality management. J. Water Pollut. Control, 1970, 69: 415 – 422.

[4] EPA (Environmental Protection Agency). Assessment and Remediation of Contaminated Sediments program: Risk Assessment and Modelling Overview Document. Great Lakes National Program Office, Chicago, IL. EPA/905/R93/007, 1993.

[5] Knopp H. Ein neur Weg zur Darstellung biologischer Vorfluteruntersuchungen, erlautert an einem Gutelangsschnitt des Maines//Wasserwirtschaft – 1954. – 45 jg, No. 1.

[6] Knopp H. Grundsatzliches zur Frage biologischer Vorfluterungen erlautet an einem Gutelangsschnitt des Mains. Arch. Hydrobiol. , 1955, Suppl 22, 3/4:363 – 368.

[7] Kolkwitz R. , Marrson M. Okologie der pflanzlichen Saprobien. // Ber. dt. bot. Ges. 1908. – No. 26.

[8] Kolkwitz R. , Marrson M Okologie der tierisehen Saprobien. Int. Revue ges. Hydrobiol. 1909. – No 2.

[9] Liebman H. , 1962. Handbuch der Frischwasser und Abwasserbiologie. Bd. I. R. – Oldenburg. – Munich, 1962.

[10] Magarran E. Ecological diversity and its measurement. M. : Mir, 1992.

[11] Semenchenko V. P. Principles and systems of the biological indication of flowing waters. – Minsk: Orekh, 2004.

[12] Mez C. Microscopische Wasseranalyse. Anleitung zur Untersuchung des Wassera mit Besoderer Berucksichtigung von Trink – und Abwasser. Berlin, 1898,209 s.

[13] Odum U. Ecology. – M. : Mir, 1975. – 744 p.

[14] Pantle R. und H. Buck. Die biologische Uberwachung der Gewasser und die Darstellung der Ergebnisse. Gas – und Wasserfach, 1955, 96(18):604.

[15] Shannon E. E. A mathematical theory of communication. – Bell Syst. , Tech. Y. ,1948, N 27, p. 623 – 656.

[16] ladecek V. System of water quality from the biological point of view//Ergebnisse der Limnology. – 1973. – No 7.

[17] Verneaux J. , Tuffery A. Une methode zoologique practique de determination de la qualite biologique des eaux courantes. – Ann. Sci. Univ. Besancon (3). Zool. Fasc. ,

1967:79 -90.

[18] Wilhm J. L. , Dorris T. C. Biological parameters for water quality criteria. - Bioscience, 1968,18(6):477 -481.

[19] Woodiwiss F. The biological system of stream classification used by the Trent River Authority. - Chemistry and Industry, 1964:443 -447.

[20] Zelinka M. , Marvan P. Zur Prazisierung der biologischen Klassification der Reinheit fliessender gewasser // Arch. Hydrobiol. - 1961. - No 57.

以科技为先导　全面推进黄河水土保持生态工程建设

田杏芳[1]　肖培青[2]　柏跃勤[1]　宋　静[1]　王　略[1]

(1.黄河水利委员会黄河上中游管理局;2.黄河水利委员会水土保持局)

摘要:本文通过总结近年来黄河上中游地区开展的水土保持科研,尤其在基础研究、应用技术及科技示范与推广等方面开展的重大项目基础上,针对目前存在的问题,提出了近期水土保持科技工作目标及打算。

关键词:水土保持　科学研究　问题　目标与打算

1　近年科研工作进展简况

1.1　集中力量攻关,为加快黄河多沙粗沙区治理提供技术支撑

加强黄河中游粗泥沙区治理,尤其是粗泥沙集中来源区的治理,构筑控制黄河粗泥沙"第一道防线",是解决黄河粗泥沙问题的关键所在。2004年按照黄委党组提出的进一步集中投资、缩小范围对黄河中游粗泥沙集中来源区强化治理的思想,积极参与"黄河中游粗泥沙集中来源区界定研究"课题,完成了其中9条重点支流特性深化研究。2005年又开展了"黄河中游粗泥沙集中来源区治理方向研究"课题研究。该课题通过对大量资料的分析和实地勘察,在充分分析论证区域侵蚀产沙环境特点(环境特征、经济社会特征、动力特征和综合因素等)、治理措施适应性(坝系、拦泥库、坡面措施、综合治理)的基础上,科学划分治理区(黄土治理区、砒砂岩区、沙化治理区),确定各区治理重点,提出了科学的治理思路、治理目标、关键措施、布局架构、配置方式和治理对策。2006年,针对黄河中游多沙粗沙区急需解决的关键技术问题,同时结合黄河生态工程建设所需,设立了"黄河中游多沙粗沙区可持续拦沙关键技术研究"课题,重点在小流域坝系可持续拦减泥沙的目标下,合理控制坝系工程面积、工程数量,分析坝系防洪风险,以及骨干坝、中小型淤地坝的分层组合关系、数量配置比例等方面开展研究。

1.2 依托示范区建设与世界银行贷款项目，积极开展实用性技术与新技术研究和推广

近年来，我们结合水土保持生态工程示范区建设，先后在黄土丘陵沟壑区第一副区、第三副区和高塬沟壑区的韭园沟流域、耤河流域、齐家川流域建设高标准、高科技的典型示范区，开展应用技术与实用技术研究。其中仅绥德站韭园沟示范区开展的“水土保持实用技术”和“节水灌溉技术”，推广红枣新品种达198.8 hm^2，推广节水集雨面积26 139.6 m^2，积水容积2 458.2 m^2，灌溉面积92 hm^2。

同时在已开展的黄土高原水土保持世界银行贷款项目中，根据世界银行评估报告要求和各地的实际情况，针对项目实施过程中急需解决的重要问题和关键技术，重点开展了梯田工程、植被工程和小流域坝系方面的监测方法与评价系统研究。采用“3S”技术、常规监测手段和数理统计相结合的方法，提取影响梯田质量、植被覆盖度、植物种植密度和小流域坝系专题信息等相关因子。分别提出了梯田监测评价系统、植被工程评价系统和小流域坝系监测评价系统。在处理、分析卫星影像等空间信息数据的基础上，通过数理分析、计算，建立了高、中精度卫星影像与实际地物之间的转换关系。解决了传统监测手段精度低、周期长及靠低分辨率信息源难以提取有关信息等问题，实现快速、准确的空间分析和监测，为世界银行项目乃至整个黄土高原水土保持生态环境评价、措施布局、效益分析评估和预测提供服务与技术支撑。

1.3 以科技促发展，有力地推动了传统水保向现代水保的转变

在承担的国家“948”《水土保持优良植物引进》和《黄河流域水土保持遥感普查及监测》项目中，我们注重引进国外先进技术，有力地推动了传统水保向现代水保的转变，在水土保持生态建设中，发挥了重要作用。其中从国外引进适应于黄土高原不同类型区的15种水土保持植物，实现了植物基因资源在区域内从无到有的突破，选出的优良牧草多年生香豌豆、牧场草、黄兰沙梗草、康巴早熟禾，通过区域性试验，已在黄河水土保持生态工程齐家川示范区及陕西、山西、青海等省推广，面积达449.5 hm^2，取得了明显的生态效益和经济效益；引进世界上先进的“3S”技术和设备，成为全国水土保持领域最先进、最全面的“3S”应用系统，已成功地建立了黄土高原严重水土流失区生态环境动态监测系统平台，研制开发了黄河一级支流水土保持地理信息系统、三维可视化信息系统、立体浏览系统，并首次系统地完成了黄河流域水土保持生态环境动态监测的本底数据库。该项目的实施是“3S”技术在水土保持生态环境建设中大规模的具体应用，迄今

已经取得了系列成果。

1.4 建立完善水土保持监测站网布设，加快水保信息化建设，为“三条黄河”建设奠定基础

当前在青海大通县，甘肃定西县、环县，宁夏西吉县，内蒙古清水河县、准格尔旗，山西永和县、河曲县，陕西延安宝塔区、米脂县、横山县，河南济源市等共设立了13个水土保持小流域坝系监测站点；在黄土丘陵沟壑区第一副区、第三副区和高塬沟壑区选择了8条典型小流域开展水土流失监测，目前已建径流监测站17个、雨量站92个、气象园3处、径流场59个、径流小区监测站1个、固定式人工模拟降雨装置及自动控制系统1套、遥测设备的中继站及中心站各1处，安装了相关设备，并选择在甘肃西峰南小河沟湫沟流域，开展了相关技术问题的研究。同时积极开展了网络基础设施建设和电子政务建设，包括网络基础设施建设、办公自动化系统建设、黄河流域水土保持数据库建设，提出了数据库管理系统、三维解析系统、淤地坝管理系统、小流域坝系三维可视化模拟规划系统等5个应用系统，服务于水土保持管理及规划、监测等业务工作，为“数字水土保持”建设奠定了基础。

1.5 在试验研究和技术手段上积极创新，为水土保持生态建设服务

在淤地坝建设被列为全国水利工程“亮点”之际，我们结合原来在淤地坝试验研究方面的技术优势，开展了“小流域坝系规划及数字仿真模拟技术研究”、“泥质砂岩地区水土流失现状及其治理途径调研”、“黄河多沙粗沙区沟道坝系安全评价方法研究”和“小流域坝系监测方法及评价系统研究”等关键技术研究课题。

同时积极引进和利用“3S”技术、系统工程理论进行小流域调查、规划；基于“3S”技术开展坝系监测方法及评价系统研究，建立小流域坝系信息管理系统和数字高程模型(DEM)。引进了目前水利行业最先进的高精度航测扫描仪及数字摄影测量工作站、图形工作站和GPS等一系列监测设备，在黄河流域建立了水土保持监测网络。

此外，还根据水土保持生态建设项目的需求，在天水、西峰、绥德试验场先后增加了水土保持社会、经济、生态及水沙效益监测内容，建立了小气候自动监测站，实现了监测数据的自动采集、储存、回传和编报。

2 当前水土保持科技工作存在的主要问题

2.1 基础研究落后于生产实践

目前，黄土高原水土流失基础性研究还很薄弱，在水土流失规律、土壤侵蚀机理、坝系相对平衡理论等领域的研究，还没有重大突破。再者，水土保持效益

评价的方法、水土保持措施设计的技术与方法等都急需创新。水土流失的监测从20世纪40年代就已开始,布设了不少各类监测网、站、点,并取得了一定的监测资料。然而,水土流失监测工作尚未引起高度的重视,存在的问题是经费投入少、设备简陋、缺乏统一的组织与规划。因此,在不同时期,各地、各部门和各研究者大都是根据不同的目的设置有关监测,不仅监测标准不统一、方法不一致、内容不相同,使得监测获得的资料不具可比性,而且监测的空间布局不合理,没有代表性,有些地区还是空白,不能反映出区域特征与规律。目前水土流失的主要研究方法仍然利用野外径流小区和小流域把口站进行水文泥沙的监测。但由于这些监测设备自动化程度低,不能全面收集过程资料,因而限制了过程研究;观测设施(如分水箱)的设计不合理,径流观测不够准确;泥沙取样不精确。遥感(RS)技术虽然给侵蚀宏观研究带来了曙光,但该技术只能通过对影响因子的解译间接评价水土流失,无法直接获得侵蚀强度。

2.2 科技投入不足,缺乏固定的投入渠道

水土保持工作涉及面广,需要研究的科学问题有很多,然而,与需求相比,各级政府投入严重不足。2000年以前,用于水土保持科技投资有水利事业费、专项投资和引进外资等经费。"十五"期间,随着国家投资方向的转变及工资、津贴和物价的持续增加,用于水土保持科技投资的水利事业经费改为从基本建设投资中临时安排,由于这部分经费有限,只能针对本项目实施过程中可能遇到的技术问题或一些短、平、快的项目进行攻关,对一些重大问题,尤其是一些重大的基础性、战略性、前瞻性问题研究不够。

2.3 科技人才总量不足,科研体制、机制不完善

从总体看,从事科研工作的人才总量不足,人才结构和分布也不合理,高层次专业技术人才及高水平的研究团队严重不足,加之水保科研周期长,见效慢,多年投入不足,课题缺乏有效的激励机制。课题主持人责权不明确,在课题组人员选择与经费使用上没有自主权;收入分配关系没有理顺,付出与回报不成比例,受不同职能的牵引和利益驱动影响,科技人员从事科技工作的积极性不高。水土保持科研队伍不稳,特别是基层研究院所和试验站,科技人员的工资待遇较低,而且有时为了生计不得不在一定时期内从事与水土保持无关的工作,人才流失较为严重。

2.4 成果推广工作滞后,成果转化率低、科技贡献率低

水土保持的作用是改善生产条件和生态环境、减少入黄泥沙,社会公益性强,而且受益对象多,不同利益群体的受益程度难以分割,因而技术成果很难商品化和市场化,成果的转化主要靠中央和地方政府的财力支持来推动。由于科技推广机构不健全,没有制定出科技推广的长、中、短期规划及具体目标,同时缺

乏科技成果转化的政策、机制和资金,致使科技成果的推广相对滞后,成果转化率低、科技贡献率低。

3 近期水土保持科技工作目标与打算

3.1 工作目标

以创新和发展为主题,坚持“以人为本”的科学发展观,积极推进水土保持科技创新,扩大学术交流和创新管理模式,加强水土保持关键技术的试验研究,加大新技术的引进和应用,深化科研体制改革,全面提升整体科技实力,推进重大科学技术问题的突破,为黄河水土保持生态工程建设提供科技支撑。

3.2 科技工作打算

3.2.1 深化黄土高原水土流失规律研究,研发黄土高原水土流失数学模型

由于黄土高原水土流失规律极为复杂,加上现有试验观测方法、手段的发展水平和试验观测内容设置的限制等诸多原因,目前,在流域水土流失规律、侵蚀产沙机理、坝系相对平衡理论等领域的研究仍未取得重大突破,直接制约了黄土高原水土流失治理的纵深发展。如何确保水土保持工程体系的稳定、安全,如何更加科学地指导水土保持措施的规划与设计,如何更加准确地预测预报黄土高原流域产流产沙状况?这些问题已经成为当前急需研究的重大问题。针对当前水土保持生产实践中存在的工程规划设计缺乏科学系统和可靠的基础信息参数,以及水土保持规划设计、效益分析评价缺乏先进的实用评价体系和手段,结合黄土高原地区水土保持工作的实际需要,进一步深入研究黄土高原水土流失规律和开展黄土高原地区水土流失数学模型研究与开发已经成为当前亟待开展的重要课题。

3.2.2 积极推进“模型黄土高原”为重点的创新工作

黄土高原多种因素、多种成因、多种侵蚀类型交互耦合的自然特征和侵蚀环境,决定了科学认识和掌握该区水土流失规律非常困难,开发治理中许多规律性的东西等尚未被完全认识和掌握。故此,只有解决了治理中的一系列关键理论问题,并由此指导广大群众的实践活动,才能真正实现减少入黄泥沙和生态环境的良性循环的终极目标。当前,“模型黄土高原”建设已列入维持黄河健康生命总体框架的重要议事日程,以此为契机,集中力量开展水土保持重大理论问题和关键技术的攻关,深入开展水土流失规律研究,不断提高水土保持科技创新能力,力争在小流域坝系相对平衡理论及指标体系研究,黄土高原生态类型区划分及其环境演变规律研究,水土保持水沙效益评价研究,不同类型区环境容量、生态建设目标及其实现途径研究等方面取得突破,尽快取得有应用价值的研究成果,为提高水土保持决策能力提供科技支持。

3.2.3 加强水土保持生态环境监测体系建设，为“数字水保”建设提供技术支撑

根据水土保持生态环境建设需要和“数字水保”建设总体要求，继续开展黄土丘陵沟壑区第一副区、第三副区和黄土高塬沟壑区典型小流域原型观测，建设内容全面、手段科学、观测规范的标准化小流域观测体系，为研究水土流失规律、建立侵蚀产沙预报系统提供科学依据。主要建设内容是更新和改造水土流失试验观测站网、基础设施及仪器设备，调整和完善观测项目，建设比较先进的自动测报系统，改进数据处理方法，建立原型观测基础数据库，开展水土流失预测模型研究和水土保持生态环境监测关键技术研究。初步形成快速便捷的数据采集、处理、发布和共享体系，对水土流失和水土保持状况进行全面实时监测监控，科学评价防治效果，为各级政府制定水土保持生态环境政策、规划及宏观决策提供及时可靠的数据支持和科学依据。

3.2.4 进一步提高科技兴水保的认识，建立一支精干、高效的水土保持科技队伍

水土保持作为生态环境建设的主体，要实现传统水保向现代水保的转变，必须提高水土保持工作的科技含量，这是巩固提高水土保持效益的需要，是实现可持续发展的需要，也是实现国家生态环境建设总体目标的需要。结合工作实际，进一步深化改革、转变机制，建立适应社会主义市场经济体制和符合科技自身发展规律的现代水土保持科技管理体制，积极投身于水土保持生态环境建设的主战场。继续贯彻“稳住一头、放开一片”的方针，建设一支结构优化、布局合理、精干高效的水土保持科技队伍，提高水土保持科技创新能力，保障和促进水土保持工作开展，从而取得更大的生态效益、经济效益和社会效益。

3.2.5 面向市场，搞活水土保持科技服务

引进、吸收和推广一批国内外先进实用的水土保持科技成果，建立高科技、高效益的水土保持科技示范基地，促进技术成果的尽快转化，为促进黄土高原地区大示范区建设、推动水土保持综合效益的可持续发展提供有力的技术保障。重点开发水土保持管理信息系统、科技成果管理查询系统及规划、设计软件系统；开展水土保持优良植物和计算机高新技术的示范与推广。

加强水库科学调度
维护黄河健康生命

薛选世　张亚丽

（黄河小北干流陕西河务局）

摘要：本文主要论述了实行水库优化调度对维护黄河健康生命的重要作用，同时，提出了加强水库科学调度、维护黄河健康生命的对策与措施。

关键词：水库　调度　黄河健康　作用

黄河流域水资源短缺，且时空分布不均。目前，黄河仍面临着水少、水多、水脏、水浑等水问题，其主要症结是水少沙多、水沙不协调，从而引发许多问题，使水资源供需矛盾突出，严重困扰和制约社会经济的迅速发展与人民生活水平的提高，直接威胁河流的生命健康。解决黄河水问题的关键在于开源节流，增水减沙，建设节水防污型和环境友好型社会，改善生态环境，科学配置、高效利用和有效保护水资源。而水库调度是合理利用和调配水资源，协调水沙关系的重要举措，它对加强水资源管理，统筹生产、生活和生态用水，保证"堤防不决口，河道不断流，污染不超标，河床不抬高"等都有至关重要的作用。因此，要坚持科学发展观，严格遵守自然经济规律，进一步完善黄河水沙调控体系，加强水库的综合调度和管理，实行统一调度、依法调度、科学调度，调出水平、调出效益，提高水资源环境的承载能力，不断恢复河道的基本功能，维护河流健康，促进社会经济不断发展，实现人与自然的和谐。

1　实行水库优化调度对维护黄河健康生命的重要作用

在黄河干流上，现已建有龙羊峡、刘家峡、万家寨、三门峡和小浪底等水库，近年来，通过水库或水库群的合理调度运用，进行调水调沙、水量调度、防洪防凌调度、兴利调度等，对优化配置水资源、保护生态环境、维护河流健康、促进社会经济的健康发展等都发挥了重要作用，社会、经济效益和生态效益显著。

1.1　调水调沙使河道过流能力不断提高，逐步恢复了河道的基本功能

20 世纪 90 年代以来，由于气候干旱、来水减少及沿河地区对黄河水资源的

过度利用,黄河河道输沙用水被大量挤占,进入黄河下游的水量急剧减少,水资源供需矛盾日益突出,加剧了下游河道淤积,过流能力大幅降低,给防汛造成的压力越来越大,平滩流量从6 000 m^3/s 降到2 000 m^3/s 左右。2003 年,黄河河南兰考段洪水流量为2 400 m^3/s,即出现重大漫滩灾情,滩区内近12 万人被洪水围困。为此,自2002 年起,黄委连续进行了5 次调水调沙,用"人造洪峰"冲刷下游河道,使下游泥沙淤积状况得到改善,河道过流能力逐步提升,下游河道得到全面冲刷,最小过流能力从实施前的1 800 m^3/s 提高到3 500 m^3/s,河道的基本功能逐步得以恢复。

1.2 调水调沙使河流生态系统得到改善,有效遏制了河床的淤积抬高

由于黄河水少沙多、水沙不协调,使黄河不断淤积抬高,主河槽萎缩,在黄河下游已形成"二级悬河",且黄河湿地生态系统也不断恶化。为了改变这种状况,2002~2005 年黄委连续进行了4 次调水调沙,已使3 亿多t 泥沙冲入大海,黄河下游河道主河槽得到全面冲刷,槽底高程平均下降1 m,2006 年进行的第五次调水调沙,又使6 010 万t 泥沙冲刷入海,有效地改善了河道形态,减少了河道泥沙淤积,遏制了黄河下游河床的淤积抬高。

黄河自2002 年以来的5 次调水调沙,也为湿地生态恢复提供了有利的水量条件,2006 年黄河第五次调水调沙将约2 000 万 m^3 的河水注入黄河口湿地,使黄河入海口地区遍布大大小小的坑塘,星罗棋布的水库中碧波荡漾,形成了大面积的水面、湿地,有效地缓解了由于海水侵蚀入海口湿地减少的现象。黄河口湿地以年均0.33 万 hm^2 的速度在增长,湿地总面积增加到了20 万 hm^2。保护区内野生植物达393 种,三角洲的鸟类增加到了283 种,生物多样性资源日益丰富,生态向多样化、稳定性方向发展。

1.3 调水调沙有利于调整理顺河势,塑造并维持中水河槽

黄河多为堆积游荡型河道,淤积严重,形态萎缩,河道宽浅,水流散乱,河无定槽,主流游荡摆动不定,沙洲密布,汊流丛生,"斜河"、"横河"、"滚河"现象时有发生,特别是在小水时,水流随湾就湾,蜿蜒曲折,往往形成畸形河势,进而引发小水大险或小水大灾。根据黄河小水入湾、洪水趋中的河势演变规律,利用水库群联合调度,进行调水调沙,塑造人工中常洪水,充分发挥洪水的造床作用,可调整理顺河势,塑造相对稳定的中水河槽,提高河道行洪排沙能力。2006 年3 月黄委实施的利用黄河桃汛洪水冲刷降低潼关高程试验,使潼关河段河势调整理顺,形成单一规顺的主槽。

1.4 调水调沙有利于水库的健康,可减少建库后的不利影响

通过调水调沙,利用水库异重流挟带大量的泥沙排出库外,从而调整了水库淤积形态,减少了水库泥沙淤积,提高了水库的效益,增强了水库的健康,延长了

水库的使用寿命。2006 年黄河第五次调水调沙,通过三门峡、小浪底水库联合调度,在小浪底水库再次成功塑造了异重流,并将小浪底水库 841 万 t 泥沙排出库外。

自 1998 年万家寨水库运用以来,桃汛期水库蓄水减小了进入潼关站的洪峰和洪量,使桃汛期潼关高程由万家寨水库运用之前的冲刷下降转变为基本不冲或微淤。为了减少万家寨水库对潼关高程的影响,2006 年 3 月 23 ~29 日黄委开展了利用黄河桃汛洪水冲刷降低潼关高程试验,通过万家寨水库调度,优化桃汛洪水过程,改善了万家寨和三门峡水库淤积形态,使黄河小北干流河段全程冲刷 0.071 亿 t,潼关高程下降了 0.2 m。

1.5 调水调沙可有效地发挥水库的社会经济功能

调水调沙不仅可改善河道的自然功能,而且还能发挥水库的社会经济功能,合理调配水资源,统筹解决生活、生产、生态用水,缓解水资源的供需矛盾,提高水库的发电、灌溉、生态景观旅游、供水等综合效益,促进流域经济社会环境的可持续发展,实现人与自然和谐共处。2002 年以来,黄委利用万家寨、三门峡、小浪底等水库联合调度,进行调水调沙,在确保黄河防洪安全的前提下,保证了沿黄城乡群众的生活用水及工农业生产用水。在 2003 年历史罕见的黄河秋汛中,通过“四库联调”,削减了一次次洪峰流量,将下游花园口站洪水始终控制在 2 400 ~2 700 m^3/s 之间,削峰率达 40% ~50%,有效地减轻了洪水灾害损失,实现了拦洪、减灾、减淤、洪水资源化等多重目标,取得了良好的社会经济效益。

1.6 水库的合理调度运用,有效地化解了断流危机,保证了河道不断流

20 世纪 70 年代以来,由于不利的来水来沙条件和过度的水资源开发利用,使黄河下游频频出现断流。自 1972 年至 1998 年,就有 21 年断流,特别是 1997 年黄河断流达 226 天,断流河段长 704 km。自 1998 年国家授权黄委实施黄河水量统一调度管理以来,通过水库的合理调度运用等措施,有效地化解了一次又一次的断流危机,已实现了黄河连续 7 年不断流。如 2002 年 7 月 22 日,黄河中游潼关断面出现了 0.95 m^3/s 的流量,在面临断流危机的紧要关头,万家寨水库及时调度放水,保证了河道不断流。

1.7 利用水库科学调控水量,实现雨洪资源化,减轻水旱灾害损失

黄河流域由于降雨时空分布不均,往往旱涝交替出现,通过水库的合理调节,蓄洪抗旱,丰蓄枯用,适时蓄水保水,削减洪峰,合理利用雨洪资源,争取防洪抗旱主动,减少水旱灾害损失。在抗御 2005 年渭河洪水中,陕西省防总充分利用黑河、石头河、冯家山 3 座水库,加强洪水调度,及时拦蓄削减渭河干流洪峰,加之洪水期三门峡水库一直畅泄运用,减轻了防洪压力,保证了洪水的顺利下泄,大大减轻了洪水灾害损失。

1.8 利用水库合理调节水量,有效化解河道水环境污染

利用水的自净功能,通过水库合理调节水量,稀释污染水体,增加水环境容量,以改善水质,有效化解河道水环境污染。2006 年 1 月 5 日下午,河南省巩义市境内发生柴油泄露事件,造成支流洛河下游油污染,也对黄河干流水质构成威胁,黄委及时加大小浪底水库下泄流量,并关闭故县、陆浑水库下泄闸门,接力实施并加密下游供水水源地等重要断面监测,及时化解了河道水污染事件。

2 加强水库科学调度,维护黄河健康生命的对策与措施

2.1 加强水库的统一调度和管理,齐心协力做好水库调度工作

目前,黄河干流上修建的水库,大多分属不同的单位和部门管理,如黄河上游现有水库 18 座(已建 12 座,在建 6 座),分属 9 家管理单位,部门分割、条块分割、多龙管水的格局仍未改变。这些水库如仍采用原有的调度与管理模式,仅按水库各自的任务进行调度运用,不仅会影响流域梯级水库整体的综合利用效益,而且还会导致生态与环境等一系列问题。加之近几年,随着西部大开发和电力体制的改革,黄河上游出现了水电开发热,有关各方纷纷“跑马圈地”,抢占水电开发权,部分工程甚至在审批手续不齐全的情况下即已开工建设,使水电开发盲目无序,缺乏统一规划和管理。因此,实行水库的统一调度和水电开发的统一管理已是大势所趋,迫在眉睫。要认真搞好流域综合规划,加强流域水资源的统一配置和管理,探索建立政府宏观调控、流域民主协商、准市场运作和用水户参与的流域管理模式,尽快设立高效、权威的黄河上中游水库和水电开发统管机构,严格水电开发的规划管理,维护良好的水电开发秩序,统筹兼顾上中下游之间,城乡生活、生态环境保护及国民经济发展之间对水资源的需求,确定生态补偿的主体,明确相关单位的责任,加强协商和沟通,建立水库上下游和梯级水库群之间的协调机制,以及防洪、发电、灌溉、供水、航运、渔业、旅游等利益相关部门的协作机制,强化监督检查和管理,团结协作,密切配合,加强水库的统一联合调度,切实做好调水调沙、水量调度、兴利调度、防污调度、防洪防凌和抗旱调度等工作,充分发挥水库的综合效益,协调水沙关系,保护生态环境,维护河流健康。

2.2 加强水库科学调度,大力提高调度现代化水平

水库的综合调度运用是一项庞大的系统工程,涉及众多复杂技术问题,仅靠传统的调度手段远不能满足水资源调度时效性和现代化的要求,要加快“数字水调”建设,建立完善集信息采集自动化系统、计算机网络系统、黄河水量统一调度管理系统、黄河水资源保护监控中心、决策支持系统、水库调度信息平台、黄河上中游水文信息平台、异地视频会商系统和调度指挥中心及水库运行监测水文站网系统、全数字水质自动监测站、引水口远程自动化监控监视等系统于一体

的现代化水资源调度管理系统，实现水库调度信息互通和共享，构建维护河流健康的水资源调控体系，认真开展以水库群为主的水沙联合调度方式及流域尺度的水库群生态调度、水库动态汛限水位控制运用的研究，进一步完善水库科学调度的指标体系，加强对河流生态健康的评价和调控措施的研究，科学识别和评价河流生态的健康程度，建立权衡经济社会效益与生态效益之间关系的评估方法和指标体系，充分认识和了解河流生态面临的问题，分析掌握其发展变化的自然规律，根据生物体自身的需水量和生物体赖以生存的环境需水量，确定河流生态需水量、河流的生态基流和河道不冲不淤的临界流量，认真研究黄河调水调沙如何利用水库最小水量、最短泄水时间、对下游河道形成最佳减淤效果的有效调度方法，建立调水的理论技术体系和生态与环境响应机制，认真研究水库实施生态调度前后相关对象利益的变化和补偿机制，进一步探索河道水沙运动和冲淤变化的规律，塑造协调的水沙关系，制定科学可行的水库综合调度计划，进一步完善调水实施方案，认真做好不同调度方式和流量级、含沙量组合的调水调沙预案，建设一支反应迅速、技术过硬、作风优良、坚强有力的水调队伍，采用天气雷达、全球定位系统、卫星遥感、地理信息系统、水下雷达、远程监控、图像数据网络实时传输等技术，加强水量水质监测和天气、水雨情预测预报，并积极研究开展沙情和水位预报，完善预警系统，实现对水库、主要水文站、水质监测站、重要引水口和控制节点的远程自动监测、监控、监视和预警，为调水调沙科学分析决策提供多种形式的信息服务，大力提高水库调度管理水平和调水效益。

2.3 完善水库调度管理的政策法规，依法加强管理与调度

有效的政策法规和严格的执法是进行水库调度和水资源管理的重要保证。因此，要进一步强化行政、经济、法律等手段，建立水资源调度与管理制度体系和生态补偿机制、水量调度补偿机制，坚持“谁受益，谁补偿”的原则，明确生态补偿的主体，不断完善水法规政策体系和执法体系，构建适应现代化发展的水管理体制和新的水资源调控机制，强化应对各种突发事件的快速反应机制，进一步修订完善现有与水库调度和水资源综合管理相关的法律法规与政策，加强法律法规之间的衔接和协调，提高可操作性，认真贯彻实施《黄河水量调度条例》和水利部《综合利用水库调度通则》等法规，依法加强水资源的宏观调控和水库的调度管理，严格规范水事行为，切实做到有法可依、执法必严、违法必究，维护良好的水资源管理秩序，使各种水电开发工程从立项、投资、建设、工程质量标准、水量分配、工程良性的运行管理机制和建成后的效益发挥等都严格按照有关法规进行。同时，建立开发与保护、水量与水质、城市与乡村、地表水与地下水、取水与用水、供水与排水相结合的水资源统一管理制度，建立水库上下游及梯级水库群之间的协调机制，建立防洪、发电、灌溉、供水、航运、渔业、旅游等各个部门利

益相关者的协调机制,使水库调度管理工作逐步走向正规化、规范化、法制化、现代化,促进水资源的可持续利用、生态环境的良性循环和社会经济的可持续发展。

2.4 建立完善水沙调控工程体系,加强调水调沙

黄河的主要问题是水少沙多,水沙不平衡。因此,利用水库进行水沙调节是改善水沙条件、防洪减淤的有力措施,要坚持以人为本、人水和谐的科学发展观,统筹协调、科学配置、有效利用黄河流域干支流的水沙资源,认真搞好水沙调控工程体系的总体规划,加强水沙调控工程体系建设,尽快建立完善以龙羊峡、刘家峡、黑山峡、大柳树、碛口、古贤、三门峡和小浪底等骨干水利枢纽工程为主体的黄河干支流水沙调控工程体系和调水调沙的长效机制,坚持不断地做好调水调沙工作,强化水沙一体化管理,实行全河群库联合统一调度和水沙的跨时空调节,有效控制汛期大洪水,合理利用中常洪水,相机塑造人工洪水,尽量避免出现不利于黄河下游减淤的流量,协调平衡水沙关系,实现洪水资源化和防洪减淤减灾等目的,改善河流生态系统,不断提高河道过洪能力,保证河道不断流。

2.5 进一步优化水库调度运用方式,保证水库下游维持河道基本功能的生态基流

随着水资源开发利用程度的不断提高,加剧了水资源供求矛盾,使水资源优化配置的作用加强,从而提升了水库在流域水资源调控中的作用,而原有的水库设计运用方式,在进行防洪和兴利调度的同时,没有考虑其对下游生态和库区水环境的影响,以至长期累积下来的生态和环境的反作用以各种方式日益显现出来。因此,应彻底转变思想观念,站在全流域的高度,从保障流域可持续发展和维护河流健康出发,把水库的调度运用纳入到全流域的统一调配,使其成为流域水资源统一配置的重要手段,建立兴利、减灾与生态协调统一的水库综合调度运用方式,完善水库调度运用方案,合理调整相关各方的利益,协调社会经济和生态环境的关系,采用先进的调度技术和手段,保证水库下游维持河道基本功能的生态基流,包括维持河流冲沙输沙能力的水量,保持河流一定自净能力的水量,防止河流断流和河道萎缩的水量,维持河流水生生物繁衍生存的必要水量。综合考虑与河流连接的湖泊、湿地的基本功能需水量,维持河口生态及防止咸潮入侵所需的水量等,在满足水库下游生态保护和库区水环境保护要求的基础上,充分发挥水库的防洪、发电、灌溉、供水、航运、旅游等各项功能,使水库对坝下游生态和库区水环境造成的负面影响控制在可承受的范围内,并逐步修复生态与环境系统,提高水库的社会、经济效益和环境效益,恢复和维持河流健康。

3 结语

实行水库优化调度对维护黄河健康生命具有至关重要的作用。可以合理调

配和利用水资源,协调水沙关系,统筹生产、生活和生态用水,增强河道的自然功能,提高河流生命力,充分发挥水库的综合效益,缓解黄河当前存在的水少、水多、水脏、水浑等问题,有利于实现"堤防不决口,河道不断流,污染不超标,河床不抬高"的目标,促进人与自然的和谐,保障社会经济和资源环境的全面、协调、可持续发展。

加强水库科学调度是维护黄河健康生命的重要举措,也是维护水库自身健康的需要,必须加强全流域干支流水库群的多目标统一调度管理,坚持以人为本、人水和谐的科学发展观,从保障流域可持续发展和河流生态健康的高度出发,统筹协调社会经济和生态环境的关系,加强法规制度建设,依法规范调度行为,大力提高科学调度水平,建立完善黄河水沙调控工程体系、水库生态调度的技术体系、政策法规体系和生态补偿机制,强化水沙的一体化调度管理,协调水沙关系,充分发挥水库的积极作用,消除或减免其负面影响,有效控制汛期大洪水,合理利用中常洪水,相机塑造人工洪水,切实做好调水调沙、水量调度、兴利调度、防污调度、防洪防凌和抗旱调度等工作,保证水库下游维持河道基本功能的生态基流,不断提高水资源环境的承载能力,恢复河流良好的生态系统,使其永葆生机和活力,造福子孙万代。

参考文献

[1] 黄强,赵麦换. 水库调度的流域化生态化视野[OL]. 中国水利网,2006-05-29.

[2] 蔡其华. 探索并实施水库生态调度 充分发挥水库的生态功能[OL]. 长江水利网,2006-02-08.

[3] 黄委水科院. 利用并优化桃汛洪水冲刷降低潼关高程试验[OL]. 黄河网,2006-07-07.

[4] 黄委水资源保护局. 及时处置污染突发事件,全面加强应急能力建设[OL]. 黄河网,2006-07-07.

[5] 董哲仁,孙东亚,赵进勇. 水库多目标生态调度[J]. 水利水电技术,2007(1).

中国湿地保护探讨

薛选世

（黄河小北干流陕西河务局）

摘要：本文主要阐述了湿地的主要功能，分析了目前湿地保护面临的主要问题及其成因，并提出了湿地保护的主要对策和措施。

关键词：中国　湿地保护　问题　对策

湿地与森林、海洋一起并列为全球的三大生态系统，它是地球上水陆相互作用而形成的独特生态系统，是自然界最富生物多样性的生态系统和人类最重要的生存环境之一，具有巨大的资源潜力和环境、社会、经济功能，它不仅为人类的生产、生活提供多种资源，而且在抵御洪水、调节径流、改善环境、控制污染、保护物种基因多样性、美化环境和维护区域生态平衡等方面具有其他系统不可替代的作用，享有“地球之肾”和“生命摇篮”之美誉。近年来，随着经济的发展和人类活动的加剧，湿地不同程度地遭受破坏，导致湿地不断萎缩退化，环境功能与生物多样性逐渐衰减，日益突出的环境污染、泥沙淤积等环境问题使湿地及其功能处于严重威胁之中。保护湿地、可持续利用湿地，维护良好的生态环境，实现人与自然的和谐相处已迫在眉睫，刻不容缓。

1　中国湿地概况

中国地处太平洋西岸，大部分地区属亚热带季风气候，境内盛行东亚季风，四季分明，气候温和湿润，特别是长江流域及其以南地区雨量丰沛（多年平均降水量 1 100 mm 以上）。由于水热条件优越，中国生物资源极其丰富，生态系统具有高度多样性，是各种湿地资源最丰富的国家之一，湿地总面积约 6 594 万 hm^2（不含江河、池塘等），占世界湿地的 10%，居世界第四位、亚洲第一位，具有类型多、绝对数量大、分布广、区域差异显著、生物多样性丰富等特点。在众多的湿地中，以河流湿地、河口湿地、湖泊湿地、沼泽湿地、海岸滩涂、浅海水域、水库、池塘、稻田等湿地类型为主。天然湿地（不含河流湿地）约为 2 594 万 hm^2，包括沼泽约 1 197 万 hm^2，天然湖泊约 910 万 hm^2，潮间带滩涂约 217 万 hm^2，浅海水域 270 万 hm^2；人工湿地约 4 000 万 hm^2，包括水库水面约 200 万 hm^2，稻田约

3 800 万 hm^2,稻田是我国河流湿地之外的最大的湿地类型。目前,按国家重要湿地确定标准,我国现有 173 片国家级湿地,并有 21 处湿地被列为国际重要湿地,这些湿地是自然资源和生态环境的重要组成部分,对促进可持续发展和保护人类生存环境具有重要意义。

2 湿地的主要功能

湿地是人类最重要的环境资本之一,也是自然界富有生物多样性和较高生产力的生态系统,湿地的水陆过渡性使环境要素在湿地中的耦合和交汇作用复杂化,它对自然环境的反馈作用是多方面的。它为人类社会提供了大量的如食物、原材料和水资源等生产资料及生活资料,具有巨大的生态、经济、社会功能。它能抵御洪水、调节径流、控制污染、消除毒物、净化水质,是自然环境中自净能力很强的区域之一。它对保护环境、维护生态平衡、保护生物多样性、蓄滞洪水、涵养水源、补充地下水、稳定海岸线、控制土壤侵蚀、保墒抗旱、净化空气、调节气候等起着极其重要的作用。

3 湿地保护面临的主要问题及成因

由于人口的增长和经济的发展,湿地围垦、淤积、过度开发利用及各种污染严重,天然湿地急剧减少,湿地功能和效益不断下降,湿地资源保护面临严重威胁,对湿地的水生态环境也造成很大影响。主要表现在:一是盲目的湿地开垦和改造使湿地面积萎缩、水资源生态调蓄功能减弱。二是生物资源过度利用,使湿地的生态失去平衡。三是湿地水资源的不合理利用,使生态环境用水得不到保证,引发许多生态问题。四是湿地污染加剧,严重危害湿地生态系统。五是水土流失加剧,泥沙淤积日益严重,生态环境恶化。六是海岸侵蚀不断扩展,湿地破坏严重。七是湿地退化导致生物多样性下降。另外,湿地保护宣传教育滞后,公众湿地保护意识还较为淡薄,对湿地的保护管理也远远跟不上,管理较为粗放,管理机构不健全,法制体系不完善,缺乏管理协调机制,基础研究薄弱,技术管理水平落后,湿地保护经费短缺,监测体系和评价制度也不尽完善,严重制约我国湿地保护事业的健康发展。

从湿地所面临的主要问题来看,造成湿地严重破坏、生态环境不断恶化的原因是多方面的,既有自然原因,又有人为因素,但主要是人类活动的严重影响。自然变化带来的生态环境改变影响往往是相当巨大的和不可逆转的,如暴雨洪水、气候干旱、风浪侵袭等。人为因素主要发生于人类对湿地过度的开发和利用过程中,如湿地的无序开垦和改造、森林资源的过度砍伐,污水乱排等,随着科学技术的进步,人类改变自然的能力也越来越强,对自然的影响也越来越大。生态破坏、水污染、物种灭绝、全球气候变化等无不与人类活动密切相关。

4　湿地保护的对策和措施

湿地不仅具有强大的社会经济功能，而且具有涵养水源、净化水质、蓄洪防旱、调节气候、促淤造陆和维护生物多样性等重要生态功能。健康的湿地生态系统，是国家生态安全体系的重要组成部分和经济社会可持续发展的重要基础。保护湿地，对于维护生态平衡，改善生态环境，实现人与自然和谐，促进经济社会可持续发展具有十分重要的意义。因此，要大力加强湿地保护的宣传教育和生态道德教育，积极开展保护湿地的各种活动，提高全社会的湿地保护意识；大力营造"保护湿地光荣，破坏湿地可耻"的良好社会环境；坚持科学的发展观，从维护湿地系统生态平衡、保护湿地功能和湿地生物多样性，实现资源的可持续利用出发；坚持"全面保护、生态优先、突出重点、合理利用、持续发展"的方针，把湿地保护作为我国的基本国策；建立湿地保护的长效机制，采取宣传、行政、法律、经济、科技、工程等各种手段和有力措施，实行统一管理、科学管理、依法管理，在保护中开发利用，在开发利用中保护，充分发挥湿地在国民经济发展中的生态、经济效益和社会效益，推动整个社会走上生产发展、生活富裕、生态良好的文明发展道路，实现人与自然的和谐共处。

4.1　坚持"五项"原则，实行科学保护

（1）坚持预防为主，保护优先，保护与合理开发利用相结合的原则。正确对待和处理湿地开发利用与保护的关系，以及开发利用与水生态环境的关系，严格遵守自然经济规律，科学合理地开发利用湿地，坚决消除盲目无序的掠夺式开发利用，在保护中开发利用，在开发利用中保护，实现自律式发展，保证湿地健康。

（2）坚持人与湿地和谐共处的原则。正确对待和处理人与自然、人与人、局部利益与整体利益的关系，严格规范人类行为，维护湿地的整体性、多样性，充分认识保护湿地就是保护水生态环境，保护湿地就是保护我们人类自己，保护环境就是保护我们赖以生存的家园。保护湿地是全人类的共同责任和义务，我们每个人都责无旁贷，要携手并进，共同努力，还湿地的美好春天。

（3）坚持可持续发展的原则。正确对待和处理当代与未来、眼前与长远利益的关系。对自己负责，对社会负责，对国家负责，对子孙后代负责，保持可持续发展。

（4）坚持生态效益为主、各种效益协调统一的原则。维护湿地生物多样性及湿地生态系统结构和功能的完整性，正确对待资源环境和社会经济发展的关系，生态用水和生活、生产用水的关系，要以资源环境定发展，使社会经济发展和资源环境的承载能力相适应，充分发挥湿地生态系统的生态、经济效益与社会

效益。

(5)坚持因地制宜、统筹规划,突出重点、全面保护,保护和恢复相结合,除害和兴利并举的原则。正确处理自然保护和治理修复的关系、治理与管理的关系,恢复并保持完整良好的湿地生态系统。

4.2 构建完善"五大"体系,加强湿地保护,改善水生态环境

4.2.1 组织管理及保护监督体系

湿地是一种多类型、多层次的复杂生态系统,湿地保护是一项涉及面广、社会性强、规模庞大的系统工程,涉及多个政府部门和行业,关系多方的利益,需要各地、各部门和全社会的共同努力。因此,要坚持科学的发展观和正确的政绩观,坚持经济发展与生态保护相协调,以流域为单元,严格实行统一管理、依法管理、科学管理,建立强有力的湿地保护组织管理体系和有效的协调机制,明确国家和地方政府的职责与权利,层层落实目标责任,构建国家主管部门统一组织协调与多部门分工合作相结合、流域管理与区域管理相结合的湿地保护管理新秩序,并鼓励引导社会各界积极参与湿地保护工作。同时,要加强湿地管理队伍建设,建立联合执法和执法监督的体制,大力提高管理能力和水平,严格依法论证、审批并监督实施湿地保护和开发利用项目。加大湿地保护执法力度,严格执法,依法处理各类违法违纪案件,通过法律和经济手段,坚决制止过度和不合理地利用湿地资源的行为,严厉打击肆意侵占和非法破坏湿地的违法犯罪活动,凡以湿地为对象的各类开发活动和开发项目都必须进行环境影响评价,禁止在河源区和上游区、水土流失严重区、干旱区、国家保护动植物的栖息分布区,以及对区域生态和气候具有重要影响的湿地进行破坏性的开发活动,杜绝保护区内偷猎现象,保障珍稀水禽的生境安全。对于因地制宜利用湿地资源的开发项目,也要严格管理,把开发利用的强度限制在生态系统可承受的限度之内,使其得以可持续利用,并充分发挥宣传媒体、群众团体、研究机构乃至全社会的舆论监督作用,加强管理、监督和协调,维持湿地保护与合理利用的良好秩序,调动各方力量共同做好湿地保护工作。

4.2.2 政策法规体系

我国有关湿地保护的法规还不尽完善,应尽快制定《湿地保护法》及相应的法律、法规体系,以法律法规的形式确定湿地保护和开发利用的方针、原则与行为规范,明确各级、各行业的机构权限以及管理分工,规定管理程序、对违法行为的处理方法和程序等,为从事湿地保护与合理利用的管理者、利用者等提供基本的行为准则,并将湿地、水资源的综合管理、环境规划、生物多样性保护、国土利用规划、国际公约等与湿地立法协调一致,使湿地保护做到有章可循、有法可依,走上法制化的轨道。

同时,要尽快制定完善国家湿地保护的相关政策。在国土资源利用的整体经济运行机制下,逐步建立完善鼓励并引导人们保护与合理利用湿地、限制破坏湿地的经济政策体系。如湿地开发和利用中的有偿利用及生态恢复管理的政策;将水资源与湿地保护有效结合的经济政策;提高占用天然湿地的成本;制定天然湿地开发的经济限制政策和人工湿地治理、开发的经济扶持政策;建立鼓励社会与个人集资捐款以及全社会参与保护湿地的机制等。制定鼓励节约利用湿地自然资源和在部门发展中优先注意保护湿地生物多样性的政策,在投资、信贷、项目立项、技术帮助等方面解决政策引导问题,保证湿地资源保护和经济协调发展。

4.2.3 工程体系

湿地保护工程是保护湿地的有力举措和重要保证,要从我国湿地的实际出发,根据点面结合、重点突出、保护和恢复并举、全面保护和示范优先等原则,在全面规划全国湿地保护、恢复、合理利用、生态旅游建设、城市湿地公园建设的基础上,对一些重要湿地,尤其是国际重要湿地和国家重要湿地及其湿地功能区进行重点保护建设,在一些典型和急需的湿地区域优先安排保护、治理及恢复示范项目,特别是要加强对生态功能的保护和恢复。根据《全国湿地保护工程规划》,2004~2010年,除划建90个湿地保护区外,国家还将投资建设湿地保护区225个,其中重点建设国家级保护区45个,建设国际重要湿地30个,恢复71.5万 hm^2 湿地以及38.3万 hm^2 野生动物栖息地。到2030年,中国将完成湿地生态治理恢复区140万 hm^2,建成53个国家湿地保护与合理利用示范区,全国湿地保护区达到713个,国际重要湿地达到80个,90%以上的天然湿地得到有效保护,使湿地生态系统的功能和效益得到充分发挥,实现湿地资源的可持续利用。要在加强我国的湿地保护、管理、科研和监测能力建设的基础上,采用系统工程和综合治理的方法,加快湿地规划的组织实施,确保湿地保护目标任务的落实和如期完成。采取有力措施,积极推进抢救性保护,在湿地生态脆弱地区抢救性地建立一批自然保护区,扩大湿地保护面积,积极开展湿地保护和合理利用示范,抓好一批重点示范工程,以指导全面的湿地保护建设。各地要高度重视湿地保护工程建设,把湿地保护纳入本地区生态建设和经济社会发展计划,严格实行湿地开发建设项目环境影响评价制度,加强组织领导和监督管理,强化湿地保护,创造优美的水生态环境。要以各种湿地类型的自然保护区为依托,充分利用和挖掘湿地的旅游资源,大力发展生态旅游,促进湿地生态旅游事业和湿地保护协调发展,实现人与自然的和谐相处。

4.2.4 科技和监测评价体系

加强湿地的科学研究是认识和了解湿地的主要途径,也是促进湿地保护和可持续利用发展的重要保证。目前，我国在湿地基础研究方面相当薄弱，家底不清、对湿地的许多特征尚不甚了解，要通过基础研究和应用研究，全面、深入、系统地了解中国湿地类型、特征、功能、价值、动态变化等，为湿地的保护和合理利用奠定科学基础，并建立湿地质量、功能和效益评价指标体系，根据湿地对外界胁迫的反应特点、能力、范围和阈值，挖掘湿地资源开发潜力、阈值与生态风险分析，为湿地保护和合理利用的规划设计提供科学依据。同时，要建立完善湿地保护与合理利用的技术推广管理机制和组织体系，广泛开展湿地保护、湿地资源合理利用、湿地综合管理等方面的技术推广与交流，制定湿地野生动植物种群的总体保护规划，分步实施，积极研究推广先进的湿地生物多样性保护、污染控制等技术，加强国际合作，通过双边、多边、政府、民间等合作形式，全方位引进先进技术、管理经验与资金，开展湿地优先保护项目合作，大力提高湿地保护水平。

为了科学利用和保护湿地资源,要全面查清中国湿地资源现状,以流域为单元,认真搞好湿地保护规划,并对全国湿地进行分类评估,构建全国湿地资源信息数据管理系统和全国湿地资源监测体系,对湿地水质变化、地下水水位、植物群落、土壤养分的变化及土壤退化的情况等进行监测,以及时评价湿地生态变化状况,将湿地水文变化控制在其阈值内。通过监测网络的运行,掌握各类湿地变化动态、发展趋势,定期提供监测数据与监测报告,为各级政府提供决策依据。对水利工程设施进行生态影响评价,并建立天然湿地补水的保障机制、湿地环境影响评价及项目审批制度,完善评价标准,实行湿地开发生态影响和环境效益的预评估;开展有关湿地环境影响的评价理论和方法的科学研究。通过调查、监测、评价和专家论证,科学评估我国湿地资源的开发利用潜力,确定每类湿地可承受的最大开发利用限度,确定中国可优先利用的重要经济类型的湿地资源、划定利用类别、确定湿地合理利用开发强度及方法,对湿地资源的开发利用做出相应规划,试行天然湿地资源开发许可制度,及时掌握湿地变化动态,为湿地的保护和利用提供科学依据。

4.2.5 投资保障体系

湿地保护是跨部门、多学科、综合性的系统工程,因而其投入也具有多渠道、多元化、多层次的特点。政府投入是湿地保护资金来源的主渠道,各级政府要将湿地保护纳入国民经济与社会发展规划之中,保证湿地保护行动计划在全国与各地区的实施。同时,还要广泛地争取国际援助,鼓励社会各类投资主体向湿地保护投资,规范地利用社会集资、个人捐助等方式广泛吸引社会资金,建立国家湿地保护基金和全社会参与湿地保护的投入机制,为湿地保护提供有力的投资保障。

4.3 以湿地保护为核心，加强“三大”管理，维护良好的水生态环境

4.3.1 加强水资源管理，建立湿地生态环境用水保障机制

水是湿地的重要组成部分，中国是淡水资源严重短缺的国家，水资源总量约为2.8万亿 m^3，但可利用的量只有40%～50%，人均水量是世界人均水量的1/4，在世界排名第109位。因此，要大力加强节水型社会建设，建立政府调控、市场引导、公众参与，以水权、水市场理论为基础的水资源管理体制，形成以经济手段为主的节水机制，认真搞好水资源调查规划，明确初始用水权，科学确定、层层落实水资源的宏观控制指标和微观定额指标，制定用水权交易市场规则，建立用水权交易市场，实行用水权有偿转让，完善水价形成机制，合理调整水价，多种措施并举，加强水资源管理，充分利用地表水，合理开发地下水，大力开展节约用水，优化配置科学保护水资源，不断提高水资源的利用效率和效益。进一步转变生产方式和消费方式，兼顾社会效益、经济效益和生态效益。加强生态水利建设，兴建分洪蓄水工程，实现排洪与蓄水相结合，保证充足的水量与水质来维持湿地的存在和湿地的环境功能。不断调整用水结构和经济增长方式，普及现代节水技术，以水定发展，保持水资源供需平衡，加强水资源开发对湿地生态环境及与之相关的生物多样性影响预测、监测，建立最优的河流水量分配方式和湿地生态环境用水保障机制，以维护流域的重要湿地自然状态和其他重要生态功能，研究并推广科学的水资源利用方式，统筹生态、生活、生产用水，保证湿地生态用水需要。

4.3.2 加强水环境管理，依法防治污染，提高水环境承载能力，保证湿地健康和饮水安全

水环境不仅可以提供水资源、生物资源、旅游资源等，还有发电、航运、排水等许多功能。由于人类活动的严重影响使水环境污染日益严重，因此要坚持和完善环保部门统一监督管理，有关部门分工负责的环境管理体制，建立健全“国家监察、地方监管、单位负责”的环境监管体制，认真实施污染物排放总量控制制度和环境影响评价制度，加强人类活动对湿地生态系统的影响评价，认真分析对湿地构成威胁、破坏和污染的因子及来源，研究评价开垦、围垦、大型工程及其他活动对湿地资源、生态系统、生物多样性的影响。通过环境影响评价控制人为的破坏性活动，避免人为地大规模地破坏湿地生态系统，更好地利用和保护湿地生态系统。对排污单位实行排污许可制度，制定实施水环境质量标准，地区水污染物排放标准，研究河流的稀释自净能力及环境容量，严格实行依法管理、科学管理、达标管理、总量管理，加强各类湿地的污染控制和防治，有计划地治理已受污染的海域、湖泊、河流，并限期达到国家规定的治理标准。对排污超标的部门、企业和单位予以约束与处罚，并限期整改。严格控制高污染高消耗建设项目和

工业企业“三废”排放,减轻农药和化肥对湿地的危害。按国家有关规定,对那些严重污染环境的单位,坚决实行关、停、并、转、迁。积极推行“清洁生产”和循环经济,建立污染补偿机制,对因开发利用造成的湿地环境破坏问题,要按照“谁开发、谁保护,谁利用、谁补偿”的原则,及时采取补救措施,进行修复。从源头和过程上严格控制新建项目带来的环境问题,切实加强水环境污染的控制与防治,进一步改善水生态环境。

4.3.3 加强生态保护管理,打造绿水青山,保证生态和粮食安全

湿地在保护生态环境、推动社会经济发展方面具有重大作用,许多生态功能就是通过湿地系统功能体现的,湿地生态系统具有脆弱性,它的破坏在许多情况下往往不可逆转,即使经过治理使其恢复也要经过相当长的时间,需要付出巨大代价。为了眼前和局部利益而使湿地资源遭到破坏,会遭到自然界的残酷报复并蒙受巨大损失,这种报复甚至殃及子孙后代。为了遏制生态环境的恶化趋势、保护有限的湿地资源,我们必须尽早尽快行动,加强综合治理,建设生态农业,大力营造生态保护林和水源涵养林,实行退耕还林、还草、还湖,改变易造成水土流失的土地利用方式,对退田后的湿地应积极建立保护区;禁猎区或生态治理区;明确土地经营权和自然资源统一管理权,实行国家统一规划管理,彻底杜绝矿山尾矿、矿渣、废石、废水的乱排放,防止地质、海洋灾害对湿地造成的危害;对湿地资源的开发利用制定科学的规划,建立湿地生态环境影响评价制度和生态补偿机制、社会监督机制、协调管理机制,以遏制人为生态破坏为重点,强化资源开发的生态保护监管,实现在统一规划指导下的湿地资源保护与合理利用的分类管理,开展退化湿地恢复、重建的示范区建设;发展特种水产品养殖和湿地农业新品种种植,提高资源利用效率,逐步实现湿地资源可持续利用,保证生态和粮食安全。

参考文献

[1] 国家林业局,等. 中国湿地保护行动计划[M]. 北京:中国林业出版社,2000.

洪水资源化维持黄河健康生命的研究

冯 峰[1,2] 许士国[1]

(1. 大连理工大学土木水利学院水环境教研室;2. 黄河水利职业技术学院)

摘要:“维持黄河健康生命”是一种新的治河理念,“堤防不决口,河道不断流,污染不超标,河床不抬高”为四个主要标志。这些标志表面上相互独立,实质上却是互相制约、相辅相成的。通过洪水资源化,利用好黄河有限的水是解决黄河问题的关键。首先通过抬高或动态管理相关水库的汛限水位,或利用中下游低洼地和蓄滞洪区进行“蓄洪”,多蓄的水量通过联合调度在非汛期下泄,解决下游严重缺水及断流问题;其次,利用汛前降至汛限水位的弃水及汛期来水,相机进行调水调沙,减少下游淤积并通过冲刷扩大下游河槽过流能力,达到堤防不决口和河床不抬高的目的;再者,“丰水枯用”后下游将不再断流,也有效缓解沿黄地区的严重缺水问题,下游的水质污染也随着来水量的加大而提高自身净化能力,有所改善。这样,人与洪水和谐相处,促进黄河流域良性的生态循环。洪水资源化能够开源节流,通过“蓄洪”、“调沙”、“冲污”、“造床”、“引洪”等形式对洪水资源进行良性利用,达到维持黄河健康生命的目标。

关键词:洪水资源化 蓄洪 调沙 冲污 健康生命

1 引论

“维持黄河健康生命”是一种新的治河理念和黄河治理的终极目标,“堤防不决口,河道不断流,污染不超标,河床不抬高”为其四个主要标志[1]。实现这一目标是一项复杂的系统工程,必须采取标本兼治、综合治理的措施。黄河的主要症结是水少沙多,水沙不平衡,有限的水又集中在汛期(7～10月)甚至几场洪水当中,出现汛期防洪、非汛期防断流的尴尬局面,同时洪水的高效输沙能力没有得到充分利用,使河道发生持续淤积,造成洪水资源的浪费。因而利用好黄河有限的水,特别是洪水资源是解决黄河问题的关键。

洪水资源化是在一定的区域经济发展状况及水文特征条件下,以水资源利用的可持续发展为前提,以现有水利工程为基础,通过现代化的水文气象预报和科学管理调度等手段,在保证水库及下游河道安全的条件下,在生态环境允许的情况下,利用水库、湖泊、蓄滞洪区、地下水回补等工程措施调蓄洪水,减少洪水入海量,提高洪水资源的利用率。

基金项目:国家自然科学基金项目(50679012)。

2　实施洪水资源化维持黄河健康生命的思路

“维持黄河健康生命”具体表达为“堤防不决口,河道不断流,污染不超标,河床不抬高”,这些目标表面上相互独立,实质上却是互相制约、相辅相成的。洪水资源化维持黄河健康生命的思路如图1所示,首先通过抬高或动态管理干、支流水库的汛期限制水位进行“蓄洪”,多蓄的水量通过联合调度在非汛期下泄,解决下游的严重缺水及断流问题;利用汛期前水库降至汛限水位的部分弃水及汛期来水,相机进行调水调沙,减少下游河床淤积并通过冲刷扩大下游河槽的过流能力,使主河槽向窄深式发展并形成有利的河流形态,提高安全过流的能力,达到堤防不决口的目的;“丰水枯用”后黄河下游将不再断流,也有效地缓解了沿黄地区的严重缺水问题,黄河下游的水质污染也随着来水量的加大而提高自身净化能力,所以关键是实施洪水资源化来解决黄河下游的断流及河床抬高问题,随之堤防不决口、污染不超标也会得到改善,从而形成人与洪水和谐相处,促进黄河流域良性的生态循环。

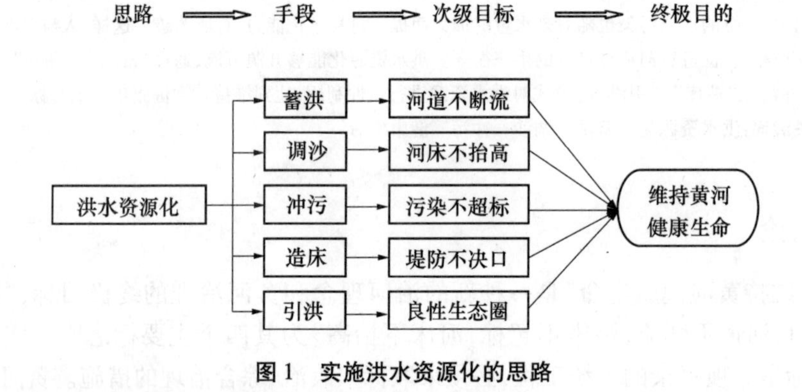

图1　实施洪水资源化的思路

3　实施洪水资源化的可行性分析

3.1　通过“蓄洪”达到河道不断流的目标

黄河多年平均河川径流量580亿m^3。随着经济社会的快速发展用水量持续增加,生产生活用水量已由20世纪50年代的120亿m^3增加到目前的307亿m^3(其中流域外耗用106亿m^3),导致黄河下游断流日益严重[2]。1972～1999年的28年中,有21年下游出现断流,累计达1 061天。1999年对黄河干流实行水量统一调度以来断流现象虽然有所缓解,但由于黄河流域属资源性缺水地区,缺水断流问题还没有从根本上解决。据统计,黄河1950～2003年平均入海径流量为324.53亿m^3,而多年汛期平均入海径流量为196.89亿m^3,占多年平均入海径流量的60.7%[3]。如果通过有效的措施,充分利用好这一部分可观的入海洪水资源,将有利于缓解黄河的缺水及断流问题。

充分利用洪水资源有两个关键问题需要解决:一是改变现行水库固定时间固定汛限水位的调度方式,实现防洪效益与兴利效益的转换[4];二是依托天气和洪水预报技术,充分挖掘水库预报调度的潜力,实现水库安全有效的汛期蓄水。提高水库汛期蓄洪能力有两种方法:一是根据近年来黄河来水量偏小的趋势,适当抬高水库汛期防洪限制水位;二是对干、支流水库控制汛限水位进行动态控制和管理[5],使水库多拦蓄后汛期的洪水,提高水库非汛期的蓄水保证率,充分发挥水库的综合利用效益。一方面可以在枯水期向下游持续供水,保证缺水期的供水量,另一方面可以确保下游河道不断流,以维持河流的健康生命。为了分析"蓄洪"的可行性和效益,选择中游三门峡水库为实例进行计算和分析。对三门峡水库汛期限制水位进行调整适当抬高,分别采用了 306 m、307 m 两种方案,对于桃汛前的水位也适当做了提高,共分为 9 种方案见表 1。

表 1　三门峡水库抬高汛限水位方案

方案	非汛期(m)		汛期(m)	
	桃汛前水位	最高水位	最低水位	汛期限制水位
1	310	310	305	305
2	312	319	298	306
3	312	319	298	307
4	315	320	298	307
5	312	319	298	305
6	全年敞泄运用			
7	313	319	298	307
8	313	319	296	307
9	313	319	7 ~ 9 月敞泄运用	

分别对 9 种运用方案进行计算[6](见表 2),得出三门峡水库在抬高汛期限制水位并改变桃汛前运用水位后,能多蓄水量 4 亿 ~ 5 亿 m^3,洪水资源利用率和发电效益明显增加。仅向下游供水一项就可增加 2 000 万 ~ 5 000 万元[7],有较大的经济和社会效益。如果黄河干、支流的其他水库也利用抬高或动态管理汛限水位的方法来增加汛期蓄水量,解决防汛安全与兴利之间的矛盾,以丰补枯,开源节流,可以极大地缓解黄河下游的缺水及断流问题。

表2　三门峡水库各方案估算结果

计算方案	期末潼关高程(m)	年均发电量(亿 kWh)			蓄水量(m^3)		
		非汛期	汛期	合计	非汛期	汛期	合计
1	328.34	9.07	2.14	11.21	0.984	0.195	1.179
2	328.30	10.10	1.68	11.78	4.62	0.275	4.895
3	328.35	10.10	1.77	11.87	4.62	0.422	5.052
4	328.60	10.77	1.78	12.55	4.63	0.422	5.052
5	328.25	10.10	1.61	11.71	4.62	0.195	4.815
6	327.85	0	0	0	0	0.002	0.002
7	328.50	11.58	0.98	12.56	4.62	0.422	5.042
8	328.36	11.60	0.96	12.56	4.62	0.422	5.042
9	328.34	11.60	0	11.60	4.62	0.002	4.462

3.2　通过“调沙”达到河床不抬高的目标

近几十年黄河下游河道主槽萎缩严重，过流能力日渐衰减，遇自然洪水不是流量过小、水沙不协调持续淤积主槽，就是流量过大，大面积漫滩造成灾情；或者清水运行空载入海，造成水流的能量与资源浪费。长此以往，黄河下游的健康生命形态将无法塑造和维持。如果利用洪水作为输沙的动力资源，通过调水调沙，塑造出和谐的流量、含沙量和泥沙颗粒级配的水沙过程，则可以遏制下游河道形态持续恶化的趋势，从而逐渐使其恢复健康生命形态，并最终得以良性维持。实施调水调沙将成为处理黄河泥沙问题长期有效的措施。从 2002 年开始到 2006 年黄河已成功实施了 5 次调水调沙，效果显著。

如表 3 所示，前 3 次调水调沙都是选择在汛期，一部分利用水库汛期限制水位以上的弃水，一部分根据对未来几天来水来沙预报，相机进行人工造峰，达到最大的输沙效果[8]。三次试验后下游河道形态持续恶化、“二级悬河”问题突出的严峻局面开始扭转[9]。对于局部过洪能力较小的“卡口”河段借助人工扰沙手段扩展主槽，平均冲刷深度为 0.66 m，平滩流量增大 440 ~ 550 m^3/s，冲刷效果明显[10]。小浪底水库库区淤积三角洲顶坡段淤积经过中游水库群的联合调度形成异重流，部分拦沙库容恢复，延长了水库的拦沙使用年限。因此有效利用弃水相机来水进行调水调沙可以实现河床不抬高的目标。

3.3　通过“冲污”达到污染不超标的目标

黄河下游的频繁断流和入海水量减少，造成供需矛盾加剧，生态环境恶化，水质污染加重。对河口地区的湿地和生物多样性构成严重威胁，同时使主河槽淤积增加,过流能力减小,防洪负担加重。洪水一般水质较好,可以利用洪水过程的大流量特征,稀释被污染的河流、湖泊和水库,实现水体交换,减轻污染程度,改善流域生态环境[11]。洪水在近海海域还可以起到淡化海水的作用。通过对洪水资源的进一步利用,进行"冲污"可以极大地缓解黄河污染情况。

表 3　黄河三次调水调沙试验主要控制数据比较

控制数据	第一次调水调沙	第二次调水调沙	第三次调水调沙
起止时间	2002 年 7.4 日 9 时 ~ 7.15 日 9 时	2003 年 9.6 日 9 时 ~ 9.18 日 20 时	2004 年 6.19 日 9 时 ~ 7.13 日 8 时
历时(天)	11 天	12.4 天	24 天(实际 19 天)
下泄水量(亿 m^3)	26.61	27.49	46.80
入海泥沙(亿 t)	0.664	1.207	1.105
下游河道净冲刷量(亿 t)	0.362	0.456	0.665
小浪底下泄泥沙量(亿 t)	0.302	0.740	0.440
利津站以上河道总冲刷量(亿 t)	0.334	0.456	0.655
冲刷强度(万 t/m^3)	4.4	5.8	8.8
单位水量冲刷效率(t/m^3)	0.0126	0.0166	0.0139

3.4　通过"造床"达到堤防不决口的目标

如表 4 所示,2002 年 7 月首次调水调沙试验前,下游河道主河槽过流能力只有 1 800 m^3/s,连续三年实施调水调沙后,主河槽过流能力已增加至 3 000 m^3/s 左右。通过若干次调水调沙,将在黄河下游河道塑造出一个相对窄深的主河槽,在河道控导工程的约束下,河势稳定。一般的中常洪水经中游水库调节其水沙关系后在主河槽中运行,水流不漫滩,滩区群众安居乐业;当黄河下游发生大洪水或特大洪水时,漫滩行洪,淤滩刷槽,以标准化堤防约束洪水,不致决口成灾。

表 4　三次调水调沙试验后下游各水文站过流能力及平滩水位对比

站名	试验前(m^3/s)	第一次试验后		第二次试验后		第三次试验后	
		过流能力(m^3/s)	平滩水位(m)	过流能力(m^3/s)	平滩水位(m)	过流能力(m^3/s)	平滩水位(m)
花园口	3 400	3 700	93.75	4 450	93.88	4 340	92.34
夹河滩	2 900	2 900	77.41	3 300	77.40	3 840	75.90
高村	1 750	2 800	63.21	2 750	63.40	3 210	62.27
孙口	2 070	1 890	48.52	2 300	48.45	2 460	47.64
艾山	3 300	3 200	42.30	2 850	41.65	2 820	40.40
泺口	2 800	2 960	31.40	3 200	31.40	3 120	29.68
利津	3 500	3 500	14.39	3 350	14.24	3 310	12.58

3.5 通过“引洪”达到良性的生态循环的目标

黄河防洪工程和引黄灌溉工程的存在，为洪水安全合理的运用提供了条件，发生一定量级的“下大洪水”或洪水含沙量较小时，利用防洪工程将洪水引入渠系河网，一方面洪水可以用于灌溉，另一方面可由上游水库控制运用延长洪水的发生时间，采用深沟远引的方式，将洪水远距离输送到引黄补源灌区，补充当地地下水资源，或利用河口地区平原水库，对其补水[12]。同时对两岸的蓄滞洪区进行合理分区管理，一般中小洪水也引洪蓄水，部分修复与洪水相适应的生态环境，维持蓄滞洪区的分滞洪功能，补充地下水源，对两岸及河口一些湿地等进行生态应急补水，遏制生态环境的恶化趋势，保护湿地生物多样性，达到良性的生态循环目标。

4 洪水资源化的实现手段

4.1 实行风险分担、利益共享的洪水管理模式

通过洪水的风险管理，按照风险分担、利益共享的原则统筹黄河上下游、左右岸、干支流、城乡间基于洪水风险的利害关系，洪水资源化才能达到预期的效果。选择有风险的洪水管理模式，在深入细致把握黄河流域洪水风险特性与演变趋向的基础上，因地制宜，将工程与非工程措施有机地结合起来，以非工程措施来推动更加有利于全局与长远利益的工程措施，辅以风险分担与风险补偿政策，形成与洪水共存的治水方略。

4.2 加强信息化建设

洪水资源化的实现需要在管理上减少纵向环节，让各种信息没有衰减地尽快到达执行者。在信息技术中突出表现在信息的直接共享和系统的有机耦合。黄河汛期的防洪安全是作为处置紧急事态的一项工作，时效性非常强。为了使防洪调度做到洪水资源化，不仅要做来水预报，还要做来沙预报，实现水沙统一调度；不仅要做短期预报，还要做水沙量的中期、长期预报，使水量、沙量的多年调节成为可能。

4.3 制定科学的防洪调度方案

洪水的发生具有可预见性与可调控性。通过历史洪水的调查与分析可掌握洪水现象的各种统计特性与变化规律；利用现代化的计算机仿真模拟手段可以预测在流域孕灾环境与防洪工程能力变化条件下，不同量级洪水可能形成的淹没范围、水深、流速以及淹没持续时间等，评估洪涝灾害的损失；利用现代化的监测手段和计算方法，对即将发生的洪涝进行实时预报；根据洪水的预测，预报结果，可以科学地制定防洪工程规划与调度方案，约束洪水的泛滥范围，控制洪峰

流量和水位,降低淹没的水深以及缩短淹没的历时等,从而达到降低风险损失的目的。

4.4 实现防洪调度的灵活化管理

实现洪水资源化要求防洪调度更细化、更灵活,根据水沙的具体情况实施不同的调度方式,洪水资源化对预报提出了更高的要求,要把洪水资源化的风险降到最小,必须有完善的预报系统与其相适应。实现洪水的资源化,要求汛期不仅要做防洪调度,还要做水量调度,使洪水资源得到充分利用。对用于下游补源和灌溉的洪水,防洪调度和水量调度要紧密联系、相互兼顾,水量调度视具体情况确定引黄补源、灌溉的地点和水量,防洪调度根据洪水情况和水量调度的要求,调控各水利防洪工程,在确保防洪安全的同时尽量满足下游的水量调度,使黄河洪水安全、合理成为可利用的水资源。

4.5 建设防洪工程体系,健全减灾工作体系

洪水资源化的利用需要有工程基础、科技手段作为支撑。因地制宜地建设洪水储存工程,充分利用防洪工程适度承担风险,合理蓄留洪水,促进洪水资源化。当前黄河中下游的防洪工程,主要是针对洪水控制建设的。按照洪水管理的需要,一些功能需要完善。应从洪水管理的角度对防洪工程的规划、设计、建设重新审视,逐步建立满足洪水管理要求的工程基础。建立蓄滞洪区的洪水保险机制和风险补偿机制。由于洪水资源化工作,增加了蓄滞洪区的受灾风险,因此应该对蓄滞洪区进行风险补偿,其补偿机制应和洪水保险机制共同建立,补偿资金应由洪水资源的收益补贴。

5 结论

实施洪水资源化必须从黄河的实际情况出发，最大限度地减少入海水量和出境水量，增加水资源的有效供给，更好地保证城乡人民生活用水安全，满足经济用水，多考虑生态用水以恢复、改善生态环境，为全面建设小康社会提供强有力的防洪抗旱安全保障。在南水北调西线工程没有生效之前，黄河本体的水资源量没有外来水源的补充，洪水资源化能够起到开源节流的作用，通过一系列的工程及非工程措施，通过“蓄洪”、“调沙”、“冲污”、“造床”、“引洪”等形式对洪水资源进行良性利用，缓解黄河目前的水少沙多等一系列问题。但洪水资源化利用是一个复杂的过程，很多因素相互制约、相互作用，可利用水资源的增加不仅带来效益上的丰收，同时也带来了风险的提高，需要进行深入的研究分析后才能进一步实施，结合其他有效措施，最终达到维持黄河健康生命的目标。

参 考 文 献

[1] 李国英．维持河流健康生命[J]．人民黄河,2005(11).
[2] 程进豪,王维美,王华,等．黄河断流问题分析[J]．水利学报,1998(5).
[3] 刘勇胜,陈沈良,李九发．黄河入海水沙通量变化规律[J]．海洋通报,2005(6).
[4] 钟平安．防洪限制水位研究的几点思考[J]．河海大学学报(自然科学版),2002,30(6).
[5] 凌桂珍,项丽嫒．参窝水库汛限水位动态控制方式研究[J]．东北水利水电,2002(7).
[6] 杨庆安,龙毓骞,缪凤举．黄河三门峡水利枢纽运用与研究[M]．郑州:河南省人民出版社,1995.
[7] 冯峰．实施洪水资源化解决黄河下断流及泥沙淤积问题[D]．大连:大连理工大学硕士论文,2005.
[8] 李国英,廖义伟,朱庆平,等．黄河首次调水调沙试验[M]．郑州:黄河水利出版社,2003.
[9] 李国英,廖义伟,朱庆平,等．黄河第二次调水调沙试验[M]．郑州:黄河水利出版社,2004.
[10] 李国英,廖义伟,朱庆平,等．黄河第三次调水调沙试验[M]．郑州:黄河水利出版社,2004.
[11] 张欧阳,许炯心,张红武,等．洪水的灾害与资源效应及其转化模式[J]．自然灾害学报,2005(2).
[12] 冯峰,孙五继．洪水资源化的实现途径及手段探讨[J]．中国水土保持,2005(6).

小浪底水库运用对维持黄河河口健康生命的意义

茹玉英[1] 张华兴[2] 王锦周[3]

(1. 黄河水利科学研究院;2. 黄河水利委员会;3. 黄河水利委员会信息中心)

摘要:利用黄河口实测的水文、泥沙及大断面资料等,分析计算了小浪底水库运用前后黄河口水沙条件、河道排洪输沙能力及生态环境的变化等。结果表明,自1986年至1999年小浪底水库运用前,持续的枯水少沙使河流的健康生命受到威胁,1999年以后,主要由于小浪底水库的调节运用使水沙搭配变得相对有利,河床冲刷,平均河底高程下降1 m多,河道过流能力增加;断流现象得到遏制,河口生态环境得到改善等。

关键词:黄河口 健康生命 水沙搭配系数 过流能力 生态环境

1 改善了河口水沙条件

1.1 水流含沙量大幅减小,主要输沙流量级增大

由于小浪底水库的初期拦沙作用,使得进入黄河下游的水流含沙量大幅降低,尽管经过下游几百公里的沿程冲刷恢复,进入黄河口的(利津)水流含沙量仍显著减小。同是枯水少沙系列,在小浪底水库运用前的1986~1999年,利津站汛期及年平均含沙量分别为38.1、27.0 kg/m^3,小浪底水库运用后(2000~2004年)汛期及年平均含沙量降低为19.7 kg/m^3 及13.9 kg/m^3。

1986~1999年系列,流量1 000~3 000 m^3/s为主要的输沙流量级(输沙量占71.88%)。2000~2004年系列主要沙量集中于2 000~3 000 m^3/s(输沙占70.08%)流量级输送,主要输沙流量级增大。

1.2 水沙搭配变得相对有利

过去人们常用来沙系数反映水沙搭配好坏,但是此系数不能区分大水大沙年和小水小沙年,为此,构筑反映水沙搭配特性的指标如下:

$$K=(Q/Q_{多})(S_{多}/S)\exp(W_2/W_{汛})$$

式中:K 为水沙搭配系数;Q、$Q_{多}$ 分别为汛期平均流量及多年平均值;S 及 $S_{多}$ 分

基金项目:黄河水利科学研究院科技发展基金项目(编号:黄科发200602)。

别为汛期平均含沙量及多年平均值；W_2 为汛期流量大于2 000 m^3/s 的水量；$W_{汛}$ 为汛期水量。K 值越大，水沙搭配越有利。各年汛期水沙搭配系数见图1。

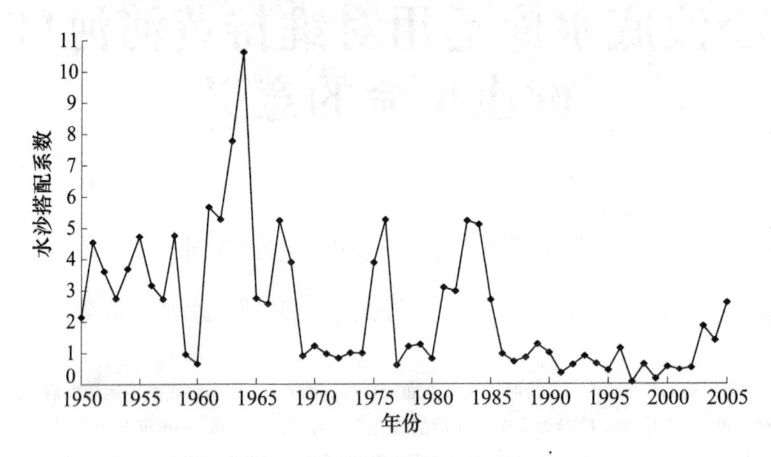

图1　水沙搭配系数变化过程

由图1可看出，大水年份如1961～1964年、1967年、1976年及1983～1984年等 K 值较大，水沙搭配有利。1986～1999年汛期水沙搭配系数明显比以前偏小，除1989年和1996年外，其他年份汛期 K 值均小于1，水沙搭配不利，与1986～1999年相比，小浪底水库运用后，从2003年开始，汛期 K 值变大，水沙搭配变得相对有利。

2　抑制河床抬高作用明显

2.1　河口河道发生明显冲刷

1985年10月～2005年10月，利津以下冲淤分布见图2，看出1985年10月～1996年5月全河段淤积，淤积重心在渔洼—清3河段。1996年清8改汉后至小浪底水库运用前，河段平均下冲上淤，具有溯源冲刷的性质，小浪底水库运用后全河段发生冲刷，但冲刷重心也在渔洼—清3河段。从1999年汛后小浪底水库运用至2005年10月，利津至清7河道共冲刷0.452 8亿 m^3，其中渔洼以上冲0.193 5亿 m^3，渔洼—清3冲刷0.255 6亿 m^3，清3以下冲刷0.003 7亿 m^3。

河口河道的冲淤量主要与水沙条件、河道边界条件及河口侵蚀基准面等密切相关，水沙条件可以用水沙搭配系数表示，河道边界条件可以用前期冲淤量间接反映，侵蚀基准面可以用河口淤积延伸的长度来反映，通过对清水沟单股行河时期的相关资料分析，得到利津—清7河段的汛期冲淤量可用如下形式表示（相关系数为0.83）：

$$\Delta W_s = 1.5K^{-0.033\,8}\left(\sum W_s + 1\right)^{-0.051\,9}e^{0.199C}$$

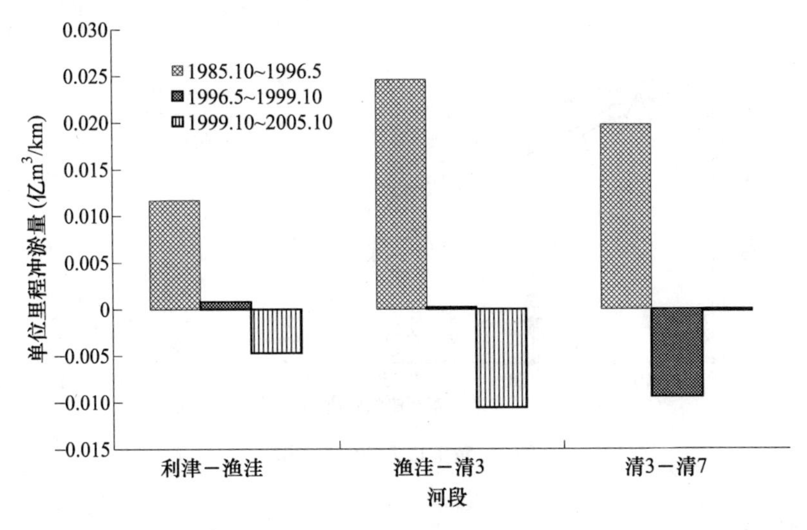

图2　各时段冲淤沿程分布图

式中：ΔW_s 为利津—清7的汛期冲淤量，单位为亿 m^3；$\sum W_s$ 为汛前利津—清7河段连续五年的累计冲淤量，单位为亿 m^3；K 为汛期水沙搭配系数；C 为西河口以下相对河长：$C=(L-25)/25$，L 为西河口以下河长，单位为km。

2.2　主槽平均河底高程下降

图3为1986年5月~2005年10月河口河道纵剖面变化。1986年5月~1996年5月因水沙条件不利，河道淤积萎缩，河底平均抬升约1 m，纵剖面略微变陡；小浪底水库运用后的2005年10月与运用前的1999年10月相比，河床下切显著，河段平均河底高程下降约1.2 m，该时段河床纵剖面变缓，平均比降减小0.16‰，目前纵剖面比降接近1‰。

2.3　主槽过流能力提高

由于小浪底水库下泄清水，水流不漫滩，主槽发生冲刷，使得主槽过流面积（主槽过流面积指主槽滩唇高程以下的断面面积）增大。从图4可看出，1985年10月主槽过流面积较大，大都在2 000 m^2 以上，清1最大达3 500 m^2，清7断面最小，为1 640 m^2。经过枯水系列，主槽淤积萎缩，1999年小浪底运用前，主槽过流面积最小为渔洼断面的820 m^2，且多数断面主槽过流面积仍未超过1 500 m^2。小浪底运用后，过流面积普遍增大，大都在1 500 m^2 左右，最小的为CS7（二）断面的1 150 m^2，与运用前相比，河段最小过流面积增大了330 m^2，按2.0 m/s流速估算，最小平滩流量应增加约660 m^3/s。

1985年利津平滩流量约6 000 m^3/s，十八公里平滩流量5 000 m^3/s，之后，由于持续枯水少沙河口河道逐年淤积，河槽萎缩，平滩流量减小，到1999年利津

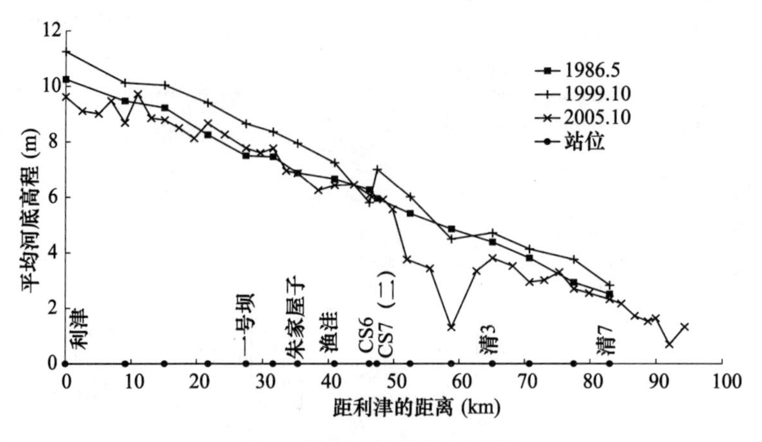

图3　黄河口河道纵剖面图

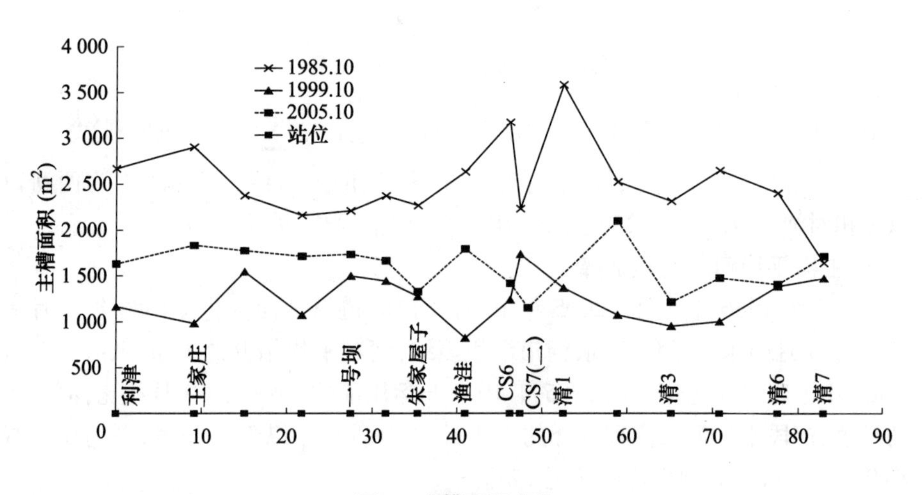

图4　主槽面积变化

平滩流量减小到约 3 200 m^3/s，十八公里平滩流量减小到 3 000 m^3/s。1999 年小浪底水库运用后，由于其拦沙作用，河口来水含沙量降低，水沙搭配变得相对有利，河道冲刷，平滩流量增加，2005 年利津断面平滩流量增加到约 3 700 m^3/s。主槽过流能力提高，减少了漫滩机会，相应地也减少了大堤决口的几率。

3　保证了河道不断流

1986～1998 年黄河下游连年发生断流。1999～2005 年间，除了 2003 年水量较丰外，其余年份水量均偏枯，但在小浪底水库的调节运用下，并通过采取综合有效措施，确保了黄河近几年没有再发生断流现象。调节作用最明显的是 2001 年。2001 年三门峡站年水量 137.9 亿 m^3，与历史上最枯的 1997 年水量

135 亿 m^3 基本相当。2001 年日均流量小于 10、20、50、200、500、600、800 m^3/s 的天数为 9、14、22、108、235、277、312 天，较 1997 年相应天数多 9、14、22、6、3、11、9 天。2001 年日均流量小于 100、300、400 m^3/s 的天数分别为 25、127、176 天，较 1997 年相应天数偏少 16、33、31 天。1997 年黄河下游累计断流 226 天，2001 年在水量和小流量天数基本相当而枯水流量更枯的不利情况下，小浪底水库合理调度确保了下游河道不断流。

4 改善了黄河口生态环境

经过 5 年的调水调沙试验和生产运行，不仅使黄河下游主槽过流能力有所恢复、漫滩几率有所降低，更重要的是，黄河入海口新淤地面积又开始增长，有效地缓解了近年来由于海水侵蚀入海口湿地减少的现象。黄河不断流的实现，给黄河三角洲源源不断地提供了充足的淡水资源，有效地改善了黄河三角洲地区的生态环境，逐步修复了人与自然和谐相处的关系，20 世纪 80 年代消失的黄河铜鱼又重新成群惊现，多年未见的黄河刀鱼也在黄河口恢复生机。与小浪底运用前相比，2005 年黄河三角洲淡水湿地增加了 5 000 hm^2；国家级保护区鸟类由 20 世纪 90 年代初的 187 种增加至 283 种；第二自然保护区（贝壳与湿地系统自然保护区）已发现有野生珍稀生物 459 种，比统一调度前增加了将近一倍。此外，统一调度还增加了非汛期的入海营养盐通量，从而对黄河口近海水域的水生植物、鱼类多样性以及渔业生产力都产生了较为有利的影响。

参考文献

[1] 茹玉英，刘杰，等．黄河口水沙变异特征研究[J]．人民黄河，2005(1)．
[2] 张道成．调水调沙调出黄河三角洲好状态[EB/OL]．黄河网，2005 - 12．

基于城市水生态系统健康的生态承载力理论与应用研究

刘武艺[1] 邵东国[1] 徐欢燕[2]

(1.武汉大学水资源与水电工程科学国家重点实验室；
2.华北水利水电学院外国语言系)

摘要:城市水生态系统是城市生态系统的主要组成部分和关键因素。通过城市水生态系统与人体自身健康机制的类比分析,定义了基于城市水生态系统健康的生态承载力,提出了"基于城市水生态系统健康的生态承载力—压力量化模型",并在理论模型基础上设计了其计算模型,将其分为自然承载力和社会再生承载力两部分。通过承载力与压力所确定的城市水生态系统健康指数,描述城市水生态系统的健康状态。以郑州市为例,分析了不同时期该地的城市水生态系统承载力与压力间的相对关系,并对其健康状态作出了合理评价。结果表明,自1995年以来该市加大了生态环境建设与保护的投资力度,城市水生态系统健康状况显著好转,经济发展与城市水生态系统呈现和谐发展态势。

关键词:城市水生态系统健康 生态承载力 评价 郑州市

承载力(carrying capacity)一词源于自然生态学,从提出至今经历了种群承载力、资源承载力(土地承载力和水资源承载力)、环境承载力到生态承载力的这一发展过程(高吉喜,2001)。由于生态承载力较以往单要素承载力更加系统和完整,对生态系统评价更趋合理,近年来,国内外学者对其探讨较为活跃。加拿大学者 William Rees 和 Wackernagel(1992,1996)提出了"生态足迹(ecological footprint)"理论,并将其应用于区域生态安全评价;我国学者王中根、夏军(1999)采用资源与人类需求差量法度量区域生态环境承载力;高吉喜(2001)将生态承载力划分为资源承载力、环境承载力和生态弹性能力三部分,并运用承压指数、压力指数和承压度等指标以描述特定生态系统的承载状况。余丹林、毛汉英(2001,2003)应用人类活动、资源、环境所构造的三维空间内的承载状态点描述区域(生态)承载力。以上诸理论和方法虽在一定程度上克服了以往单要素承载力存在的片面性,但从可持续发展以及生态系统健康的角度对生态承载力

基金项目:教育部哲学社会科学研究重大课题攻关项目(04JZD0011)。

进行研究却并不多见。杨志峰、隋欣(2005)提出了基于生态系统健康的生态承载力,将其分为资源与环境承载力、弹性力、人类活动潜力三部分,并建立了相应的评价指标体系以评价流域水电梯级开发对生态承载力的影响。在城市水生态系统研究领域,对其从健康的角度探讨生态承载力并进行评价的研究尚未报道。本文通过城市水生态系统与人体自身健康机制的类比分析,探讨了基于城市水生态系统健康的生态承载力概念及内涵,提出了"基于城市水生态系统健康的生态承载力—压力量化模型",并运用城市水生态系统健康指数对城市水生态系统健康状态进行评价,对城市水生态系统建设与管理具有指导意义。

1　基于城市水生态系统健康的生态承载力概念框架

1.1　城市水生态系统健康机制分析

城市水生态系统是城市生态系统的主要组成部分和关键因素,严格意义上的城市水生态系统是指在城市这一特定区域内,水体中生存着的所有生物与其环境之间相互作用、相互制约,通过物质循环和能量流动,共同构成具有一定结构和功能的动态平衡系统(方子云,2004)。但由于城市作为一高度人工化的复合生态系统,城市人群与水生态系统间的关系较自然状态下要密切得多,城市水生态系统健康状况在很大程度上受到人为因素影响。因此,本文所探讨的城市水生态系统健康,除考虑城市河湖水体自身生态结构完整性外,还考虑了人类的福利要求。在内容上不仅包括城市河湖生态系统健康,还包括城市污(废)水处理设施、城市供水设施、城市排水设施等的健康运行。如同有机体一样,城市水生态系统在一定程度上可通过自我新陈代谢来维持和调节系统平衡。因此,城市水生态系统健康机制可与人体间类比分析,如表1所示,在健康运行时,城市水生态系统可通过城市河湖水体、供水设施、污(废)水处理设施、排水设施的联合运用,实现自身的源—供—汇—排循环代谢,维持系统健康。

表1　城市水生态系统与人体健康机制类比分析

城市水生态系统	人体	相似点
城市河湖水体(水源)	心脏	维持自身生理(生态)机能的动力源(源)
供水设施	血管	输送养分供有机体循环运转(供)
人工湿地、污(废)水处理设施	肾脏、肝脏	清除有毒(害)物质,以便于机体吸收(汇)
排水设施	排泄系统	排出废物(排)
自身生态修复	自身免疫	通过自我调节维持健康
水利(市政)投资	外界药物治疗	通过外界辅助手段恢复健康

与人体健康生理机能类似,对于城市水生态系统来说,人类的社会经济活动会带来水资源的大量消耗、污染物排放等潜在问题,在一定的范围或时段内,系

统本身具有的水资源恢复能力与水环境自净能力可将这些问题消灭于无形当中。当两者的速度与强度能够达到平衡时,城市水生态系统便会维持健康状态,即自我平衡态(徐琳瑜等,2005)。一旦前者在一定程度上超出后者,单靠系统的自身恢复仍无济于事,则必须通过人工手段(包括污、废(雨)水处理及回收,跨流域调水,水生态人工修复等)维持系统的健康。这些极具人类活动特征的经济能力(水利投资)、人力能力、技术能力和水生态系统建设能力及人类的生态、环保意识所指导的行为能力可统称为人类社会经济活动的发展能力。因此,城市水生态系统的健康,是通过自身固有的健康恢复能力与人类社会活动的发展能力共同维持的。前者如同人体自身免疫力,只能在一定范围内维持自身的健康。后者为一辅助手段,好比人体通过外界药物治疗,是城市水生态系统的外在发展力。对于城市水生态系统而言,在一定条件下,只有两者共同作用,才能够维系水生态系统健康。

1.2 基于城市水生态系统健康的生态承载力定义、内涵

基于上述健康机制的城市水生态系统承载力可定义为:在一定社会经济条件下,城市水生态系统维持其服务功能(供水、防洪、生物保护、景观娱乐等)及自身健康的潜在能力。主要表现在:①对破坏其自身健康状态的压力消失后的自然恢复力(弹性力);②人类社会活动的发展能力,即与生态承载力有关的人类影响因子,如城市通过废水(雨水)资源化回用、水生态修复等人工措施实施后的社会再生承载力。因此,探讨基于城市水生态系统健康的生态承载力的目的在于通过强调人类与城市水生态系统间相互胁迫和响应关系,研究满足人类一定程度上的生活水平及水生态环境质量要求下,维持城市水生态系统健康的复合能力。人口剧增、经济低水平增长,导致水资源过量消耗、短缺和水环境破坏,会迫使城市水生态系统健康状态趋于恶化;经济增长、人类生态、环保意识提高,通过技术手段等外部条件作用,可促使城市水生态系统趋向健康。

2 城市水生态系统健康测度的生态承载力阈值理论

基于城市水生态系统健康的生态承载力是由人类对生活质量的要求、对各种服务的需求及城市发展目标,以及不同健康等级状态所决定的,即在不同的健康状态范围内呈现相对应的阶段动态特征。因此,基于城市水生态系统健康的生态承载力并不是一个绝对的固定值,而是存在一阈值。在一定范围内城市水生态系统可通过自然恢复力维持自身健康,一旦超出这一范围,必须借助人工手段对系统进行健康修复。图1描述了城市水生态系统健康、社会经济系统压力与城市水生态系统承载力之间的关系。当社会经济系统对城市水生态系统的压力小于水生态系统自动调控阈值时,城市水生态系统保持动态平衡(图1中 a -

b 段)，处于健康状态；当社会经济系统对城市水生态系统的压力超过生态系统的自动调控阈值，城市水生态系统自身结构和功能会发生改变，健康会受到损害，系统生态质量不断下降，处于亚健康状态(图 1 中 $b-c$ 段)，此时，通过自然恢复可以恢复系统健康(图 1 中恢复曲线①)；当不采取人工措施对生态系统修复或社会经济系统压力更进一步加大时，会迫使生态系统健康状态进一步恶化，系统处于病态(图 1 中 $c-d$ 段)，此时，单纯依靠自然恢复难度较大，必须采取人为调控对城市水生态系统进行人工恢复，恢复可能性较大(图 1 中恢复曲线②)；当水生态系统健康状态越过 d 点时，如果任其恶化不加治理，会迫使系统退化或死亡，系统为极度病态(图 1 中 $d-e$ 段)，此时，采取较强的人工修复手段尚可对其健康状态进行改善(图 1 中恢复曲线③)。

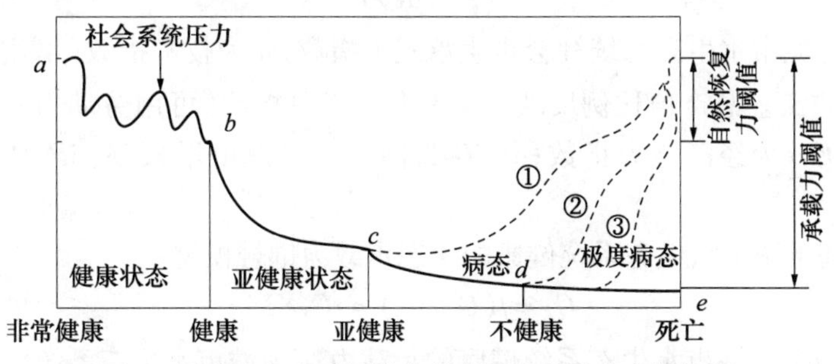

图 1　城市水生态系统健康状态及生态承载力阈值图

3　基于城市水生态系统健康的生态承载力量化模型与评价

根据基于城市水生态系统健康的生态承载力定义、内涵及其阈值理论，定量计算某一社会经济条件下城市水生态系统承载力及压力，并通过城市水生态系统健康指数判断城市水生态系统所处的健康状态，从而确定城市水生态系统的可持续发展程度。

3.1　基于城市水生态系统健康的生态承载力计算模型

根据基于城市水生态系统健康的生态承载力理论模型，该承载力分为自然承载力和社会再生承载力两部分，相应地构建两部分的计量模型，并通过某种关系将两者耦合起来。

(1)城市水生态系统自然承载力计量模型：

$$\left.\begin{aligned} C_N &= R a_s^2 e^{b_s} \\ R &= k_1 A_w^2 \log_2^{A_w} P_w \\ a_s &= k_2 Q_w / G \\ b_s &= \frac{1}{n}\sum_{i=1}^{n} l_i K_i \end{aligned}\right\} \tag{1}$$

式中:C_N 为城市水生态系统自然承载力指数;R 为城市水生态系统自然恢复指数;a_s 为城市水资源供给指数;b_s 为城市水体水环境容量指数;A_w 为城市水面面积占城市面积的百分比;P_w 为城市水生态系统恢复弹性指数;Q_w 为城市水资源供给量;G 为国内生产总值;l_i 为城市水体污染物权重;K_i 为水体污染物的排放标准;n 为水体污染物种类;k_1、k_2 分别为用来消去量纲的常数,在计算中无数值意义。

(2)城市水生态系统社会再生承载力计量模型:

$$\left.\begin{aligned} C_S &= mdEco \\ Eco &= \frac{\mathrm{d}G/G}{\mathrm{d}P/P} \end{aligned}\right\} \tag{2}$$

式中:C_S 为城市水生态系统社会再生承载力指数;m 为技术指数(可用高新技术产业产值占工业总产值比例反映);d 为人力资源指数(可用劳动力占总人口比重表达);Eco 为经济能力指数;$\mathrm{d}G/G$ 为国内生产总值增长率;$\mathrm{d}P/P$ 为人口增长率。

(3)基于城市水生态系统健康的生态承载力耦合模型:

$$C_E = f(C_N, C_S) = rC_N e^{C_S} \tag{3}$$

式中:C_E 为基于城市水生态系统健康的承载力;r 为城市水生态系统发展特性因子,一般取1。

3.2 基于城市水生态系统健康的压力计算模型

基于城市水生态系统健康的压力,表现在城市社会经济发展过程中,水资源消耗与水环境污染给水生态系统造成的损毁程度,用如下公式计算:

$$\left.\begin{aligned} P_E &= a_u^2 e^{b_u} \\ a_u &= k_3(P\overline{Q}_w + GQ_u)/G \\ b_u &= \frac{1}{n}\sum_{i=1}^{n} l_i(P\overline{Q}_i + GQ_{di}) \end{aligned}\right\} \tag{4}$$

式中:P_E 为城市水生态系统压力;a_u 为水资源消耗指数;b_u 为水环境污染指数;P 为人口规模;$\overline{Q}_w$ 为城市人均水资源使用量;G 为国内生产总值;Q_u 为万元GDP水资源消耗量;λ_i 为城市水体污染物权重;$\overline{Q}_i$ 为水体污染物的人均排放量;Q_{di}为万元GDP污染物排放量;k_3 为用来消去量纲的常数;n 为城市水体污染物种类。

3.3 城市水生态系统健康指数UWEHI(Urban Water Ecosystem Health Index)

为了度量城市水生态系统的健康状态,本文设计了一个0~1.0连续数值的城市水生态系统健康指数(UWEHI),通过承载力指标与压力指标间的比值反映。城市水生态系统健康指数与健康状态关系如表2所示。

$$UWEHI = \frac{C_E}{P_E} \tag{5}$$

式中:*UWEHI* 为城市水生态系统健康指数,反映城市水生态系统健康水平。

表2　城市水生态系统健康指数与健康状态间的关系

城市水生态系统健康指数	健康状态	症状
0～0.25	极度病态	活力非常弱、结构被破坏、恢复力差、服务功能丧失
0.25～0.5	病态	活力较弱、结构不协调、恢复力、服务功能较差
0.5～0.75	亚健康状态	活力、结构、恢复力、服务功能一般
0.75～1.0	健康状态	活力非常强,结构均衡、恢复力、服务功能非常强

4　实例研究

郑州市位于我国中部,地处半干旱半湿润地区,“十五”期间,该市以实施“中部崛起”战略为契机,加强城市生态环境建设与保护,并明确提出了“把郑州市建设成为国家区域性中心城市”的发展目标。因此,本文依据从1999年到2008年郑州市城市发展规划的基础数据,运用“基于城市水生态系统健康的生态承载力—压力量化模型”,以1999年为基准年计算了城市水生态系统的生态承载力及压力的相对变化关系。

4.1　基于城市水生态系统健康的生态承载力计算

根据收集的郑州市城市发展规划的基础数据,代入公式(3)可得出该市1999～2003年城市水生态系统承载力变化趋势,如图2所示。

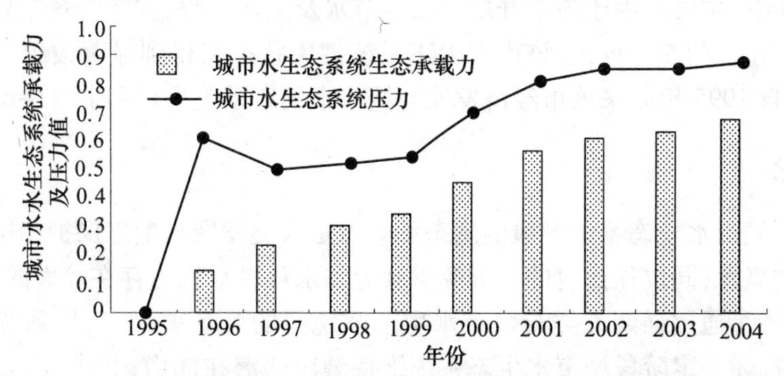

图2　郑州市城市水生态系统生态承载力及压力变化

4.2　城市水生态系统健康压力计算

根据上述方法,将所得数据代入公式(4)可得出城市水生态系统压力变化趋势,如图2所示。

4.3 城市水生态系统健康指数

郑州市城市水生态系统健康指数计算结果及健康状态见表3。

表3 郑州市城市水生态系统健康指数计算结果及健康状态

年份	城市水生态系统健康指数	健康状态
1995	—	—
1996	0.25	病态
1997	0.46	病态
1998	0.588	亚健康
1999	0.636	亚健康
2000	0.643	亚健康
2001	0.70	亚健康
2002	0.725	亚健康
2003	0.75	亚健康
2004	0.80	健康

4.4 成果分析

根据以上计算结果可得,1995~2004年,郑州市城市水生态系统承载力处于逐年上升趋势,城市水生态系统压力呈现出上升趋势,但存在波动。该市的城市水生态系统健康指数也呈现逐年升高的趋势,对应健康状态变化为:病态—亚健康—健康状态。特别是自1998年后,该市水生态系统健康状态出现明显好转,分析原因,主要是自1998年来该市加大了城市河湖(东风渠、熊耳河等)污染治理力度,取得了明显效果。自2003年该市城市水生态系统处于亚健康—健康临界状态,主要是由于该市开展了部分节水及治污工程,并随着郑东新区生态水系工程建设的逐步推进,该市水生态系统健康状态将得到显著改善。研究结果表明,自1995年以来该市经济发展与城市水生态系统呈现和谐发展态势。

5 结论

基于城市水生态系统健康的生态承载力是人类发展与生态保护相协调高度整合性的概念,同以往探讨的水资源承载力和水环境承载力存在较大的差异,其意义在于:①通过强调人类与城市水生态系统间的互动关系,运用系统论的观点,全面描述一定阶段城市水生态系统维持健康的潜在能力;②运用"基于城市水生态系统健康的生态承载力—压力量化模型"得出城市水生态系统生态承载力与压力的相对关系,并通过城市水生态系统健康指数评价不同时期城市水生态系统的健康状态,可为城市生态与环境建设强度及投资方向提供科学依据。

参考文献

[1] 高吉喜. 可持续发展理论探索—生态承载力理论、方法与应用[M]. 北京:中国环境科学出版社, 2001.

[2] Wackernagel M, Onisto L, Bello P. National Natural Capital Accounting with the Ecological Footprint Concept[J]. Ecological Economics, 1999, 29:375 - 390.

[3] MAO Hanying(毛汉英), YU Danlin(余丹林). A Study on the Quantitative Research of Regional Carrying Capacity[J]. Advance in Earth Sciences(地球科学进展), 2001, 16(4): 549 - 555.

[4] YU Danlin(余丹林), MAO Hanying(毛汉英), GAO Qun(高群). Study on regional carrying capacity: theory, method and example-take the Bohai-Rim area as example[J]. Geographical Research(地理研究), 2003, 22(2):201 - 210.

[5] YANG Zhifeng(杨志峰), SUI Xin(隋欣). Assessment of the ecological carrying capacity based on the ecosystem health[J]. Acta Scientiae Circumstantiae(环境科学学报), 2005, 25(5):586 - 594.

[6] FANG ziyun(方子云). China Hydrology Encyclopedia: Environment and Hydrology Section. (中国水利百科全书,环境水利分册)[M]. Beijing :China Water Power Press, 2004.

[7] Norris R H, Thoms M C. (1999) What is River Health? Freshwater Biology, 41:197 - 209.

[8] ZHANG Fengling(张凤玲), LIU Jingling(刘静玲), YANG Zhifeng(杨志峰). Ecosystem hea lth a ssessmen t of urban r ivers and lakes for s ix lakes in Bei jing[J]. Acta Ecologica Sinica(生态学报), 2005, 25(11):3019 - 3027.

[9] XU Linyu(徐琳瑜), YANG Zhifeng(杨志峰), LI Wei(李巍). Theory and evaluation of urban ecosystem carrying capacity[J]. Acta Ecologica Sinica(生态学报), 2005, 25 (4): 771 - 777.

[10] ZHAO Zhenyan(赵臻彦), XU Fuliu(徐福留). A quantitative method for assessing lake ecosystem health[J]. Acta Ecologica Sinica(生态学报), 2005, 25(6):1466 - 1474.

黄土高原植被保护与修复的生态学思考

杨一松　景　明　王军涛

（黄河水利科学研究院）

摘要：黄土高原生态环境的问题归根到底是人为因素造成的。在持续增长的人口的压力下，黄土高原形成了目前的状况。解决黄土高原问题的关键在于如何对黄土高原植被进行保护与修复。本文指出黄土高原植被的保护与修复关键在于有效稳定人口政策，生态保护优先的原则和科学的生态保护恢复方法。

关键词：黄土高原　生态环境　植被　保护与恢复

黄土高原地处我国内陆腹地，西起日月山，东至太行山，南靠秦岭，北抵阴山，涉及青海、甘肃、宁夏、内蒙古、陕西、山西、河南7省（区）50个地（市）、317个县（旗），东西长1 200 km、南北宽800 km，总面积64万 km^2。黄土高原是中华民族的发祥地，祖国灿烂文化的摇篮，为中华民族的形成和发展以及世界文明做出过重要贡献。由于自然和人为因素的影响，黄土高原成为当今世界上水土流失最严重、生态环境问题最为严峻的地区之一。黄土高原地区生态环境恶化不仅限制着该区域的经济发展，而且影响着我国中东部地区的生态安全。加强黄土高原生态环境问题的综合研究，恢复与保护黄土高原的植被，不仅是改善黄土高原生态环境的关键手段，实现区域可持续发展的基础与前提，而且是解决黄河泥沙最彻底最有效的途径，本文就黄土高原植被破坏的诱因及如何保护与恢复进行探讨，希望有利于黄土高原生态环境的保护与恢复。

1　黄土高原面临的生态环境问题

1.1　森林植被破坏严重

黄土高原森林面积在南北朝时期仍超过25万 km^2，森林覆盖度大于40%。到清代中叶为30%，但黄土高原人口猛增和大规模土地开垦导致当地森林植被严重破坏，到1949年全区森林覆盖度不到6.0%。新中国成立后，虽进行了大规模的生态综合治理，但由于措施不当，植树造林成活率相当低，森林植被恢复相当缓慢。20 世纪 90 年代,陕、甘、宁、晋 4 省(区)的森林覆盖率平均为 9.5%左右,到 2000 年,黄土高原森林郁闭度超过 0.3 的有林地面积不到 4%。

森林植被与地区气候密切相关,黄土高原在南北朝时期森林覆盖度超过 40%,那时的气候也远比现在湿润,降雨量也远比现在的多。这一方面与当时的气候有关,另一方面与森林强大的生态水文效应有关。目前黄土高原气候干燥,除黄土高原所处的地理位置以及全球气候变化的影响外,森林植被的锐减也有相当关系,可以说是长期破坏森林植被带来的生态恶果。

1.2 严重的水土流失

黄土高原地区水土流失面积达 45.4 万 km^2,占总面积的 71%。侵蚀模数大于 5 000 t/(km^2.a)的强度水蚀面积为 14.65 万 km^2,侵蚀模数大于 8 000 t/(km^2.a)的面积为 8.51 万 km^2,侵蚀模数大于 15 000 t/(km^2.a)的面积为 3.67 万 km^2。水土流失面积之广、强度之大、流失量之多堪称世界之最。

黄土高原地区水土流失主要特点是:流失面积大、波及范围广、发展速度快、侵蚀模数高、泥沙流失量大。每年流失表土 21 亿 t 左右,其中 16 亿 t 左右流入黄河,1 亿多 t 流入海河水系。3 亿~4 亿 t 淤积在水库和塘坎。严重的水土流失带走了肥沃的土层,不仅导致植被资源衰竭破坏,生态环境恶化,而且使大量泥沙流入河道、塘池,造成黄河、海河河床日益升高,泄洪能力大减。

1.3 荒漠化、草场退化有加剧趋势

虽然黄土高原地区有些局部地区荒漠化、沙化得到有效遏制,但整体荒漠化、沙化和草场退化有加剧趋势,且面积大,分布广,治理难度大。

目前黄土高原地区荒漠化面积达 20.5 万 km^2,其中沙化面积 12.8 万 km^2。据 1999 中国可持续发展报告,陕西、甘肃、宁夏荒漠化率分别是 15.96%、50.62%、75.98%,草原退化率分别为 58.55%、45.17%、97.37%。内蒙古毛乌素沙地面积由 20 世纪 60 年代的 183.6 万 hm^2,发展到 90 年代的 382.5 万 hm^2,沙地面积年扩展速率约为 2.5%;陕西目前有沙化土地 145.52 万 hm^2,流动沙地 20 万 hm^2,且以每年 3 900 hm^2 的速度递增。1986 年到 1999 年 13 年时间,陕西、甘肃沙化耕地面积分别增加 1.7 万 hm^2 和 0.9 万 hm^2,增幅为 19.2% 和 6.5%,而陕西、甘肃、宁夏、内蒙古沙化草地面积分别增加了 4.2 万 hm^2,1.8 万 hm^2,58.1 万 hm^2,421.3 万 hm^2,增幅分别为 55.7%、18.1%、279.4% 和 85.8%。在牧区,过度放牧仍没有得到有效控制。

人类垦殖、过度放牧导致黄土高原生态系统严重透支,草场退化,森林破坏;风沙区大片耕地草地被淹没,沙尘暴、浮尘暴肆虐。严重威胁到人民的生存与发展。

2 造成黄土高原生态环境恶化的主要因素

黄土高原生态环境是一个人与自然长期的、渐进的作用的结果。人类对黄土高原生态环境破坏最严重的活动是随着地区人口不断增长而大规模的屯垦。晋陕蒙接壤区环境恶化就是由于秦汉、唐宋、清末及新中国成立后的几次大规模屯垦造成的。陈可畏研究指出“黄土高原的水土流失，变成今天这样面貌，到处荒山秃岭，千沟万壑，主要是宋代以来违背自然规律、不合理地利用土地的结果，特别是明清以来，盲目的大规模毁林垦荒，从山坡一直开垦到山原，导致水土流失严重，环境迅速恶化”。对退化的生态环境保护与恢复如果措施得当，在短期内也是可以收到较好的效果的，如美国治理“黑风暴”、俄罗斯治理“白风暴”，在短短几十年里就取得了非常显著的效果。但是我国黄土高原生态环境经过新中国成立以来的综合治理，特别是改革开放近30年的综合治理，却没有明显好转。据中国水土流失与生态安全综合科学考察队2006年考察指出，黄土高原虽经过50多年的治理，除重点治理的少数流域效果较好外，大部分地区水土流失依然严重。

黄土高原生态环境保护与恢复有着其特有的复杂性与艰巨性，如果不全面考虑造成黄土高原脆弱生态环境的主要原因而进行保护与恢复，其效果将事倍功半。笔者认为造成黄土高原生态环境恶化的主要因素是人口的过度增长造成森林植被破坏与水资源短缺，进而发展到现在的状况。

2.1 黄土高原的人口状况

生态环境问题归根结底是人的问题。黄土高原所面临的生态环境问题中最为严峻的挑战就是持续增长的人口。从图1中我们可以看出近五六百年黄土高原地区的人口变化状况。随着社会的发展，黄土高原地区人口基本一直呈增长趋势，虽由于清末社会动荡，人口虽然减少近1/4，但新中国的成立后，黄土高原地区人口迅速攀升，在短短的40年内，人口增加了5 402万人，高于同期全国人口增长速度。到2000年人口已经突破1亿人，每平方公里人口数接近160人，而国际上干旱半干旱地区人口承载力为20人/km^2。虽然在我国现行人口政策的引导下，人口增加将持续减缓，但由于人口基数大，每年人口增加绝对值仍然很大。黄土高原地区人口压力在今后相当一段时间内，仍将进一步加剧。

随着人口的持续增长，在没有外来能源、资源的输入补充或补充不能满足需求的情况下，为了生存与发展，必然导致资源无序开发如乱垦滥伐、毁林毁草等，从而引发的水土流失、土地荒漠化、沙化等一系列环境问题。如陕西目前有2.85万hm^2固定半固定沙地被开垦为耕地，还有大量固定半固定沙地被征占用，使这一部分土地面临二次沙化的危险。

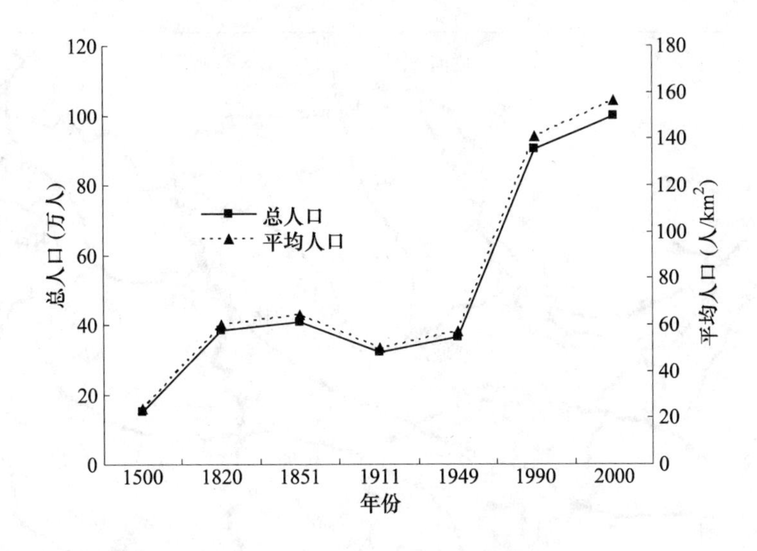

图 1　黄土高原近 500 年人口变化

2.2　水资源资源性短缺

水分是制约黄土高原地区植被恢复与生态环境重建的决定性因子。黄土高原大部分地区多年平均降雨量超过 400 mm(图 2),这些地区的降雨量一般都满足林木生长的需要。但是由于黄土高原地区年内降雨 60% ~70% 集中在 7、8、9 三个月。过度集中的降雨使得有限的水资源难以利用,仅靠降雨已经不能满足林木生长的需要。

另外水资源严重不足加剧了人们对地下水的掠夺式开采,如陕西关中地下水超采面积达 2 590 km^2;而在甘肃民勤盆地地下水位已由 50 年代的 1 ~3 m 降到现在的 13 m 以下。地下水位急剧下降又导致了地表植被进一步衰亡,据 1991 年统计,甘肃民勤县 70 年代营造的沙枣林,现生长较好的不足 1/3;天然灌木林保存亦不足 1/3。

3　黄土高原植被保护与恢复对策

黄土高原植被的保护与恢复应恢复到何种程度,如何恢复,不同研究者又有不同的观点。多数研究认为黄土高原水资源决定了植被恢复与保护的措施与规模,认为黄土高原植被保护与恢复必须从水资源出发。本文认为不仅要考虑水资源问题,而且要充分估计到人口的压力于黄土高原植被恢复的长期性与艰巨性。在国家长期政策的支持下,同时立足于现状,运用生态学的理论与方法,针对黄土高原植被退化的主要影响因子随时间变化而提出相应的综合对策,才能使得黄土高原植被得以恢复,从根本上扭转黄土高原生态环境持续恶化趋势。

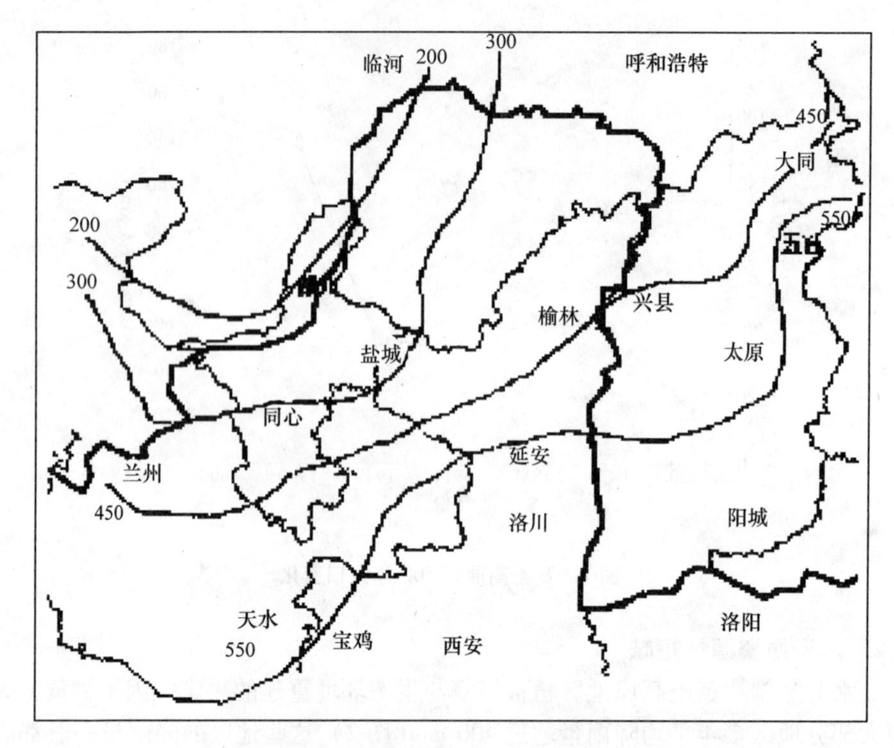

图2 黄土高原地区多年平均年降水量(mm)等值线图

3.1 黄土高原人口问题对策

黄土高原生态环境问题归根结底是由人口数量剧增造成的。据统计,黄土高原人口目前已经超过1亿人。据黄土高原人口与环境退化关系分析,加上科技进步的影响,黄土高原人口承载力为60 人/km^2 较为合适。就目前黄土高原的人口规模来说已经远远超过了该地区的环境承载力。这意味着在未来的一段时间内,黄土高原人口数要减少六成多。如何达到这一目标,除通过严格执行中央现行的计划生育政策外,应通过适当移民来解决。移民可以通过移民建镇,将农民人口转为非农民人口,这样一方面可以减轻人口对生态环境的压力,另一方面可以使中央现行的计划生育政策发挥更大的控制人口的效益。

要实现黄土高原人口在60 人/km^2 以下,将是一个较为漫长的时期,这主要依靠国家政策进行宏观调控,如果国家政策不长期稳定或者地方政府执行不力,所有黄土高原植被保护与恢复的成果将化为乌有。

3.2 黄土高原植被保护对策

面对黄土高原巨大的人口压力,在对黄土高原植被进行有步骤恢复之前,要解决好保护好现在的植被,以免植被遭到破坏。要实现这一目标,主要措施有两条,即解决能源供应与粮食供应。

对于解决黄土高原地区人民能源问题,可以通过充分利用地区优越的太阳能取暖;在有条件的地方,要充分利用沼气来满足地方能源需求,这样不仅可以改善环境,而且可以逐步取代目前对薪炭林的需求,保护好现存的植被。

对于粮食问题,要转变观念。目前黄土高原粮食只能实现低水平的口粮自给状态,但在大于232.07万hm^2的坡耕地退耕还林还草后,粮食短缺将进一步加剧。因此,为保护与恢复黄土高原生态环境,我们应转变观念,不应要求黄土高原实现粮食自给。粮食问题可以通过加大对基本农田建设提高产量与国家粮食调剂来解决。另外,随着人口的减少,粮食问题将迎刃而解。

3.3 黄土高原植被恢复对策

黄土高原植被恢复另一个大的问题就是水资源不足与难于利用。如果不充分考虑这一情况,将重蹈覆辙。据统计,当前黄土高原地区现有水资源总量为554.94亿m^3。而维持黄土高原地区现有林地基本生存的最小生态需水量为262.49亿m^3,维持其正常生长所需的水量最小为421.34亿m^3,除去降雨补给外,尚分别亏缺水量4.77亿m^3和58.5亿m^3。水资源压力非常巨大。

解决黄土高原水资源问题,应通过3个步骤来解决。首先在短期可以通过洪水资源化途径来充分利用降雨资源;其次通过跨流域调水来补充水资源;最后通过植被恢复增加绿水流来增加地区的水资源。

参考文献

[1] 王广智. 晋陕蒙接壤区生态环境变迁初探[J]. 中国农史,1995,14(4):78-86.

[2] 赵冈. 中国历史上生态环境之变迁[M]. 北京:中国环境科学出版社,1996.

[3] 王乃昂,颉耀文,薛祥燕. 近2000年来人类活动对我国西部环境变化的影响[J]. 中国历史地理论丛,2002,17(3):12-19.

[4] 佳宏伟. 近十年来生态环境变迁史研究综述[J]. 史学月刊,2004,(6):112-191.

[5] 代亚丽,温铁民. 黄土高原植被建设与生态环境建设[J]. 国土与自然资源研究, 2000, No.4:56-57.

[6] 何永涛,李文华,李贵才,等. 黄土高原地区森林植被生态需水研究[J]. 环境科学, 2004,25(3):35-39.

[7] 竺可桢. 中国近五千年来气候变迁的初步研究[J]. 中国科学. 1973.16(2):168-189.

[8] 白志礼,穆养民,李兴鑫. 黄土高原生态环境的特征与建设对策[J]. 西北农业学报, 2003,12(3):1-4.

[9] 贺庆棠. 中国森林气象学[M]. 北京:中国林业出版社,2001. 212-218.

[10] 杨文治. 黄土高原土壤水资源与植树造林[J]. 自然资源学报,2001,16(5):433-438.

[11] 山仑．西北干旱地区实现退耕还林还草的条件与措施[A]//西北生态环境论坛[C]．北京:中国林业出版社,2001, 88 - 91.

[12] 胡建忠,朱金兆．黄土高原退化生态系统的恢复重建方略[J]．北京林业大学学报(社会科学版) 2005,4(1):13 - 19.

[13] 上官周平．黄土区水分环境演变与退化生态系统恢复[J]．水土保持研究, 2005,Vol 12(5):92 - 94.

[14] 苏人琼．黄土高原地区水资源问题及其对策[M]．北京:科学出版社,1990.

黄河流域水资源保护与管理工作探讨

刁立芳　高　宏　樊引琴

（黄河流域水资源保护局黄河流域水环境监测中心）

摘要：黄河水资源贫乏，水污染严重，水资源供需矛盾日益尖锐，黄河流域水资源保护面临着诸多的困难和压力。新《水法》的颁布，给黄河水资源保护带来新的机遇和挑战，依法建立法制化、社会化的流域与区域相结合的水资源保护管理体系，完善法规，建立健全执法体系，以水功能区划管理为重心，实施入河总量控制，建立和完善重大水污染事件快速反应机制，加强水质监测机制与技术创新，加强水资源保护前期和科研工作，建设水资源保护信息管理系统，采取多部门联合治污等项措施，是做好黄河流域水资源保护工作的重要前提和任务。

关键词：黄河流域　水资源保护　探讨　实践

黄河水资源贫乏，供需矛盾突出，尤其是20世纪90年代以来，缺水断流加剧，水污染日趋严重，生态环境恶化，随着流域经济的快速发展，用水量还将继续增长，黄河面临着巨大的供水压力。黄河干、支流严重的水污染，使污染物实际入黄量已远远超出了黄河水环境的承载能力，致使流域水生态及水资源质量恶化趋势加快。黄河水资源保护的重要性日趋明显。

1　黄河流域水资源概况

1.1　水资源匮乏

黄河流域面积占全国国土面积的8.3%，而年径流量只占全国的2%。流域内人均水量527 m^3，占全国人均水量的22%；耕地亩均水量294 m^3，仅占全国耕地亩均水量的16%。流域内水资源可利用总量约占全国多年平均水资源总量的2.4%，人均和耕地亩均水量仅占全国平均水平的23%和17%。20世纪70年代以后，黄河各站实测年径流量基本呈递减趋势。

1.2　水资源开发利用概况

黄河的河川径流利用率现已达53%，水资源利用程度在国内外河流中属较高水平。黄河流域已建成水库及各类蓄水工程10 077座（其中大型水库18座），总库容605.7亿 m^3。黄河供水地区现引用河川径流量年均395亿 m^3，流

域的西安、太原等城市区域和支流河川盆地地下水超采现象较为严重、

水资源短缺和需求增加造成的供需失衡，是黄河水资源管理面临的突出问题。20世纪90年代，黄河下游出现了严重断流现象，1997年黄河下游断流历时与河长分别达到226天和704 km，断流天数占全年的62%，断流长度占整个下游河道长度的90%。

1.3 流域生态

黄河流域生态环境脆弱，水土流失、植被破坏、水生态系统蜕变和功能萎缩是流域生态恶化的突出表现。黄河源头地区是流域水资源的主要来源区，目前生态植被退化和草原沙漠化现象日益严重，水源涵养能力显著下降，源头区已多次出现断流现象；中游黄土高原水土流失面积45.4万km^2，是世界水土流失最为严重、生态系统最为脆弱的地区之一，具有水土流失面积广、强度大、产沙区域集中、类型多样、成因复杂等特性，治理难度很大，水土流失既造成了黄河泥沙问题，又造成了黄河面源污染，是流域水资源开发利用和生态改善的最大障碍；断流是黄河下游和河口地区生态影响的主要问题。

2 流域水资源质量状况与水污染

2.1 流域水资源质量状况

2004年黄河流域选择黄河干流、一级支流和重要的二级支流83个代表性河段，采用单因子法进行评价，评价结果表明，水质符合地表水环境质量Ⅲ类标准的断面为23个，占评价断面的27.7%；符合Ⅳ类标准的断面为16个，占评价断面的19.3%；符合Ⅴ类标准的断面为8个，占9.6%；劣Ⅴ类标准断面为36个，占43.4%。黄河流域水质类别百分比见图1。

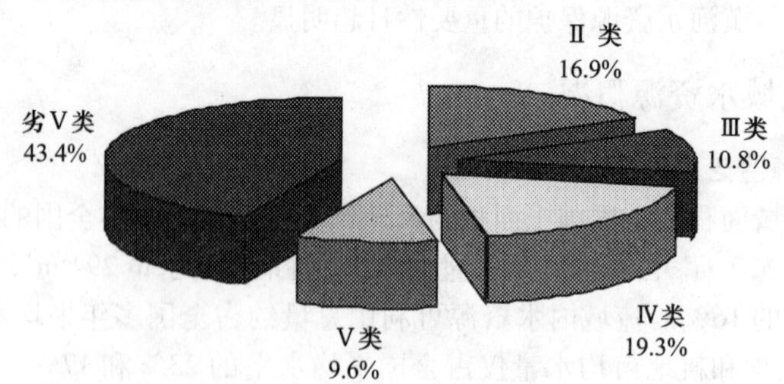

图1 黄河流域水质类别百分比

(1)黄河干流。评价断面32个，全年Ⅲ类水占34.4%，Ⅳ、Ⅴ类水分别占40.6%、15.6%，劣Ⅴ类水占9.4%。

(2)主要支流。评价断面51个，全年Ⅲ类水占23.5%，Ⅳ、Ⅴ类水均占5.9%，劣Ⅴ类水占64.7%。

(3)省界水体。参加评价的省界断面29个,全年Ⅲ类水占27.5%,Ⅳ、Ⅴ类水分别占20.7%、10.3%,劣Ⅴ类水占41.4%。

(4)重点水功能区。选取黄河流域66个重点水功能区的67个水质代表断面,对照功能区水质目标逐月进行达标统计,黄河流域重点水功能区的水质目标达标率为31.7%。

2.2 点源污染

目前黄河流域产生的废污水基本是在未经有效治理的情况下直接排入地面水体,其水量已占黄河花园口控制站多年实测径流的20%以上,使黄河水体水质的自我修复能力受到严重损害,产生了流域性的严重水污染。据统计,2004年黄河流域废污水排放量为42.65亿t,其中城镇居民生活排放的废污水量10.49亿t,工业废污水排放量为32.16亿t,分别占废污水排放量的24.6%和75.4%。

2.3 面源污染

水土流失是黄河流域最突出的面源污染。泥沙进入河道后,所吸附的重金属元素和有机胶体、无机盐类,可能因河水pH值变化,对水体构成影响。

黄河流域农业耕作水平不高、用水量大,灌区土壤残留的化肥、农药等,随农田退水和地表径流进入水体造成污染。上游宁蒙灌区农灌入黄退水口水质污染严重,乌梁素海退水渠COD_{Cr}、BOD_5实测值分别高达179 mg/L和48.7 mg/L,调查的12条农灌退水口年输入黄河化学需氧量21.7万t、氨氮7 220 t、总氮3 510 t、总磷419 t,是黄河的重要面源输入区。

2.4 沉积性内源污染

近年黄河实际产水量小,沿黄污染源长年排放的污水难以在枯水期随径流进入黄河水体,形成了有黄河特点的河道沉积性内源污染,在汛期初期形成突发性污染问题。

多年来黄河流域乃至我国开展面源和内源污染的研究工作甚少,黄河流域面源入河总量和在流域污染中的比例关系,还尚无系统的调查统计和研究成果,需在今后开展流域面源流失量和内源组成调查并进行系统的入黄分析后,才能量化确定。

3 黄河水资源保护存在问题

3.1 法规体系不健全,依法行政困难

2002年新《水法》颁布实施后,与新《水法》配套的水资源保护法规体系尚未建立,依法行政还存在这样那样的问题。企业污染治理、环保部门的污染防治、水利部门的水资源保护工作很难在流域层面上依法协调管理。

3.2　水功能区监管工作薄弱

水功能区管理是流域水资源保护工作的核心。《水法》修订前,由于水资源保护法律法规不健全,管理体制不完善,水资源保护的政府监督作用不强,加之监督保障体系和技术手段落后,水资源保护主要工作仅停留在水质监测业务上,对流域排污难以形成执法效力和约束机制,不能满足水功能区管理要求。

3.3　污染物总量控制责任未落实

目前黄河流域各省(区)的实际排污量已远远超出辖区河流的承载能力,但功能区水质目标与行政辖区的河流水污染物排放总量控制目标尚未确定。目前,黄河流域各级地方政府对辖区水资源质量负责的管理机制以及各级地方行政首长的水资源保护目标考核责任制不健全,水资源保护行政责任尚未落实。

3.4　监督管理缺少技术支撑

黄河流域水资源保护管理工作的科学化、现代化水平相对较低,监测、信息、评价、咨询的手段比较落后。黄委虽早在 20 世纪 70 年代中期即设立了我国首批水资源保护专业研究机构,取得了较多的研究成果。但围绕依法行政,尤其是在流域排污总量控制技术及优化、黄河治理开发的生态保护、河流生态需水量确定、流域水资源保护法规及管理体制研究等方面,仍有较大的差距。

3.5　水资源保护能力建设不足

水资源保护是政府行使职能的社会公益事业,与此不相适应的是,以往流域水资源保护没有正常和顺畅的经费渠道,缺少流域水资源保护补偿机制,基础建设投资不能满足职能开展需要。“九五”末期国家对水质监测基础设施和能力建设投资有所改善,但仅能维持基本工作,无法使用高科技现代化的手段形成机动快速的监督管理能力,以适应依法行使水行政职能的需要。

4　对流域水资源保护工作的探索与实践

4.1　完善法规,建立健全执法体系

建立健全以流域为单元的水资源保护法规体系和执法体系,是依法保护水资源的前提。为适应黄河水资源保护监督与管理需要,应建立与之相适应的水资源保护执法体系,对水资源保护和管理行为实施有效监控。这一体系的主要构成和工作重点是:完善与新《水法》配套的法规体系,组建行政执法队伍,建立高效的运行机制、正常的工作秩序和便捷的沟通渠道,实行流域统一管理与区域管理相结合,通过管理参与的公众化,实现流域水资源保护的社会化管理。

4.2　以水功能区划管理为重心

水功能区划是新《水法》赋予水行政主管部门(或流域管理机构)的职能,是水行政主管部门依法管理的基础。黄河流域水功能区划工作已经初步完成,区

划成果汇入《中国水功能区划(试行)》。目前,《中国水功能区划(试行)》已经印发实施,但由于尚未报国务院批准,其法律效力不足,相关的管理工作难以加大力度。今后实施流域水功能区划将成为黄河流域水资源保护的重点工作。

4.3 实施入河污染物总量控制制度

实施入河污染物总量控制制度,是新《水法》赋予流域水资源保护机构的职责。在批准的水功能区划水质保护目标的基础上,流域水资源保护机构核定水功能区纳污能力;制定黄河干、支流各功能区的入河污染物总量控制指标,将总量控制指标与行政区域对应并分解到年度;流域内各省(区)负责辖区入黄污染物总量控制指标的落实,并据此制定、分解和监督所辖区域主要河流入河污染物控制总量。

4.4 建立和完善重大水污染事件快速反应机制

为应对黄河水污染突发事件,做到早发现、早报告、早处理,黄委出台了《黄河重大水污染事件报告办法(试行)》和《黄河重大水污染事件应急调查处理规定》,初步形成了黄河重大水污染事件调查处理快速反应机制。实践证明是行之有效的,快速反应机制在兰州油污染事件和潼关水质异常等突发性水污染事故应急调查处理中取得了显著成效。

4.5 加强水质监测机制与技术创新

水质监测是水资源保护监督管理最重要的技术支撑。随着贯彻落实新《水法》的逐步深入,监督管理将成为整个黄河水资源保护工作的重心。在水功能区管理、入河排污口管理、取水许可水质管理、入河污染物总量控制实施等重要监督管理工作相继展开的同时,对水质信息量的需求将不断增大,对水质信息质量的要求将不断提高。因此,必须通过站网优化,借助先进科学技术,实现监测手段的多样化,提供全方位、多功能的水质信息服务,总体实现"站网优化、技术先进、设施完善、快速反应、功能齐全、人员精干、优质高效"的水质监测新目标。

4.6 建设水资源保护信息管理系统

水资源保护信息管理系统是综合运用现代科学技术,把黄河流域水质信息进行多方位、多时空的三维描述,逐步建成一个与可持续发展相适应的,能全面支持黄河流域水资源保护工作的数字化、信息化体系,最终实现监测技术现代化、数据采集自动化、信息资源共享化、管理决策智能化。

4.7 实施流域水生态保护工作

生态保护是流域水功能保护区和保留区的水源保护基本条件。黄河上游保护区与保留区是黄河中下游重要基流和主要纳污能力的来源区。结合黄河水功能区中饮用水保护区、保留区的管理工作,全面加强黄河流域生态保护工作,有重点地开展区域生态保护,并在重点水域建设水生态修复示范工程。以流域水资源保护为重要目标,加强黄河干流及重点支流河源区的水源涵养林保护、中游水土流失区治理和面污染源控制、流域重要湿地的生态恢复和保护工作。

5 结语

黄河的问题历来受到党和国家的高度重视,1999 年,江泽民总书记等党和国家领导人多次视察黄河并做出重要指示,号召我们要站在整个国民经济与未来长远发展的战略高度去研究和解决黄河的重大问题。近期,水利部汪恕诚部长提出了从传统水利向现代水利和可持续发展水利转变的治水思想。我们相信,在党和政府关心与支持下,在水利、环保部门乃至全社会的共同努力下,黄河水污染问题一定会得到缓解并最终得到解决,黄河水资源的开发利用一定会早日走上持续发展的良性轨道。

浅论河流生态系统健康

郝彩萍[1] 孙远扩[1] 傅新莉[2]

(1. 山东黄河河务局;2. 山东水利工程总公司)

摘要:河流系统水质的恶化和水量减少,已使河流生态系统结构和功能遭致破坏。严重制约着区域经济的可持续发展,恢复和维持河流生态系统健康已成为流域和河流管理的重要策略。在对河流生态系统的研究中产生了大量的理论和方法,本文阐述了河流生态系统的概念、功能,揭示了人类对河流生态系统的主要干扰,综合论述了河流生态健康指标和评价方法等。

关键词:可持续发展　河流生态系统　健康评价　水环境

随着区域经济、人口的发展,大量工业、农业、生活污染物排入河流系统,引起水质的恶化,使河流生态系统结构和功能遭致破坏。此外,由于人类对水资源的需求量大增,导致河道水量大幅减低甚至断流,从而降低水体自净能力以及河流生态系统的恢复力和抵抗力,严重制约着区域经济的可持续发展,如何有效地恢复和维持健康的河流生态系统已成为河流管理的重要策略,河流生态系统的生物完整性及其健康的研究日益得到重视。笔者在研习资料的基础上,试图对河流生态系统健康问题研究中提出的大量理论和方法加以综述。

1　河流生态系统概述

河流生态系统是一定结构和功能的统一体,包括参加物质循环的无机物质、联系生物和非生物的有机化合物;温度、光照等气候条件;生产者—自养生物;大型消费者或吞噬者;微型消费者、腐食者或分解者。前三部分是河流生态系统的非生物成分,后三部分是生态系统的生物成分,其中非生物环境决定生物环境的结构和功能,是最容易受到人类活动影响的生态因素。河流生态系统可通过功能和结构特性进行描述。其功能特性侧重于氮、磷、硅元素以及有机质等养分循环;其结构特性主要指系统内部的物种构成、数量、分布区域等,可通过物种分布、多样性等指标体现。

人类社会的发展与河流生态系统的开发利用休戚相关。河流生态系统提供的服务功能主要体现在四个方面。一是供水,用于生活饮用、工业用水、农业灌溉等方面,其价值由水量和水质共同决定,也是最容易受到影响的功能;二是水能,可通过修建大坝储存利用;三是水生生物,是提供河流生态系统服务的主体,具有诸多生态功能,如营养元素的贮存及循环,维持生物多样性及进化过程,对污染物的吸收、分解及指示作用,提供水产品等;四是环境效益,包括气候调节、水质净化、休闲娱乐、航运等。

河流生态系统具有自我调控和自我修复功能,其食物链存在上行效应和下行效应,在不同生物群落之间保持着协调关系,维持着河流生态系统结构的稳定并保证其功能的发挥。生物群落与环境在长期进化过程中形成了相互间的适应能力,在外界的干扰下,可通过自我调控和自我修复能力而保持相对稳定性。但是当外界干扰超过某一弹性限度时,河流生态系统将出现一种不断远离平衡点的正反馈,加快系统失稳,常以爆发方式导致系统的全面崩溃和生态系统服务功能的丧失。

2 人类对河流生态系统的主要干扰

虽然人类利用和开发河流生态系统的时间较长,但对其整体认识还极为贫乏,由于盲目开发利用,造成河流生态系统的结构和功能受损,导致河流出现断流、生态系统呈现物种濒临灭绝、生物多样性降低、栖息环境发生改变等后果,严重制约着区域经济和生态系统的可持续发展。

2.1 污染对河流生态系统的影响

目前我国废污水排放量的快速增长以及较低的处理率,对河流水体造成严重污染,对水资源安全构成严重威胁。根据2000年全国水资源调查,在全国284 978.7 km的评价河长中,其中Ⅰ类水河长仅占评价河长的6.9%,Ⅱ类水河长占37.5%,Ⅲ类水河长占37.5%,Ⅳ~Ⅴ类水河长占33.9%。

根据水利部水文年鉴黄河监测站及全球水质监测计划济南站的水化学资料,对黄河流域44个主要水文站,自20世纪60年代以来河水水质进行分析研究发现,黄河流域河水各主要离子及离子总量有缓慢增长趋势,大部分站点各主要离子含量上升幅度的比例接近河水组成的比例。黄河水质的浓化现象主要是由于黄河流域灌溉面积不断扩大,灌溉用水量不断增加,灌区多建立在盐土或盐碱土地区,灌溉过程中有明显的洗盐作用;灌溉用水在田间大量蒸发,引起水溶液浓缩;另外部分灌区引用高矿化度的地下水灌溉,导致灌溉退水含盐量远远高于天然河水的含盐量。

2.2 大型水利工程对河流生态系统影响

河流的物理、化学、生态特征是流域诸多因素综合作用的结果,在河流筑坝蓄水形成人工湖泊后,将产生一系列复杂的连锁反应。河口是咸淡水交汇的地方,环境条件复杂多变,许多重要理化特征和生物特征都具有特殊性,使其成为一个结构独特、功能多样的生态系统。由于河口环境因子变化剧烈,导致生态系统的结构有明显的脆弱性和敏感性,外界轻微变化将可能导致系统演替方向发生改变。

黄河干流上已建成小浪底、三门峡等10多座大型水库,在区域经济、生态、环境建设中发挥了巨大作用。按照水库调节流量原理,大坝主要在洪水期削减洪峰,增加枯水季节流量,促进河流生态系统健康。然而,黄河在20世纪90年代频繁断流,断流时间和长度不断增加,严重影响断流地区的工农业经济发展及河口地区生态系统,在国内外引起广泛关注。黄河三角洲形成时间较短,地势低平,海岸处于不稳定状态,黄河泥沙、水量对维持海岸的冲淤平衡起着重要作用,同时黄河三角洲的复杂动力机制造就了独特丰富的湿地生态环境。近年来,由于受到黄河水量的影响,河口段海岸线由淤进变为退蚀,地下水位下降引起海水入侵加剧、土壤盐碱化严重,对河口湿地的植被群落结构、功能产生很大的负面影响。黄河水沙来量大幅度降低,渤海水域失去重要的饵料来源,海洋生物的生殖繁衍受到严重影响,大量洄游鱼类将游移他处,造成海洋生物链的断裂,对渤海生态系统带来无法弥补的危害。

2.3 河流生物多样性降低

我国的河流生态系统类型复杂,水体支持着丰富多样的水生动植物类群,是世界上淡水生物物种最为丰富的国家之一,包含不少特有种属,具有特殊的经济价值和科学价值。目前,我国已有92种面临威胁的淡水鱼类,研究认为造成物种灭绝或濒危的主要原因是水体面积缩小,生态环境破碎化或者片段化,造成物种入侵、水生植物消失以及水体富营养化。水环境污染也是导致鱼类资源严重衰退的重要原因。

3 河流生态系统健康评价

3.1 河流生态系统健康的发展

河流生态系统健康的概念是不断发展的,20世纪50年代以前,对河流生态系统健康的认识主要侧重于水体的物理化学指标,认为河流生态系统的受损主要是由水污染造成的。20世纪50~90年代,才意识到影响河流生态系统健康的因素众多,包括大型水利工程、污染、城市化等,提出了河流生态需水的概念和评价方法,尤其在欧洲和美国、澳大利亚等国家日益重视河流生态功能,开展大规模的河流生态系统保护,从水量、水质、栖息地以及河流物种等角度出发,提出河流生态系统完整性等评价方法,日益强调河流的资源功能与生态功能并举,河流生态系统健康的思想在此基础上得到不断发展。进入20世纪90年代以后,对河流生态系统健康的认识进一步加深,利用背景信息、河道数据、沉积物特征、植被类型、河岸侵蚀、河岸带特征以及土地利用等多种手段和指标评价河流生态环境的自然特征和质量,判断河流生态现状的健康程度。

3.2 河流生态系统健康的概念

河流生态系统健康是随着社会不断发展的一个动态的概念,其内涵与社会的经济、文化、科技发展密切相关,同时,河流生态系统健康的评价目的在于确定、识别影响河流生态系统的主要因素,从而采取相应的控制措施,促进河流生态系统的健康。根据目前人类活动对河流生态系统的主要影响,可以认为维持河流生态系统健康就是使人类对河流生态系统的水文、水力过程,物理化学因素、生态系统的影响程度尚不足以改变河流生态系统的结构、功能完整性的一种状态。其基本内容包括:充足的水量,良好的水质和天然的流态,河流生态系统保持连续特征,物种维持多样性以及良好的生态服务功能。

3.3 河流生态系统健康的评价指标

河流生态系统健康评价的首要条件是确定合适的评价指标,而确定参考目标又是确定评价指标的关键。近年来,随着国内外的发展河流健康参考目标主要有四种:第一种是基于河流生态系统得到完全恢复的理想状态, 由于人类活动以及自然干扰,已难以找到完全自然状态的河流生态系统,实际中难以运用;第二种是参考断面法,主要选择人类活动干扰比较少的河流断面,选取河流断面的水文、水质、生物栖息地等环境特征,将研究河流环境与其对比,分析河流生态系统的健康程度;第三种是建立以水质指标为主的原则,不考虑水文、生态等因素;第四种是流域状况综合模型,采用流域物理、化学和生态状况指标,主要从物理化学评价、生物栖息地评价、水文评价和生物评估等方面进行河流健康评价。在世界各国开展的水体健康评价计划中,比较著名的是美国一直在开展的河流水质调查。从水温、水质、地质和生态学等方面全面分析不同生态区、不同级别河流的水质问题,经过长期的水质调查,积累大量的经验并建立适宜的评价方法。南非主要采用河流无脊椎动物、鱼类、河岸植被带及河流生态环境状况作为评价指标。在对河流生态系统健康评价的研究过程中,大量技术应用于其中,包括研究景观结构动态变化的景观生态学理论、遥感技术、示踪、地理信息系统等,有力地促进河流生态系统健康评价研究的进展。

3.4 河流生态系统健康的评价方法

河流生态系统健康评价主要通过实际调查,利用调查数据与评价标准或指标进行对比,分析河流生态系统的健康程度。目前主要有指示物种法和指标体系法,也有对河流生态系统健康采用微观和宏观相结合的方法。鉴于生态系统的复杂性以及不同物种对外界干扰的响应程度,可利用河流生态系统中的浮游植物、底栖无脊椎动物等指示物种评价河流生态系统健康程度。该方法虽简单，但存在明显的缺陷：应选择不同层次水平的类群；应考虑不同的时间、尺度。因此，指标体系法随后发展起来。生态系统的健康评价技术需要结合生态学和毒理学手段，目前建立的评价指标体系主要有生态毒理学法、流行病法、生态系统医学法、经济学指标与生态指标结合法、不同尺度信息的综合运用法等五种。由于这些方法需要监测的周期较长，有学者建立了预测模型法，主要借助数学模型进行评价，通过某研究点实际的生物构成与无人为干扰情况下区域能够生长的物种，利用参考区域数据建立模型，根据模型预测值与实测值的比值评价河流生态系统的健康程度。

河流生态系统健康评价应发展适用于特定生态系统的框架，最重要的是考虑生态系统本身的结构和功能，在此基础上明确区分河流生态系统的威胁状况，辨识最危险的组分；研究环境威胁与生态参数变化的重要关联，从而发展适宜生态系统健康指标的管理对策，这也应是目前河流生态系统健康评价的主要发展方向。

4 结语

一个良好的生态系统健康评价方法应该能够将复杂的生态现象简单化并定量化；能够提供简单的解释并进行适当的尺度变化；能够与管理目标相结合，具有科学的依据。在详细分析人为活动对河流生态系统的影响基础上，选择充分反映以上效应的河流水文、水力特性、物理化学特性以及生态学特性指标，建立适应特定河流的生态系统健康评价指标体系，分析人为活动对河流的生态效应，以采取相应的措施，减轻生态效应，实现人与自然的和谐发展。

参 考 文 献

[1] 彭文启，张祥伟. 现代水环境质量评价理论与方法[M]. 北京：化学工业出版社，2005.

[2] 蔡庆华，唐涛，邓红兵. 淡水生态系统服务及其评价指标体系的探讨[J]. 应用生态学报，2003(14).

[3] 孔红梅，赵景柱，姬兰柱，等. 生态系统健康评价方法初探[J]. 应用生态学报，2002(13).

[4] 邓红兵，王庆礼，蔡庆华. 流域生态学——新学科，新概念，新方法[J]. 应用生态学报，1998(9).

对黄河六年不断流的思考

——加强水资源统一管理与调度，努力维持黄河健康生命

崔利斌　郑明辉

（滨城黄河河务局）

摘要:20世纪70年代以来,黄河出现频繁断流的现象。自1999年,国家授权黄河水利委员会对黄河水资源实施统一管理与调度,黄河实现了至今没有断流的良好局面。本文分析了黄河断流的成因及断流给流域人民生活、经济发展和生态环境造成的严重危害,阐述了黄河水资源实施统一管理与调度的必要性,讨论了实施水量统一管理与调度存在的问题及水权制度的现状,并提出自己的看法。

关键词:不断流　水资源　统一管理与调度　健康生命　水权

黄河是中华民族的母亲河,千百年来,她的乳汁哺育着炎黄子孙繁衍生息,成长壮大。然而,随着流域经济的发展、社会的进步和人口的增加,人们对黄河的索取越来越大,却忽视了她自身的健康和生命。自20世纪70年代以来,黄河流域水资源供需矛盾日益尖锐,下游频繁断流,进入90年代,几乎年年断流,造成沿黄用水危机,影响社会安定,破坏生态系统平衡,并造成巨大经济损失,引起了国家高度重视和社会各界的广泛关注。为缓解黄河下游频繁断流,优化配置黄河水资源,1999年,黄河水利委员会依据《黄河可供水量年度分配及干流水量调度方案》和《黄河水量调度管理办法》的规定,经国家授权对黄河水资源实行统一管理与调度,在天然来水量持续偏枯的情况下,取得了至今不断流的斐然成绩,谱写了一曲人水和谐共处的绿色赞歌。

1　黄河断流的成因及其产生的危害

黄河属于资源性缺水河流。它以占全国河川径流量的2.2%,水资源总量的2.5%,承载着全国12%的人口,15%的耕地和50多座大中城市的供水任务。黄河水资源在我国国民经济和社会发展中具有极其重要的战略地位,支撑了中国9%的GDP,是实现流域及相关地区社会经济可持续发展、中部崛起战略的基础和保障。千百年来,母亲河形成的流域自然环境为黄河子孙的繁衍生息、成长

壮大提供了良好条件，但是，随着经济社会的发展，人们对水资源的使用却越来越失去了理性，致使母亲河的健康每况愈下，频繁断流。进入 20 世纪 90 年代几乎年年断流，1997 年竟出现断流 226 天，断流河段长达 704 km 的严重现象，断流时间和河段出现逐年延长的趋势。

黄河断流虽然有自然原因：

（1）天然径流量减少，1990 年以来，黄河源区径流系数明显减小，减小幅度接近 1/4。黄河最下游的利津水文站 90 年代比 80 年代平均年径流量减少了近 60%。1981 ~ 1990 年平均年径流总量为 295.4 亿 m^3；1990 ~ 2000 年为 119.2 亿 m^3。

（2）降水量逐渐减小。

（3）气温升高，蒸发量加大，黄河沿站蒸发量比 80 年代增大 45 mm（20 cm 蒸发皿）。

但经调研，人为因素则是更为主要的原因：

（1）流域人口增加、经济迅速发展，耗水量增大。比如 90 年引用黄河水总量 478 亿 m^3，其中，引用地下水 114 亿 m^3，河川径流 364 亿 m^3。

（2）节水意识差，水的有效利用率低，水资源浪费现象严重。

（3）自龙羊峡至小浪底共有水利枢纽 12 座，设计库容 563.2 亿 m^3，有效库容 355.6 亿 m^3，然而，由于 1999 年之前，国务院没有授权对黄河水资源实施统一管理与调度，上述控制性枢纽管理单位"各自为政"，使水资源的统一调配功能得不到充分发挥。

黄河水资源的紧缺和断流给沿岸特别是下游地区带来了严重的影响：

1）自然生态环境受到危害

（1）黄河下游河道淤积，河道横断面"槽高，滩低，堤根洼"现象加重，平槽流量减小，洪水的危害性和防洪压力加大。

（2）黄河三角洲地区土壤盐碱化面积加大，植被遭严重破坏，种植收益大大降低。黄河口湿地如长期得不到足够的淡水资源涵养，其特有的生物多样化种群也将会逐年减少，甚至消失。

（3）黄河径流量减小而排入河道的污水增多，大大降低了河道的自然修复能力。河水的污染一方面严重威胁着沿黄人民的饮水安全，另一方面，造成黄河入海口特有的海产，如对虾、黄河刀鱼、银鱼等已近绝迹，鱼类品种从一百多种减少到几十种。

2）人民生活和经济发展受到严重影响

（1）饮水安全受到威胁。黄河断流、径流量的减小，使黄河下游尤其是山东境内几十万居民生活饮用水发生困难。

（2）沿黄经济发展受到制约。黄河下游地区因黄河断流缺水，粮、棉种植面积大幅度缩减。大批低洼地、盐碱地本来可以种植效益高、品质好的水稻,现在只好改种其他耐旱、耐碱作物或弃耕,粮食总产量减少,种植效益也大打折扣。尤其是黄河下游一些大城市中的厂矿企业因水源不足出现限产、停产,经济效益和投资、发展环境受到严重制约。

(3)国家重大发展决策受到影响。引黄济津、引黄济青工程的效益发挥受到影响,一定程度上制约了这些地区的国民经济和社会发展。在《中国21世纪日程》中,国务院将黄河三角洲列为全国十大农业综合开发区之一,但如频繁出现像"1997年东营市遭受特大干旱和黄河长时间断流,致使河口地区陷入水荒,东营市作物受旱总面积9.92万hm^2(其中成灾7.79万hm^2,绝产2.13万hm^2),有6.33万hm^2秋作物未能播种,有70多万人吃水告急"这种局面,如得不到根本改善,那么黄河三角洲石油城——东营市的城市生存就会出现问题,更谈不上进一步发展。

2 黄河水资源的统一管理与调度是实现黄河不断流的必然要求和重要手段

1999年,自国家授权黄河水利委员会对黄河全流域实行水资源统一管理和水量统一调度后,断流现象得到了有效控制,实现了至今不断流的良好局面,改善了流域及河口三角洲地区的生态环境,也使重点河段水质有所改善,部分河道湿地得以修复,生态环境有所好转。曾一度消失的黄河刀鱼、银鱼重现黄河下游。同时,保障了沿黄居民基本生活用水和工农业生产用水,确保了沿黄经济的可持续发展。因此,可以说黄河水资源的统一管理与调度是保证沿黄人民生存与实现经济社会可持续发展的必然要求。

李国英主任说:"河流生命的核心是水,命脉是流动。"因此,可以说:黄河健康生命特征的重要表现是,大河上下常年流淌着能保持沿河各河段生态需要的水量。要达到这个目标,黄河水资源就需要从全河的角度统筹考虑,对其运用和分配要以维持黄河健康生命为前提,实施统一管理与调度。2006年初,黄河水利委员会根据1956~2000年系列水文数据,重新核算黄河"水账",得出黄河多年平均天然径流量为535亿m^3(按1919~1975年系列水文数据计算,黄河多年平均天然径流量为580亿m^3),较过去减少45亿m^3。黄河自龙羊峡到小浪底,干流水库总设计蓄水量达563.2亿m^3,而黄河下游仅河南和山东就有干流引黄涵闸96座,总设计引水量4 209.7 m^3/s(河南河段引黄闸33座,设计引水量1 673.4 m^3/s,山东河段引黄闸63座,设计引水量2 423.3 m^3/s)。如不考虑时空分布因素,黄河平均径流量只有不到1 840 m^3/s。

由此可见,工程的引蓄能力对黄河生态流量的维持和确保黄河不断流构成很大威胁。上中游水库蓄水,下游涵闸引水、人民生活、工农业生产以及生态维护用水都很重要,但都要出自这有限的径流总量。据估算,到2010年,就是正常来水年份,黄河用水缺口仍达40亿 m^3 以上。因此,黄河水资源的分配和利用必须要生态维护、人民生活、经济发展统筹兼顾,上、中、下游各河段流量统一控制,统一管理调度。只有这样,"各自为政",各抢所需,无序的引蓄局面才能得到有效遏制。作为黄河流域生命源泉的黄河才有可能逐步恢复"健康",得以满足黄河流域人民生活和经济的发展需要。

众所周知,黄河是世界上含沙量最大的河流,黄河多泥沙的特性使其比任何一条清水河断流所带来的问题都要多。如果黄河河道不能保持一个输沙入海的水量,长此以往,主河槽就会淤积、萎缩。现在,黄河下游主河槽已呈现出"浅碟状",平滩流量已不足4 000 m^3/s,淤积致使河道横比降远大于纵比降,形成了"二级悬河",汛期一旦遇大洪水,甚至是中小洪水,就会轻而易举地越出河槽,在滩区形成"横河"、"斜河"、"滚河",将使黄河下游两岸大堤面临决口的危险。因此,通过探索和研究,实施黄河水量统一调度,塑造、调节和保持一个输沙入海的基本水量,确保河床不抬高,这不仅是黄河岁岁安澜的需要,更是维持黄河健康生命的需要。在黄河水资源愈来愈难以满足人们需求的今天,在黄河水量的调度中要做到这一点,应首先确立李国英主任所提出的"维持黄河生命基本水量"的理念,实行生态用水优先的"倒算账"。虽然保持母亲河正常生命活力的基本水量,还有待于进一步研究论证,但通过行政上成立专门的水量调度机构,法律上制定《黄河水量调度条例》,技术上采用黄河水量调度的远程监控系统等有效措施,进一步强化全流域水资源统一管理与调度,无疑是确保黄河不断流、维持黄河健康生命的必要措施。

3 加强黄河水资源的统一管理与调度,维持黄河健康生命

3.1 加强黄河水资源的统一管理与调度,统一是前提,管理是基础,调度是关键

黄河的水资源因黄河的水少沙多,时间、空间分布不均匀,不同时段、区域所面临的管理调度水量和取水用途不同,如河源地区水源状况的调查研究与保护,上中游地区的水土保持与开发,下游地区的防洪、减淤要求,生活、工农业用水及生态用水需求等,都需要在全河统一管理调度的前提下进行全面统筹、综合考虑,制定面对全河的、战略性的水资源开发利用、管理保护规划。加强对黄河水工程和水调设施设备的管理,为确保水量调度目的的顺利实现奠定可靠基础。实施统一的、有目的的、目标明确的、强有力的调度手段,确保黄河不断流。初步实现人类社会、经济和生态环境的可持续协调发展,使黄河水资源为全流域庞大的生态系统和经济社会系统提供有力的支撑。

3.2 在加强黄河水资源统一管理与调度的基础上，多措并举，为母亲河的健康而努力

自1999年国家授权黄河水利委员会对黄河全流域实行水资源统一管理与调度后，黄河再没出现过断流。但是，目前黄河不断流仅仅是初步的，使用的手段也十分单一，基础还相当脆弱。要逐步使母亲河恢复健康体魄，需要进一步加强黄河水资源的统一管理与调度，逐步实现流域机构对流域内特别是干流河道上控制性工程的管理职能。还需要如李国英主任所提出的"行政手段、工程手段、法律手段、科技手段和经济手段，五管齐下"，做到开源与节流并重，资源利用与生态平衡并重，以人与自然和谐相处为中心，使黄河水资源的开发利用、管理保护逐步向理性化、科学化、规范化、法治化、市场化发展，使母亲河的健康得到根本改善。

4 加强黄河水资源统一管理与调度的几点具体想法

4.1 论证维持黄河健康生命的基本水量是黄河水资源统一管理与调度的需要

按照李国英主任的要求，今后在黄河水量的调度中，首先要确立"维持黄河生命基本水量"的原则，维持母亲河正常生命活力的基本水量是多少？还有待于进一步研究论证，但必须为盲目扩张的人类活动划出一道底线，为河流的开发利用限定一个不可逾越的"保护区"，为黄河水资源的统一管理与调度提供一个科学的决策依据，为人类社会与自然和谐相处的理想目标，确定一个量化的技术指标。因此应该将它作为一项迫切需要解决的问题尽快研究。

4.2 多措并举，才能保证黄河水资源统一管理与调度的准确性

在黄委实施的黄河水资源统一管理和水量统一调度办法中，已采取的有：水量统一分配、流量统一管理、水量统一调度、过流断面统一控制。以取水许可为基础，把好总量控制关；以取水计划和供水协议的落实执行为基础，把好供水计划关；以涵闸远程监控系统和水文站测量数据为基础，把好实时调度和水调监督指令关。但是，还要加强河道控制断面的监测和管理，进一步提高监测精确度和自动化水平，落实断面水量责任制。同时，还要建立完善的奖惩机制，对水量调度执行情况制定有效的激励、约束和制裁措施，推进黄河水资源统一管理与调度的有效、准确与可靠。

4.3 黄河水资源的统一管理与调度，要充分发挥市场机制的作用

黄河水资源在统一管理的前提下，积极进行水权转让探索，引入市场机制。目前来说，黄河水资源的行政调控仍起主导作用，以市场为基础配置资源的模式、水的商品属性和水市场的价值规律，还没有充分发挥。虽然水利部于2005年1月18日颁布了《关于水权转让的若干意见》，黄河流域一些地区陆续开展

了水权转让的实践探索，但我国尚未确立完善的水权转让模式，致使黄河水资源没有得到高效利用和合理配置，导致当前100多m^3黄河水的价格只能购买一瓶矿泉水的尴尬局面。

4.4 黄河水资源的统一管理与调度，要充分利用干流工程

实现对流域内特别是干流河道上控制性工程的管理职能，才能实现真正意义上的黄河水资源统一管理和水量统一调度，才能根据黄河的整体性和特殊性，全面考虑、统筹兼顾，更好地发挥黄河水资源的社会、经济和生态效益。

4.5 黄河水资源的统一管理与调度，要有法律作为支撑

2006年颁布实施的《黄河水量调度条例》是实现黄河水资源统一管理与调度的法律保障，但它还不够全面，涉及面还比较窄，因此我们呼吁尽快调研、出台《黄河法》，为努力维持黄河健康生命提供全面的法律支撑。

总之，确保黄河不断流，维持黄河健康生命，既需要“转变用水观念，创新发展模式”，又需要实施黄河水资源的统一管理与调度，更需要采用行政、工程、经济、法律和科技手段，五管齐下，多措并举。

参考文献

[1] 李国英. 建立“维持河流生命的基本水量”概念. 水信息网，2003.3.5.

[2] 李国英. 要从维持河流生命的高度确保黄河不断流. 中国水利报，2003.3.25.

[3] 李国英. 我们该怎样“维持黄河健康生命”. 光明日报，2004.2.6.

[4] 戴鹏，王明浩. “母亲河”面临“水荒”挑战. 新华网河南频道，2003.7.24.

[5] 牛玉国，张海敏，等. 黄河水资源问题与对策研究. 黄河网，2003.5.31.

黄土高原水土保持措施对径流情势的影响

王 蕊[1] 夏 军[1,2]

（1. 武汉大学水资源与水电工程科学国家重点实验室；
2. 中国科学院地理科学与资源研究所陆地水循环及地表过程重点实验室）

摘要:20 世纪 50 年代以来,黄土高原地区一系列的水土保持活动使得它的径流情势在过去的几十年里经历了较大的变化。本文以黄土高原水土保持重点治理区岔巴沟为例,推估水保措施对径流的显著干扰点,通过干扰点前后径流情势的变化,来研究水土保持措施对径流情势的影响。结果表明,流域径流在 1978 年受到水土保持措施的显著干扰。1978 年后,年径流量减少了 30% 以上,且径流年际、年内变化均有所减小。此外,流域径流情势随淤地坝有起有落的发展过程出现了一系列相应的变化。

关键词:黄土高原 水土保持 径流情势 流量历时曲线

1 引言

黄土高原位于黄河中游,总面积 64 万 km^2,多年平均输入黄河泥沙达 16 亿 t,是我国乃至世界上水土流失最严重,生态环境最脆弱的地区[1]。据有关资料显示,20 世纪 70 年代以来黄河入海年径流量逐渐变小:70 年代为 313 亿 m^3,80 年代为 284 亿 m^3,90 年代中期为 187 亿 m^3。在短短的几十年里,黄河入海径流总量锐减了一多半。黄河下游季节性断流屡屡发生,且有愈演愈烈之势,径流情势的显著变化对沿黄地区的经济、社会和环境都产生了巨大影响。与此同时,自 70 年代黄土高原造林、梯田的面积迅速增加,淤地坝建设进入高潮,且水土保持措施的蓄水拦沙效果开始显现,这些与黄河断流的时间基本同步[2]。按照简单的类比分析,人们不禁联想到水土保持措施与黄河径流变化的关系。

水土保持有多种措施,不同的措施对水资源的影响不完全相同,即使同一种措施,在不同的生物气候带下其对水资源的影响也不完全相同[3]。黄土高原水保措施复杂多样,且统计资料主要是各项措施的占地面积而无具体位置,因此很难分离出它们对径流的单独作用效果。然而,人类活动对河流水文过程的强烈

基金项目:科技部国际合作项目(No. 2006DFA21890);国家自然科学基金项目(No. 40671035)。

干扰常表现为水文序列的趋势项、跳跃项等发生不同程度的变化[4]，流量历时曲线(FDC)也是研究土地利用变化对地表径流影响的一种重要方法[5]。通过分析流域水文序列的趋势和变化，再参照流域水土保持措施的占地面积及其随时间的变化，就可以分析水保措施对流域径流的综合影响。

本文以黄土高原水土保持重点治理区无定河流域内的岔巴沟为例，根据岔巴沟流域1959~2000年内水文序列的趋势项、跳跃项以及流域各项水保措施的占地面积随时间的变化情况，推估出水保措施对径流情势的显著干扰点。通过分析干扰点前后径流情势、流量历时曲线的变化，来研究黄土高原水土保持措施对径流情势的影响，进而可以帮助流域管理者评价过去40年的水保措施的效果，对流域规划治理起到指导作用。

2 研究对象和资料

无定河是黄河中游河口镇—龙门区间右岸的最大支流，泥沙之多，在黄河流域颇具盛名，也是全国8个水土保持重点治理区之一。本文所研究的岔巴沟位于无定河流域西部的黄土丘陵沟壑区，每逢暴雨，干、支流均会出现较大的洪水和高含沙水流。

岔巴沟流域水土保持治理工作始于1956年，治理以工程措施为主、生物措施为辅。主要措施为梯田、造林、种草和淤地坝，各项措施占地面积如表1所示。淤地坝是工程措施中的主要部分，对径流的影响相对比较迅速、明显。它的发展过程有起有落:20世纪50年代开始实施，到70年代进入高潮;1978年左右陕北在久旱之后连降罕见的暴雨，80%以上的坝库均遭水毁，随后淤地坝形成的坝地面积的增加速率却十分缓慢，建设陷入低谷[6];到90年代初库容淤损率达77%，大部分已被淤满或成为病险坝，完好的坝不足1/4[7];80年代后期治沟骨干坝又开始兴起。图2显示了岔巴沟流域1956~2000年淤地坝占地面积随时间的变化。

表1 岔巴沟各种水土保持措施占地面积

年份	梯田		坝地		造林		种草		总计	RPC
	km^2	RA(%)	km^2	RA(%)	km^2	RA(%)	km^2	RA(%)	(km^2)	(%)
1956	0.00	0.00	0.00	0.00	0.27	100.00	0.00	0.00	0.27	0.14
1959	0.67	40.00	0.07	4.00	0.67	40.00	0.27	16.00	1.67	0.89
1969	3.60	39.71	0.47	5.15	1.00	11.03	4.00	44.12	9.07	4.85
1979	8.20	25.68	1.60	5.01	15.00	46.97	7.13	22.34	31.93	17.08
1989	19.20	21.97	2.13	2.44	52.33	59.88	13.73	15.71	87.40	46.74
1999	27.13	25.53	2.20	2.07	70.27	66.12	6.67	6.27	106.27	56.83
2000	27.47	24.80	2.33	2.11	73.47	66.35	7.47	6.74	110.73	59.22

注:RA为单项措施面积占所有措施面积百分比;RPC为各措施占地面积和占流域总面积百分比。

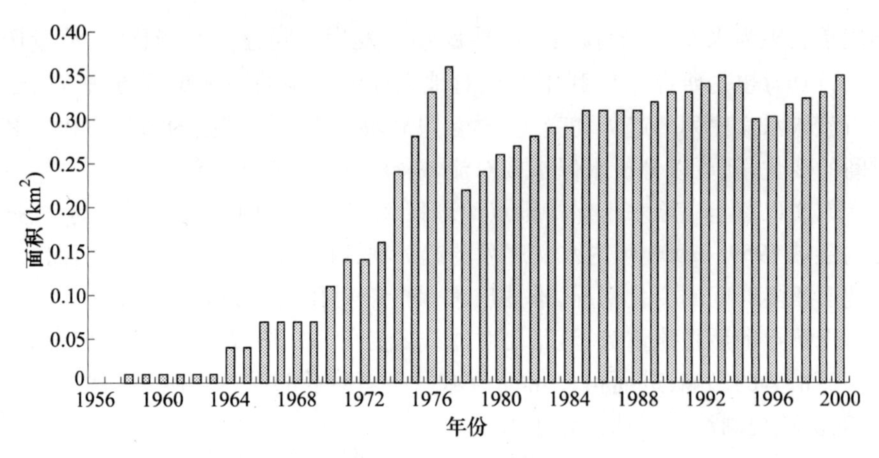

图 2　岔巴沟流域淤地坝占地面积变化过程

3　研究方法

本文以岔巴沟流域降水序列为参照，采用 Mann-Kendall 趋势检验法[8,9]对流域年径流序列趋势性进行分析，并用 Spearman 秩次相关检验法[8]对比检验。然后采用滑动 t 检验法[10]和有序聚类法[11]推估流域年径流序列的跳跃点。

3.1　趋势检验

3.1.1　Mann-Kendall 趋势检验法

对随机序列 $x_1,x_2,\cdots,x_n$，检验是否存在趋势的统计量为：

$$M = S/\sigma \tag{1}$$

其中

$$S = \sum_{i=1}^{n-1}\sum_{j=i+1}^{n}\operatorname{sgn}(x_j - x_i) \tag{2}$$

且

$$\sigma_s^2 = \frac{n(n-1)(2n+5) - \sum_{i=1}^{n} t_i i(i-1)(2i+5)}{18} \tag{3}$$

式中：n 为样本长度；x_j 和 x_i 为单个样本的数据值；σ_s 为修正后 S 的标准差；t_i 为任意给定节点的范围。

函数 $\operatorname{sgn}(x)$ 定义为：

$$\operatorname{sgn}(x) = \begin{cases} 1 & (x>0) \\ 0 & (x=0) \\ -1 & (x<0) \end{cases} \tag{4}$$

Mann 和 Kendall 已证明，当样本数 $n \geqslant 8$ 时，统计量 S 近似满足均值为

$E(S)=0$,标准差为 σ_s 的正态分布,则统计量 M 收敛于标准正态分布。当该序列原假设为无趋势时,一般采用双侧检验,在给定显著性水平 α 下,若 $|M|>u_{\alpha/2}$,则拒绝原假设,即认为趋势是存在的,否则接受原假设,认为趋势不显著。M 为正代表增加趋势,为负代表减小趋势。

3.1.2 Spearman 秩次相关检验法

分析序列 x_t 与时序 t 的相关关系,在运算时,x_t 用其秩次 R_t(即把序列 x_t 从大到小排列时,x_t 在新序列中所对应的序号)代表,t 仍为时序($t=1,2,\cdots,n$),秩次相关系数为:

$$r = 1 - \frac{6\sum_{i=1}^{n} d_t^2}{n^3 - n} \tag{5}$$

式中:n 为序列长度,$d_t = R_t - t$。显然,如果 R_t 与 t 越相近,秩次相关系数 r 越大,趋势越显著。统计量 r 近似满足均值 $E(r)=0$,标准差 $V(r)=\frac{1}{n-1}$的正态分布。则统计量

$$T = \frac{r}{\sqrt{V(r)}} = \frac{6\sum_{i=1}^{n} d_i^2 - n(n^2-1)}{n(n+1)\sqrt{n-1}} \tag{6}$$

满足标准正态分布。

假设序列无趋势当 $|T|>u_{\alpha/2}$,拒绝原假设,说明序列随时间有相依关系,从而推断序列趋势显著;相反,则接受原假设,认为趋势不显著。

3.2 跳跃点检验

3.2.1 滑动 t 检验法

t 检验可用来检验两个序列样本平均值之差是否显著,从而判断该序列中是否有跳跃发生。当两个子序列样本单元数目 $n_1 \neq n_2$ 时,统计量为

$$t = \frac{\bar{x}_1 - \bar{x}_2}{s \cdot \sqrt{\frac{1}{n_1} + \frac{1}{n_2}}} \tag{7}$$

且

$$s = \sqrt{\frac{n_1 s_1^2 + n_2 s_2^2}{n_1 + n_2 - 2}} \tag{8}$$

式中:$\bar{x}_1$、$\bar{x}_2$ 和 s_1、s_2 分别代表两个子序列样本的平均值和均方差的无偏估计值,t 的自由度为 n_1+n_2-2。

由于跳跃点和它的位置是未知的,滑动 t 检验不是将整个序列分为两个子

序列进行 t 检验,而是在原序列上滑动跳跃点,根据各个假设跳跃点的前和后长度为 n 的两个子序列计算出多个统计量 t ,取其中的绝对值最大的 t 进行显著性检验。对给定的显著性水平 α,若 t 值大于 t 分布表中查出的临界值,则该点可被认为是序列的跳跃点。

滑动 t 检验需要确定两个参数:子序列长度 n 和信度水平 α。一般来说,序列长度不得少于 5,为使两个子序列长度一致,n 值也不应超过整个序列长度的一半。本文取 n 为 10,α 为 0.1,则临界值为 1.734。

3.2.2 有序聚类法

用“物以类聚”来形容聚类分析,可以表达这种方法的思想。在分类时若不能打乱次序,这样的分类称为有序分类。以有序分类来推求最可能的干扰点,其实质是求最优分割点,使同类之间的离差平方和较小,而类与类之间的离差平方和较大。在单变点的情况下,这一方法为最优二分割法。对序列 $\{x_t, t = 1, 2, \cdots, n\}$,最优二分割法要点如下:设可能分割点为 τ,则分割点前后两序列离差平方和表示为:

$$V_\tau = \sum_{t=1}^{\tau} (x_t - \bar{x}_\tau)^2 \tag{9}$$

$$V_{n-\tau} = \sum_{t=\tau+1}^{n} (x_t - \bar{x}_{n-\tau})^2 \tag{10}$$

式中:$\bar{x}_\tau, \bar{x}_{n-\tau}$分别为跳跃点 τ 前后序列均值。

总离差平方和为:

$$S_n(\tau) = V_\tau + V_{n-\tau} \tag{11}$$

最优二分割为:

$$S_n^* = \min\{S_n(\tau)\} \tag{12}$$

满足上述条件的 τ 记为 τ_0,即最可能的跳跃点。

3.3 流量历时曲线

流量历时曲线(FDC)定义为在某个时段内某个流量与大于等于该流量所对应的时间之间的相关关系,它综合地描述了某流域的径流从枯水到洪水整个阶段的全部特征,可以较好地反映流域的降雨径流特性[12]。

流量历时曲线的形状由降雨类型、流域大小和流域的地形特征来决定。研究表明,曲线的形状也会受到土地利用类型的影响。因此,可以用它来评估由于人类活动和气候变化导致的径流情势的改变。

4　计算结果与分析

4.1　径流趋势及水保措施对径流显著干扰点的确定

本文用坎德尔秩次相关法分别对年径流序列和年降雨量进行了趋势检验，当取显著性水平 $\alpha = 0.05$ 时，在正态分布表中查出临界值为 1.645，则年径流序列有显著的下降趋势，年降雨量序列无显著趋势（见表 2）。为了验证结果是否可靠，又采用了斯波曼法进行检验，结论与坎德尔法一致。图 3(a)、(b) 分别为 1959～2000 年岔巴沟流域年径流、年降水量的变化过程。

表 2　1959～2000 年年径流趋势检验结果

序列名称		年径流量（亿 m^3）			年降水量（mm）		
		1959～2000	1959～1977	1978～2000	1959～2000	1959～1977	1978～2000
坎德尔	统计量值	−2.46	−0.78	−0.2	−1.57	0.41	0.23
	显著性	* *	ns	ns	ns	ns	ns
斯波曼	统计量值	−2.59	−0.65	−0.5	−1.44	0.42	0.07
	显著性	* *	ns	ns	ns	ns	ns

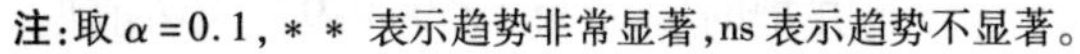
注：取 $\alpha = 0.1$，* * 表示趋势非常显著，ns 表示趋势不显著。

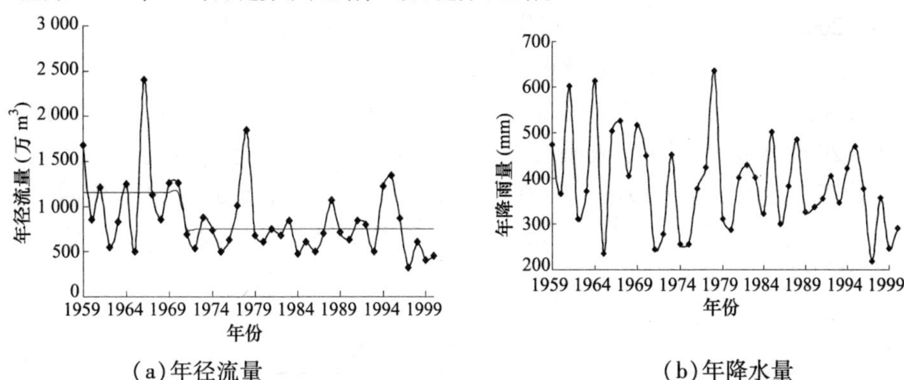

(a) 年径流量　　(b) 年降水量

图 3　岔巴沟流域年径流量和年降水量变化过程

本文用滑动 t 检验法推估年径流序列的跳跃点。当本文取 $n = 10$，$\alpha = 0.1$ 时，临界值为 1.734。检验结果表明，年径流序列在 1978 发生跳跃，降水量序列虽趋势不显著但 1970 年前后有相对变化，（见图 4）。采用有序聚类法进行检验，结果与滑动 t 检验法相同，但年径流序列除在 1978 年发生跳跃，在 1970 年前后也有较大的变化。因此，本文认为 1970 年径流的变化主要是受当时降水的影响，1978 年径流发生较大变化主要是人类活动的干扰。对 1978 年前后两个时段的水文序列进行趋势性检验，从表 3 可看出 1978 年前后的水文序列均无明显趋势性，说明以 1978 年作为人类活动对径流的显著干扰点是合理的。

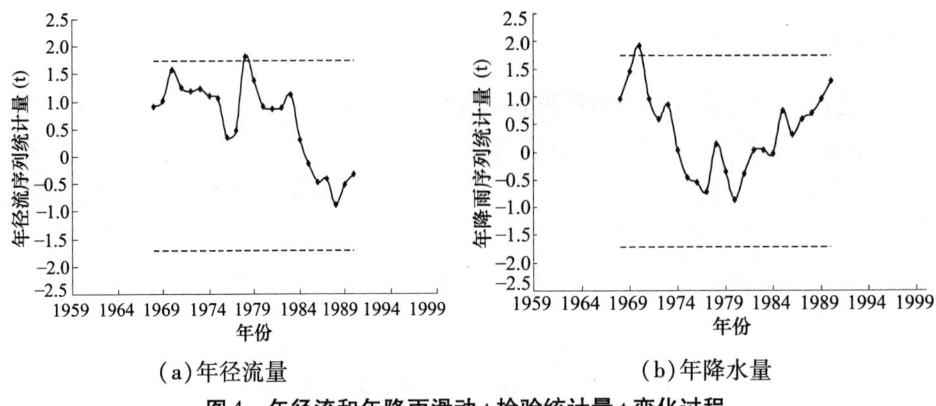

(a)年径流量　　(b)年降水量

图4　年径流和年降雨滑动 t 检验统计量 t 变化过程

水保措施中的淤地坝是防治黄土高原水土流失的关键工程措施，相对其他生物措施，淤地坝对径流的作用立竿见影。从图2中可以看出，70年代坝地面积显著增加，1977年达到最大，1978年左右大量淤地坝被水毁，面积显著减少。这与上文所述的1978年径流受到人类活动的显著干扰是一致的。因此，本文把1978年作为水保措施对径流显著干扰点，并把时间分为1959～1977年(前期)、1978～2000年(后期)两段，分别代表水土保持治理前和治理后。

4.2　水保措施对径流年际变化的影响

径流的年际变化是流域径流情势的一个重要方面。由上面的分析可知，1959～2000年年径流量呈减小趋势。表3列出了年径流序列的均值和变差系数在治理前后的变化。1978～2000年的年平均径流量比1959～1977年减少了30%以上，年径流变差系数也由0.48减少到了0.36。可见，治理后，年径流量减少，丰水年和枯水年的年径流变化比以前小。

表3　年径流序列特性

1959～2000年		1959～1977年		1978～2000年	
$\overline{Q}$(万 m^3)	$\overline{C_v}$	$\overline{Q}$(万 m^3)	$\overline{C_v}$	$\overline{Q}$(万 m^3)	$\overline{C_v}$
863.4	0.48	1 032.5	0.48	709.65	0.36

4.3　水保措施对径流年内变化的影响

根据1959～2000年岔巴沟流域月径流序列，计算1978年前、后两阶段的年平均月流量，月径流量过程如图5所示。流量多集中在6～9月，3月份有一个小汛期，这可能与冰雪融水补给有关。1978年后，除了6月份流量比1978年前稍有增加，其他月份普遍减少，而且汛期(7～10月)流量的减少比较显著。

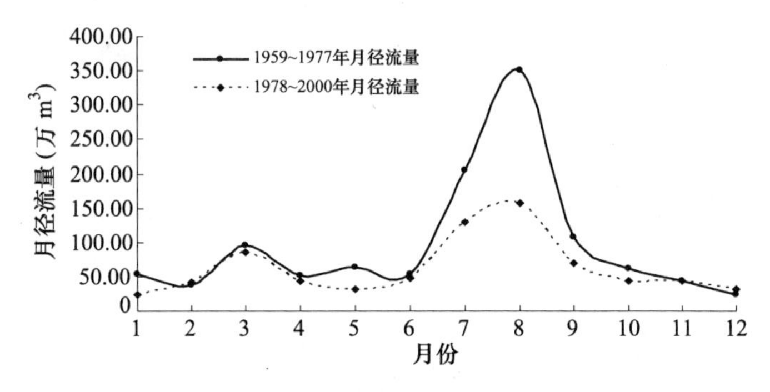

图 5　岔巴沟流域治理前后月径流过程线

月径流序列的变差系数可以被用来描述径流的年内变化。本文先计算了1959～2000 年每年的月变差系数,然后分别以 1978 年前后月变差系数的平均值作为两阶段的月变差系数,结果见表 4。治理后,月径流序列变差系数减小,即径流的年内变化减小,这可能主要是由于汛期(7～10 月)径流量的减少造成的。

表 4　岔巴沟流域治理前后月径流序列特性

指标	岔巴沟	
	1956～1977 年	1978～2000 年
Q_{50}(万 m^3)	49.25	38.88
C_v	1.43	1.37
Q_5(万 m^3)	310.69	174.572
Q_{95}(万 m^3)	13.93	16.113

4.4　水保措施对流量历时曲线的影响

图 6 是岔巴沟流域水土保持治理前、后阶段的月流量历时曲线。从图 6 中可以看出,治理后,同频率下径流量大多减少,频率在 15%～95%之间的来水减少比较稳定,在极大或极小来水时,径流的变化幅度较大。表 4 对两个阶段月径流序列的一些特性进行了比较,治理后,变差系数比以前减少了 4.19%,Q_{50}减少 21.06%,Q_5 减少 43.81%,Q_{95}增加了 15.67%。

4.5　流量历时曲线随年代的变化

为了进一步探明径流变化规律,对比了 1960～2000 年内每 10 年的流量历时曲线(见图 7),并用曲线表示出各频率下 70～90 年代相对于 60 年代减少的径流量(见图 8)。图形表明:以 60 年代的流量历时曲线作为基准,90 年代的曲线变化最大,且月径流序列的变差系数 C_v 也最大(见表 5),70 年代和 80 年代的曲线较接近;对于 10%～90% 的中、小来水,各年代径流变化很小,也是在极大

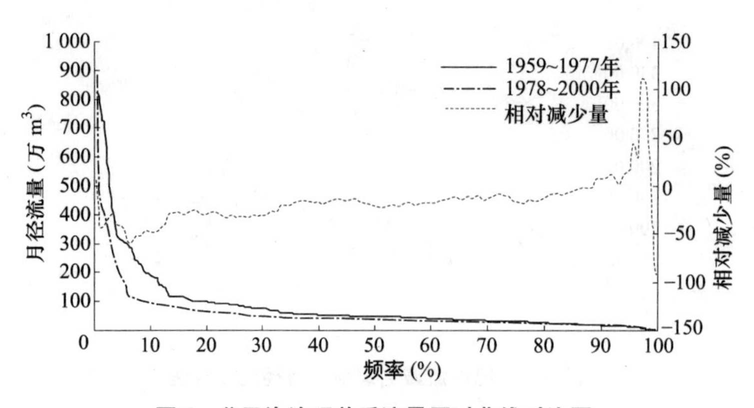

图 6　岔巴沟治理前后流量历时曲线对比图

或极小来水时，径流的变化较大。此外，从表 5 中各年代一些径流特性的数据可看出：月径流量从 60 年代的 90.5 万 m^3 逐渐减少到 80 年代的 57.9 万 m^3，到 90 年代有所增加，为 62.8 万 m^3，且 90 年代的 Q_5 和 Q_{95} 与 60 年代很接近。

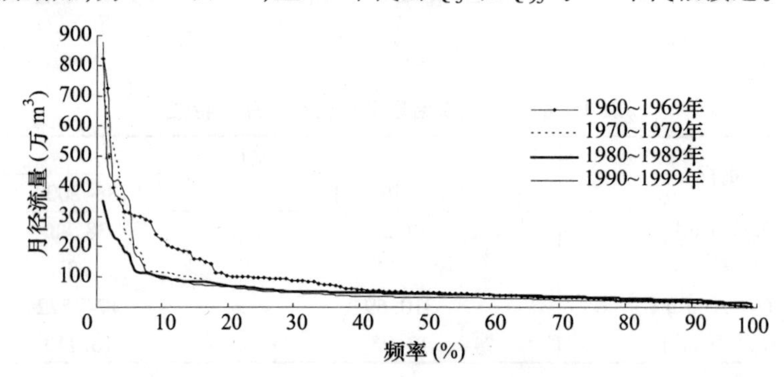

图 7　60～90 年代月径流序列流量历时曲线对比

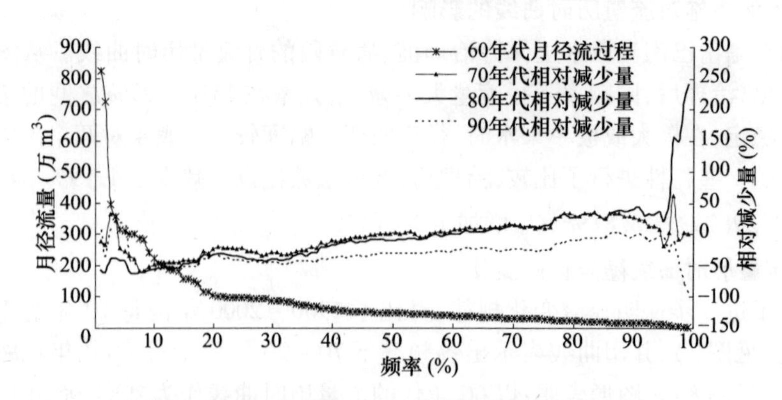

图 8　70～90 年代相对 60 年代径流减少量过程线

表 5　60 ~ 90 年代年径流量特性

年代	60	70	80	90
月平均径流量(万 m^2)	90.5	73.2	57.9	62.8
Q_{50}(万 m^3)	48.86	49.25	44.06	33.57
C_v	1.34	1.41	0.87	1.74
Q_5(万 m^3)	310.69	228.1	76.77	353.55
Q_{95}(万 m^3)	13.93	11.25	16.87	13.39

径流的上述变化过程受到了淤地坝发展过程的很大影响。

(1)从 50 ~ 70 年代,大中小型淤地坝数量迅速增多, 达到最高峰,1978 年左右陕北在久旱之后连降罕见的暴雨,80% 以上的坝库受到严重水毁,径流序列在 1978 年发生跳跃。

(2)从 70 ~ 80 年代,新修的淤地坝数量锐减。大量已修建的淤堤坝,在 70 年代和 80 年代发挥了巨大效益。水土保持效果开始显现的同时,径流量显著减小。

(3)然而,由于 80 年代修建的淤地坝甚少,70 年代所建的淤地坝到 90 年代初大部分库容已被淤满或成为病险坝,完好的坝不足 1/4。因此,70 年代和 80 年代径流特征接近,径流量减少的状况在 90 年代有所改善。同时,由于人类活动的加强,90 年代流量变化较大,径流年内变化也较大。

5　结语

水保措施确实是实现黄土高原经济社会可持续发展和减少入黄泥沙的重要措施,但也不同程度地改变了流域下垫面条件,对流域的径流情势产生了较大影响。

由以上研究可知,流域年径流序列减少趋势显著,并在 1978 年受到水土保持措施的显著干扰。年降雨序列无显著趋势。70 ~ 80 年代黄土高原水土保持效果开始显现的同时,流域径流情势也发生了显著变化。流域治理后:①年径流量减少了 30% 以上,丰水年和枯水年的年径流变化减小;②各月径流量普遍减少,汛期(7 ~ 10 月)径流量的减少较显著,同时汛期径流的减少使年内径流变化减小;③由于水保工程措施中的淤地坝一般对中、小来水起到的调节作用较大,所以治理前后,中、小频率的径流变化较小,极大或极小来水时径流的变化幅度较大。

此外,通过对过去 40 年的流量历时曲线的研究也可看出水保措施对径流的一些影响:60 ~ 70 年代,流域修建了大批淤地坝,造成 60 年代以后径流逐渐减少,且极大和极小频率的来水量减少;1977 年、1978 年,80% 以上坝库遭水毁,随后淤地坝建设陷入低谷,修建的新坝很少, 因此 70 年代和 80 年代径流特征比较接近;到 90 年代初,大部分淤地坝已被淤满或成为病险坝,淤地坝对径流影响明显减小,90 年代径流量比 80 年代有所增加,且频率 95% ,5% 的来水量增加到与 60 年代同频率下的来水量接近。

参考文献

[1] He Xiubin,Li Zhanbin,Hao Mingde,et al. Down-scale analysis for water scarcity in response to soil-water conservation on Loess Plateau of China Agriculture [J]. Ecosystems and Environment,2003,94:355 -361.

[2] 徐学选,陈霁巍,穆兴民,等. 黄河中游水土保持措施对径流的影响[J]. 人民黄河,2000,22 (7):36 -37.

[3] 景可,申元村. 黄土高原水土保持对未来地表水资源影响研究[J]. 中国水土保持,2002,(2):12 -14.

[4] 张学真,胡安焱. 城市河流水文过程变化的对比分析[J]. 桂林工学院学报,2005,25(3):274 -277.

[5] Huang M. B. , ZHANG L. , Gallichand J. Runoff responses to afforestation in a watershed of the Loess Plateau. China[J]. Hydrological Process,2003(17):2599 -2609.

[6] 冯国安. 治黄的关键是加快多沙粗沙区淤堤坝建设[J]. 科技导报,2000(7):53 -56.

[7] 陆中臣,陈常优,陈劭锋. 黄土高原水土保持中的淤堤坝[J]. 水土保持研究,2006,13 (2):108 -111.

[8] Sheng Yue, Paul Pilon. George Cavadias. Power of the Mann-Kendall and Spearman's rho tests for detecting monotonic trends in hydrological series[J]. Journal of Hydrology. 2002,259:254 -271.

[9] Zhang Qiang, Xu Chongyu, Stefan Becker. Sediment and runoff changes in the Yangtze River basin during past 50 years[J]. Journal of Hydrology. 2006,331:511 -523.

[10] Chen, J. , Gupta. A. Parametric statistical change point analysis [M]. Boston: Birkhauser, USA. 2000.

[11] 王国庆,贾西安,陈江南,等. 人类活动对水文序列的显著影响干扰点分析[J]. 西北水资源与水工程,2001,12(3):13 -15.

[12] 黄国如. 枯水径流若干问题研究进展[J]. 水电能源科学,2005,23(4):61 -65.

黄河下游引黄灌区清淤堆沙对生态环境的危害与防治

张治昊　戴　清　刘春晶　胡　健　袁玉平

（中国水利水电科学研究院）

摘要:为了保证引黄灌区的正常运行,必须定期对淤积于渠道、沉沙池等关键部位的泥沙进行清淤。清出的泥沙一般沿渠道两侧堆放,日积月累,清淤泥沙堆积如山,形成了人造沙漠,极大破坏了周边的生态环境,严重影响了人民正常的生产生活和经济的可持续发展。本文介绍了引黄灌区目前清淤堆沙面积巨大的不利现状,总结了清淤堆沙危害生态环境的主要方式,深入分析了清淤堆沙危害生态环境的程度与机理,最后提出了灌区清淤堆沙危害的防治措施,试图为科学治理清淤堆沙危害提供技术支撑。

关键词:黄河下游　引黄灌区　清淤泥沙　生态环境　危害　防治

1　概述

黄河下游引黄灌区在引水的同时也引来了大量的黄河泥沙,就黄河下游地形条件,目前无论是泥沙运动基本理论还是引黄工程实践技术,都不可能将泥沙全部远距离输送,尤其是其中较粗的部分,均集中淤积于沉沙池、渠道等关键部位。为了保证灌区的正常运行,必须定期进行清淤,清出的泥沙一般沿渠道两侧堆放,日积月累,清淤泥沙堆积如山,形成了人造沙漠,极大地破坏了周边的生态环境,严重影响了人民的生产生活和经济的可持续发展。本文首先介绍了引黄灌区清淤堆沙面积巨大的不利现状,总结了堆沙危害生态环境的主要方式,在此基础上,依据泥沙运动基本原理,深入分析了堆沙危害生态环境的程度与机理,最后提出了清淤堆沙危害的防治措施,试图为科学治理清淤堆沙提供技术支撑。

2　引黄灌区清淤堆沙的现状及特征

利用沉沙池集中沉沙是黄河下游引黄灌区采用的主要的泥沙处理方式。为了满足沉沙的需要,沉沙池大多采用“以挖代沉”的运用方式,即沉沙池的平面

基金项目:科技部科研院所社会公益研究专项资助(2004DIB4J169)。

位置基本固定,淤积到一定程度后进行清淤,用清出的库容容纳之后渠道输水带来的泥沙,如此重复进行。对渠道而言,为了维持渠道一定的输水输沙能力,保证引黄灌区的正常运行,渠道每年都需要进行清淤。无论是沉沙池还是渠道,清出的泥沙都是沿沉沙池或渠道两侧堆放,以一些典型灌区为例,三义寨灌区在输水干渠两侧约有 5 km 长、1 ~ 6 m 高、50 ~ 40 m 宽的弃沙;位山灌区 144 km^2 沉沙池两侧,清淤出的泥沙堆高达数米,高台面积达 533 hm^2,东西输沙干渠两侧,清淤出的泥沙形成了 4 条长 15 km、宽 70 多 m、高近 7 m 的沙垄,面积达 400 hm^2。上述情况在引黄灌区普遍存在,部分典型引黄灌区清淤堆沙面积统计见表 1。由表 1 可见,为了维护灌区的正常运行,清淤工作年复一年,清淤堆沙面积逐年增长,以位山灌区为例,近年来,由于向天津送水,增加了泥沙的处理负担,清淤堆沙占地形势严峻,目前清淤堆沙正在以每年 27 hm^2 的速度向外扩展。综合上面的分析可知,黄河下游引黄灌区清淤堆沙面积巨大,且呈逐年增长之势。

表 1　黄河下游部分引黄灌区清淤堆沙面积统计

灌区名称	谢寨	刘庄	苏阁	位山	潘庄	李家岸	簸箕李	韩敦	马扎子
清淤堆沙面积(hm^2)	247	423	200	403	1 388	651	860	193	400
年均增长速度(hm^2/a)	10.3	17.6	8.3	16.8	73.0	32.6	35.9	8.1	16.7

3　清淤堆沙危害生态环境的方式

黄河下游引黄灌区清淤堆沙长期暴晒于阳光下,使堆沙颗粒含水量为 0,无黏结力,成为易于搬运的散粒泥沙堆积体。在自然力的作用下,大量保水保肥性能较差的粗沙在迁移过程中,势必对引黄灌区周边的生态环境造成危害。由于所受自然力不同,其危害方式主要表现为两种方式:一是水沙流失,造成水沙流失的自然力主要是降雨,降雨时,渠道两侧的清淤堆沙极易遭到雨水的侵蚀,清淤堆沙从高处顺着雨水一边流进渠道周边的高产良田,造成大片良田沙化,一边又流进了渠道,增大了渠道清淤工程的数量与难度,提高了渠道清淤工程费用。以簸箕李灌区为例,该灌区淤积最严重的沉沙条渠长 22 km,两侧堆沙宽度 120 ~ 200 m,高度为 4 ~ 6 m,形成“条状沙漠”,在遇到降雨天气时,黄沙满地流,渠道外侧的良田里的庄稼淹没在黄泥汤中,天长日久,渠道两侧良田的土壤被沙化,保水保肥性能降低,农作物的收成大大减少;同时,在渠道内侧,大量的黄沙被雨水重新带入渠道,造成渠道重复性淤积,据测算,这部分泥沙占该灌区年清淤量的 10% 左右,达到 10 万 t,由此增加的年非引水性清淤费用高达 62 万元;二是风沙运动,造成清淤堆沙风沙运动的自然力是风力,风速垂向分布遵循指数规律,清淤泥沙的堆高直接将散粒泥沙送入了垂向高风速区。在干燥多风的春冬季节,灌区大范围沙尘天气十分频繁,推移运动的大量沙粒顺着风向,朝渠道两侧良田跃移前进,直接侵占耕地,加剧了良田的沙化,同时,悬移运动的细颗粒泥沙横向输移距离长,纵向达到的高度高,对灌区周边几公里甚至是上百公里范围内的生态环境和人类生产生活危害极大。据簸箕李灌区现场观测,大风天气时,大量沙粒在清淤堆沙表面 30 ~ 50 cm 的垂向范围内形成了一层沙云,像一张移动的地毯,朝渠道两侧良田跃移前进,不需多长时间,渠道两侧的耕地与农作物都穿上了一层沙衣;同时,悬移运动的黄沙漫天飞舞,天日为之变色,灌区笼罩在一个巨大的沙幕中,大量细颗粒泥沙飞进田野,飞进村庄,有时直接飞进农户,形成“关着门窗喝泥汤”的现象,严重时造成某些疾病的流行与传播。

4 引黄灌区清淤堆沙危害机理

4.1 水沙流失危害机理

黄河下游引黄灌区清淤堆沙的水沙流失过程大致可分为三个阶段。

第一阶段为雨水溅蚀阶段,大量雨滴自高空形成后,因具有质量和高度,而获得势能,在下落过程中,其势能逐渐转化为动能,在接触到清淤堆沙表面的瞬间,雨滴原有的势能全部转换为动能对清淤堆沙做功,使原本松散的清淤堆沙颗粒四处飞溅,完成了雨水对清淤堆沙表面的溅蚀过程,美国学者 Wischmeier 和 Smith 曾建立了降雨功能经验公式

$$E = 89\lg I + 210.2 \tag{1}$$

式中:E 为降雨功能;I 为降雨强度。

由上式可知,降雨强度越大,产生的动能也越大,按自由落体计算,直径 6 mm 的雨滴降落时具有的动能为 4.67×10^4 尔格,可产生将 46.7 g 的物体上举 1 cm高度所做的功。所以,降雨强度越大,对清淤堆沙表面的溅蚀作用越突出。

第二阶段为径流侵蚀产生和发展阶段,随着清淤堆沙表面雨水的大量汇集和泥沙的大量溅蚀,清淤堆沙的径流侵蚀就形成了。按照清淤堆沙表面水流的性质,径流可分为坡面片流和细小股流,两种流同时存在,其形成及大小主要取决于降雨的方式,集中型的暴雨易形成坡面片流,连绵细雨易产生细小股流。径流状态不同,侵蚀方式也不同,坡面片流造成清淤堆沙表面大面积的侵蚀,而细小股流造成泥沙沿着雨水冲刷形成的沟槽被水流输运至灌区周边的田间、洼地、排水河道等。

第三阶段为重力侵蚀阶段,文献[4]中对斜坡土体运动机理进行了分析,土体发生位移由下滑力与抗滑阻力之间的对比关系来决定,即:

$$K = \frac{\text{抗滑阻力}}{\text{下滑力}} = \frac{\tau_f}{T} = \frac{N \cdot \tan\varphi + C \cdot A}{T} \tag{2}$$

式中:N 为土体重力垂直于坡面的分力;φ 为土体内摩擦角;C 为黏结力;A 为接触面积。

当 $K<1$ 时,土体将失去稳定状态,发生位移。清淤堆沙越堆越高,沙体边坡角度 θ 越来越大,清淤堆沙沙体的稳定性变差,随着雨水径流侵蚀过程的发展,沙体边坡变得更陡,角度 θ 更大,使得清淤堆沙沙体的稳定性变得更差,同时,随着清淤堆沙堆放时间的增长,含水量越来越低,使沙体颗粒黏结力越来越小,直至接近于0,结合式(2)分析可知,随清淤堆沙得增高和堆放时间的增长,沙体的抗滑阻力呈减小的趋势,当清淤堆沙沙体 $\tau_f<T$ 时,清淤堆沙沙体在重力作用下崩塌、错位、滑坡,大块沙体一侧堆进了灌区周边的良田,另一侧重新滑进渠道堆积,至此,清淤堆沙的水沙流失过程基本完成。清淤堆沙的水沙流失过程同时也是危害灌区周边环境的过程,对环境的危害程度,主要取决于水沙流失的数量,水沙流失的数量可以用下面的经验关系式表达

$$W=k\frac{V^{\alpha}I^{\beta}}{d_{50}^{\gamma}} \tag{3}$$

式中:W 为清淤堆沙的水沙流失量;V 为清淤堆沙的体积;I 为降雨强度,d_{50}为清淤堆沙颗粒中值粒径;k 为系数;α、β、γ 为指数。

式(3)可定性表达清淤堆沙的水沙流失量与其主要影响因素的关系,清淤堆沙的水沙流失量 W 与清淤堆沙的体积 V 呈正相关关系,即清淤堆沙越多,清淤堆沙的水沙流失量越大,清淤堆沙越少,清淤堆沙的水沙流失量越小;清淤堆沙的水沙流失量 W 与降雨强度 I 呈正相关关系,即降雨强度 I 越大,清淤堆沙的水沙流失量 W 越多,降雨强度 I 越小,清淤堆沙的水沙流失量 W 越少;清淤堆沙的水沙流失量 W 与为清淤堆沙颗粒中值粒径 d_{50}呈负相关关系,即清淤堆沙颗粒越粗,清淤堆沙的水沙流失量 W 越多,清淤堆沙颗粒越细,清淤堆沙的水沙流失量 W 越少。对于黄河下游某个具体引黄灌区而言,式(3)中的系数 k 和指数 α、β 和 γ 可以采用实测资料回归分析进行率定。除了上述几个主要因素的影响外,清淤堆沙表面无任何植被和再生植被保护也是清淤堆沙的水沙流失量较大的一个重要原因。

4.2 风沙运动危害机理

文献[1]中对黄河下游典型引黄灌区清淤泥沙颗粒的级配资料进行分析,结果表明,黄河下游引黄灌区泥沙颗粒粒径在0.01~0.25 mm 之间的比例大约在90%左右,依据黄河下游引黄灌区现场观测,粒径0.25 mm 的干燥沙2 m 处的起沙风速为4.5 m/s,即3 级风左右,在黄河下游地区,风力达到3 级的情况经常发生,表明黄河下游引黄灌区清淤泥沙是极易起动进入输移状态,同时黄河下游地区人民生产活动密集,机械车辆跑动频繁,大大增加了灌区风沙受扰动再次

起动的概率。

清淤堆沙一旦起动,在风力作用下,将发生滚动跳跃,其中粒径在 0.1 ~ 0.25 mm的泥沙颗粒,最容易以跃移的形式运动,近地面的跃移前进是清淤泥沙的推移运动主要方式,造成的危害是直接侵占耕地,造成良田沙化。曹文洪等在群体颗粒平均概念的基础上,依据跃移阻力与风对沙粒的拖曳力相平衡的物理模式,推导了风沙推移质输沙率公式:

$$g_b = \varphi \rho_s d \cdot (u_* - \lambda u_{*c}) \left(\frac{u_*}{u_{*c}} \right)^n \tag{4}$$

式中:φ、λ 为系数;ρ_s 为沙粒密度;d 为沙粒粒径;u_* 为摩阻风速,u_{*c} 为起动摩阻风速。

本文利用公式(4)对 3 个典型灌区风沙推移质输沙率进行了计算,计算结果见图 1。由图可见,灌区风力达到 2 级时,3 个典型灌区的风沙推移质已经开始输沙运动,灌区风力达到 4 ~ 5 级时,风沙推移质运动已经相当活跃,此后,随着风力的加强,风沙推移质输移量逐渐增大,且风力越大,增大的趋势越明显。

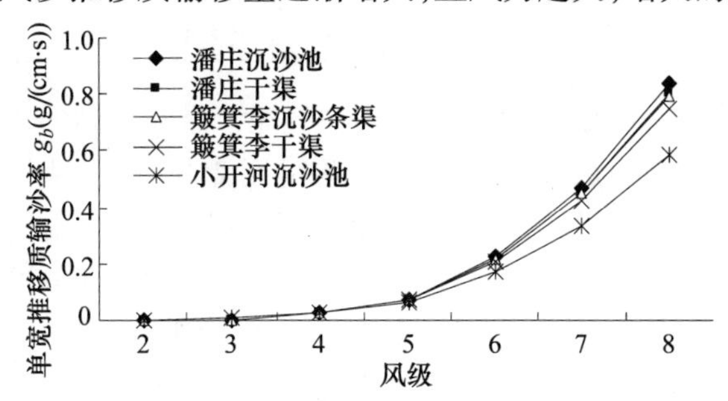

图 1　黄河下游典型引黄灌区不同风级单宽推移质输沙率

拜格诺曾提出风沙沙波推移速度公式:

$$c = \frac{g_b}{\gamma_* \Delta} \tag{5}$$

式中:g_b 为风沙单宽输沙率;γ_* 为风沙沉积物的容重;Δ 为沙波波高。

本文利用式(5)计算了风沙推移侵占耕地速度,计算结果见表 2,由表 2 可见:风力越强,风沙推移速度越快。结合灌区实际情况,如果风力够强,且有一定持续时间,风沙推移侵占耕地的速度是很快的,比如簸箕李灌区清淤堆沙在风力达到 6 级时,推移速度为 6.3 cm/天,沉沙条渠全长 22 km 均有堆沙,那么一天内清淤堆沙推移运动可侵占耕地 1 395 m^2。

清淤堆沙起动后,小于 0.1 mm 的培沙,由于其沉速经常小于气流的向上的脉动分速,悬移的形式运动的几率较大。黄河下游引黄灌区小于 0.1 mm 的泥沙所占比重较大,极易悬浮漂移,而其悬移达到的距离和高度以及在空气中持续的时间与其危害程度密切相关,冯·卡门曾提出过风沙悬移距离、时间、高度公式如下:

$$L=\frac{40\varepsilon\mu^2 U}{\rho_s^2 g^2 D^4} \tag{6}$$

$$t=\frac{40\varepsilon\mu^2}{\rho_s^2 g^2 D^4} \tag{7}$$

$$H=\sqrt{2\varepsilon t} \tag{8}$$

式中:μ 为空气黏滞系数;U 为风速;ρ_s 为泥沙密度;ε 为紊动交换系数。

表 2　黄河下游典型引黄灌区风沙推移侵占耕地速度统计

灌区	部位	不同风级风沙推移侵占耕地速度(mm/d)						
		2	3	4	5	6	7	8
潘庄	干渠	0.1	1.3	8.3	21.1	66.1	135.6	241.9
簸箕李	干渠	0.2	1.5	8.6	20.9	63.4	128.1	226.4
小开河	沉沙池	0.4	1.8	8.0	18.1	51.7	101.7	176.5

本文利用式(6)~式(8)计算了不同粒径泥沙悬移达到的最远距离、在空中持续悬浮的最长时间与最大高度,计算结果见图 2 与表 3。由图 2 和表 3 可见,随着悬沙粒径由粗变细,风力条件由小变大,悬沙输移距离由近到远,悬浮高度由低到高,悬浮时间由短到长,且变化范围较大。其中小于 0.05 mm 的悬沙在空中悬浮时间长,理论计算的悬浮高度远远超过周围村庄、树木、建筑物的高度,所以在一定的风力条件下,悬沙运动的垂向范围,完全覆盖了灌区周边人民生产生活所利用的垂向空间,对周围人类活动和农作物的生长构成极大威胁。

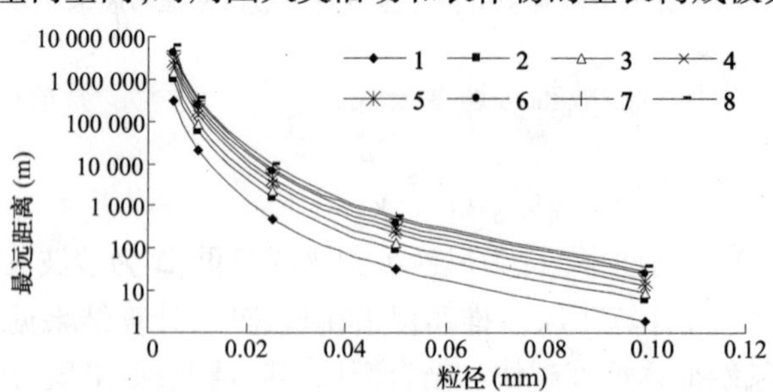

图 2　黄河下游引黄灌区不同风级悬沙输移最远距离

表 3　黄河下游引黄灌区悬移质持续悬浮的最长时间与达到的最大高度

泥沙粒径(mm)	0.1	0.05	0.025	0.01	0.005
悬浮最长时间(s)	2	31	497	19 430	310 880
悬浮最大高度(m)	6	25	100	623	2 493

5 引黄灌区清淤堆沙危害的防治对策

5.1 减少清淤堆沙来源

要想从根本上解决引黄灌区清淤堆沙危害问题，首先应从源头入手，切断堆沙的来源，结合引黄灌区的实际情况，彻底杜绝堆沙来源意味着将灌区渠系泥沙淤积量降低为0，从技术上讲是不可能实现的，我们所能做的是尽量减少泥沙在灌区沉沙池和渠道的淤积，其根本途径是努力实现泥沙的长距离输送，增大输入田间的泥沙比例。

具体措施分为工程措施和管理措施两类。工程措施的出发点是在灌区设计、运行等技术环节上，充分重视渠道断面形态、纵比降、糙率等水力因子的优化调整，以期获得渠道最大的输沙能力。通常采用的工程措施有：灌区设计中渠道断面优化设计，工程技术改造中衬砌渠道、缩窄渠道底宽、调整渠道纵比降等。管理措施主要是依据灌区水沙运动机理，优化水沙调度，减轻渠道淤积。常用的管理措施包括：大流量集中引水、避免高含沙量时引水、减少汛期引水、加强用水管理等。

5.2 合理利用清淤堆沙

清淤堆沙堆积越多，时间越久，对环境的危害越大，因此应想方设法在短时间内将清淤堆沙合理的消耗掉。随着“人水和谐”新的治水理念的确立，我们应摒弃过去将灌区泥沙处理当作包袱的老观念，树立泥沙资源化的新观念，变害为利，实现泥沙处理社会效益最大化。

对清淤堆沙及时改土还耕仍然是处理大量清淤泥沙经济合理的有效方式。2005年，簸箕李灌区结合当地国土部门土地综合治理项目，沿灌区干渠两侧将清淤堆沙机械推平，不仅处理掉长年堆积的清淤泥沙，而且获得了1.5万亩土地，种植了花生等经济作物，取得了良好的社会经济效益。将清淤泥沙开发为建筑材料是实现开发型泥沙处理应该大力推广的有效方法。

以清淤泥沙为原料，可烧制各类砖瓦，还可进行淤沙混凝土建材开发，不仅能持续不断的消耗大量清淤泥沙，还可取得可观的经济效益。山东东明县兴建砖厂，利用灌区清淤堆沙制造砂砖，年产砂砖3 000万块，消耗泥沙7万t，盈利90万元。此外，有计划地组织当地农民挖运清淤堆沙，用作垫压宅基地或其他，不需另辟新的用土场地，既减轻堆沙负担，又能方便群众，还能节省土地。

5.3 采用生物防护措施

采用生物防护措施，在灌区沉沙池、渠道两侧，统筹规划，合理安排，植草种树，构建一道生物防护体系，可将清淤堆沙对周边环境的威胁降至最低。灌区植被对遏制清淤堆沙水沙流失的作用表现为：①植物的茎叶枝干能拦截雨滴，削弱了雨滴对堆沙的直接打击,延缓了堆沙表面径流的产生;②植物能起到保护堆沙周边的土壤,增加地面糙率,分散堆沙径流,减缓流速及促进挂淤等作用;③植物根系能促成灌区及周边土壤的表土、心土连成一体,增强土体的固结力。

灌区植被对防治风沙的作用表现为:①灌区植被增加了床面粗糙度,提高了起动风速,使清淤堆沙难以起动进入输移状态;②植物的茎叶对气流的扰动作用,削弱了贴近地层的风速,降低了风沙推移质输沙率;③生物防护林带不仅可以大幅度降低进入灌区的风速,而且由于其垂向高度较高,可直接阻滞风沙的悬移运动。

综合上面分析可知,在引黄灌区植草种树,全面绿化,是根治清淤堆沙水沙流失与风沙运动危害的有效措施。

参 考 文 献

[1] 蒋如琴,彭润泽,黄永健,等. 引黄渠系泥沙利用[M]. 郑州:黄河水利出版社,1998.

[2] 周振天,刘月. 黄河下游引黄灌区土地沙漠化研究[J]. 人民黄河,2005,27(10):55-57.

[3] 钱宁,万兆惠,周志德. 泥沙运动力学[M]. 北京:科学出版社,1983.

[4] 王礼先. 水土保持学[M]. 北京:中国林业出版社,1995.

[5] 陈东,曹文洪,傅玲燕,等. 风沙运动规律的初步研究[J]. 泥沙研究,1999,(6):84-88.

[6] 戴清,刘春晶,张治昊,等. 浅谈引黄灌区区域泥沙资源化实践中的若干问题[J]. 水利经济,2007,25(111):51-54.

[7] 岳德鹏,刘永兵,等. 北京市永定河不同土地利用类型风蚀规律研究[J]. 林业科学,2005,41(4):62-66.

耤河示范区水土保持生态工程建设模式

曹全意

（黄河水利委员会天水水土保持科学试验站）

摘要：耤河示范区项目是黄河流域第一个大型水土保持示范工程，项目经过6年的建设实施，基本形成了以生态环境综合治理为基础，以规模化建设林果经济支柱产业为重点，以生态旅游风景开发为特色的城市生态水土保持建设模式，为黄河流域的水土保持生态建设树立了样板和典范。

关键词：水土保持生态示范区工程　建设模式

耤河水土保持生态工程项目是黄河水利委员会于1998年10月批复立项的第一个大型示范区，项目经过6年的实施，新增水土流失治理面积520 km^2，其中：梯田13 751 hm^2，乔木林11 537 hm^2，灌木林3 116 hm^2，经济林果16 592 hm^2，种草2 674 hm^2，封坡育草4 353 hm^2，新建治沟骨干工程7座，淤地坝29座，谷坊3 124座，沟头防护717座，建成中心苗圃4个，环境绿化美化工程4处，成功地探索出一条"以生态环境综合治理为基础，以规模化建设林果经济支柱产业为重点，以生态旅游风景开发为特色的城郊型生态水土保持示范样板工程的建设模式"。为黄河上中游地区提供了一个大规模、集中投资进行水土保持综合治理示范的样板，有力地推进了黄河流域水土保持事业的发展。

1　示范区概况

耤河示范区地处甘肃省天水市渭河中上游，北纬34°20′19″～34°38′59″，东经105°07′50″～106°00′45″，是渭河右岸一级支流，南依秦岭，北以耤河分水岭为界，东至北道区马跑泉，西与陇南礼县毗邻。项目区包括整个耤河流域和渭河流域的一部分，总面积1 553 km^2，其中耤河流域1 288 km^2，渭河流域片265 km^2，涉及天水市秦州、麦积、甘谷两区一县的16个乡镇和办事处。其中农业人口26万，农业劳动力11万个，人均年纯收入960元。示范区地处暖温带半湿润—半干旱的过渡地带，区内多年平均降水量为566.8 mm，土壤类型比较复杂，海拔由高至低依次分布的土类是褐色土、黄绵土、黑垆土、红土、淀土。植被以暖温带落叶阔叶林为主，为森林草原到草原过渡地带，植被覆盖度为20.69%。年平均侵蚀模数为5 426 t/km^2。

2 建设模式技术

运用系统工程、生态经济学及可持续发展理论,将示范区作为一个完整的生态经济系统,把自然资源的治理保护与经济开发利用结合起来,以“一川、两山、四景区、八条高效治理开发示范流域和三十个高科技示范点”为重点,确定的治理区域为980 km^2,通过最终建设实施,治理程度达到80%以上,土地利用率达82.45%,减蚀效率达到70%以上;农民人均年纯收入超过1 500元。

2.1 综合治理模式

耤河示范区属黄土高原丘陵沟壑区第三副区,其地貌特点是山大沟深,小流域水土流失的主要地类是坡耕地、荒地和沟壑,以这三大地类为主对整个流域实行山、水、田、林、路、窖、坝综合治理,在措施布局上,宏观统筹整个流域治理措施的整体性和系统性,重视各单项措施和谐发展,发挥其整体防护功效。

2.1.1 梯田整治工程

梯田建设是耤河示范区坡耕地治理的主体工程,依据《耤河示范区总体规划》、单项设计批复和年度实施计划,根据项目区不同的地域特征和当地农民群众的居住条件,采取以行政村为单位,选择土质良好、土层深厚、坡度在20°以下地块,一架山、一面坡,统一规划,山、水、田、林、路综合配置,集中连片、规模治理。施工中采取人机结合的办法兴修,田块沿山坡等高线布设,大弯就势,小弯取直,田面宽度不小于8~10 m,埂高及顶宽不小于30 cm,能拦蓄20年一遇的暴雨洪水,大部分机修梯田地坎种植紫花苜蓿等多年生人工草。据黄委天水站监测,梯田的拦培效率为98%,蓄水效率为92%。增产效果十分明显,在同等条件下,梯田比坡地增产1 050 kg/hm^2,增长幅度为74.5%。

2.1.2 林草工程

根据立地条件,坚持适地适树的原则,阳坡主要以刺槐、沙棘为主,阴坡以油松、侧柏等树种为主;乔木林选用的主要树种有刺柏、油松、刺槐、杨树、侧柏等;灌木林一般布设在地形比较陡峻、破碎的地段,主要有沙棘、柠条;人工种草布设在退耕地、梯田地埂和比较平坦完整的荒坡上,大面积种植紫花苜蓿,提高地表植被覆盖度,增加饲草。对地面植被较好的荒坡划定了范围、界线,进行封山育林育草。在林种配置上,有乔灌混交林、灌木林、乔木林;在造林整地上采用方格网、水平台、鱼鳞坑等工程整地形式,同时,根据地面坡度确定设计标准,15°以下的梁峁缓坡部位,田面宽度1.6~1.7 m,隔坡距0.9~1.2 m,在15~20°的斜坡上,水平台的田面宽度为1.4~1.5 m,防洪能力按20年一遇暴雨标准设计。在栽植技术上应用覆膜套袋、保湿剂、生根粉等技术提高造林成活率。在栽植方法上采用根部带土球,边挖、边运、边定植和截杆、蘸浆、深栽、浇水、铺膜等一系列抗旱造林技术。在整个林草工程建设中,始终坚持以小流域为单元,因地制宜、科学规划,沿梁设带、逢沟延伸、乔灌结合的原则,采取专业队工程造林的方法,把营造与管护融为一体,使造林成活率、保存率均达到90%以上。

2.1.3 淤地坝工程

沟道是径流汇集冲刷最严重的部位,示范区工程建设在主抓梯田、林、草配套措施的过程中,在一些重点小流域的支毛沟依次修建了骨干坝7座,中小型淤地坝29座,谷坊3124道,沟头防护717处,年拦泥达33.71万t,年蓄水17.25万m^3,对稳定侵蚀基点,防止沟道下切,达到层层拦蓄径流泥沙起到了重要作用。

2.2 林果经济开发模式

根据群众需求及国内林果品种发展趋势,合理设计经济林果树种,并结合流域产业结构的调整,科学配置林种数量,重点发展以名、优、特、新为主的各类经济林果,建成经济林果带,以形成既有规模又有拳头产品的产业基地。根据各类经济林果树种生长的适宜范围和示范区的立地条件,在水肥条件较好的地段,因地制宜发展经济林果业。在海拔1 100~1 600 m之间的沟谷浅山地带,集中连片发展果园,重点引进名、优、特、新苹果树种,适量发展欧美大樱桃、早酥梨、晚熟桃;在海拔1 400~1 800 m的范围内,发展仁用杏、薄皮核桃、银杏、杜仲、花椒等。在经果林整地方式上,采用2~5 m宽的水平台,1 m×1 m的丰产沟和丰产坑栽植,进行覆膜,株行距为3 m×4 m~4 m×5 m。现已形成了北山万亩葡萄产业开发基地、万亩大樱桃基地、万亩苹果基地;在南山建成了以苹果、桃、梨、大樱桃、澳州青苹果为主的优质鲜果林带。

2.3 生态旅游模式

耤河示范区内有秦州八景之一的南郭寺、汉代飞将军李广墓等众多名胜古迹。在治理中,充分发挥流域气候湿润,旅游资源、土地资源丰富这一特点,通过制定一系列优惠政策,吸引了社会资金8 000多万元,建成东至玉泉镇七里墩,西至玉泉镇莲亭,区域面积700 hm^2 的南山生态旅游示范区,重点完成了南郭寺公园、吕二沟森林公园、飞将公园、青土坡珍稀植物园及其附近区域的造林绿化工程,栽植雪松、云杉、法桐、樱花、冬青、玉兰、牡丹、玫瑰、紫穗槐、女贞、银杏、月季等各类常青树和花卉及经济林果555.56 hm^2,65个种类,275万株,宜林、宜草面积全部绿化,呈现出了春有花、夏有荫、秋有果、冬有青的生态景观,极大改善了示范区的人居环境和对外形象,促进了城市旅游业的发展。

3 建设模式效果

3.1 生态效益

计算期内项目区各项新增治理措施可减沙48 278万t,年土壤侵蚀总量由治理前的434 万 t 减少到现在的147 万 t,土壤侵蚀模数由治理前的5 426 t/km^{2}下降到现在 1 842 t/km^2,减沙效率为 66%;各项新增措施可拦蓄地表径流69 132万 m^3,年拦蓄地表径流由治理前的 8 025 万 m^3 减少到现在的 4 121 万m^3,径流模数由治理前的 8.73 万 m^3/km^2 下降到 4.48 万 m^3/km^2,减水效率为48.7%。水土流失已得到有效控制,每年可减少河流泥沙 287 万 t,减少地表径流3 904万 m^3,极大地减轻了水土流失和洪水泥沙的危害,生态环境显著改善。

3.2 经济效益

6 年来,示范区共完成综合治理面积 520 km^2,土地利用率由治理前的 70%提高到92%,土地生产力水平由 0.44 万元/hm^2 提高到 0.68 万元/hm^2。经监测计算,共增产粮食 39 万 t,产果品 398 万 t,到治理期末,实现经济收入 3 811 万元,人均收入增长 650 元。

3.3 社会效益

至治理期末,示范区农、林、牧、荒地和其他用地比例分别由治理前的 49%、14%、1%、12%、24% 调整为 29%、47%、8%、0%、15%,土地利用率由治理前的64% 提高到 85%。农业总产值达到 68 164 万元,比治理前增长了 33%。水土流失状况得到有效控制,土地利用结构得到合理调整,城市生态环境得到改善,全面促进了项目区小康社会的建设步伐,为可持续发展创造了良好的外部环境。

4 结语

精河示范区经过 6 年的建设,形成的水土保持生态建设的模式在经济上和技术上都达到了预期的目标,其特色之处是将工程建设与生态旅游建设相结合、水土保持与农村支柱产业建设相结合,注重了项目建设的经济效益和生态效益,形成了“以治理促开发、以开发保治理”的建设新理念,为城市水土保持开创了一条成功的路子,在黄河上中游地区的水土保持生态建设方面树立了示范和样板,值得借鉴和推广。

黄河粗泥沙集中来源区治理措施适应性分析

雷启祥[1] 赵光耀[2] 田杏芳[2] 田安民[2] 柏跃勤[2]

(1. 黄河水利委员会天水水土保持科学试验站;2. 黄河上中游管理局)

摘要:本文在充分调查、分析黄河中游粗泥沙集中来源区自然环境条件、水土保持治理现状资料的基础上,从黄土区、砒砂岩区和盖沙区三个不同治理区自然环境条件、社会经济条件和拦沙效益分析入手,比较系统地分析了区域水土保持沟道工程治理措施,如淤地坝、拦泥库等,以及坡面措施,如梯田、林草等的适应性,提出了不同治理区适宜的治理措施和建议,为确定该区水土保持治理方向提供了科学依据。

关键词:黄河中游粗泥沙集中来源区 水土保持 治理措施 拦沙效益

黄河中游粗泥沙集中来源区即黄河中游粒径大于0.1 mm、粗泥沙输沙模数在1 400 t/(km^2·a)以上的侵蚀产沙区域,该区域主要分布在黄甫川、清水川、孤山川、石马川、窟野河、秃尾河、佳芦河、乌龙河、无定河、清涧河、延河等11条河流上,面积1.88万km^2。目前该区约50万hm^2水土流失得以初步治理,其中建设基本农田10万hm^2,人工林草39.71万hm^2,建治沟骨干工程274座,拦泥库13座,中小型坝1.14万座。根据地质、地形地貌、土壤、植被、气候和经济社会等6类反映侵蚀产沙环境的指标,该区域可以划分为黄土区、砒砂岩区和盖沙区三个治理区。本文在典型调查和解析区域治理现状基础上,对区域治理工程措施和生物措施的适应性进行了初步分析,以便为确定该区治理方向提供科学依据。

1 治理措施适应性分析方法

通过勘查和影像资料,重点分析不同治理区地质构造、地形地貌、沟道特征及土壤条件等因子。地质构造着重于沟道基岩稳定性、出露程度等,以分析建设沟道工程(如拦泥库、治沟骨干工程及淤地坝等)的稳定性和可行性;地形地貌着重于地表土壤厚度、沟壑密度、坡度等,以分析确定适宜建设沟道工程和坡面工程措施的可行性、必要性;沟道特征着重于各重点支流各级沟道比降大小、沟道断面形状等,以分析确定沟道适宜建设的工程类型和工程量;土壤条件是影响生态环境建设的主要因子之一,因此对不同治理的土壤状况进行调查分析,确定当地适生植物种类。

通过现场调查和社会统计资料,重点分析近年来不同治理区农村经济收入增长情况、经济收入结构组成、农民需求分析等。

通过对典型淤地坝、拦泥库、水平梯田、林草等措施水土保持拦沙试验资料统计,分析不同治理措施的拦泥(沙)量,进一步分析其拦泥效益和作用。

2 治理措施适应分析结果

2.1 自然环境条件分析

2.1.1 黄土区

黄土区是黄河粗沙集中来源区分布面积最大的治理区,其面积为 14 634 km²。该区地质构造为三叠纪地层,许多沟道出露有砂岩,便于采集砂、石料等;地面覆盖黄土厚度可达上百米,多属轻、中粉质壤土,疏松多孔,有级配良好的筑坝土料。该区大部分地貌为黄土峁状、梁峁状丘陵沟壑,沟道剖面南部多为 V 形,北部多为 U 形。这种地质、地形、地貌、沟道特征及土壤条件有利于修建淤地坝和拦泥库。

该区具备修筑水平梯田或种植林草的土质、地形条件,前者可作为水平梯田的适宜区域,后者除耕地外可以作为林草的适宜区域,并开展林草植被建设(见表 1)。

表 1　不同治理区自然条件特征值

项 目	黄土区	砒砂岩	盖沙区
5°~25°坡度所占比例(%)	67.5	70.0	56.3
35°以下坡度所占比例(%)	92	90	96
年均气温(℃)	9~14	6~9	6~7
年均降雨(mm)	350~550	300	350~430
≥10℃积温(℃)	2 400~4 200	2 600~3 400	2 400~3 800
中低覆盖度所占面积(30%~45%)	37.3	16.8	31.1
低覆盖度所占面积(10%~30%)	40.2	23.5	23.1
裸地所占面积(<10%)	10.6	48.5	29.9
沟壑密度(km/km²)	6.0~8.0	2.5~8.0	1.4~5.8
侵蚀模数(万 t/(km²·a))	1~4	1.4	1~1.5

2.1.2 砒砂岩区

砒砂岩区地处西北部,面积为 2 948 km²。该区发育了黄甫川、窟野河等多沙粗沙河流,主要分为覆土砒砂岩和裸露砒砂岩两种情况,其中覆土砒砂岩区是中生代红色调碎屑沉积岩大面积出露,但坡面覆盖新生代黄土、红土或风沙土的区域，具有一定量的建坝所需的土料、砂料和石料，其主沟道多为U形，平均比降1.0%～2.5%，建设治沟工程的条件要优于黄土区，但在矿点分布区、下游村庄和川台地分布密集的沟道淹没损失太大，建设治沟骨干工程和拦泥库会受到一定的限制。经咨询有关专家，在不排除投资可能情况下，可以在有地形条件的地区建大坝。

该区有修水平梯田的地形条件，但是养分含量普遍低下。限制了农业和水平梯田的规模发展，此外，该区植被覆盖度极低，裸地面积较大，需要实行封禁保护促进植被发育或建设人工植被（见表1）。

2.1.3 盖沙区

盖沙区是面积最小的区域，为1 221 km^2。该区主要分布于窟野河上游乌兰木伦河流域，为风沙地貌向黄土地貌过渡的漫岗型坡梁地带，土壤母质为马兰黄土或白垩系下砂砾质残积物，淡栗钙土和风沙土形成片状物覆盖地面。与黄土区相比，其沟道宽阔，沟道比降小，剖面为U形。该区地形特征与黄土北部地区十分相似，符合建设治沟骨干工程和拦泥库的条件。

盖沙区地面坡度最缓，有发展梯田、林草的地形条件，但该区塑造地貌的重要营力为风沙，盖沙层较厚的区域土质沙性大，土壤多钙质结核，不易筑埂，修建水平梯田的质量很差，坡面只适宜发展林草，一些盖沙层较薄而黄土深厚的区域仍适合修筑水平梯田（见表1）。

2.2 社会经济条件分析

2.2.1 黄土区

黄土区人口密度平均130人/km^2，人均耕地只有0.18 hm^2/人，人均基本农田仅有0.08 hm^2/人，坝地相对更少。该区80%以上坡耕地一般年份每公顷产量只有750 kg，灾害年份甚至颗粒无收，但每公顷坝地产量可达5 000 kg，是坡耕地产量的4～6倍，水平梯田面积占基本农田的60%～70%，梯田比坡耕地可增产1.5～2倍以上。因此，该区建设水平梯田和淤地坝（系）有利于提高中低产田产量，满足群众基本生活需求。在黄土区，尤其是在南部地区修建水平梯田和建设淤地坝具有良好的群众基础。

该区建设拦泥库可把汛期多余的降水拦蓄起来，实现降水径流的合理调节和有效使用；拦泥库坝顶成了连接沟道两岸的桥梁，方便了当地群众，促进了物资交流和市场经济的发展，有效地改善了农业生产条件。因此，该区群众对修建拦泥库具有较高的积极性。

2.2.2 砒砂岩区

砒砂岩区人口密度为20～33人/km^2，人口多聚集于流域中下游或川台地相对较多的地区，人均耕地0.44 hm^2/人，梯田和水浇地等基本农田仅占耕地面积的5% ~6%,产量低而不稳,干旱年份每公顷耕地粮食产量只有350 kg左右;天然草地面积占土地面积的70%以上,但经过长期农垦和放牧,绝大部分成为植被稀疏的撂荒地、退化草地及难利用的侵蚀沟坡地,载畜量仅为每平方公顷0.5只羊;畜牧业经营以草地放牧为主,加之缺乏良种,商品率不高,经济效益很差。可依据需要与可能确定实施封禁保护,恢复生态植被。

2.2.3 盖沙区

该区人口密度50人/km^2,水资源较为丰富,地表覆盖风沙土,但土壤质地差、利用率低;该区相当大一部分地区为煤田开发区,近年来人口增长较快,且人口多集中于矿区附近,矿区企业生产和居民生活用水量增长快;该区有一定数量的农耕地,梯田和水浇地等基本农田比例较砒砂岩区大一些,但种植业也是以坡地旱作和广种薄收为主,粮食产量不高;植被以耐旱灌木及草本植物为主;本区淤地坝(系)包括治河造地、引洪漫地、引水拉沙造田等许多特有的措施,修建淤地坝不仅是该区拦泥淤地的重要措施,也是该区非常重要的生产生活水源工程。

2.3 拦蓄效益分析

2.3.1 淤地坝拦蓄效益分析

据调查,该区水资源相对短缺,尤其是枯水期供需矛盾更加突出,建设淤地坝(系)能有效拦减支流泥沙,调节地表径流量和沟道洪水资源,提高水资源利用率,对解决当地人畜饮水问题和发展农业生产有重要作用。

(1)淤地坝对各级沟道控制率高。据典型调查分析,不同治理区沟道级别越高,控制率越高,拦蓄效果越明显。三、四级沟道数量相对于一、二级沟道数量较少,大部分治理完整流域在三、四级沟道建有治沟骨干工程,其上游沟道基本得以控制。如黄土区的韭园沟属于典型的分层分级拦蓄型淤地坝系结构,其坝系控制率为98.6%。其中一级沟道控制率为49.0%,二级沟道控制率为66.7%,三级沟道控制率为97.4%,四级沟道控制率为98.6%。

(2)淤地坝拦泥蓄水效益显著。淤地坝拦泥量一般占治理措施拦泥量的60%以上,坝系建设阶段的拦泥量接近正态分布,即坝群创建初期坝少拦泥量也少,扩建巩固阶段拦泥量最大,坝群建设后期随着淤积逐渐增加拦泥量有所下降(见表2)。如黄甫川、无定河、清涧河和延河淤地坝拦泥量占治理措施拦泥量的66% ~84%,其中清涧河高达83.4%,各支流淤地坝拦泥量比例20世纪70年代高于80年代(见表3)。又如内蒙古准旗川掌沟流域,截至1999年底,修建治沟骨干工程36座、淤地坝110座,控制面积132 km^2,库容达3 422万m^3,已形成较为完整的防御体系。1989年7月21日,川掌沟特大暴雨最大点雨量141.2 mm,推算最大洪峰流量874 m^3/s,产洪1 233.7万m^3,淤地坝拦蓄洪水593.22万m^3,削洪效率达89.7%。

表 2 榆林沟流域拦泥蓄水效益分析

时间(年)	降水量(mm)	产流(万 m^3)	蓄水(万 m^3)	产沙(万 t)	拦泥(万 t)	蓄水效率(%)	拦泥效率(%)
1957~1963	2 131.4	773.1	272.4	927.4	306.3	34.3	33.0
1964~1979	5 022.4	2 166.9	1 170.2	2 162.7	1 402.6	54.0	64.9
1980~1992	4 076.4	1 704.8	914.5	1 607.4	1 111.0	53.7	69.2
1957~1992	1 123.2	4 644.8	2 357.8	4 697.5	2 821.5	50.8	60.1

表 3 典型支流淤地坝拦泥情况分析

流域名称	流域面积(km^2)	坝地面积(万 hm^2)	70 年代平均拦泥			80 年代平均拦泥		
			治理措施(万 t)	坝地(万 t)	坝地占(%)	治理措施(万 t)	坝地(万 t)	坝地占(%)
无定河	30 260	472.8	9 466	7 231	74.6	5 226	2 201	42.1
清涧河	4 080	110.55	1 862.7	1 560	83.7	1 305	867	66.4
延 河	7 687	101.25	931	614	66.0	1 530.5	852	55.7
黄甫川	3 246	54.55	908.6	741	81.6	861.6	563	64.5

(3)淤地坝减蚀效果良好。淤地坝能明显改变流域侵蚀形态,特别是抬高侵蚀基准面,稳定沟坡,减缓或制止沟床下切、沟岸扩张和沟头前进。据测算,1957~1992 年,榆林沟淤地坝减蚀 86.4 万 t,年均减蚀 2.4 万 t,占侵蚀量的 2.03 %;流域沟道平均抬高 9 m,沟口侵蚀基准面抬高 20 m;未建坝沟道断面年下侵 0.05 m,最大年下侵 4.5 m,而建坝沟道断面年下侵 0.015 m,沟坡下切减少 69.4%,沟头前进速度减少 58.7%。

2.3.2 拦泥库拦蓄效益分析

通过对区域 13 座已建拦泥库进行分析,其控制面积大,库容大,拦沙量大。从理论上分析,单位投资成本低,拦泥效果显著,无论在控制泥沙、调蓄洪水和保障群众生命财产安全方面,还是利用径流、增加供水和发展区域经济方面都有非常重要的作用。

如对黄土区 10 座拦泥库与窟野河流域 116 座治沟骨干工程相比,拦泥库库均控制面积 123.7 km^2,相当于治沟骨干工程的 19 倍,拦泥库库均库容 4 102.4 万 m^3,相当于治沟骨干工程的 48 倍;拦泥库库均拦泥 214 万 m^3,相当于治沟骨干工程的 16 倍。说明拦泥库是加快拦减泥沙的关键措施,必须采取必要措施保障拦泥库安全和持续运用。

2.3.3 坡面措施拦蓄效益分析

坡面治理措施主要有梯田、造林、种草、保土耕作措施等,其拦蓄效益分析仅考虑水平梯田、造林、种草等三种措施。

(1)梯田拦蓄效益分析。根据黄土高原治坡措施小区拦泥效率的研究结果,水平梯田具有增加雨水入渗、拦滞径流量进而减少土壤侵蚀与产沙作用,但水平梯田的拦蓄效益与其质量有很大关系。

首先,不同质量水平梯田在各种雨量条件下的拦蓄效益差别较大。研究[1]表明,埂高 25 cm 的水平梯田基本上不产生水土流失,但无埂梯田在 9.5 mm 雨量下会产生径流 0.17 mm,土壤侵蚀模数 20.5 t/(km^2 · a)。

其次,不同质量梯田在各汛期雨量条件的拦蓄效益差别较大,且随着汛期雨量的递增差别更大。根据试验观测,汛期雨量为 231 mm 时,梯田蓄水、拦沙效益一类分别为 99.6% 和 100%;二类分别为 99 % 和 99.4%;三类分别为 97.8% 和 98.8%。当汛期雨量增大到 660 mm 时,梯田蓄水、拦沙效益一类分别为 54.2% 和 58.0%;二类分别为 36.9 % 和 39.9%;三类分别为 19.6% 和 21.2%。

(2)林草拦蓄效益分析。林草枝叶可拦截降雨,使地面免受雨滴直接溅蚀,减少地面径流量和冲刷量,从而减小土壤侵蚀模数。据资料[2]分析,林草拦蓄效益随覆盖度的增加逐渐提高,覆盖度达 60% 以上后更加明显和稳定,尤其拦沙效益显著,覆盖度 60% 为植物防止水土流失的下限临界值。对于区域小流域治理而言,覆盖度达 70% ~85% 时就能基本上减少降雨径流一半以上,减少径流产沙 80% ~98%。

3 结论与建议

3.1 结论

3.1.1 区域具有较好的坝库建设地形条件

黄土区覆土深厚,地层构造比较稳定,大部分支流干、支沟深切基岩,沟谷侵蚀产沙比例高,具有建设沟道坝系和拦泥库的条件,北部地区治沟骨干工程与中小型坝配置比例相对于南部地区要高;盖沙区以盖沙黄土丘陵地貌侵蚀产沙最为强烈,其沟道剖面多为 U 形,适合建设各类型淤地坝和拦泥库,但适应程度低于黄土区,建设淤地坝系条件相对较差,治沟骨干工程与中小型坝的配置比例相对要高一些;砒砂岩区以黄土、红土和风沙土为主地区具有修建坝库的条件,坡面和沟道砒砂岩裸露地区有关建淤地坝和拦泥库的条件及材料有待研究。

3.1.2 区域建设坝库具有深厚的群众基础

淤地坝是黄土高原地区群众在长期生产实践创造的水土保持措施,为群众提供了一定水源条件和大量高产稳产基本农田,提高了土地生产力和持续增产能力,也方便了一些地区的农村交通,实现了“封山绿化、封育保护”和“粮油下

---

[1] 资料出自中国科学院水利部水土保持研究所安塞水土保持综合实验站。

[2] 资料出自西北农林科技大学水科所研究成果和山西省水土保持研究所试验资料。

川，林草上山”，调动了群众治理水土流失的积极性。从受欢迎的程度来说，黄土区高于砒砂岩区和盖沙区，南部地区高于北部地区，较小坝型高于较大坝型。区域内地方各级政府重视淤地坝建设，在组织、发动、带领群众，制定和颁布优惠政策和办法，保障淤地坝建设和安全运行等方面也表现了很高的积极性。

建设拦泥库对防洪滞洪、有效调节和合理使用区域十分有限的水资源；发展灌溉农业，确保农业增产增收；增加城镇、工矿企业供水能力，缓解农村人畜饮水困难；保护城镇、村庄、工农业生产和群众生命财产安全，改善山村交通，群众具有一定的建库积极性。

3.1.3 区域建设坝库具有很好的拦泥效益

修建淤地坝仍以小流域为单元，治沟骨干工程与中、小型坝相结合，建立层层拦截、分段控制的完整沟道防治措施体系，从源头上封堵向下游输送泥沙的通道，在泥沙汇集和通道处形成了一道人工屏障。它不但能够有效削峰、滞洪，拦蓄坡面汇入沟道内的泥沙，而且能够抬高侵蚀基准面，稳定沟坡，有效制止沟岸扩张、沟底下切和沟头前进，减轻沟道侵蚀，拦沙（泥）效益十分显著。研究表明，淤地坝的减沙贡献率远远高于其他措施；较大型淤地坝的拦泥效果优于较小型淤地坝的拦泥效果；形成坝系的淤地坝拦泥效果优于未形成坝系淤地坝的拦泥效果。而拦泥库较沟道坝系具有工程规模大、防御标准高、控制面积大、控制沟道级别高、单位库容投资小、拦泥效果更显著的特点。

3.1.4 区域治坡措施具有广泛的发展空间

该区具有大量5°～25°和35°以下的土地，为发展治坡措施提供了广泛的空间。决定水平梯田发展数量的主要自然条件是地形，决定林草发展数量的主要因子有气温、降水和土壤等，该区特有的自然条件决定了区域林草建设应该以封禁保护、自然恢复植被为主，植被建设类型以草、灌为主，草、灌、乔相结合。三个治理区的整体盖度较低，植被建设需要根据不同治理区适生乔木、灌木和草类，坚持“因地制宜，适地适树（草）”的原则。除水平梯田和部分牧草取决于群众的需求外，其他治坡措施主要取决于自然条件和生态建设的需求。

3.1.5 区域治坡措施具有较好的拦泥效益

水平梯田能有效拦蓄地表径流，减少土壤流失，从而改善土壤养分和水分状况，增加土地生产力。林草不仅可以减缓暴雨对地表的溅蚀、减少地表径流量和产沙量、降低产流速度和水流过程峰值、延长下渗时间、增加下渗量和地下径流量，而且可拦减泥沙40%～60%。治坡措施的合理布局，对控制坡面自身水土流失、改善生态环境具有十分显著的作用，同时使沟道的来水来沙减少，沟道切沟侵蚀和重力侵蚀减弱，提高坝地保收率和坝库防洪能力，延长了拦淤年限，保障治沟措施长期、持续、安全发挥效益。

3.2 建议

综上分析,黄河中游粗泥沙集中来源区自然和经济社会条件差异较大,从而决定了治理措施在黄土区、砒砂岩区和盖沙区的适应性具有较大的差别。

黄土区建坝条件较好,沟道工程建设已形成一定的规模,也建成了一定数量的淤地坝系,应突出治沟骨干工程和拦泥库的集中、快速拦沙作用;该区因人口密度大,坡面利用和开发程度较高,坡面治理也开展得较快,应继续采用小流域综合治理模式。

砒砂岩区人口密度小、土地利用率低。该区以实行封禁和生态移民为主,减少人为干扰,辅之大面积的沙棘等适生植物治理措施,促进生态自然恢复,目前封禁治理、生态移民和利用沙棘开展人工治理已形成一定的规模,应该作为今后治理必须坚持的方向之一;该区地质地貌状况特殊,具备建坝的地形条件,可在人口相对较多的沟道实施治河造田或建设中小型淤地坝,在有条件的沟口建设拦泥库封沟,但有关大坝地质、建坝材料和施工技术等问题尚待解决。

盖沙区坚持“沟道治理与坡面治理、水蚀治理与风蚀治理、人工治理与生态自然修复并重”的原则,应以植被建设和风沙治理措施为主,注重草灌固沙、沙障拦沙;在沟道开展引洪漫地、引水拉沙造田以及截伏流工程建设,同时在有条件的沟道适量修建治沟骨干工程等。

参考文献

[1] 徐建华,等. 黄河中游粗泥沙集中来源区界定研究[R]. 2005.

[2] 金争平,等. 砒砂岩区水土保持与农牧业发展研究[M]. 郑州:黄河水利出版社,2002.

[3] 黄河水利委员会水土保持局. 黄河流域小流域坝系建设实践与探索[R]. 2003.

[4] 黄河上中游管理局. 黄土高原淤地坝专题调查报告[R]. 2003.

[5] 黄河上中游管理局. 大型拦泥库规划[R]. 1997.

[6] 熊运阜,等. 梯田、林地、草地减水减沙效益指标初探[J]. 中国水土保持,1996(8).

[7] 常茂德,等. 黄土高原地区不同类型区水土保持治理模式研究与评价[M]. 西安:陕西科学技术出版社,1992.

发挥生态自我修复能力 加快黄河上中游地区水土流失防治步伐

梁其春 魏 涛 刘汉虎

(黄河上中游管理局)

摘要:黄土高原生态压力愈来愈大,实施生态修复是落实科学发展观的必然要求。2000年以来,黄河上中游地区积极开展生态修复试点工作,取得了显著的成效,并探索出了建章立制、政府统筹、多措并举、加强管护等初步经验。"十一五"时期,应完善措施,乘势而上,全面推进生态修复持续发展。

关键词:生态修复 水土保持 黄河上中游

1 黄河上中游地区水土保持生态修复成效显著

1.1 生态修复成效

2000年以来,为了充分发挥生态自我修复能力,增加植被覆盖度,探索迅速恢复植被,治理水土流失,改善生态环境的新路子,黄河上中游各省(区)按照水利部治水新思路,结合黄土高原实际,将水土保持生态修复工作作为生态环境建设的一项重要内容来抓,积极开展生态修复试点工作。2001年,黄委在黄河上中游地区启动实施了两期水土保持生态修复试点工程,涉及7省(区)、20个县(旗),封育保护面积1 300 km^2;2002年,在总结首批试点经验的基础上,水利部又在黄河上中游7省(区)、22个县6 300 km^2 范围内,启动实施了全国水土保持生态修复试点工程。目前黄河上中游7省(区)已有54个地市、294个县(市、旗)实施封禁保护面积近30万 km^2,陕西、青海、宁夏3省(区)人民政府发布了实施封山禁牧的决定;山西、内蒙古、甘肃、河南4省(区)的36个地(市)、168个县(旗、区)出台了封山禁牧政策。青海省在黄河源区12万 km^2 范围内实施了水土保持预防保护工程。黄河上中游地区的封山禁牧在规模、范围和成效方面取得了历史性突破。

1.1.1 林草覆盖度提高,生态环境得到改善

实施生态修复后,修复区灌草萌生的速度明显加快,裸地自然郁闭,植被覆

盖度大幅度提高,生态环境明显改善。根据上中游地区 24 个试点县的监测结果,修复区林草总盖度在 0.6 以上的面积由修复前的 297 km^2 增加到 1 262 km^2,林草覆盖度由实施前的 27.5% 提高到 60%,草场每公顷平均产草量由 3 000 kg提高到 30 000 kg。植被由单一种类向复合型、多种群发展。项目区最明显的变化是山变绿、水变清、动物种类数量明显增多。宁夏盐池县和灵武县修复三年后,基本控制了风沙危害,连片的浮沙地和明沙丘基本消失,冬春两季大风弥漫的现象基本得到控制,水土流失强度明显降低。

1.1.2 蓄水保土效益增加,水土流失强度明显减弱

通过封山禁牧、疏林补植、退耕种草、人工抚育等措施,地上生物量、枯落物量明显增加,植被截持降水能力和土壤拦蓄径流能力有不同程度的提高,水土流失强度明显减弱。据监测分析,陕西省吴旗县封禁 3 年,年均土壤侵蚀模数由 1.1 万 $t/(km^2 \cdot a)$降低到 0.6 万 $t/(km^2 \cdot a)$。甘肃安定区、宁夏彭阳县等黄土丘陵沟壑区等严重流失地区的暴雨径流模数降低约 40%,土壤侵蚀模数降低 40% ~60%。

1.1.3 促进了农村产业结构调整和生产经营方式的转变

通过开展生态修复试点,各生态修复区的农业种植结构、畜群结构发生了很大变化,许多地方由原来的“为粮而种”转变为“为养而种、种养结合”,青贮饲料型作物种植面积大幅度增加,畜群结构迅速向优种、良种转变,大量引进了奶牛、寒羊等适宜舍饲且经济效益高的畜种。内蒙古准格尔旗有 10 万农民变种庄稼为种优质牧草,农民变成了“草民”。同时,封山禁牧政策的推行,极大地促进了农村生产经营方式的变革,许多农牧民开始主动接受舍饲养畜和科学喂养,一批有实力的大公司或农村大户还在一些较为集中的养殖村镇建立了专门的畜产品收购站、加工场,带动了当地农牧产业化的发展。大多数群众的生产生活没有因为生态修复而受到很大的冲击,许多地方通过采取配套的对策和措施,改善农业生产条件,调整农村经济结构,发展乡村工业和旅游业,地方经济发展和群众收入实现了较快增长。有的地方封禁初期牲畜数量有一定的下降,但随着人工种草面积的扩大,畜种改良、饲养方式的转变,牲畜出栏率明显提高,畜牧业由过去的粗放经营转变为集约经营,畜牧业发展很快回升。陕西省志丹县,生态修复实施前有养羊农户 117 户,且舍饲每只羊产值是散养的 2.5 倍,经济效益明显提高。

1.1.4 生态修复的理念和思路愈来愈得到社会各界的广泛接受

随着近年来封山禁牧政策的推行和生态修复效果的日益显著,各级政府和广大干部对生态修复的认识有了明显的提高,生态保护意识显著增强。善待自然、让大自然休养生息的观念,也越来越多地被广大人民群众所接受,许多农牧

民对生态恶化带来的危害非常痛心,对生态修复工作给予了积极的配合和支持,他们强烈要求政府加大工作力度。同时,随着水土保持生态修复工作的推进,各级政府和有关部门保护和建设良好生态环境的紧迫感、责任感和重建良好生态环境的信心明显增强。许多地方政府对封育保护、依靠生态自我修复给予了高度重视,把其作为实现经济社会可持续发展的战略措施,纳入生态建设工作的重要内容,采取强有力的措施予以推进。

1.2 积累的成功经验

1.2.1 出台政策,建章立制

各级政府重视生态修复工作,列入议事日程,采取行政、经济、法律等多种措施予以推动。许多地方以政府名义出台了相关政策性文件,从制度上保证生态修复工作顺利推进。宁夏《关于对草原实行全面禁牧封育的通告》规定“自治区境内的草原和林地全面实行禁牧封育,严禁任何单位和个人饲养的牧畜进入草原、林地放牧”。陕西省政府在《关于实行禁山禁牧的命令》中规定“严禁在封山禁牧区内放牧、采石、采矿和取土,严禁非法砍伐林木、侵占林地,严禁毁林开荒、毁林采种、非法采脂、剥皮、挖根和乱挖野生苗木等”。同时,目前开展生态修复的大部分县(市)都出台了关于实行封育保护、舍饲禁牧的地方性政策法规文件,多数乡村还制定了相应的乡规民约和管护制度。这些政策法规为生态修复创造了良好的实施环境,对落实管护责任,限制不合理生产建设活动,减少人为破坏,起到重要的作用,有力地推进了生态修复工作。

1.2.2 政府统筹,协同作战

生态修复是一项非常复杂的系统工程,政府的统筹、协调和推动至关重要。近年来,各地在实施封山禁牧为主的生态修复工作中,普遍加强了对此项工作的领导,从县到乡普遍成立了以政府主要领导为组长,农业、林业、水利、公安、环保等部门组成的生态修复组织领导机构,明确了各部门的职责和任务,形成“政府协调、部门协作”的管理运行体制。各部门发挥各自特长,相互配合,优势互补,有效地推动了生态修复工作的顺利开展,取得显著的成效。宁夏自治区还实行了行政首长负责制,层层建立目标责任制的组织领导制度,形成了一级抓一级、层层抓落实的工作局面。

1.2.3 多措并举,促进修复

在推进生态修复过程中,各地因地制宜,采取了许多行之有效的措施。一是以建促修。即加强农田基本建设、小流域治理、水源工程、饲草料基地建设,调整种植结构、增加科技含量,变广种薄收为少种高产多收,以建促修。宁夏彭阳县隆德县和陕西吴旗县、志丹县,通过大搞梯田建设、饲草料基地建设和水源工程,使人均梯田达 0.14 ~ 0.20 hm^2,户均种草 0.34 ~ 0.40 hm^2,牲畜全部实行了舍

饲养殖。二是以草定畜。就是从控制载畜量入手,采取多种手段降低现有天然草场载畜量,实现以草定畜、草畜平衡。宁夏海源县在落实草原责任制的基础上,根据不同类型草场产草量和载畜能力,科学核定牧户牲畜饲养规模,以村为基本单位推行草畜平衡,签订责任书,明确牧户责任和义务。同时运用经济杠杆调节载畜量,对核定规模内的牲畜少征或免征牧业税,对超养牧户加倍征收牧业税,超养比例越大,征收比例越大。三是以改促修。就是改放牧为舍饲或轮封轮牧,改传统畜种为优良畜种,扩大饲草料种植面积,为实现大范围生态修复提供保证。甘肃、陕西项目区养畜户基本家家有圈棚,户户有草地。甘肃、宁夏、青海三省(区)12 个全国修复试点县的项目区,新建圈舍 98 万 m^2,种草 0.45 万 hm^2,牛羊存栏数 30 多万只,比封育前提高 37%。四是以移促修。即把生活在生态条件异常恶劣地方的农牧民,迁往小城镇和条件好的地方异地安置,减少生态压力和人为破坏,为生态休养生息创造条件。山西省 3 年共有 2 700 个山庄窝铺的 23 万人实现了异地安置,近 1 万 km^2 的土地得到封禁保护。五是能源替代。通过发展农村沼气、节柴灶等途径,解决群众生活能源问题,促进生态修复。青海省湟源县,甘肃省漳县、清水县,宁夏自治区盐池县、海源县等修复区,通过能源替代建设示范,修复区 80% 的农户改建了节能灶炕,10% 的农户建设了沼气池和新式厕所。通过改建节能灶炕,群众做饭取暖节约燃料在 35% 以上。同时使用沼气的农户,燃料用量下降 60%。

1.2.4 严格执法,加强管护

生态修复工作的核心是保护,关键在于管护。为此,各地在加强开发建设项目水土保持监督执法的同时,把生态修复纳入水土保持监督执法的日常管理工作,成立专门机构,制定相关管理办法,组建管护员队伍,落实管护责任。多数地方建立健全了县、乡、村三级宣传与管护服务网络,落实了专门管护人员,生态修复区重点地段增设了封育围栏设施。内蒙古鄂尔多斯、陕西延安等地对发现的偷牧现象进行了非常严厉的处罚,除对放牧、管护人员进行罚款外,还对乡、村主要负责同志进行了行政、经济等方面的处罚。甘肃的漳县、灵台县、合水县在县水保局设立了“封育管理站”,灵台县还为管护员统一制作袖章,印制管护日志,按天记录管理情况。

1.2.5 示范带动,广泛宣传

几年来,各地从生态修复试点工程入手,从法规政策制定、规划编制与实施、政府组织领导与协调、群众参与等全力推动生态修复工作,取得了很好的效果。首批开展的试点工程基本都取得了成功,多数县市已成为各地开展生态修复工作的示范样板。在开展生态修复过程中,各地水利水保主管部门针对生态修复工作实施中的难点问题,利用报纸、电视等媒介,设立标志牌、宣传碑,开展了多

层次、丰富多彩的宣传教育活动,使生态修复逐渐深入人心,使群众从思想上接受生态修复。内蒙古鄂尔多斯市抽调专业技术干部组成"生态修复"宣讲团,深入乡村巡回宣传,向农民耐心讲解国家政策,引导农牧民调整结构,重视生态,走舍饲养畜的路子,使生态修复工作得到群众的支持。甘肃省灵台县崖湾村通过建立"生态室",收集水土流失现状及危害、生态建设与保护、违法违纪的处理标准和办法等资料,组织村民参观学习,增强保护生态环境的自觉性,收到了很好的效果。

1.2.6 开展监测,掌握动态

在试点工程实施中,各地因地制宜开展了植被恢复速度、土壤侵蚀模数、生物多样性、农户收益情况等反映水土保持生态修复实施效果的监测工作。通过项目监测,基本了解和掌握了生态自我修复规律和效果,为建立生态自我修复效益评价指标体系奠定了基础。

2 黄土高原地区生态压力愈来愈大,实施生态修复任重道远

总结多年水土保持生态建设的经验,成绩很大,但也有很多的不足。突出的表现在两个方面,一是重建轻管,干扰和破坏生态环境的人为活动严重。黄土高原地区经过多年的生态建设,投入了巨大的人力、物力和财力,取得了很大的成绩,但是局部治理、整体恶化的状况并未改变。一方治理,多方破坏,既有开发建设项目造成新的水土流失,又有群众日常生存发展对生态环境的干扰和破坏。广种薄收、自由放牧等粗放掠夺式的生产经营方式是生态环境恶化的主要原因。群众说,一支剪刀(指羊的嘴)四把锤(指羊的脚),走到哪里哪里光,自由放牧成为目前人为破坏生态环境的主要形式;同时,存在滥搂发菜、滥挖药材等破坏生态环境活动,陡坡耕种仍很普遍。据调查,黄土高原地区目前仍有 440 多万 hm^2 5°以上坡耕地,其中 25°以上的达 46 万 hm^2。二是对自然规律认识不足,表现在植被建设成为黄土高原水土保持生态建设的最大问题。黄土高原地区造林的"三低"(成活率、保存率、生长率)问题特别突出,年年造林不见林,实际造林保存率平均只有 15% 左右,从而导致黄土高原生态建设的进展缓慢,成效不高。为提高造林成活率,各地水保林建设过分强调工程整地的作用,不惜破坏原生土壤结构和地表自然植被,不计投入,盲目地提高整地规格标准;对适地适树原则不够重视,造林工作不能遵循植被自然分布规律和土壤水分分布规律,重乔轻灌。实际上,黄土高原地区的人工造林,自然限制因素本来就很多,如干旱、大风等,加之人为因素,如林牧矛盾及在造林的各个环节上出现的问题等,都会带来造林失败。在盲目地追求造林整地工程高标准,使单位面积治理费用大幅度增加,如综合治理每平方公里需要投资达到了 30 万 ~ 50 万元。据黄河水保生态

工程生态修复试点项目的经验,通过以自然恢复为主、人工治理为辅的生态修复措施恢复植被每平方公里仅需2万~3万多元,并且基本不受时间、技术等条件限制,自然恢复的植被也最适应环境,结构最稳定。

上述生态建设中存在的问题,需进一步调整水土保持生态建设思路,在人工治理的同时,大力推进以封育禁牧为主的生态修复措施。既可以加快植被建设速度,又可以将节约的资金集中投入淤地坝、梯田等工程措施建设中,加快淤地坝、梯田的建设步伐,进而加快黄土高原的治理进度。

3 完善措施,乘势而上,全面推进水土保持生态修复持续发展

3.1 搞好生态修复规划

将生态修复规划纳入水土保持规划体系,尽快完善《黄河流域水土保持生态修复规划》,经审查批复后印发各省(区),明确今后一个时期的目标与任务。各省(区)也应尽快编制本省(区)的水土保持生态修复规划,经同级人民政府批准后作为指导当地水土保持生态修复的依据。黄土高原水土保持生态修复近期的重点是江河源区、草原区、重要水源区、长城沿线风沙区等区域;生态修复的对象主要是覆盖度为5%~50%的中低覆盖度草地、覆盖度小于40%的灌木林地和稀疏的林地等地类。同时,水土保持重点防治工程建设也要进一步把人工治理与生态修复紧密结合起来,加强生态自我修复力度,充分发挥大自然的力量,治理水土流失。

3.2 以县为单位,以村为单元,以小流域为依托推进生态修复

实施生态修复工作,行政依附性强,特别是以县级行政区域为单元,规模适度,易组织,效果好;同时,生态修复核心是一个"封"字,但能不能封得住,关键是能否解决好群众的生活问题、收入问题和经济发展问题。贯彻以人为本的指导思想,应以小流域为依托,以村为单元,以县为单位推进生态修复。

3.3 加强组织领导与协调

生态修复工作涉及水利、畜牧、农业、林业、计划、财政等部门,必须加强领导、搞好协调,各级政府要在统一规划的指导下,协调有关部门紧密配合,形成合力。水利水保部门要切实当好政府的参谋,搞好规划,做好技术指导服务和监督管理工作,确保生态修复工作扎实推进。同时加强与有关部门的配合,争取他们的支持,解决生态修复所需的资金,加快建设步伐。尤其是充分借助当前国家加大农村建设投入等有利条件,加快生态修复进程。

3.4 完善配套政策法规

过去国家已经制定了许多保护生态、防治水土流失的法律,但有些法规条款比较宏观,对生态自我修复针对性不强,难以操作。为此,各地应因地制宜地加

强配套政策法规的建设。要以现行法律法规为依据,针对生态自我修复的特点,对乱挖乱采、滥牧过牧以及不合理利用水土资源等行为提出明确的规定。要积极出台相关法律法规、管理办法和乡规民约,落实管护责任,限制不合理的人为活动。同时,要制定和完善有关优惠政策,对转变生产方式、生态移民等给予支持和补偿,调动广大农牧民参与生态建设的积极性。坚持“谁修复,谁受益”的原则,落实生态修复的责任、义务和权利,保障群众在实施生态修复中的利益。

3.5 强化监督管理

各地应进一步积极争取地方政府的大力支持,明确水保部门对生态环境、封山禁牧的监督管理职能。成立专职的封育保护监督执法机构,专人负责生态修复监督管理工作。进一步加强管护员队伍建设,提高素质,完善管护员岗位责任制和考核激励机制,充分调动广大管护员的责任心和积极性,切实加强管护工作。

3.6 加强理论与技术研究

加强与有关科研单位、大专院校的合作,有针对性地开展生态修复的机理、关键技术、修复模式、效益监测指标体系等重大课题的研究。抓紧制定生态修复标准和技术规范,明确水土保持生态修复的原则、要求、标准、监测等,规范对生态修复工作的管理。搞好生态修复效益监测评价工作,指导与推动水土保持生态修复工作的健康发展。

3.7 进一步搞好宣传

大力宣传水土保持工作在我国生态建设中的重要意义,增强全社会水土保持意识。宣传生态修复在防治水土流失、改善生态环境等方面的重要地位和作用,注重发挥大自然的力量,依靠生态的自我修复能力恢复植被,防治水土流失。要切实转变生态建设中重工程建设轻保护的观念,自觉转变不合理的生产方式,促进人与自然和谐相处。

3.8 建议国家把生态修复工程作为一个专项工程来推动,解决资金“瓶颈”

无论是从国家生态安全来讲,还是从解决“三农”问题、建设社会主义新农村来讲,生态修复都是值得大力推动的一项重要工作。

杨家沟流域水沙变化原因分析

刘　斌　常文哲　许晓梅　刘平乐

（黄河水利委员会西峰水保站）

摘要：杨家沟是高塬沟壑区南小河沟流域的一条支沟，1954 年确定其为治理试验的小流域，与非治理的董庄沟流域进行对比观测，以研究水土保持措施对流域产流产沙的影响。通过连续治理，其水土保持措施的拦蓄效益发挥了巨大的作用。根据实测资料分析，进入 20 世纪 80 年代以后，杨家沟流域的洪水及洪沙量均呈明显的增加趋势，且增加的幅度较大。本文利用杨家沟实测资料，从杨家沟水土保持措施数量的变化及水土保持工程措施效益发挥年限等方面，对杨家沟流域水沙变化原因进行了分析，结果表明，杨家沟流域水沙增加是由两方面的因素引起，一是发挥拦蓄效益的水土保持措施数量有所减少，二是沟道工程措施的拦蓄效益存在着一定的使用年限。

关键词：径流变化　泥沙变化　典型小流域　杨家沟

1　流域概况与治理措施布设

杨家沟位于甘肃省庆阳市西峰区后官寨乡境内，是高塬沟壑区南小河沟流域的一条支沟，流域面积 0.87 km^2。1952 年开始以生物措施为主，采取生物措施与工程措施相结合的方法进行治理，1954 年设立流域出口测站对其治理后的水沙变化情况进行观测至今，积累了长系列的水文观测资料。在进行杨家沟流域治理的同时，选定其毗邻的董庄沟流域做为对比沟设立测站，进行水土保持措施减水减沙作用的对比观测。董庄沟的地形、土壤基本与杨家沟相似，董庄沟的植被与杨家沟治理前的植被相似，处于群众利用的自然状态。两条沟的地形地貌特征见表 1。

杨家沟 1952 年即开始治理，基本上是按照“全面规划，集中治理，连续治理，沟坡兼治，治坡为主”及“工程措施与生物措施相结合”的治理方针，逐年连续治理。其中 1952 年只做了少部分塬面治理，1954 年着重进行了沟道治理并开始封沟育草，至 1958 年基本完成了适地治理。据参考文献中介绍，杨家沟治理措

基金项目：本文受黄河水利委员会“十五”重大治黄科技项目（2002SZ04）“高塬沟壑区典型小流域水土流失规律及水保治理效益分析研究”资助。

施的布设为:① 塬面:塬面农地 25.07 hm^2,修地埂 1 773 m,至 20 世纪 60 年代全部修成了水平条田。田间道路两边 70 年代造林 1.76 万株,修沟边埂 588 m,沟头防护 1 处。②山坡:以造杏树林为主,修水平沟、水平阶 2.64 万 m,造林 8.93 hm^2。坡耕地修地边埂 4 643 m,逐年修成水平梯田 2.9 hm^2,人工牧草地 1.3 hm^2。其余为林间草地和非生产用地 8.07 hm^2。③ 谷坡及沟底:在沟底每隔 20 ~30 m 打一道柳谷坊,谷坊区间营造以杨柳为主的沟底防冲林固定沟床,稳定两边坡角,抬高侵蚀基点。在两岸的塌积土上栽植生长迅速的刺槐,坡度大的红土面上栽植沙棘,沟谷台地种植苜蓿建立人工割草场。支毛沟修谷坊 75 道,栽植杨柳 1.1 万株,沟坡造林 22.07 hm^2,修水平梯田 0.41 hm^2,种草 6.13 hm^2,天然草地 7.19 hm^2。另外,杨家沟由于实行了封沟管理,植被逐年恢复很快。

表 1　杨家沟与董庄沟自然地形地貌特征

流域		杨家沟	董庄沟
总面积(km^2)		0.87	1.15
塬面	面积(km^2)	0.30	0.38
	占比(%)	34.5	33
山坡	面积(km^2)	0.208	0.315
	占比(%)	23.9	27.4
沟谷	面积(km^2)	0.362	0.455
	占比(%)	41.6	39.6
沟长(m)		1 500	1 600
沟壑密度(km/km^2)		2.95	
沟道比降(%)		10.67	8.93
平均宽度(m)		338	

通过对 2004 年 6 月 22 日接收的分辨率为 0.61 m 的 QuickBird 卫星影像资料解译得出,杨家沟流域目前的土地利用现状如下:梯田 2.0 hm^2,乔木林面积 50.0 hm^2,灌木林地 3.0 hm^2,疏林地 11.0 hm^2,未成林地 3.0 hm^2,天然草地 10.0 hm^2,难利用地 6.0 hm^2。

2　杨家沟水土流失治理对流域产汇流影响分析

通过杨家沟和董庄沟的实测资料分析,经过综合治理后,杨家沟流域的降雨产流产沙发生了很大的变化,以下从水土流失治理对小流域产流量、产流次数、产流降雨、次降雨洪水等方面对其进行详细的分析。

2.1　对小流域产流量的影响

由于董庄沟观测时间较短,根据董庄沟与杨家沟对应时段(1954 ~1965 年、1976 ~1977 年)实测资料统计可以看出(见图 1、表 2),水土保持措施的实施使得小流域的年产流量降低。在降雨量基本相同的情况下,杨家沟平均径流模数、最大洪水径流系数和输沙模数分别为 6 697 $m^3/(km^2 \cdot a)$、5.83% 和 1 045 $t/(km^2 \cdot a)$,董庄沟分别为 13 211 $m^3/(km^2 \cdot a)$、13.04% 和 4 368 $t/(km^2 \cdot a)$,治理后杨家沟比董庄沟蓄水量增加 6 514 $m^3/(km^2 \cdot a)$,泥沙量减少了 3 323 $t/(km^2 \cdot a)$,杨家沟水土保持措施的蓄水效益为 49.3%,拦沙效益达到 76.1%。

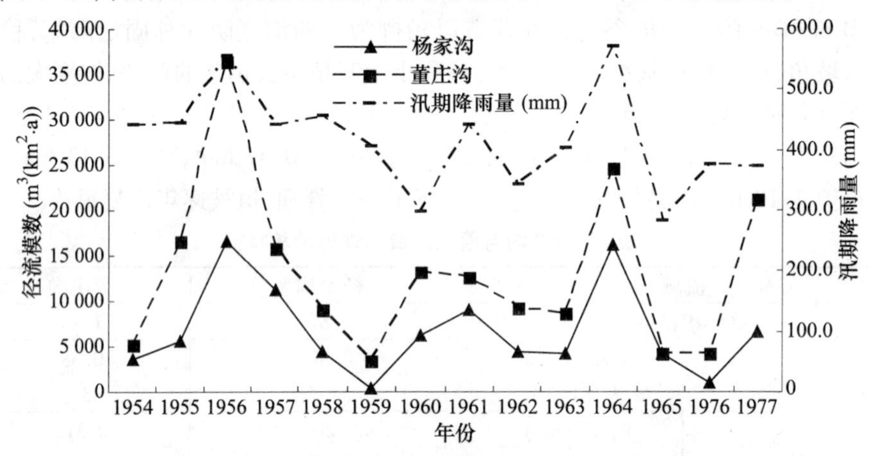

图 1　杨家沟与董庄沟降水量及径流模数年际变化

表 2　杨家沟流域与董庄沟流域年径流特征对比

年份	汛期降雨量(mm)	径流模数(万 $m^3/(km^2 \cdot a)$)			输沙模数($t/(km^2 \cdot a)$)			最大洪水径流系数(%)		
		杨家沟	董庄沟	拦蓄效益(%)	杨家沟	董庄沟	拦蓄效益(%)	杨家沟	董庄沟	拦蓄效益(%)
1954	441.5	0.366 4	0.510 2	28.2	167.6	407.0	58.8	2.30	11.50	80.0
1955	445.1	0.553 3	1.664 3	66.8	1 549.4	7 481.7	79.3	7.40	13.00	43.1
1956	554.9	1.651 7	3.630 4	54.5	5 379.3	19 130.4	71.9	8.69	21.70	60.0
1957	440.9	1.114 7	1.587 7	29.8	3 524.1	5 107.5	31.0	12.50	18.20	31.3
1958	456.0	0.431 4	0.898 0	52.0	44.5	1 958.5	97.7	1.96	20.40	90.4
1959	404.1	0.044 5	0.342 9	87.0	5.3	878.1	99.4	0.53	5.09	89.6
1960	297.7	0.625 7	1.313 9	52.4	667.9	4 313.0	84.5	8.52	34.90	75.6
1961	440.6	0.905 4	1.252 2	27.7	171.6	1 080.9	84.1	2.63	3.75	29.9
1962	342.9	0.448 5	0.922 6	51.4	3.5	771.0	99.5	0.37	5.71	93.5
1963	403.4	0.420 5	0.851 1	50.6	37.8	1 456.5	97.4	18.70	7.93	-135.8
1964	568.7	1.618 4	2.453 9	34.0	285.4	4 827.0	94.1	3.72	12.30	69.8
1965	281.7	0.424 7	0.419 2	-1.3	16.8	888.0	98.1	7.91	5.37	-47.3
1976	376.0	0.106 4	0.411 6	74.1	154.6	1 598.3	90.3	0.96	4.81	80.0
1977	370.7	0.663 4	2.124 3	68.8	2 621.8	10 765.2	75.6	5.42	17.90	69.7
平均	416.0	0.669 7	1.321 1	49.3	1 045.0	4 367.5	76.1	5.83	13.04	55.3
C_v	0.20	0.74	0.71		1.59	1.21		0.90	0.68	

注:汛期降雨量采用十八亩台和杨家沟汛期降雨量的平均值。

流域经过治理后其径流和泥沙的年际变化也增大。与董庄沟相比,杨家沟径流深与最大洪水径流系数较小，但产流的年际差异增大。在汛期降雨量变差系数只有0.20的情况下，杨家沟的径流深、最大洪水径流系数和输沙模数的变差系数分别为0.74、0.90和1.59，而董庄沟则分别为0.71、0.68和1.21。

2.2 对小流域年产流次数的影响

我们仍以两条流域具有相同观测资料的1954～1965年及1976～1977年进行对比（见表3），发现二者的降雨产流次数也有明显的区别。在降雨差别不大的情况下，杨家沟年均产流10.9次，比董庄沟的年均产流14.2次减少了23.1%；并且在丰水年和枯水年时，其产流次数差别不大，而在平水年时，其产流次数差别是最大的，利用南小河沟流域平均汛期降雨量进行频率分析，可知在汛期降雨频率为50%时（汛期降雨量为396.9 mm），其产流次数差别最大。以1959年为例，其汛期降雨量404.1 mm，董庄沟产流20次，杨家沟产流只有7次，二者相差13次。

表3 董庄沟与杨家沟产洪次数及产沙情况比较

项目	年份	汛期雨量（mm）	董庄沟（次）	杨家沟（次）	差值（次）	减少（%）
产流次数（次）	1954	441.5	12	9	3.0	25.0
	1955	445.1	16	12	4.0	25.0
	1956	554.9	21	21	0	0
	1957	440.9	9	8	1.0	11.1
	1958	456.0	23	17	6.0	26.1
	1959	404.1	20	7	13.0	65.0
	1960	297.7	8	6	2.0	25.0
	1961	440.6	16	12	4.0	25.0
	1962	342.9	6	4	2.0	33.3
	1963	403.4	8	7	1.0	12.5
	1964	568.7	25	21	4.0	16.0
	1965	281.7	12	12	0	0
	1976	376.0	13	7	6.0	46.2
	1977	370.7	10	10	0	0
	平均	416.0	14.2	10.9	3.3	23.1
洪水模数（$m^3/(km^2 \cdot a)$）	年均		13 211	6 697	6 514	49.3
	次最大		15 666	6 431	9 234	58.9
输沙模数（$t/(km^2 \cdot a)$）	年均		4 368	1 045	3 323	76.1
	次最大		12 221	3 230	8 991	73.6
最大含沙量（kg/m^3）			1 100	613	487	44.3

注：比较时段为1954～1965年及1976～1977年。

2.3 对小流域年产流降雨的影响

黄土高塬沟壑区的汛期降水多为暴雨，降雨强度大，水土流失严重。与董庄沟流域相比，杨家沟流域的年产流降雨明显减少。根据实测资料分析（见表4），杨家沟治理小流域年平均产流降雨为280.0 mm，而董庄沟对比小流域的年平均产流降雨为305.6 mm，年产流降雨平均减少25.5 mm，减少了8.4%，其中1959年减少最多为207.2 mm，减少了59.7%。在总计14年的观测资料中，有9年杨家沟比董庄沟的年产流降雨小，占全部观测年数的64.3%。以上分析表明，在不同降水年份，水土保持措施对产流的影响量是不同的，从总体上来看，在小流域开展水土保持措施能拦蓄径流，减少洪水发生的次数。

表4 董庄沟与杨家沟产流降雨统计

年份	汛期雨量（mm）	董庄沟产流降雨量（mm）	杨家沟产流降雨量（mm）	差值（mm）	减少（%）
1954	441.5	253.2	214.0	39.2	15.5
1955	445.1	377.4	310.6	66.8	17.7
1956	554.9	453.4	460.0	-6.6	-1.5
1957	440.9	255.3	263.2	-7.9	-3.1
1958	456.0	385.7	303.2	82.5	21.4
1959	404.1	346.9	139.7	207.2	59.7
1960	297.7	238.1	202.5	35.6	15.0
1961	440.6	311.8	365.9	-54.1	-17.4
1962	342.9	103.0	68.1	34.9	33.9
1963	403.4	181.7	128.6	53.1	29.2
1964	568.7	579.9	732.5	-152.6	-26.3
1965	281.7	219.6	241.6	-22.0	-10.0
1976	376.0	285.8	234.4	51.4	18.0
1977	370.7	285.9	256.0	29.9	10.5
平均	416.0	305.6	280.0	25.5	8.4

注：①汛期降雨量采用十八亩台和杨家沟汛期降雨量的平均值。② 1964年在5月份前发生了3次产流降雨，使得该年的产流降雨量大于汛期降雨量。

2.4 对小流域次降雨洪水的作用

杨家沟治理后，暴雨洪峰流量远小于未治理的董庄沟，我们摘录出董庄沟每年一次实测的最大洪峰流量，同时选择杨家沟对应时段的洪量进行对比（见表5）。从中可以看出，杨家沟削减洪峰流量达到66.6%，说明小流域的水土保持措施可以有效地控制暴雨洪水。杨家沟小流域的次产流模数的变差系数为1.09，是董庄沟的37倍。产流模数的极值比，杨家沟为92，董庄沟为34，说明治理使次暴雨径流间的变化剧烈。

表 5　董庄沟与杨家沟实测最大次洪峰对比分析

洪峰发生日期(年·月·日)	洪量模数(m³/(km²·a))				泥沙模数(t/(km²·a))			
	董庄沟	杨家沟	差值	效益(%)	董庄沟	杨家沟	差值	效益(%)
1954.7.15	1 644.0	1 872.0	-228.0	-13.9	223.0	82.0	141.0	63.2
1955.7.27	5 202.0	927.0	4 275.0	82.2	3 563.0	418.0	3 145.0	88.3
1956.7.2	15 380.0	6 431.0	8 949.0	58.2	12 000.0	3 230.0	8 770.0	73.1
1957.7.24	5 900.0	3 366.0	2 534.0	42.9	1 943.0	1 359.0	584.0	30.1
1958.7.14	1 438.0	198.0	1 240.0	86.2	760.0	27.6	732.4	96.4
1959.9.29	530.0	70.0	460.0	86.8	218.0	1.7	216.3	99.2
1960.8.2	4 818.0	1 133.0	3 685.0	76.5	1 534.0	347.1	1 186.9	77.4
1961.6.30	1 773.0	1 594.0	179.0	10.1	895.0	158.3	736.7	82.3
1962.9.25	1 972.0	231.0	1 741.0	88.3	749.0	3.5	745.5	99.5
1963.5.20	5 950.0	1 533.0	4 417.0	74.2	1 450.0	37.8	1 412.2	97.4
1964.7.20	4 190.0	783.0	3 407.0	81.3	2 523.0	236.8	2 286.2	90.6
1965.7.7	597.0	127.0	470.0	78.7	218.1	6.6	211.5	97.0
1976.8.27	1 584.0	260.0	1 324.0	83.6	618.1	31.2	586.9	95.0
1977.7.5	17 950.0	4 468.0	13 482.0	75.1	9 720.0	2 059.0	7 661.0	78.8
平均	4 923.4	1 642.4	3 281.1	66.6	2 601.0	571.3	2 029.7	78.0
C_v	1.09	40.01			21.40	933.38		

注:表中数字引自参考文献[3]。

3　杨家沟流域实测径流泥沙的变化情况

根据实测资料,杨家沟流域进入 20 世纪 80 年代,其径流泥沙均呈现出明显的增加趋势(见表 6)。从不同时期径流泥沙的变化情况来看,20 世纪 60 年代、70 年代逐年代下降,但进入 80 年代后却陡然上升。1980～2004 年与 1954～1979 年相比,在汛期降雨量减少 2.8% 的情况下,其年均洪水量却增加了 88.1%,输沙量增加了 95.1%。

我们分别点绘了杨家沟流域的汛雨量—洪水量、汛雨量—洪沙量的双累积曲线(见图 4),可以看出,进入 20 世纪 80 年代后期(1986 年)曲线发生了明显的变化。在直角坐标系中,当以累积降雨量为横座标时,该曲线的斜率即表示单位降雨所产生的径流量(泥沙量)。因此,双累积曲线越陡,曲线的斜率越大,反映流域单位降雨所产生的径流量和泥沙量越大,流域综合治理的效益就越小。表 7 为累积汛雨量与累积洪水(洪沙)拟合关系表。按 1954～1986 年杨家沟流域的产水产沙趋势,至 2004 年,杨家沟流域累计应产洪 21.739 3 万 m³,实际产洪为32.914 2万 m^3,增加了51.4%;累计应产沙2.215 8万t,实际产沙为3.938 5万t,增加了56.3%,说明杨家沟流域的水土保持措施的拦蓄效益在20世纪80年代后有下降趋势。

表6 杨家沟不同时期径流泥沙变化情况

时段(年)		汛期降雨量(mm)			洪水模数(万 m^3/(km^2·a))			输沙模数(t/(km^2·a))		
		实测值	减少值	所占比例(%)	实测值	减少值	所占比例(%)	实测值	减少值	所占比例(%)
(一)	1954~1959	448.1			0.693 7			1 778.4		
	1960~1969	412.8	35.2	7.9	0.628 5	0.065 2	9.4	326.7	1 451.7	81.6
	1970~1979	395.9	52.2	11.6	0.429 9	0.263 7	38.0	1 338.9	439.5	24.7
	1980~1989	419.1	28.9	6.5	0.955 9	-0.262 2	-37.8	2 055.2	-276.8	-15.6
	1990~1999	367.7	80.4	17.9	0.509 3	0.184 4	26.6	2 128.6	-350.2	-19.7
	2000~2004	440.3	7.8	1.7	2.343 0	-1.649 4	-237.8	1 687.4	91.0	5.1
	1954~2004	408.7	39.3	8.8	0.822 4	-0.128 8	-18.6	1 505.1	273.3	15.4
(二)	1954~1979	414.4			0.578 6			1 027.0		
	1980~2004	402.8	11.7	2.8	1.088 4	-0.509 8	-88.1	2 003.9	-976.9	-95.1

表7 杨家沟流域累积汛雨量—累积洪水量(洪沙量)相关关系式

项目	时段(年)	拟合公式	相关系数
累积汛雨量($\sum P_x$)~累积洪水量($\sum W_H$)	1954~1986	$\sum W_H = 0.001\ 1\sum P_x + 0.974\ 9$	$R = 0.991\ 8$
	1986~2004	$\sum W_H = 0.002\ 8\sum P_x - 21.024$	$R = 0.945\ 3$
累积汛雨量($\sum P_x$)~累积洪沙量($\sum S_H$)	1954~1986	$\sum S_H = 0.000\ 2\sum P_x + 0.163\ 2$	$R = 0.967\ 8$
	1986~2004	$\sum S_H = 0.000\ 4\sum P_x - 1.998\ 4$	$R = 0.956\ 0$

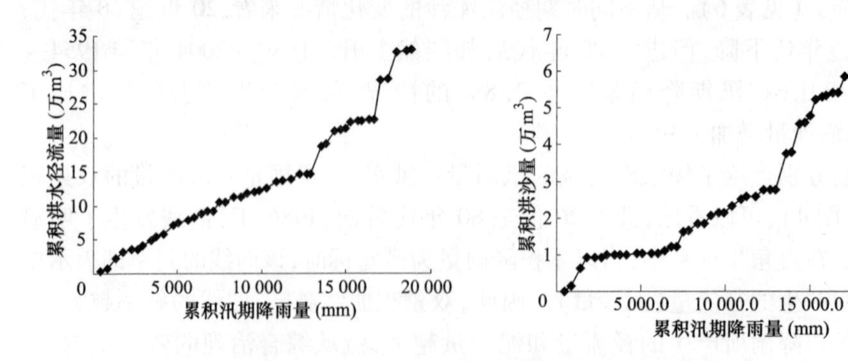

图2 杨家沟流域累积汛雨量与累积洪水量、累积洪沙量关系

4 水沙变化原因分析

从表2可知,20世纪80年代前,杨家沟和董庄沟相比,14年的平均拦泥效益为76.1%,蓄水效益为49.3%,但是在20世纪80年代后则发生了很大的变化,其变化的主要原因有以下两方面。

4.1 发挥拦蓄效益的水土保持措施数量有所减少

杨家沟流域的水土流失治理可分为以下几个主要阶段:

1954~1957年为治理的初期阶段。1954年虽然治理程度较差,汛期降雨量达441.5 mm,但杨家沟沟底的谷坊工程拦减泥沙起了主要的作用,其蓄水效益为28.2%,拦泥效益为58.8%;1955~1956年其效益明显上升,蓄水效益在50%以上,拦泥效益达到70%以上;1957年的拦蓄效益下降,蓄水效益和拦泥效益分别只有29.8%、31.0%,主要原因是由于1957年7月24日的一次洪水造成水土保持工程措施的毁坏。杨家沟流域本次洪水的降雨量只有27.0 mm,但因前期连续降水,土壤含水饱和,使得杨家沟和董庄沟均发生了本年度的最大一次洪水,杨家沟最大流量1.45 m^3/s,最大含沙量为528 kg/m^3,洪水模数为3 366 $m^3/(km^2 \cdot a)$,洪沙模数1 359 $t/(km^2 \cdot a)$(董庄沟最大流量3.47 m^3/s,最大含沙量为550 kg/m^3,洪水模数为5 900 $m^3/(km^2 \cdot a)$,洪沙模数1 944 $t/(km^2 \cdot a)$)。洪水冲跨了杨家沟沟谷的土谷坊、小土坝及坡面的一部分鱼鳞坑、水平沟等工程,造成水保措施的拦蓄效益下降。

1958~1965年为水土保持效益的稳定发挥阶段。1957年冬到1958年春,在杨家沟流域又进行了两次大规模的治理,到1959年后各种植物措施已连续生长5年以上,由于看管得当,植被恢复很快,生物措施和工程措施均发挥了较大的作用,拦泥效益在84.1%~99.5%之间,充分体现了工程措施与生物措施相结合的优点。

1967年以后,杨家沟的林木遭到比较严重的破坏(特别是沟底柳谷坊和沟底防冲林遭到破坏)。进入20世纪70年代和80年代,特别是农村实行了包产到户,土地使用权归农民所有,塬边部分林草地被开垦种地,加之沟谷主要树种刺槐等已经成材,被周围群众采伐而未补植,使得杨家沟林木的密度下降了70%,郁闭度下降了40%,致使进入80年代后其拦蓄效益下降很多。

4.2 水土保持工程措施的拦蓄效益下降

在杨家沟流域的综合治理中,水土保持工程措施所发挥的效益之大、见效之快是其他水土保持措施所不能比拟的。杨家沟流域的工程措施有鱼鳞坑、水平沟、沟头防护、沟边埂、柳谷坊、土谷坊、沟底防冲林等。工程措施的主要作用是固定沟床,抬高侵蚀基准面,防止沟床下切,稳定沟坡,拦泥蓄水。其拦蓄效益可以从杨家沟与范家沟治理模式的对比中得到。

根据参考文献[5]中记述,范家沟流域面积 0.363 km²,沟道比降 11.8%。从 1955 年开始以工程措施为主,植被措施为辅,集中治理,至 1961 年,有地边埂 60.2 hm²,梯田埂 30.8 hm²,沟边埂 359.7 hm²,沟底植树 20.01 hm²,鱼鳞坑 255 道,土谷坊 147 道。两条流域 1957 ~ 1958 年的产流情况见表 8。

由表 8 看出,范家沟水土保持蓄水效益比杨家沟大 62.5%,特别是 1958 年,二者之间相差 8 倍,这是因为范家沟的治理以工程为主,沟底修筑小土坝、土谷坊节节拦蓄,控制了来水。杨家沟沟底是柳谷坊,虽然固沟作用较好,但拦蓄量不大。这两者相比,说明以工程措施为主的治理最初几年,有较大的水土保持拦蓄效益。从表 9 范家沟自身前后两年比较可以看出,由于 1958 年加强了工程措施治理,水土保持效益骤然提高,但工程措施的拦蓄效益将随历年淤积而减低。

杨家沟流域沟底的水土保持工程措施 1955 年全部建成,进入 20 世纪 60 年代沟底的水土保持工程措施基本淤满,坡面植树的鱼鳞坑、水平沟基本淤平,沟头防护工程大部分遭到破坏,这部分工程措施基本失效且未修复。1988 年 7 月 23 日南小河沟流域发生大暴雨,杨家沟降水量 113.4 mm,塬水下沟使沟头前进了 0.7 m,冲刷量 140.5 m³,并且使长度 1.5 km 的沟道下切了 1 ~ 2 m,沟道冲刷量 3 400 m³,占流域总产沙量的 45.8%。据西峰水保站调查资料,南小河沟流域主要沟头防护工程有 9 处,其中有 6 处遭到破坏(有 1/3 的沟头防护工程被人为破坏,1/3 的是沟头防护工程的拦蓄能力小于来水量形成破坏),沟头防护被冲毁致使塬水下沟,塬水下沟后冲跨了沟底的土谷坊,加大了沟道的洪水量,同时下泄水流又将土谷坊中多年拦蓄的部分泥沙带走。参考文献[2]中根据董庄沟实测资料进行整理计算的成果,塬水下沟使得流域的冲刷模数增加了 1.26 ~ 1.4 倍,所增加的泥沙总量占流域泥沙总量的 76.8% ~ 77.9%。以上几方面原因使杨家沟在 20 世纪 80 年代后的输沙量比此前增加了 95%。我们统计了 1954 ~ 2004 年间,杨家沟流域所发生的洪水总量大于 10 000 m³ 以上的洪水有 4 次(见表 10),均发生于 1988 年后,可见其水土保持措施的减水减沙作用明显有所下降。

表 8　杨家沟与范家沟产流模数对比

年份	沟名	汛期雨量(mm)	径流量(m^3)	产流模数($m^3/(km^2 \cdot a)$)	最大径流系数(%)	拦蓄效益(%)
1957	杨家沟	298.8	8 230.81	9 460.7	9.52	
	范家沟	319.4	2 142.52	5 902.88	7.81	37.6
1958	杨家沟	512.7	2 337.88	2 684.23	1.7	
	范家沟	364.9	1 166.02	337.69	0.74	87.4

注:1958 年范家沟是 7～10 月份降雨量,6 月份未记载;杨家沟为 6～10 月份降雨量。资料来源于参考文献[5]。

表 9　相同降雨条件下范家沟 1957 年与 1958 年蓄水效益对比

日期(年·月·日)	雨情		径流量(m^3)	产流模数($m^2/(km^2 \cdot a)$)	最大径流系数(%)
	雨量(mm)	雨强(mm/h)			
1957.7.11	490	19	367.47	1 011.48	2.06
1958.8.11	496	21.6	8.78	23.95	0.048
1957.7.22	55	—	15.86	43.64	0.78
1958.8.9	51	6.3	0.37	1.02	0.02

注:资料来源于参考文献[5]。

表 10　杨家沟测站 10 000 m^3 以上洪水情况统计

洪水发生日期(年·月·日)	降雨			洪水		洪沙	
	降雨量(mm)	历时(h)	平均雨强(mm/h)	洪水量(m^3)	最大流量(m^3/s)	输沙量(t)	最大含沙量(kg/m^3)
2000.6.23	59.6	5.47	10.9	48 910	5.5	4 090	107
1988.7.23	97.6	2.17	45.0	33 260	9.99	7 859	379
2002.7.4	64.7	4.03	16.0	27 630	2.79	1 121	108
1992.8.11	22.9	6.63	3.5	13 670	4.89	6 545	681

5　结论

杨家沟是南小河沟流域的一条支沟,1954 年确定其为治理试验的小流域,与非治理的董庄沟流域进行对比观测,以研究水土保持措施对流域产流产沙的影响。通过连续治理,已成为黄土高塬沟壑区以林木为主、工程措施为辅的一个治理典型,其水土保持措施的拦蓄效益发挥了巨大的作用。国内外的许多专家学者前来参观考察,并对其拦蓄效益进行分析研究。1957 年南小河沟流域被国务院水土保持委员会树立为全国水土保持先进典型,1982 被《人民日报》誉为“黄土高原上的一块翡翠”。这其中杨家沟流域茂密的林木所发挥的作用功不可没。根据实测资料分析,进入 20 世纪 80 年代以后,杨家沟流域的洪水及洪沙量均呈明显的增加趋势,且增加的幅度较大。1980~2004年与1954~1979年相比,在汛期降雨量减少2.8%的情况下,其年均洪水量却增加了88.1%,输沙量增加了95.1%。从杨家沟水土保持措施数量的变化及水土保持工程措施效益发挥年限等方面,对杨家沟流域水沙变化原因进行了分析,可以看出杨家沟流域径流泥沙增加是由两方面的因素引起的:一是发挥拦蓄效益的水土保持措施数量有所减少;二是沟道工程措施的拦蓄效益出现下降,即沟边埂、柳谷坊、土谷坊、沟底防冲林、小型坝地等沟道工程措施在达到淤积年限淤平后就会失去拦蓄作用,加之沟头防护工程被水毁不及时修复,即使林木郁闭度很高的流域其径流泥沙的剧增这一现象也会出现。本文对南小河沟流域水土保持措施的总体拦蓄效益进行了分析,其工程措施的减水减沙作用占到水土保持措施减水减沙总量的90%以上。因此,在黄土高原生态工程建设中,应充分重视工程措施发挥拦蓄作用的年限问题。

参考文献

[1] 黄河水利委员会西峰水土保持科学试验站.小流域综合治理对比试验效益分析[R].1959.

[2] 水土保持试验研究成果汇编[R].第一集.黄河水利委员会西峰水土保持科学试验站.1982.

[3] 李倬.陇东黄土高塬沟壑区南小河沟的水土流失特点和治理探讨[R].中国科学院黄土高原综合考察队泾河水沙研究专题组,1989.

[4] 李倬.陇东黄土高塬沟壑区南小河沟的水土流失特点和治理探讨[R].黄河水利委员会西峰水土保持科学试验站,1991.

[5] 黄河水利委员会西峰水土保持科学试验站[R].小流域综合治理对比试验效益分析.1959.

[6] 邢天佑,李倬,刘平乐.甘肃西峰地区1988.7.23特大暴雨灾害与水土保持措施调查评价[J].水土保持通报,1992(3).

"十五"黄河水土保持生态工程重点小流域项目建设成效与经验

刘汉虎 石 勇 魏 涛

（黄河上中游管理局）

摘要："十五"期间黄河水土保持生态工程重点小流域项目先后共开展了176条小流域，完成水土流失初步治理面积1 959.01 km²，建成了一批各具特色的精品小流域，取得了显著的生态、社会、经济效益。在前期工作、项目管理、机制创新、科技应用、产业调整等方面积累了丰富的经验，为黄土高原地区水土保持生态建设树立了样板。

关键词：水土保持 生态工程 小流域 黄河

1 重点小流域项目概况

为加快黄河流域水土流失治理步伐，探索新形势下水土保持生态建设的新机制、新思路和新措施，1997年，黄河上中游管理局遵照黄委会的安排部署，按照以黄河流域多沙粗沙区为重点，以支流为骨干、县域为单位、小流域为单元的指导思想，启动实施了重点小流域项目。

"十五"期间，黄河流域先后共开展了176条重点小流域，涉及青海、甘肃、宁夏、内蒙古、陕西、山西、河南、山东等8省（区）的111个县（旗、市），总面积6 582.85 km²。分布在黄土丘陵沟壑区、高原沟壑区、阶地区、土石山区、风沙区和干旱草区等六个类型区。

2 建设成效

据统计，"十五"期间重点小流域项目共完成水土流失初步治理面积1 959.01 km²，其中：基本农田27 916 hm²，水保林91 472 hm²，经果林29 519 hm²，种草19 589 hm²，封禁治理27 405 hm²；建成中小型淤地坝143座，小型水保工程13 817座（处、眼）。有72条重点小流域已通过竣工验收，其中38条小流域被评为优秀工程，34条被评为良好工程，有23条小流域通过了全国水土保持生态环境"十百千"示范工程验收，受到了水利部、财政部的表彰。重点小流域项目的实施,极大地改善了项目区农村生产和生活条件,改善了生态环境,减轻了水土流失,促进了小流域经济社会的可持续发展和社会主义新农村建设,取得了显著的经济、社会、生态效益。

3 主要做法与经验

3.1 加强前期工作,奠定良好基础

重点小流域项目严格遵循了基本建设程序,按照水利部《水土保持建设项目前期工作暂行规定》要求开展前期工作,立项、审批程序较为规范、严谨。项目立项前,各地都聘请有资质的设计单位编制了小流域初步设计,并由黄河上中游管理局对初步设计进行审查,各地根据专家意见对小流域初步设计修改完善后,经批复后实施。经审查批复实施的小流域初步设计均达到了初步设计的深度和有关规范的要求,确定项目建设的思路和目标明确,建设内容和规模基本符合当地实际,措施布局合理,技术路线可行,具有较强的操作性,为小流域的顺利实施奠定了良好的基础。

3.2 推行"三项制度",规范项目管理

按照国家对基本建设项目管理的要求,重点小流域项目建设全面推行了项目法人责任制和工程监理制,部分重点工程实行了招投标制。一是全面落实项目法人负责制。各县水利(保)局作为项目建设单位,负责项目的组织实施,编制年度实施计划、财务决算、统计报表、报账申请等,并对项目建设进行全程指导、管理、监督。二是全面实行工程监理制。项目监理工作由西安黄河工程监理有限公司和黄河工程咨询监理有限公司承担。监理工程师采取巡回监理的办法对工程质量、进度、投资进行控制,并把工程质量放在监理工作的首位,严把各项工程的质量关。通过监理工程师的认真监理,各项措施的质量得到了较好的控制。三是试行招标投标制。重点小流域项目是国家补助性投资的项目,只在部分梯田、淤地坝建设中试行了招投标或议标。甘肃省静宁县 2004 年将机修梯田面向社会公开招标,择优选择机械施工队,接受群众监督。临洮县在 2004 年梯田建设中,通过公开招标,选择了宁夏机修服务公司和临洮县机修队为施工单位,年内高质量地完成机修梯田 227 hm^2。通过招投标,引入了竞争机制,便于建设单位择优聘请有资质、技术过硬的施工队承建,确保了工程进度和质量。

3.3 注重政策引导,多方筹措资金

重点小流域项目国补投资标准较低,项目实施县又多为贫困县,地方配套资金很难落实到位。为确保工程建设有相应的资金投入,保证工程进度和质量,各地通过各种渠道,千方百计筹措治理资金。一方面通过制定和出台优惠政策,吸引社会资金用于小流域治理。另一方面通过加强统筹、协调,做好相关项目的整

合配套。山西省灵石县和吉县,采取“民营化方向,市场化运作”的办法,鼓励群众、企事业单位、社会团体购买、租赁、承包“四荒”,并采取四大措施发展培植水保“庄园户”和治理大户。即一靠优惠政策吸引大户,二靠项目建设资金聚拢大户,三靠稳定产权留住大户,四靠优质服务扶持大户。两县在项目区先后吸引治理大户和水保“庄园户”60 多户,投入资金 550 多万元,治理水土流失面积 474 hm^2,为重点小流域建设提供了可供借鉴的经验。柳林县峁王局小流域利用“一矿一沟”和“水保大户治理”带动和促进项目实施,流域内罗家坡等三座煤矿,根据县政府出台的县管煤矿企业,实行一座煤矿治理一座山或一条沟的要求,出资 130 万元,治理矿区周围两座山,面积 266.67 hm^2;流域内民营大户崔保全,出资 4 万元购买“四荒”266.67 hm^2,经过几年治理,共投入资金 70 余万元,完成治理面积 173 hm^2,在其带动下,又涌现出李永峰等八个治理大户。河南省陕县张沟村小流域利用土地开发治理资金 28 万元,完成退宅还耕 66.7 hm^2,整合退耕还林项目,营造经济林 66.7 hm^2。陕西省安塞县在闫岔小流域治理中,吸引个体户史运出资 30 多万元,兴修农田 34 hm^2,栽植水保林 80 万株。甘肃省临洮县羊嘶川流域利用退耕还林(草)项目,完成水保林任务 149 hm^2。

3.4 专业队伍治理,提高工程质量

为保证重点小流域建设项目的工程质量和造林成活率,根据多年的实践,部分建设单位在工程建设中采取了专业队治理的形式。山西省、陕西省部分县按照市场经济的管理运作模式,组建自主经营、独立核算、自负盈亏的水土保持专业施工队,承担小流域治理中机修梯田、旱井、淤地坝、人字闸、水保林等工程的施工。山西省重点小流域治理项目中有 12 个县成立专业施工队 60 多个,人数达 2 000 多人。芮城县结合自身优势,发展了一批由思想素质好、技术水平高、能征善战、敢打硬仗的青壮年劳力组成的水保专业队,专门承担小流域水土保持生态建设。小流域计划下达后,项目建设单位和专业队签订“定任务、定标准、定成本、包成活”的“三定一包”治理合同,明确由专业队负责完成修梯田、淤地坝、水保林等建设任务,建设单位视工程质量及保存情况支付工程款。由于专业队技术娴熟过硬,施工措施得力,确保了小流域治理进度快、工程质量好;柳林县峁王局流域的罗家坡治理点,从整地到栽植由一个施工专业队实行一条龙作业,整地质量标准高,林草成活率达到了 95% 以上。

3.5 推广实用技术,提高科技含量

各地以建设质量标准高、科技含量高的精品示范工程为目标,在项目建设中狠抓了集水节灌、径流林业、地膜覆盖、抗旱造林等新技术和优良新品种的推广应用。甘肃省定西市余家岔小流域为确保造林成活率,大力推广“先季整地、隔季造林”的经验,并应用根宝、ATP 生根粉和泥浆蘸根、截杆埋根、泡根栽植、带

土球栽植、地膜栽植等抗旱造林技术，提高苗木成活率。同时，在立地条件相对较好的地块引进推广种植大果沙棘、桃、仁用杏等优质经济林果。山西省针对林草成活率低、保存率低、效益低的“三低”问题，积极推广“容器营养钵”育苗技术，使林草成活率提高到80%以上。该省吉县、中阳县和石楼县根据造林树种的生物学特性，采用不同的栽植方法，效果明显。如刺槐采用秋季造林，截杆栽植，封土越冬，第二年成活率在90%以上；油松采用营养袋苗木，春季、雨季适时栽植，成活率和保存率显著提高。河南省陕县张沟村小流域在坡改梯中，采用黑矾熟化技术，加速了土壤熟化，提高了土壤肥力，梯田建成后第二年就能达到丰产。宁夏固原市饮马河小流域在治理中，大力推广应用截杆覆膜抗旱造林、集水微灌、新修梯田培肥等技术，既提高了小流域综合治理的科技含量，又提高了工程质量、标准。

3.6 突出本地特色，促进经济发展

各地在小流域治理过程中，结合当地产业结构调整和小流域的实际情况，大力发展地方特色产业，促进小流域经济发展。甘肃省庄浪县双堡子沟流域坚持走治理与开发相结合的发展路子：一是围绕坝库配套建成了小型提灌工程、人饮工程、道路等基础设施，为全面发展高效生态农业创造了先决条件；二是充分发挥梯田资源优势，对梯田进行深层次开发，大力发展以洋芋、果品、草畜为主的特色产业。目前该小流域内已发展优质果园40 hm^2，经济林172 hm^2，人工种草405 hm^2，庭院、田间配套集雨水窖700多眼，推广农业、林业、水保、水利、农机等实用技术8项，2004年流域内人均产粮达到420 kg，人均纯收入达到1 330元。和政县陈家沟流域挖掘当地优势资源，根据流域内适宜的气候条件，大力发展啤特果等名优乡土林果产业。陕西省延川县石油沟小流域，全面实行封山禁牧后，突出发展草产业，亩产鲜草达2 000 kg，亩均收入达400元，既调动了群众治理的积极性，增加了农民收入，又提高了流域植被覆盖度。河南省陕县张沟村、伊川县顺阳河、济源市白马河等小流域大力发展桃、苹果、红枣、核桃等经济林果，效益显著。

黄河重金属污染与湿地的保护

马广岳[1] 王贵民[2]

(1. 山东黄河河务局;2. 东北农业大学)

摘要:重金属具有易在体内累积且难以降解的特点,对人畜组织器官具有较强的毒害作用。黄河是重要的饮用水源,如其中的重金属处理不当,将严重影响沿黄两岸人民的身体健康。湿地中生长着大量的植物和微生物,能清除和蓄积黄河水中的大量重金属。黄河湿地对维持黄河的生态平衡,保护两岸人民的身体健康起到重要作用。黄河源区、沿岸以及河口有大量湿地,以前人们没有认识到湿地的重要性,湿地受到一定程度的破坏。湿地的恢复、重建和保护有多种途径。

关键词:黄河 重金属 污染 湿地 保护

湿地是陆地上常年或季节性积水和过湿的土地并与其上生长、栖息的生物种群构成的生态系统的总称。常见的自然湿地有:沼泽地、泥炭地、浅水湖泊、河滩、海岸滩涂和盐沼等。湿地具有保护水源、净化水质、蓄洪防旱、调节气候、控制土壤侵蚀、保护海岸和维护生物多样性等重要生态功能,被誉为"地球之肾"、"天然水库"和"天然物种库",与森林、海洋并称为全球三大生态系统。黄河源区、黄河滩涂以及黄河口有大量湿地,湿地也是黄河河流生态系统的重要组成部分。湿地在维持生态平衡中的重要作用屡见报端,而专题研究利用湿地在治理黄河重金属污染方面的报道尚未多见,本文拟从此角度对利用湿地缓解黄河重金属污染进行综述。

1 黄河重金属污染现状

在当今环境问题中,水环境污染的问题难以避免,水体污染治理已成世界性的难题,黄河也概莫能外。黄河是中国第二大河,黄河流域内有3亿多亩耕地,1亿多人口。近年来,黄河治理成就显著,黄河断流得到明显遏制。但在取得显著成果的同时,黄河水污染正变得日趋严重。黄河每年接纳生活和工业废水数亿吨,全流域符合一、二类水质标准的河段只有8.2%,劣五类水质河长占31.2%;黄河河道近1/3水生生物绝迹,黄河生态系统遭受到严重破坏。黄河许多支流全河被污染。据统计,由于大量未经处理的工业废水和生活污水直接排入到黄河,黄河口的19条河流中有7条受到严重污染,5条为重污染,1条为轻污染,黄河河口湿地16%河流受到重金属镉的污染。黄河的一些支流污染更是触目惊心,有的黄河支流实际上已经成为一条排污沟,全程都是劣五类水。大量超标废水排入河中造成严重的水体污染,河中鱼虾绝迹,守着水却无法灌溉农田,更为严重的是一些沿河村庄身患癌症的病人明显增多。黄河水质污染严重污染事件不断发生,已经引起了人们的高度重视和关注。

2001年6月,水利部汪恕诚部长在黄河治理开发目标意见中,将黄河"水质不超标"与"河道不断流"、"堤防不决口"、"河床不抬高"并称为21世纪黄河治理开发的"四不目标",成为2004年黄委会提出的"维持黄河健康生命"治河新理念的重要内容之一,这在过去的治黄工作中是没有的,也充分说明目前黄河水污染的严重性和水污染治理的迫切性。

2 重金属的危害性

目前,密度在5以上的金属统称为重金属。污染水体的重金属主要有汞、镉、铅、铬、铜等。其中又以汞的毒性为大,镉次之,铬、铅等也有相当大的毒性。重金属对人体危害甚大。饮用水中含有微量重金属,即可对人体产生毒性效应。一般重金属产生毒性的浓度范围大致是1~10 mg/L,毒性强的汞、镉产生毒性的浓度为0.01~0.1 mg/L。有些重金属可在微生物的作用下转化为毒性强的难以被微生物降解的的重金属化合物(如汞转化为甲基汞等)。另外,重金属具有累积效应和不易排泄的特性,往往随着食物链的生物放大作用,逐步在生物体内累积、放大,最后进入生物体内。

农产品、畜产品、水产品都有富集重金属的特性,特别是鱼、贝类,富集程度更高。中国医学科学院肿瘤医院原副院长王建璋教授指出:"人类癌症大约有80%~90%是由环境引起的。"黄河是重要的饮用水源,如其中的重金属处理不当,将严重影响沿黄两岸人民的身体健康。黄河重金属污染治理势在必行。

3 湿地对水质的净化作用

水生植物和水生生物对重金属有很强的富集能力,千百年来,湿地一直是地表水体净化的加工厂。据测定,在湿地植物组织内富集的重金属浓度比周围水中的浓度高出10万倍以上。另据D. W. fassott报道,通过对32种淡水生物测定,所含镉的平均浓度可高于邻接水相的1 000多倍。湿地水质净化的另一重要功臣是湿地中的微生物。有研究报道,用于吸附重金属的微生物主要有细菌和真菌二种。另据英国《泰晤士报》近日报道,湿地是汞的定时炸弹。如果遇到天然大火,湿地会释放出聚积了数百年的毒素,而这些毒素极有可能就是湿地植物积聚了数百年的汞。

正因为如此,人们常常利用湿地植物的这一生态功能来清除了污水中的这些“毒素”,达到净化水质的目的。与其他方式相比,利用湿地处理重金属具有经济高效的特点。随着人类制造的污染物对生态危害的日益严重,湿地的净化作用将日益受到关注。黄河流域有大量湿地,黄河湿地将在维持黄河的生态平衡,保护两岸人民的身体健康方面发挥重要作用。

4 湿地净化水质的机理

湿地中生长着大量的植物和微生物。植被的快速生长加大湿地地表的粗糙程度,减缓了水流速度,促进了有毒物质沉降;植物在湿地环境中形成的根孔增强了湿地过滤作用,扩大了湿地吸附容量;水生植物将重金属以金属螯合物的形式蓄积于植物体内的某些部位,达到对污水的植物修复;微生物虽不能直接降解水体中的重金属,但能发生一系列的还原、甲基化和去甲基化作用。如可借助质粒编码的细胞质汞还原酶的催化,将甲基汞转化成可挥发的毒性比汞离子小的单质汞;微生物具有巨大的比表面积,因而对重金属的吸附容量很大,可大量富集重金属,降低水中重金属含量。另外微生物的代谢物质如细胞外多糖、几丁质等参与重金属的吸附与固定化过程。Armstrong 等发现,湿地中生长的芦苇、香蒲等湿生植物的根系有强大的输氧功能,将空气中的氧气通过植物根系疏导组织直接输送到根系部,在整个湿地低溶氧的环境下,湿地植物的根系附近形成局部富氧微环境,为好氧细菌的生存提供必要的场所和好氧条件。另外,植物还为微生物的活动提供巨大的物理表面,湿地植物庞大的根系形成特殊的生物膜结构,对污染物的过滤、吸收和转化等有相当重要的作用。重金属离子由于带正电,在水中很容易被带负电的土壤胶体颗粒吸附。总之,湿地对污水中重金属的去除作用是植物、微生物以及土壤基质等成分相互作用、相互影响的结果。

5 黄河湿地现状

黄河发源于我国青藏高原北部,其干流及支流迂回于山脉和平原之间,形成了众多大小不一的湿地,因此黄河湿地资源十分丰富。主要包括黄河源区湿地、诺尔盖草原区湿地、宁夏平原区湿地、内蒙古河套平原区湿地、毛乌素沙地区湿地、三门峡库区湿地、下游河道湿地和河口三角洲湿地。这些湿地中,有的享有“中华水塔”之美誉,有的以前水丰草茂,沼泽星罗棋布。

由于人们错误地将湿地视为滋生疾病、孕育灾害的荒滩,黄河湿地的开发利用长期处于非理性、无序化和掠夺式状态,过度开垦、围海造地时有发生。再加上气候变暖,降水减少以及大量污水涌入湿地,造成大批植被和生物死亡,黄河流域湿地的生态环境遭到严重破坏。黄河源区湿地破坏严重。以位于黄河源区湿地的万里黄河流经第一县玛多县为例，玛多县平均海拔 4 300 m 以上，30 多年前玛多县境内沼泽湿地很多，大小湖泊 4 000 多个，素有高原“千湖之县”美誉。近半个世纪气候变暖让玛多县气温越来越高，降水越来越少，且随着牛羊数量的不断增加，草原厚度不断下降。再着由于大肆捕杀狐狸、老鹰等草原田鼠的天敌，狐狸、老鹰没了踪迹，鼠害迅速蔓延，逐渐成为破坏草原的主力军，目前超过 70% 的草地退化，2 800 个湖泊干涸，沙化草原已无力涵养黄河源头的水土，湿地面积逐年萎缩。数千名无家可归的生态难民不得不离开自己的家园。经若干年开发，黄河流域原生态的滩涂和自然河岸变成大片的农田和养殖场。黄河断流加剧了湿地生态系统和河口海域的污染程度，使湿地生态系统净化水质的功能降低，致使近海海域污染加重。海平面上升能够淹没湿地，加剧了海岸线的侵蚀后退，河口湿地的面积逐年减少。总之，由于对湿地的盲目开垦、改造和对湿地生物资源的过度利用，黄河湿地面积不断减少，各项功能大大下降。

6 如何保护黄河湿地

做好黄河湿地保护管理工作，对于维护生态平衡、改善生态状况、实现人与自然和谐、促进经济社会可持续发展具有十分重要的意义。同时，黄河湿地保护是一项系统工程，需要全社会共同参与。作者认为今后应着力做好以下几方面的工作。

6.1 加快立法进度，逐步建立和完善湿地保护法制体系

1992 年中国加入《世界湿地公约》后，湿地概念才零星出现于个别法律中。在森林、海洋与湿地这地球三大生态系统中，森林和海洋的开发和利用都有法可依，唯独湿地还没有全国性法律的保护，湿地保护立法滞后，无法可依可能是湿地破坏严重的主要原因。目前当务之急应是做好湿地立法研究工作，处理好湿地立法与相关法律的衔接问题，争取早日出台湿地保护条例。

6.2 加强宣传教育，增强公众的湿地保护意识

目前，相当一些企业或个人，对保护湿地的重要性和黄河水污染造成的巨大灾害还认识得不够深入，常常出现牺牲湿地资源去追求经济发展、为获得当前利益而损害长远利益的现象。应利用各种现代宣传媒介，对湿地的重要作用进行大力宣传，切实提高全民湿地保护意识。引导人们坚持可持续发展，正确对待和处理当代与未来、眼前利益与长远利益的关系，对自己负责，对社会负责，对国家负责，对子孙后代负责，保持可持续发展。

6.3 充分利用现代信息技术对黄河流域湿地进行系统监测

利用现代信息科学技术，结合地质地貌、水文、气象等与湿地有关的成果资料，对黄河流域湿地进行全面系统地监测研究。通过获取流域湿地的现状和数

据,建立湿地资源基本资料库,有针对地对流域湿地进行全面与有效的保护。同时要加强地区之间的合作,及时交流有关信息,统一行动,协调保护。

6.4 加大资金投入,大力实施湿地恢复工程

加大资金投入力度,实施大规模退耕还湿,退牧还草的湿地生态恢复工程,如修筑围堤补充淡水、蓄积雨水,在高盐碱地域引进耐碱树种和草种等,尽可能恢复湿地原貌。据黄委会调查,目前,受黄河断流破坏的200多km^2的河道湿地得到修复,加上沿黄各地对河道湿地的保护,黄河下游河道湿地已能够稳定发育。

6.5 继续加强黄河水资源统一管理,合理配置水资源,保证生态用水

湿地的灵魂是水,要保护湿地的生态环境,维持黄河干流具有一定的流量对湿地的保护是十分必要的。黄河第五次调水调沙以来,约有2 000万m^3黄河水漫灌黄河三角洲湿地。大量淡水的注入,使黄河口湿地生态得以改观,以前裸露的盐碱地重新被茂密的植被覆盖,初步遏制了黄河三角洲湿地面积急剧萎缩的势头,对三角洲湿地生态系统的完整性、生物多样性及稳定性产生了积极的影响。

6.6 建立一大批黄河湿地自然保护区

在具备条件的地区抓紧建立一批湿地自然保护区,对不具备条件建立自然保护区的,要采取建立湿地公园或野生动植物栖息地等多种形式加强保护,努力扩大湿地保护面积。切实保护好黄河源区湿地。黄河源区湿地是黄河流域源头水源的汇集地和蓄存地,相对于干、支流,它是黄河水资源的重要来源,对保证整个黄河具有一定的生态用水及下游河道以及河口湿地的恢复和保护具有重要意义。

6.7 加快湿地的恢复、重建、保护和可持续利用技术研究

湿地保护,科技要先行。目前国际上湿地生态恢复尚处于起步阶段,整个黄河也缺乏十分成功的技术和实例。要加大资金投入,加强国际合作和交流,争取在黄河湿地的恢复、重建、保护和可持续利用技术方面有较大突破。

"关关雎鸠,在河之洲",这是展现湿地之美的一幅动人图画。然而,由上述可以看出,目前黄河湿地保护依然任重道远,形势不容乐观。逝者不可谏,来者尤可追。让我们从我做起,从现在做起,树立强烈的湿地保护意识,扎扎实实地做好黄河湿地的保护、恢复和重建工作,让黄河湿地在治理重金属污染和维持黄河健康生命,实现人与自然和谐发展中发挥重要作用。

参考文献

[1] Timfr, Michaele, Lassnan D P, et al. Evidence for iron, copper and zinc complexation as

muhinuclear sulphide clusters in oxic rivers [J]. Nature,2000,406:879 - 882.

[2] Quirin S. Studies assess risks of drugs in water cycle [J]. Nature,2003,424:5.

[3] 李会新.黄河三角洲湿地生态环境现状调查研究[J].中国环境管理干部学院学报,2006-9,16(3):34.

[4] 金岚.环境生态学[M].北京:高等教育出版社,1992.

[5] 戴树桂.环境化学[M].北京:高等教育出版社,2002:114 - 115.

[6] 王大力,尹澄清.植物根孔在土壤生态系统中的功能[J].生态学报,2000,20(5):869 - 874.

[7] 贺锋,吴自斌.水生植物在污水处理和水质改善中得到应用[J].植物学通报,2003,20(6):641 - 643.

[8] 魏树和,周启星.重金属污染土壤植物修复基本原理及强化措施探讨[J].生态学杂志,2004,23(1):65 - 72.

[9] Miersch M,Tschimedbalshir F,Barlocher,et al. Heavy metals and thiol compounds in Mucor racemosus and Arficulospora tetraeladia[J]. Myco1. Res,2001,105:883 - 888.

[10] Brix H. Use constructed wetland in water pollution control: Historical development,present status and future perspectives[J] . water science and technology,1994,30(8):209 - 223.

乌兰木伦河开发建设项目新增水土流失量分析研究

马　宁[1]　刘保红[2]　刘煊娥[3]　蔺　青[2]　王国臣[4]

（1. 黄河水利委员会绥德水土保持科学试验站；
2. 黄河水利委员会晋陕蒙接壤区水土保持监督局；
3. 黄河水利委员会黄河上中游管理局；4. 中国水利水电第十三工程局）

摘要：利用超渗产流原理，通过天然降雨、人工降雨、放水冲刷等定位试验研究，推出不同下垫面土壤入渗方程和径流泥沙关系曲线，对乌兰木伦河流域开发建设项目新增水土流失量进行了分析预测，并建立区域开发建设项目新增水土流失预测模型。结果表明：①弃渣直接入河量占新增流失总量的67.09%。②新增水土流失防治的重点是煤炭生产过程中弃土弃渣。

关键词：乌兰木伦河　开发建设项目　新增水土流失　预测研究

1　研究区域概况

1.1　自然环境概况

乌兰木伦河是黄河一级支流窟野河的上游支流，流域面积3 849 km^2，王道恒塔水文站控制面积3 839 km^2，主河道长138.1 km，在转龙湾以上地区称为上游，转龙湾和大柳塔之间称为中游，大柳塔以下称为下游。涉及内蒙古的伊金霍洛旗、准格尔旗、东胜区和陕西省的神木县等四个旗、县（区）。

流域多年平均气温7.3 ℃，多年平均降水量368.2 mm，7～9月降水量占年降水量的66.8%，多年平均风速2.5～3.6 m/s，最大风速19～24 m/s，在以干燥、少植被、粗沙为主的下垫面条件下，大风易引起沙尘暴，在流域内布设王道恒塔等17个雨量站，其分布见图1。

1.2　开发建设概况

在1986～1998年的13年间，乌兰木伦河流域内先后兴建了205个项目。其中，铁路1条，运煤支线2条，总里程达107.3 km；火车站7个，油路37条（段），总里程达320.99 km；兴建了乡村土路24条，总里程达281 km。同时，建设了2个现代化的工业小区及一系列与煤炭开采相配套的其他建设项目，流域

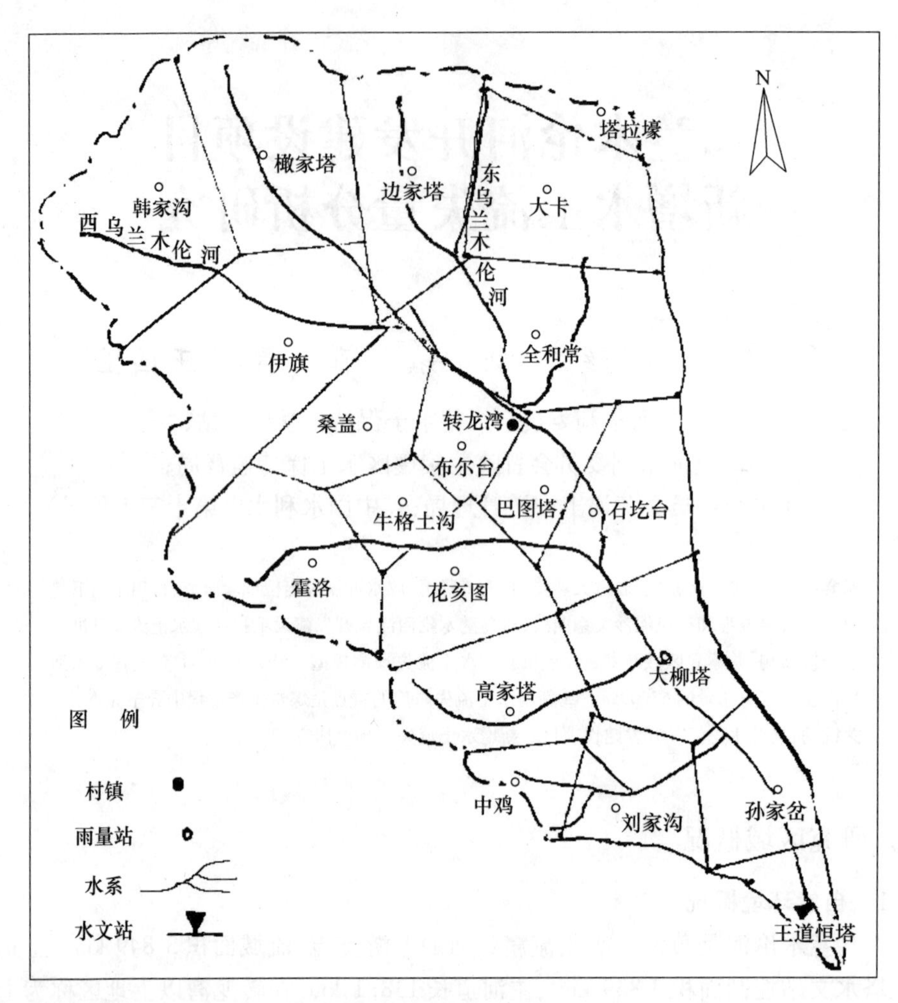

图1　雨量站分布图

内原有的两座城市(镇)的市镇建设也达到大规模的发展。主要开发建设项目统计情况见表1。

1.3　新增水土流失形态

开发建设项目新增水土流失主要表现形式分为四种。第一种称为弃土弃渣的水土流失,指开发建设过程中因废弃的土、岩石或其混合物未采取水土保持措施而任意堆放所产生的水土流失。第二种为裸露地貌的水土流失,指开发建设或生产过程中因破坏地表土壤结构,破坏地面植被,开挖岩土使土壤基岩裸露而造成新的地表面抗蚀力下降,比原地表新增的水土流失。第三种为堆垫地貌的水土流失,指开发建设或生产过程中根据设计使移动后的岩土按一定密实度在指定位置有序地堆放,因堆积体表面未采取水保措施或水保措施尚未发挥效能而产生水土流失。第四种为裂陷地貌的水土流失,指开发建设或生产过程中因施行地下挖、采而导致地表下沉、地面裂缝、地下水的运动结构破坏所产生的地表植被枯萎、死亡加重的风蚀、水蚀或穴陷、穴蚀等。根据观察,在开发建设项目中,第四种破坏新增水土流失量微小且侵蚀机理复杂。本次分析认为开发建设项目新增水土流失的主要来源地是弃土弃渣和人为扰动地面,并规定裸露地貌和堆垫地貌统称为“人为扰动地面”。

表1　乌兰木伦河流域开发建设项目统计

项目类型	项目名称	数量	生产规模
煤炭	1~5万t/a	45座	100.1万t/a
	5~10万t/a	45座	311万t/a
	10~30万t/a	10座	275万t/a
	大型露天矿	3座	2 190万t/a
	大型井矿	8座	
铁路	包神路	1条	99 km
	矿区专线	2条	8.3 km
	火车站	7座	
土路	乡村路	24条	281 km
配套项目		7个	

项目类型	项目名称	数量	生产规模
油路	二级	4条	62 km
	三级	11条	208 km
	进矿油路	15段	239.02 km
	进矿土路	7段	19 km
城镇(市)	工业小区	2座	
	城镇	1座	
	城市	1座	
其他	石料场	8个	10.63万m^3/a
	砖厂	4个	3 800万块/a
	焦化厂	2座	
	水泥制品厂	2座	

2　研究方法和内容

开发建设项目新增水土流失量主要包括开发建设产生的弃土弃渣和扰动地面新增的水蚀量、弃土弃渣直接入河产生的流失量和开发建设扩大土地沙漠化而增加的风蚀量。其中弃土弃渣直接入河道产生的流失量通过调查获得。

2.1　水蚀量分析

2.1.1　方法简述

根据超渗产流原理,当降雨强度大于下渗强度时地表产生净雨,净雨在水力坡降的作用下产生移动形成径流。不同的下垫面其土壤入渗能力和抗蚀性不同,在相同降雨作用下,地表产生径流的数量和侵蚀强度也就不同,弃土弃渣和扰动地面同原生地面的这些差异,导致新增水土流失的产生。

2.1.2　有关指标和公式

1)有关指标

为了便于计算,把开发建设项目归纳为点状项目、线状项目和其他项目三类,并对各类项目进行典型调查。在全面调查基础上,结合典型调查结果进行综合分析,确定各类开发建设项目的计算指标,同时考虑弃土弃渣和扰动地面的抗蚀性随时间的延伸而逐年提高因素。

2)有关公式

计算公式包括入渗方程和水沙关系方程,通过天然降雨、人工降雨和放水冲刷试验研究成果综合分析得到。入渗曲线为 Horton 曲线,方程形式为 $f = a + be^{-\beta t}$;水沙关系方程格式为 $y = f(x)$,当径流量 x 的单位取 m^3、产沙量 y 的单位取 t 时,关系方程为 $y = ax$。

2.1.3 计算步骤

1)超渗径流计算

计算过程为:① 降雨资料的选择与处理。选择产洪的 44 次降雨,并用自计雨量计观测降雨资料对标准雨量桶观测降雨资料进行按雨量比例还原处理,同时制作成降雨强度过程图;②开发建设项目相应雨量计算。对于点状项目,根据开发建设项目位于的几个雨量站的降雨量线性内插确定项目点的雨量,对于线性项目,根据流域内所有雨量站绘制的泰森多边形确定其计算雨量;③前期影响雨量计算。产流降雨的前期影响雨量计算公式为:$P_{a.t} = KP_{t-1} + K^2P_{t-2} + K^3P_{t-3} + \cdots + K^{15}P_{t-15}$,根据水文资料汇编《逐日降雨量摘录表》中的记录,分别计算各个雨量站逐次产洪降雨的前期影响雨量,作为建设项目前期影响雨量计算的基础;④降雨径流计算。下垫面上某时段产生的径流量,即是该时段的降雨量减去入渗量。依据某场降雨的雨强过程 $I—t$、前期影响雨量 Pa 及某类下垫面(不同类型、不同坡度)的入渗强度曲线 $f—t$ 和入渗能力曲线 $F—t$ 等资料采用初损后损法进行计算,详见超渗径流量计算示意图 2。

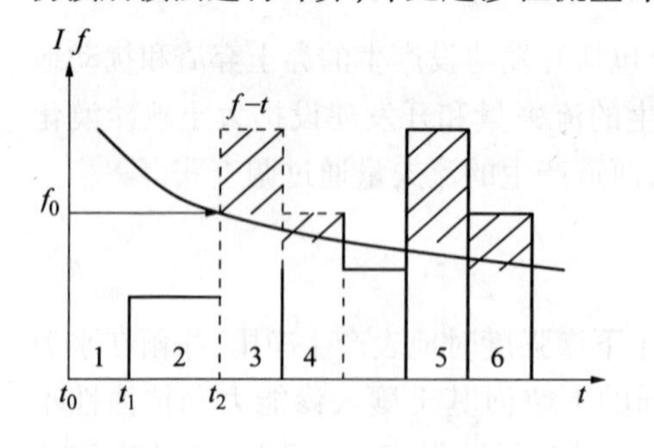

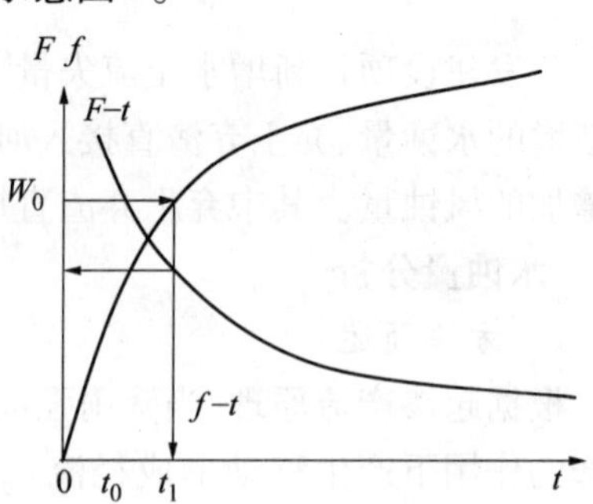

图 2 超渗径流量计算示意图

2)新增流失量计算

开发建设项目某类下垫面(弃土弃渣和扰动地面)的新增土壤流失量,是该下垫面上的侵蚀量与该下垫面下覆原生地面侵蚀量的差值,即:

$$W_S = W_{Si} - W_{0i}$$

式中：W_S 为某类下垫面的新增流失量；W_{Si} 为某类下垫面的侵蚀量；W_{0i} 为某类下垫面下覆原生地面的侵蚀量。

其中 W_S、W_{Si}、W_{0i} 分别由天然降雨、人工降雨和放水冲刷试验成果进行综合分析得到的水沙关系式 $W_{Si}=f(R_{Si})$ 和 $W_{0i}=f(R_{0i})$ 确定，R_{Si} 为某类下垫面上的径流量；R_{0i} 为某类下垫面下覆原生地面上的径流量，通过超渗径流量计算获得。

计算得到，乌兰木伦河流域开发建设项目弃土弃渣直接入河流失量为 3 407 万 t，扰动地面及其他弃土弃渣原地水蚀量为 1 311.21 万 t，水蚀总量为 4 718.21 万 t。开发建设新增水蚀量汇总见表 2。

表 2　乌兰木伦河流域开发建设项目新增水蚀量汇总表

侵蚀类型	项目名称	新增量（万 t）			侵蚀类型	项目名称	新增量（万 t）		
		扰动	弃土弃渣	小计			扰动	弃土弃渣	小计
原地侵蚀	煤矿：1～5 万 t	1.1	13.44	14.54	原地侵蚀	砖厂	1.32	20.64	21.96
	煤矿：5～10 万 t	1.47	23.86	25.33		石料厂	0.56	8.81	9.37
	煤矿：10～30 万 t	0.71	54.39	55.1		水泥预制厂	0.13	—	0.13
	神东公司大型矿	49.25	163.28	212.53		焦化厂	0.08	—	0.08
	铁路	52.18	343.74	395.92		城镇建设	19.75	—	19.75
	火车站	2.66	0	2.66		农村修建	25.17	—	25.17
	油路	50.62	313.29	363.91		原地侵蚀小计	282.88	1 028.33	1 311.21
	土路	46.21	58.88	105.09	弃渣入河流失	1986 年初～1993 年底	—	3 086.33	3 086.33
	进矿油路	18.8	23.65	42.45		1994 年初～1998 年底	—	320.67	320.67
	进矿土路	5.83	4.34	10.17		小计	—	3 407	3 407
	后勤保障企业	7.04	0	7.04		合计	282.88	4 435.33	4 718.21

2.2　风蚀增沙分析

2.2.1　风沙入河量计算

1）不同下垫面风速与输沙量的关系

应用中科院兰州沙漠在神东矿区野外定量观测建立的 6 种不同下垫面的风速与输沙量关系方程，方程形式为：

$$q_i = a \times v^n \tag{1}$$

方程中：q_i 为输沙量，单位 g/cm · min；v 代表风速，单位 m/s。

2）输沙量计算中风速的处理

本项目野外实地观测输沙量，风速是在距地面 2 m 高处进行的，观测时间为 1 min，而气象台站的自记风速资料是在 10 m 高度上观测获得的，因此，必须对

2 m高的风速仪和1 min的观测时距获得的风速进行订正。不同高度风速换算公式是：$V_{10}=k_n \cdot V_n$，不同观测时距风速换算公式为：$y_{10}=1.105+0.73x_1$。

3）不同下垫面单位宽度的输沙量

计算各类下垫面单位宽度在不同风向一年内的输沙量。计算公式为：

$$Q_i = q_i \times T_i \times 10^{-3} \tag{2}$$

式中：Q_i 代表某下垫面单位宽度年输沙量，单位为kg/(cm · a)；T_i 代表某风向大于起沙风速在一年的吹拂时间，单位为min。

4）进河沙量计算

进河沙量不仅与下垫面和风力状况有关，而且与河道流向以及各种地表类型在河岸的分布长度和部位有关，在一定风力条件下，河岸某地表类型进河沙量的多少，与该地表沿河分布的长度成正比。另一方面，进河沙量大小与风向同河道流向夹角的正弦成正比。计算公式为：

$$\sum Q_i = \sum q_i \times T_i \times 10^{-3} \times \sin\theta \times L_i \tag{3}$$

式中：$\sum Q_i$ 为某类型地表沿河长度为 L_i 时的年进沙量，θ 为风向与河流的夹角。

2.2.2　风蚀增沙估算

开发建设对入河沙量的影响，主要是沿河两岸扰动地面和弃土弃渣使地表沙化范围扩大，沙物质活性增强而导致的风蚀量增大，通过下式估算：

$$W_S = (M_{S1} - M_{S2}) \times F \times N \tag{4}$$

式中：W_S 为开矿后新增风蚀产沙量；M_{S1} 为开矿后风蚀产沙模数；M_{S2} 为原生风沙地貌风蚀产沙模数；F 为因开矿造成的人工裸地面积，通过调查获得；N 为预测年限。

其中开矿后风蚀产沙模数（M_{S1}）和原生风沙地貌风蚀产沙模数（M_{S2}），根据各个项目扰动地面前后地表的类型，分别选择相应下垫面的风速与输沙量关系方程式(1)和单位宽度的输沙量公式(2)及进河沙量计算公式(3)，即可计算该项目开发建设前后的年风蚀入河沙量。

经计算，因开发建设而造成的风蚀入河增沙总量为360.23万t，平均每年27.71万t。其中扰动地面增加327.6万t，弃土弃渣增加32.63万t。

3　预测方法

根据开发建设项目新增水土流失机理，在分析各类下垫面土壤入渗方程和坡面径流的水沙关系方程及新增土壤流失量计算过程的基础上，建立开发建设项目新增水土流失预测方法和模型。

3.1　新增土壤侵蚀系数法

新增土壤侵蚀系数法，是以原生地面侵蚀模数为基数，通过各类下垫面的土壤侵蚀系数,进行新增水土流失预测的方法。不同下垫面的土壤侵蚀模数 M_i 与原生地面土壤侵蚀模数 M_0 的关系为:

$$M_i = k_i M_0 \tag{5}$$

开发建设项目不同下垫面新增土壤侵蚀量为:

$$\Delta W_i = \gamma F M_0 \tag{6}$$

式中:k_i 为第 i 类下垫面的土壤侵蚀系数;M_i 为相应下垫面的侵蚀模数;M_0 为原生地面的侵蚀模数;ΔW_i 为新增土壤侵蚀量;F 为流域或区域面积;γ 为新增土壤侵蚀系数,$\gamma = (1 - k_i)$,各类下垫面的土壤侵蚀系数及新增土壤侵蚀系数推荐值见表3。

表3　开发建设不同下垫面新增土壤侵蚀系数推荐表

序号	下垫面类型	天然降雨试验结果	人工降雨试验结果	土壤侵蚀系数 k_i 范围	新增土壤侵蚀系数范围	备注
1	原生地面	1	1	1	0	原生地面为坡度在11°～17°之间,植被覆盖度小于5%的荒坡地,其侵蚀模数在8 000～10 000 t/km²·a之间。
2	扰动地面	1.46	2.97	1.4～3.0	0.4～2.0	
3	沙土路面		3.7	3.0～3.7	2.0～2.7	
4	沙壤土路面	2.64～2.91		2.2～3.0	1.2～2.0	
5	壤土路面	2.16		≤2.2	≤1.2	
6	弃土弃渣(综合)	2.37		≤3.0	≤2.0	
7	4年弃土弃渣		2.41	≤2.5	≤1.5	
8	当年弃土堆	4.49		≤4.5	≤3.5	
9	4年弃土堆		3.11	3.11	2.11	
10	7年弃土		1.7	1.7	0.7	
11	砾质灌木区	0.12		0.12	-0.88	
12	砒沙岩(原生地面)	0.7		0.7	-0.3	

3.2　数学模型

根据分析研究成果,拟和不同下垫面年侵蚀模数预测模型如下:

$$M = (R, J, Kw) \tag{7}$$

式中:M 为年侵蚀模数(t/km²);R 为年降雨侵蚀力(m.t.cm/(ha.h));J 为地面坡度(°);Kw 为土壤抗冲性指标(kg/(m².mm))。

开发建设项目不同下垫面新增水土流失预测模型见表4。

表4 年降雨侵蚀模数预报模型

下垫面类型	方程	相关系数 R
扰动	$M = 58.6R^{0.7507}Kw^{-0.2305}J^{1.0896}$	0.898 0
原生	$M = 60.2R^{0.8018}Kw^{0.0234}J^{0.6537}$	0.921 4
堆弃	$M = 517.7R^{0.8292}Kw^{-0.4492}J^{0.0249}$	0.917 6
堆弃(无坡度)	$M = 564.5R^{0.8419}Kw^{-0.4091}$	0.945 0

4 结论与讨论

根据以上分析,乌兰木伦河流域在1986~1998年期间,由于开发建设新增的入河沙量为5 078.44万t,其中风蚀入河量360.23万t,水蚀入河量1 311.21万t,弃渣直接入河量3 407万t。在新增流失总量中,煤炭生产系统(包括直接入河量在内)新增3 714.49万t,占总量的73.14%;运输系统新增920.2万t,占总量的18.12%;建材系统新增31.47万t,占总量的0.62%;农村及城镇建设新增44.92万t,占总量的0.88%。

参考文献

[1] 中科院兰州沙漠所邸醒民,杨根生,等.神府—东升矿区土地沙漠化环境影响报告,1991.

[2] 黄河水利委员会黄河水利科学研究院.内蒙古准格尔煤田第一期工程地表形态破坏环境影响评价报告书,1986-12.

[3] 陕西省水土保持勘测规划研究所.神府东胜矿区水土流失环境影响评价报告书,1987-12.

[4] 中国科学院黄土高原综合科学考察队.黄土高原地区北部风沙区土地沙漠化综合治理.北京:科学出版社,1991.

[5] 张胜利,张利铭,等.黄河水沙变化研究—神府东胜煤田开发对水土流失和入黄泥沙影响研究.郑州:黄河水利出版社,2002.

[6] 张胜利.黄河中游大型煤田开发对侵蚀和产沙影响的研究.见:黄河环境演变与水沙运行规律研究论文集.北京:地质出版社,1990.

[7] 王万忠,等.黄土高原降雨侵蚀产沙与黄河输沙.科学出版社,1996.

[8] 朱显谟.黄土高原水蚀的主要类型及其有关因素(三).水土保持通报,1982,1.

[9] 周佩华,等.黄土高原土壤抗冲性的试验研究方法探讨.水土保持学报,1993,7.

流域生态建设土壤理化性质变化研究

马三保　郑　妍　王彩琴　周　艳　金小利

（黄河水利委员会绥德水土保持科学试验站）

摘要:生态建设小流域中,通过对不同地形结构、不同措施的配置下土壤理化性状的基础指标测试,直接反映了土壤物理化学指标和水分变化的影响因素,研究说明生态建设有效地制约了区域土壤退化的演替和促进土壤的可持续利用等。

关键词:土壤研究　土壤退化　流域生态建设　黄土高原　土壤理化指标

1　试验区概况

试验监测区为黄河生态工程建设示范区,位于陕西省绥德县,属于黄河支流无定河中游,地理位置为东经110°16′~110°26′,北纬37°33′~37°38′,流域海拔高度在820~1 180 m之间,流域总面积70.7 km^2,属典型干旱半干旱季风气候,降雨集中在7~9月份,占全年降雨的64.4%,区内土壤质地疏松、地形起伏、地面破碎,沟壑密度5.34 km/km^2;主要土壤类型为黄绵土,地下水深20~60 m,流域内可耕地面积4 681.26 hm^2,其中农坡地面积2 745.01 hm^2,占耕地面积的58.6%;流域内农业生产主要依赖天然降雨,实行旱作农业,主要农林作物有洋芋、谷子、玉米、红枣和杏等干杂果类。

2　试验方法

2.1　试验小区布设

根据试验监测目的和土壤性质测定规范,选择不同地形坡地、梯田和坝地,不同措施配置乔木林、灌木林和农业用地等10种地类进行了土壤理化指标和水分监测,各类监测小区基本情况见表1。

2.2　试验内容及方法

2.2.1　试验的内容

试验选择以上10种地类进行监测土壤空隙度、容重、含水率等物理指标,有机质、速效氮、速效钾、速效磷和 pH 等化学指标以及不同时期的土壤水分。

2.2.2 试验的方法

表 1 土壤性质监测小区基本情况

小区号	地形地类	坡度	措施配置	监测面积
1	坡地农地	15°~30°	蓖麻	30 m×30 m×3
2	坡地草地	15°~25°	人工草地	1 m×1 m×3
3	梯田农地	1°~3°	黄豆	30 m×30 m×3
4	坝地农地	1°~4°	向日葵	30 m×30 m×3
5	退耕地	15°~35°	荒地	30 m×30 m×3
6	坡地乔木	20°~45°	油松	30 m×30 m×3
7	坡地灌木	20°~45°	紫穗槐	30 m×30 m×3
8	坡地经济林	15°~35°	枣树	30 m×30 m×3
9	梯田经济林	2°~5°	枣树	30 m×30 m×3
10	撂荒地	15°~45°	荒草地	30 m×30 m×3

(1)土壤物理指标,在野外选定的样区将表层 2~3 cm 土壤及所附植物残体刮去,然后用环刀法向下取土样 10~20 cm,进行室内测定。

(2)化学指标,在野外选定的样区将表层 2~3 cm 土壤及所附植物残体刮去,取土 0~25 cm 深度,用“s”型采样法将多点采集的土样混合约 1 kg 重,进行室内风干测定。

(3)土壤水分监测,用国际先进的土壤水分测定仪——时域反射仪测定土壤含水率,农牧草类型测定次数每月 15、30 日测定两次,测定深度为 20、30、50、100 cm 四层。林业类型每月 15、30 日测定两次。取土深度 20、30、50、100、150、200 cm 六层。

3 研究结果

3.1 土壤理化指标监测结果

试验采用的土壤理化指标是 1998 年和 2003 年度两次监测结果进行横向和纵向两个层面分析,理化监测指标见表 2。

从表 2 中的结果分析,各类土壤 5 年间理化指标发生了显著的变化,各种地类各类指标存在着不同水平的变化趋势,宏观上反映了土地利用方式不同,土壤性质变化有较大差异,农业用地土壤性质存在退化问题。土壤理化指标退化趋势分析列入表 3。

从不同地形各类耕作管理措施的纵向看，各类土壤退化次序依次为：农坡地 > 农梯田 > 农坝地 > 撂荒地 > 梯田经济林 > 坡地经济林 > 荒草地 > 坡地灌木林 > 坡地乔木林 > 坡地草地，从不同地类耕作管理横向监测指标分析，干容重和 pH 值与当地理论值差异较小，其他指标尤其是影响当地土地生产力的土壤空隙率、有机质、速效氮和速效磷存在显著差异，仅坡地草地土壤性质反映出一定的改良外，农地坡地、农地梯田和农坝地退化表现极为突出，表现出严重的肥力退化。

表 2　监测土壤养分测定结果表

编号	地类	干容重 (g/cm^3)		空隙率 (%)		速效氮 (mg/kg)		速效磷 (mg/kg)		速效钾 (mg/kg)		pH		有机质 (g/kg)	
		1998	2003	1998	2003	1998	2003	1998	2003	1998	2003	1998	2003	1998	2003
01	坡地乔木林	1.316	1.324	47.24	49.56	18.3	19.6	18.35	22.89	118.63	124.50	8.61	8.42	4.0	4.2
02	坡地枣树	1.337	1.350	50.08	50.52	7.8	8.0	11.82	14.42	133.60	59.85	8.53	8.49	7.4	1.7
03	坡地灌木林	1.322	1.321	50.02	49.05	11.5	12.7	11.5	14.68	88.95	94.50	8.48	8.43	4.8	2.7
04	荒草地	1.298	1.301	50.06	49.78	7.4	8.2	12.3	14.42	98.36	85.35	8.40	8.40	1.5	1.8
05	梯田经济林	1.388	1.417	46.43	46.01	9.2	10.3	12.27	13.41	131.48	85.50	8.67	8.42	5.3	2.2
06	农坡地	1.332	1.314	51.18	50.20	5.6	4.5	8.1	6.26	93.80	82.40	8.58	8.54	4.6	1.7
07	坡地草地	1.285	1.310	49.28	49.97	6.0	7.7	4.46	8.69	91.95	82.55	8.44	8.47	1.9	2.2
08	农地梯田	1.243	1.226	54.28	53.94	11.2	11.8	13.41	10.36	114.73	88.15	8.42	8.55	5.7	2.0
09	农坝地	1.249	1.257	51.66	51.56	17.6	15.1	21.46	19.72	93.80	85.75	8.85	8.44	4.6	3.3
10	撂荒地	1.315	1.301	51.12	50.78	8.1	7.2	10.84	16.42	71.85	88.35	7.80	7.40	3.7	1.5

表 3　土壤理化指标退化次序表

地类	干容重	空隙率	速效氮	速效磷	速效钾	pH	有机质
坡地乔木林	6	9	9	9	9	4	8
坡地枣树	7	7	4	6	1	6	1
坡地灌木林	4	2	8	7	8	5	6
荒草地	5	5	6	5	4	7	9
梯田经济林	9	3	7	4	2	3	3
农坡地	1	1	2	3	5	6	4
坡地草地	8	8	10	8	6	8	9
农地梯田	2	4	5	1	3	9	2
农坝地	6	6	1	2	7	1	7
撂荒地	3	4	3	10	10	2	5

3.2 土壤水分监测结果及分析

研究中土壤水分是水土保持生态示范区建设4年后，2003年度监测结果，水分监测结果见表4，水分分布曲线见图1、图2、图3。

根据土壤水分监测结果，不同地形坝地、梯田和坡地的土壤水分含量递减趋势较为显著，随着土层深度增加，水分稳定性越高；植物生长活动的不同时期，由于植物耗水量的差异，耗水较少的植物如荒草、人工草等所属地类含水量随着降雨很快得到补偿，而耗水较高的乔木林、灌木林地类水分补偿极为缓慢，并保持较长时间的土壤水分匮乏状态。在干旱的黄土丘陵区，不同地形地类水分分布规律有一个总的趋势，沟坝台田，土壤水分相对高而稳，坡地土壤水分差异性较大，尤其是配置耗水量较高的乔木、灌木地类，土壤水分长期处于匮乏状态。

表4　不同地类土壤水分监测表　(%)

地类	深度cm	5月31	6月15	6月30	7月01	7月16	8月01	8月15	9月01	9月15	9月30
草地	30	5.68	3.82	4.34	4.03	4.18	2.16	9.48	9.69	18.17	12.72
农坡地	30	6.77	6.64	4.06	4.63	3.56	5.16	10.8	7.32	9.85	9.68
梯田农地	30	7.39	2.38	5.82	5.47	5.54	5.42	12.8	7.58	17.43	10.89
农坝地	30	4.66	5.17	4.03	4.42	4.07	2.9	19.86	9.22	11.38	18.36
荒地	30	5.78	5.32	4.22	3.19	3.83	5.42	12.69	6.48	13.85	9.38
坡地乔木林	30	3.41	2.92	3.59	3.39	3.58	3.27	9.59	7.48	10.64	13.49
坡地灌木林	30	6.06	6.45	5.26	6.09	5.58	2.9	13.48	11.74	14.11	15.97
坡地经济林	30	5.58	2.92	4.88	2.78	3.58	3.27	9.59	7.48	10.95	13.44
梯田经济林	30	7.32	9.22	5.61	7.37	5.99	3.58	13.22	12.75	12.59	14.57
草地	100	4.85	5.69	4.91	4.68	3.5	2.84	6.98	13.69	13.07	15.07
农坡地	100	6.1	5.55	5.32	4.68	4.57	3.36	10.45	7.6	10.85	15.2
梯田农地	100	5.91	6.85	6.67	5.99	6.75	3.77	11.21	8.16	16.28	17.57
农坝地	100	4.32	6.33	5.77	6.46	5.4	2.53	11.94	18.29	11.32	16.35
荒地	100	3.2	3.78	4.2	3.96	3.45	3.31	9.71	7.7	9.61	9.71
坡地乔木林	100	4.33	3.72	3.25	3.93	3.45	2.84	5.37	7.29	9.92	13.84
坡地灌木林	100	6.83	8.74	8.09	7.83	5.57	3.88	5.17	11.63	11.88	20.45
坡地经济林	100	4.33	3.74	4.79	4.53	3.45	2.84	5.37	7.29	9.35	12.88
梯田经济林	100	8.05	8.03	7.59	7.88	6.82	6.36	16.38	10.18	9.35	11.49
撂荒地	100	3.18	3.78	4.2	3.96	3.29	3.31	9.71	7.7	9.61	9.71
坡地乔木林	150	4.61	4.68	3.01	4.22	4.02	3.19	5.08	7.33	8.79	13.51
坡地灌木林	150	6.84	9.32	8.88	8.22	7.32	4.45	3.09	4.24	13.19	16.62
坡地经济林	150	3.64	4.69	4.66	4.22	3.82	3.19	5.08	7.33	8.79	12.53
梯田经济林	150	10.52	7.85	10.48	9.06	10	8.53	10.89	10.89	9	12.55
撂荒地	150	3.12	4.39	4.41	4.57	3.64	3.72	2.41	4.92	9.84	14.04

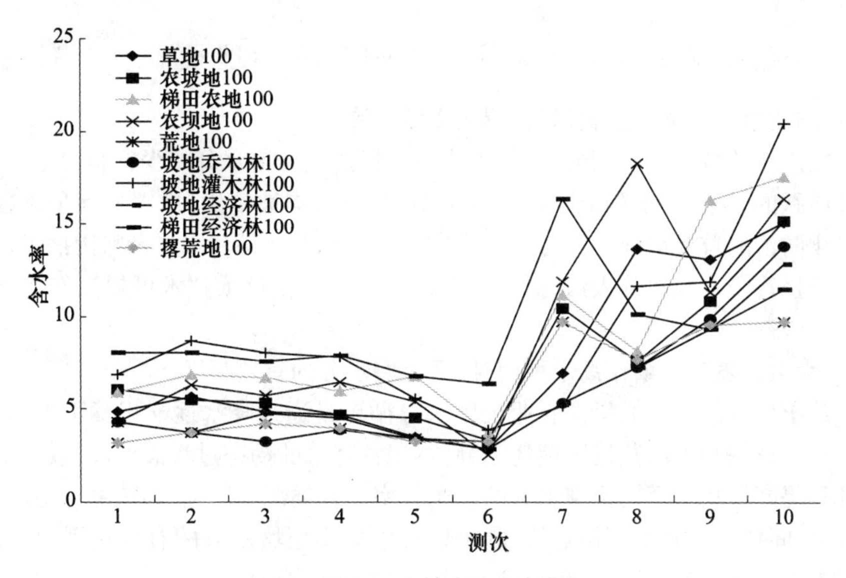

图 1　100 cm 土壤水分分布曲线

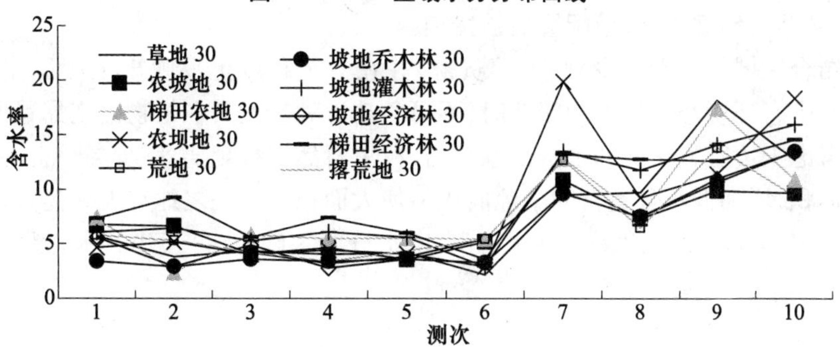

图 2　30 cm 土壤水分分布曲线

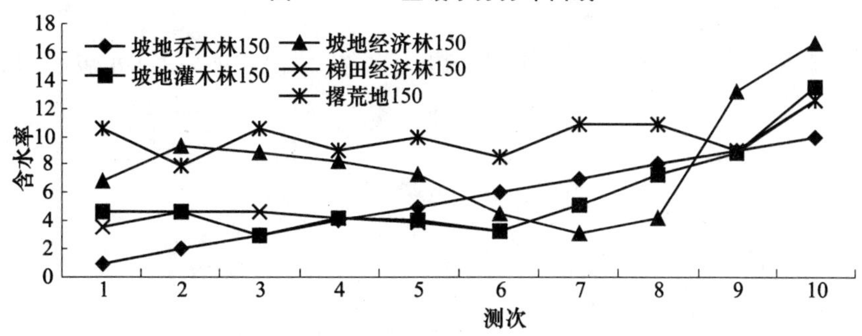

图 3　30 cm 土壤水分分布曲线

4 生态建设流域土壤有效利用和治理措施的合理配置

4.1 防止水土流失和土壤退化,提高土壤入渗

在广大的黄土丘陵沟壑区,水土流失不仅造成土壤水分减少,而且是土壤退化最活跃的因素,严重降低了水分利用率。所以,沟坡整治,拦蓄入渗是该区土壤退化防治的首要措施。同时在旱作农业的耕作时深翻和水平带状沟播可以提高农田拦蓄降水和水分入渗,据延安安塞多年试验仅该项技术可提高作物产量18% ~19%。

4.2 大力开发精耕细作高效种植,提高土壤水分的有效利用

黄土丘陵沟壑区的旱作农业土壤水分循环是通过降水逐渐积蓄于土壤中,又以植物蒸腾和土壤蒸发所消耗,然后再积蓄降水的动态过程。所以,减少土壤蒸发和提高植物生育期土壤水分的利用效率的各类保墒措施,如秋翻春耙、增施有机肥、间作套种和地面覆盖等,既可以有效提高土壤水分的有效利用,又可以改善土壤理化性状。

4.3 遵循自然规律,有效配置植被措施

结合区域气候干旱少雨、土壤贫瘠,并在一定程度上反映出土壤退化等问题。在生态环境修复和人为塑造时,不可急功近利。尤其在植物措施配置上,要充分考虑土壤肥力状况和水资源承载力,尊重自然演替规律,减少高耗水的乔灌木林面积,增加低水分运营的草地面积。使大面积的不毛之地首先绿起来,让竭力的土壤得到休整和改良,并存贮有一定水分的基础上,再营建乔木、灌木高等植被。

参考文献

[1] 卢宗凡,梁一民,刘国彬. 中国黄土高原生态农业. 陕西科学技术出版社,1997 - 03:182 - 183.

优良牧草多年生香豌豆在水土保持中的作用

闫晓玲

(黄河水土保持西峰治理监督局)

摘要:黄土高原地区,植被稀少,水土流失和风沙危害十分严重,生态环境日益恶化。同时,黄河上中游地区产生的大量泥沙进入黄河,导致黄河下游干流河床逐年提高。引进适宜栽培的优良水土保持植物迫在眉睫。西峰局以"气候相似论"为依据,从美国中西部地区引进牧草多年生香豌豆(Lancer),经过1998~2005年8年的试验研究和应用推广,证明多年生香豌豆在黄土高原沟壑区的适应性强,根系发达,覆盖度高,可作为治理水土流失、减少入黄泥沙、改善生态环境条件、改良天然草场的优良草种。

关键词:牧草　多年生香豌豆　保持水土

在生态系统中植物是最活跃的,具有调节气候、涵养水源、保持水土、防风固沙、净化空气、改良土壤、培育肥力的能力。草本植物有较强的适应性,能在多种不良环境下生长。多年生香豌豆是一种优良牧草,1998~1999年从美国引进,经过几年在黄土高原栽培试验,证明此种植物适宜该地区的生态环境(闫晓玲,2004),具有良好的作用。

1　试验目的

了解多年生香豌豆在黄土高原沟壑区的适应性、保持水土作用,用于黄河水土保持生态工程,提高水土保持生态工程建设的效益,并促进当地畜牧业发展,增加农民的收入。

2　试验区概况

试验区布设在甘肃省西峰东湖园诱试验站,位于北纬35°44′,东经107°38′,海拔1 421.9 m,多年平均降水量561.5 mm,其中7~9月的降水量占全年降水量的60%以上,平均气温8.3 ℃,平均日照时数3 060 h,总辐射量131 kcal/cm^3,无霜期162 d,≥10 ℃的年积温2 700~33 00 ℃。试验地土壤为黑垆土,土质为粉砂壤土。土壤养分贫瘠,病虫害严重。

3 材料与方法

3.1 试验材料

引种材料多年生香豌豆(Lancer)来源于美国中西部地区的内布拉斯加(Nebraska),详见表1。

表1 多年生香豌豆的名称、产地及引进种子质量检验情况

中文名	品种	拉丁文	英文名	产地	北纬	西经	气候	无霜期(月)	净度(%)	千粒重(g)	发芽率(%)
多年生香豌豆	Lancer	Lathyrus latifolius	Perennial	Nebraska	41°	100°	温暖,中少降雨,大陆性	5	95	50	69

3.2 观测方法

根系分布:根系分析按参考文献[2]所述方法测定。

4 结果与分析

4.1 物候期

豆科牧草多年生香豌豆与对照紫花苜蓿在黄土高原沟壑区进行栽培后,其物候表现情况见表2。

表2 多年生香豌豆与对照紫花苜蓿的物候观察结果

牧草名称	日期(月-日)									
	播种期	返青期	分枝期	现蕾期	开花期	结荚期	成熟期	枯黄期	生育天数	生长天数
多年生香豌豆	04-14	03-29	04-14	05-22	06-02	06-16	07-18	11-07	111	223
紫花苜蓿	05-03	03-14	03-20	05-30	06-20	06-24	07-20	10-22	160	223

多年生香豌豆一般4月中旬播种,当年不能开花结籽。第二年及其以后各年返青期均在3月下旬,生育天数为111天,生长天数达223天,返青期比紫花苜蓿迟5~15天,生育天数比紫花苜蓿少49天,但生长天数与紫花苜蓿相同。说明多年生香豌豆能适应本区的生态环境。

4.2 牧草生长量分析

牧草生长量测定情况见表3。

表3 多年生香豌豆与对照紫花苜蓿生长高度测定结果 (单位:cm)

牧草名称	4月	5月	6月	7月	8月	9月	10月	备注
多年生香豌豆	16.8	73.6	122.0	135.0	139.0	142.0	142.0	茎长300.0
紫花苜蓿	—	44.5	77.2	—	—	—	—	

多年生香豌豆生长高度为 142 cm，拉直茎长可达 300 cm，5～6 月生长速度最快，为速生期，进入速生期的时间和紫花苜蓿基本一致，但生长量比紫花苜蓿大，草层比紫花苜蓿高 64.8 cm。

4.3 几种牧草产草量分析

多年生香豌豆产草量测定情况见表 4。

表 4 多年生香豌豆与对照紫花苜蓿产草量测定 （单位：t/hm²）

牧草名称	一茬		二茬		总产量	
	鲜重	干重	鲜重	干重	鲜重	干重
多年生香豌豆	74.0	14.8	5.9	1.5	79.9	16.3
紫花苜蓿	28.8	15.1	9.8	1.9	37.8	17

多年生香豌豆鲜草产量为紫花苜蓿的 1 倍以上，干草产量与紫花苜蓿相近。

4.4 生态价值

4.4.1 多年生香豌豆的截留量

多年生香豌豆草层稠密，能承接大部分降雨。其与紫花苜蓿最大截留量的对比结果见表 5，同为 4 龄的多年生草，香豌豆的最大截留量为紫花苜蓿的 2.7 倍，甚至比天然中国沙棘的最大截留量（平均 1.35 mm）还大（胡建忠，2000）。加之主根较为发达，具有根瘤菌可以固氮，提高土壤肥力，所有这些，均有助于形成良好的土壤抗蚀性能和渗透性能，确保其水保性能的正常发挥。

表 5 多年生香豌豆与对照紫花苜蓿截留量统计表

植物名称	年龄	物候期	最大截留率（%）	最大截留量（mm）
多年生香豌豆	1	分枝期	25.19	0.35
	2	结荚期	20.53	1.64
	3	结荚期	20.11	1.61
	4	结荚期	23.27	1.86
紫花苜蓿	4	开花期	19.35	0.7

4.4.2 多年生香豌豆的根系分布

多年生香豌豆属于主根发达的直根系植物，其分层根数、长度、体积、重量等（30 cm × 30 cm 样方）主要参数见表 6。表 6 中仅为 50 cm 以上土层的数据，以下层次未进行测定。

多年生香豌豆根量、根长是衡量根系的两个重要指标。多年生香豌豆根系分布比较均匀，直径大于 10 mm 的具有固持土体作用的主根主要分布 10～30 cm 土层中，可以固土，直径小于 5 mm 的根在 0～10 cm 土层分布较多，可以防止雨水对地表的冲刷，对保持水土起到巨大的作用，同时也可以均匀地吸收土壤中的养分和水分,促进植株生长。

表6 多年生香豌豆根系分层结构数

土层 (cm)	根系直径 (mm)	根系		长度		体积		重量	
		个	%	cm	%	cm^3	%	g	%
0~10	20~30	3	1.42	39.9	0.88	40	29.63	58.4	31.33
	5~20	6	2.84	18.4	1.5	38	28.15	50	26.82
	4~5	5	2.37	63	1.38	17	12.59	28.6	15.34
	3~4	6	2.84	75.6	1.66	17	12.59	26.4	14.16
	2~3	4	1.9	34	0.75	8	5.93	9.6	5.15
	1~2	9	4.27	94.5	2.07	6	4.44	7	3.43
	<1	178	8.44	4 183	91.76	9	6.67	6.4	3.43
10~20	30~40	2	7.69	32	8.51	60	30.3	202	32.1
	20~30	4	15.38	60.8	16.18	80	40.4	266.3	42.32
	10~20	6	23.08	78	20.76	50	25.25	145.7	23.16
	5~10	1	3.85	16.4	4.37	6	3.03	12.4	1.97
	<1	13	50	188.5	50.17	2	1.01	2.8	0.45
20~30	20~30	3	4.29	42	6.01	62	53	215.4	68.19
	5~20	8	11.43	116	16.59	30	25.64	79.3	25.1
	4~5	8	11.43	96	13.73	20	17.09	17.7	5.6
	1~4	5	7.14	36	5.15	2	1.71	1.5	0.47
	<1	46	65.71	409.4	58.54	3	2.56	2	0.63
30~40	10~20	4	7.84	48	11.88	41	49.4	112.1	66.93
	5~10	21	41.12	172.2	112.61	20	24.1	49.1	29.31
	3~4	6	11.76	68.4	16.93	2	2.41	4.5	2.69
	<1	21	41.18	115.5	28.58	2	2.41	1.8	1.07
40~50	20~30	3	3.75	35.4	3.01	30	20.98	80.3	23.01
	10~20	6	7.5	81.6	6.94	40	27.97	96.8	27.74
	5~10	10	12.5	121	10.28	35	24.48	76.8	22.01
	4~5	8	10	92	7.82	14	9.79	42.7	12.23
	1~4	29	36.25	594.5	50.53	20	13.99	48	13.75
	<1	24	30	252	21.42	4	2.8	4.4	1.26

5 结论

多年生香豌豆适宜黄土高原沟壑区生态环境条件,能完成从种子到种子的生长繁育过程。越冬率、越夏率都很高。多年生香豌豆在黄土高原沟壑区生长迅速,产草量高。鲜草产量可达79.9 t/hm²。分枝众多,匍匐型的茎互相攀援,形成稠密的草层,自然高度可达140 cm左右,茎长可达3 m以上;通过其根瘤的固氮作用，可以促进与其间作的林木快速生长。花期长，花朵美丽，在园林绿化上大有作为。其草层稠密，最大截留量为 1.86 mm，是紫花苜蓿的 2.7 倍，甚至比天然中国沙棘林的最大截留量（平均 1.35 mm）还大，是保持水土的第一道防线，首先截留了大部分雨水，减少对地面的冲刷。

多年生香豌豆根系发达，具有的根瘤菌可以固氮，提高土壤肥力，形成团粒结构；且根系分布比较均匀，直径大于 10 mm 具有固持土体作用的主根主要分布在 10～30 cm 土层中，可以固土；直径小于 5 mm 的根在 0～10 cm 土层分布较多，所有这些，均有助于提高土壤抗蚀防冲作用及渗透性能，从而防止水土流失，减少入黄泥沙，确保水土保持作用的正常发挥。推广种植多年生香豌豆对调整农业产业结构，恢复草原生态，实现畜牧业集约化经营，建立高效优质人工草地和饲料地将起到主导作用。

参考文献

[1] 闫晓玲. 甘肃西峰牧草引种试验[J]. 草原与草坪，2004（2）；53～56.

[2] 甘肃农业大学草原系. 草原学与牧草学学习实习实验指导书[M]. 兰州：甘肃科学技术出版社，1991.

[3] 胡建忠. 沙棘的生态经济价值及综合开发利用技术[M]. 郑州：黄河水利出版社，2000.

参考文献

河流工程及河流生态

（Ⅰ）

生态水力半径法估算河道生态需水量

刘昌明[1,2]　门宝辉[3]

（1. 中国科学院地理科学与资源研究所，陆地水循环及地表过程重点实验室；
2. 北京师范大学水科学研究院水沙科学教育部重点实验室；
3. 华北电力大学水利水电工程系）

摘要：本文提出了一种考虑河道信息（水力半径、糙率、水力坡度）和维持某一生态功能所需河流流速的生态水力半径法。这个方法不仅能更好地适应鱼类洄游对流速的要求，而且适用于与其他生态问题相关的生态水流计算（如河道输沙和污染自净等河道内流量计算）。以估算雅砻江支流泥曲朱巴站河道内的生态需水量为例，说明了生态水力半径法的计算过程。结果表明，生态水力半径法计算朱巴站河道内生态流量基本处于 Tennant 法计算的最小和适宜生态需水量之间；由于该方法考虑了生态流速（如鱼类洄游流速），故所得的结果符合实际情况。此外，本文还从输沙需水量的概念出发，定义了河道允许流速即不冲不淤流速，提出了估算输沙需水量的生态水力半径法。以道孚站为例，说明了生态水力半径法的计算过程。计算结果表明，生态水力半径法计算道孚站汛期输沙需水量一般占汛期平均流量的 29.7% ~ 59.5%，1966 ~ 1987 年河道输沙需水量平均值为 100.2 m^3/s，与河道输沙需水量概念计算的河道输沙需水量 90 m^3/s 较为接近。结果说明，生态水力半径法计算输沙需水量是可行的。

关键词：生态水力半径　河道生态需水量　河道输沙需水量　允许流速

随着全球气候变化、生态环境恶化和水资源短缺，生态（环境）需水量越来越受到人们的关注。于是，生态（环境）需水量研究已经步入繁荣时期。目前，生态需水量的理论仍处于建立阶段，在某些文献中被称之为环境用水或生态与环境用水。然而，至今还没有确切的定义。

研究生态（环境）需水量的主要目的是为了实现人类社会和自然之间的和谐，避免人类生产生活占用生态系统用水需求，实施最优化的流域水资源分配，并提供实现流域生态可持续发展的科学依据。通常而言，流域生态需水量分为河道内和河道外用水来进行研究。本文主要集中研究河道内生态需水量。

基金项目：本文是国家重大基础研究项目（批准编号：G19990436 - 01）、华北电力大学博士学位教师科学研究基金（200622018）和中国博士后科学基金资助（批准编号：2005037430）。

1　河道内生态需水量计算方法

目前,河道内生态需水量的计算方法主要分为以下四类:①水文法:该方法是确定一个保护河流流量权所需的最小流量标准。这是一种非现场方法,得到的是基于历史流量数据之上的河流流量,而不是现场测量数据。主要有 Tennant 法（或 Montana 法）、7Q10 法和 Texas 法。②水力学法:例如湿周法和 R2 - CROSS 法。该方法通过水力学参数(如河宽、水深、流速、湿周等)来确定河流流量需求。③栖息地法:典型的有 IFIM 法。该方法需要研究确定的水力条件和与水文序列相对应的鱼类栖息地参数。④整体法:典型的有 BBM（建模法）。该方法已经在南非得到广泛的应用。

此外,中国学者主要是对稀释污染物的清洁需水量、输沙需水量、防止海水入侵的河道内最小需水量和地表蒸发生态需水量进行大量的研究,并提出了许多相关的计算方法。由于中国多数河流生态需水量研究多是以水文学数据和水质数据为基础,较偏向于宏观尺度,计算方法仍然不完善。

对给定的河流而言,理想的生态需水量计算方法应该能够量化所有的参数,能够反映所有参数之间的相互关系。但至今还没有这样一个理想化的方法。我们在运用任一现有方法的时候,必须对其进行认真的评价。自然环境和生物上的相似性对成功运用这些方法起到重要的作用。尽管两个相邻流域地质条件和流域面积相似,但对于枯水的敏感性也可能截然不同,因此充分的数据源支持是另一个研究成功的必要条件。

在上述基础上,本文将采用生态水力半径法,充分利用水生物信息(鱼类洄游流速)、水力学信息(河道输沙需水不淤积流速)和河道信息(水位、流量、糙率)来估算河道内生态需水量。

2　方法原理

2.1　生态水力半径法估算河道内生态需水量

2.1.1　假设条件

生态水力半径法主要是指某一天然河流的过水断面的生态流量。这是一个相对宏观尺度上的变量。为了减少不同流速分布对河道湿周的影响,生态水力半径法有两个假设条件:一是天然河流的流态属于明渠均匀流;二是流速采用河道横断面的平均流速。

2.1.2　基本原理

在两个假设条件和相关概念的基础上,生态水力半径法估算河道内生态需水量的基本原理将在下文列出。

按照明渠均匀流公式,可以得到水力半径 R、横断面平均流速 $\bar{v}$、水力坡度 J 和糙率系数 n 之间的相互关系,即

$$R = n^{3/2}\bar{v}^{3/2}J^{-3/4} \tag{1}$$

其中,糙率系数 n 和水力坡度 J 是河道水力参数(即河道信息)。

如果横断面的平均流速赋予生物含义,例如将上述的生态流速(适应鱼类产卵洄游的流速) $v_{生态}$ 视为横断面的平均流速,并将水力半径也赋予生态意义(即生态水力半径) $R_{生态}$,那么,我们就能够计算出满足维持河流特定生态功能生态需水量的横断面流量(如鱼类洄游)。

2.1.3 生态水力半径法确定生态需水量

本文以计算满足水生生物和鱼类产卵洄游的生态需水量为例,介绍运用生态水力半径法计算河道生态需水量的基本过程。

首先根据河道内满足水生生物的流速 $v_{生态}$(根据鱼类栖息地和产卵季节以及河流尺度,一般为 0.4 ~ 2.5 m/s)、河道糙率系数 n 和河道的水力坡度 J,计算出河道过水断面的生态水力半径 $R_{生态} = n^{3/2}v_{生态}^{-3/2}J^{-3/4}$,再利用生态水力半径 $R_{生态}$ 来估算过水断面面积 A。其次,得到 $A \sim R$ 的关系,利用 $Q = n^{-1}R^{2/3}AJ^{1/2}$ 计算的流量,即含有水生生物信息和河道断面信息的生态流量,进而估算出某一过水断面一段时间的生态需水量($Q_{生态}$)。最后,确定洄游时段($T_{生态}$),计算出生态径流量。

2.2 生态水力半径法估算河道内输沙需水量

2.2.1 确定允许流速

允许流速即不冲不淤流速,也就是既不使河流遭受冲刷又不使河流发生淤积的流速。对于河流的某一段,允许流速所对应的流量即为河道内输沙需水量。允许流速 v_c 在不冲、不淤流速范围内,即

$$v_{min} < v_c < v_{max} \tag{2}$$

式中:v_c 为允许流速;v_{max} 为不冲流速;v_{min} 为不淤流速。

允许流速一般由试验来确定。其中 v_{max} 取决于河床的土质情况,即土壤种类、颗粒大小及密实程度,或取决于渠道的衬砌材料以及渠中流量等因素。v_{min} 视水中含沙量、含砂粒径及水深而定,也可按经验公式计算,即:

$$v_{min} = \beta h_0^{0.63} \tag{3}$$

式中:h_0 为河道正常水深(对于天然河流为平均水深);β 为淤积系数,与水流挟沙情况有关。

当水流挟带粗沙时,$\beta = 0.60 \sim 0.70$;挟带中沙时,$\beta = 0.54 \sim 0.57$;挟带细沙时,$\beta = 0.39 \sim 0.41$。对于南水北调西线一期工程水源区水文站点一般都缺少泥

沙级配资料,所以可取 $\beta=0.60$。根据式(3)即可得到不淤流速,由于允许流速处于不冲和不淤流速之间,所以取允许流速为不淤流速中的最大值,即

$$v_c=\max\{v_{\min i}\}\quad i=1,2,3,\cdots \tag{4}$$

2.2.2 确定生态水力半径

根据以上确定的允许流速,利用公式 $R=n^{3/2}{v_c}^{3/2}J^{-3/4}$,即可得到满足河流不冲不淤的输沙生态水力半径,用 R_s 表示。再根据生态水力半径与流量的关系 $R_{生态}\sim Q$ 来推算生态水力半径所对应的生态流量。

3 应用案例一

下面是通过生态水力半径法估算河道内生态需水量的案例。作为唯一的南水北调西线工程调水区雅砻江支流泥曲的水文站,朱巴站位于东经 100°41′、北纬 31°26′。朱巴站建立于 1959 年,流域面积约为 6 860 km^2,从 1960 年 5 月开始观测数据(水位、流量和横断面等数据)。

3.1 基本数据选择

对于运用生态水力半径法估算河道内生态需水量,基本的参数(A、P)是必要的。因此,在运用该方法估算河道内生态流量时,只有同时具有河道横断面观测信息数据、流量 Q、水位 Z 等资料的年限方能适用该方法。案例一选用了朱巴站从 1972～1987 年共 15 年的数据(1982 年因缺失横断面实测信息而除外)来估算朱巴站每年河道内的生态需水量,其中选用的数据包括横断面实测信息水文数据、月均水位、月最高水位、月最低水位、月均流量、月最大流量、月最小流量等。本文将以 1980 年为例来说明应用生态水力半径法估算河道内生态需水量的过程。

3.2 估算步骤

3.2.1 估算生态水力半径

根据上文提及的估算过程,首先要确定满足河道内水生生物生活和栖息地需求的 $v_{生态}$。参照实地调查和文献信息,河流中的鱼类主要是 Schizotorax (Racoma)、Nemachelus 和 Euchiloglantis kishinouyei Kimura. 另外,泥曲是雅砻江的三级支流,$v_{生态}$ 为 0.6 m/s,河道糙率系数选为 0.031,河道水力坡度 J 为 4/1 000。因此,河道横断面的生态水力半径 $R_{生态}=n^{3/2}v_{生态}^{3/2}J^{-3/4}=0.9$ m。

3.2.2 确定 $Q\sim R$ 关系

通过横断面实测信息(图 1,泥曲朱巴站 1980 年实测横断面)和水位数据,我们能够估算不同水位情况下河道横断面的水力半径(图 2)。

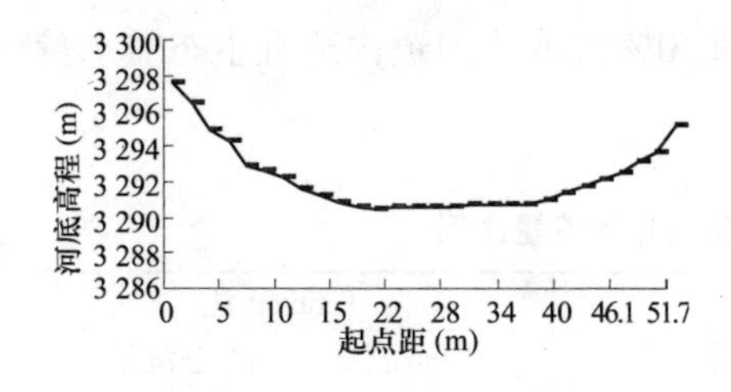

图 1　朱巴站天然河道实测横断面图

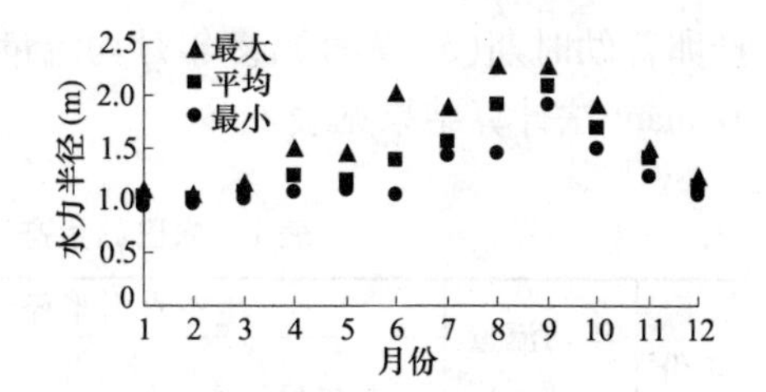

图 2　泥曲朱巴站河道横断面的水力半径(1980)

依照流量序列(图 3)和上述计算的水力半径,我们能够估算 Q 和 R 之间的关系(图 4)。

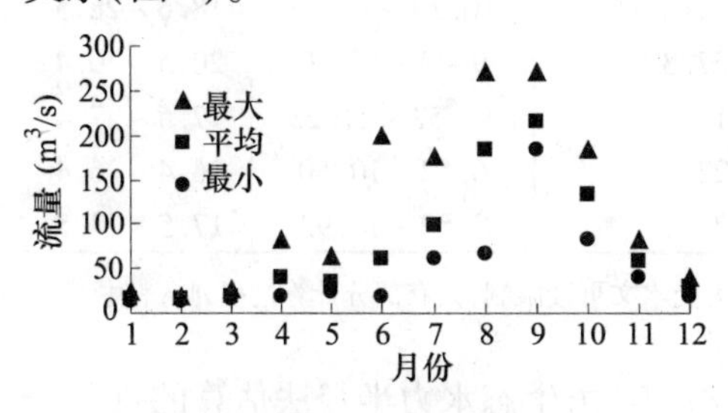

图 3　泥曲朱巴站流量(1980)

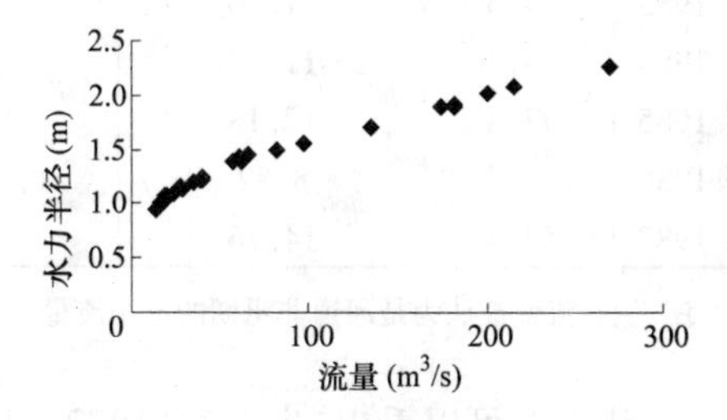

图 4　朱巴站 $Q \sim R$ 关系图(1980)

通过幂函数进行拟合,我们能够估算 $Q \sim R$ 关系,即 $Q = 16.774\ R^{3.6331}$,相关系数为 0.99。

3.2.3　计算生态需水量

按照计算的 $R_{生态} = 0.9\ \mathrm{m}$、$Q = 16.774\ R^{3.6331}$,得到朱巴站 1980 年的生态需水量:

$$Q_{生态} = 16.774 \times 0.9^{3.6331} = 11.44(\mathrm{m^3/s})$$

通过在上文用到估算河道内生态需水量的生态水力半径法,估算出了从 1972 年到 1987 年间泥曲朱巴站满足水生生物生活和栖息地需求的年生态需水量(表 1)。

3.3　讨论分析

为了检验生态水力半径法是否符合实际情况,我们采用 Tennant 法计算与生态水力半径法同期的河道内生态需水量。

按照 Tennant 法计算标准,可以得到河道内最小生态需水量。在一般目的用水期(8 月 ~ 翌年 4 月),多年月均流量的 10% 被取为河道内最小生态需水量。在鱼类产卵育幼时期(5 ~ 7 月),多年月均流量的 30% 被取为河道内最小生态需水量。同样可以得到河道内适宜生态需水量。在一般目的用水期(从 8 月 ~ 翌年 4 月),多年月均流量的 20% 被取为河道内适宜生态需水量。在鱼类产卵育幼时期(5 ~7 月),多年月均流量的 40% 被取为河道内适宜生态需水量。Tennant 法计算结果见表 1。

表 1　朱巴站生态流量占年均流量比例

年份	年均流量(m^3/s)	生态水力半径法		Tennant 法	
		生态流量(m^3/s)	生态流量/年均流量(%)	生态流量(m^3/s)	生态流量/年均流量(%)
1972	57.8	13.43	23.2	11.30 ~ 17.05	19.6 ~ 29.5
1973	43.5	12.48	28.7	7.57 ~ 11.91	17.4 ~ 27.4
1981	66.1	11.03	16.7	11.37 ~ 17.96	17.2 ~ 27.2
1983	54.5	11.70	21.5	10.13 ~ 15.55	18.6 ~ 28.5
1984	44.4	12.13	27.3	9.09 ~ 13.50	20.5 ~ 30.4
1985	77.4	12.18	15.7	13.52 ~ 21.22	17.5 ~ 27.4
1986	39.8	8.82	22.2	6.52 ~ 10.50	16.4 ~ 26.4
1987	54.4	14.76	27.1	9.53 ~ 14.93	17.5 ~ 27.5

注:生态流量被认为是河道非汛期的最小流量,因为受本文页数限制,只有部分计算过程列入表中。

从表 1 可以看出,朱巴站(1972 ~1987 年)由生态水力半径法估算的每一年度河道内生态需水量基本上在 Tennant 法估算的最小和适宜生态需水量数值之间。其中,1973 年生态水力半径法估算出的生态需水量是 0.51 m^3/s,高于 Tennant 法计算出的适宜生态需水量。然而 1981 年和 1985 年生态水力半径法估算出的生态需水量分别为 0.34 m^3/s 和 1.34 m^3/s,低于 Tennant 法计算出的最小生态需水量。由于需要主要考虑地方性水生生物和气候特征,本文 Tennant 法的计算标准就对应考虑了地方性的河流生态和环境条件。总之,生态水力半径法估算河道内生态需水量的结果通过 Tennant 法得以检验。但是,生态水力半径法比 Tennant 法的定量估算更为客观,避免了 Tennant 法人为设定计算标准的缺点。

4　应用案例二

生态水力半径法的关键是确定生态水力半径。估算生态水力半径的主要因素是估算生态流速,即是不淤不蚀的允许流速。下文将以估算道孚站的河道内输沙需水量为例,来解释生态水力半径法的计算过程。

4.1　估算允许流速

利用河流平均水深、β 值和公式(3),计算道孚站 1987 年不淤积流速 v_{min} 的变化情况(图 5)。

根据图 5 中不淤积流速的变化情况,选用 $v_c = 1.16$ m/s 作为汛期输沙的允

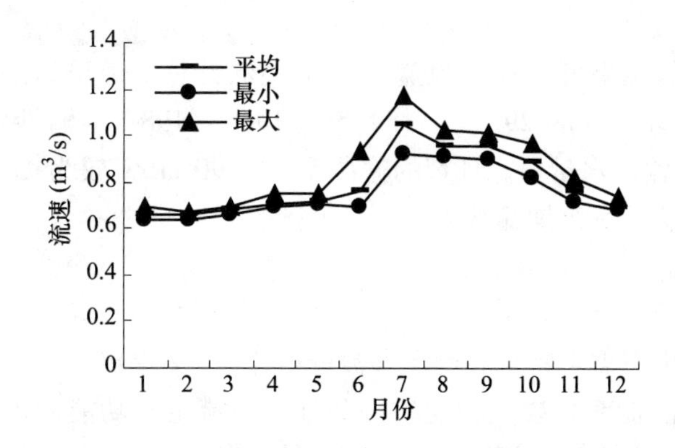

图 5 道孚站(1987 年)一年内不淤积流速变化情况

许流量。

4.2 估算输沙的生态水力半径 R_s

利用公式 $R = n^{3/2} v_c{}^{3/2} J^{-3/4}$，基于文献，道孚站河道糙率系数为 $n = 0.031$，水力坡度为 $J = 8/10\ 000$。因此，输沙生态水力半径就是 $R_s = 0.031^{1.5} \times (8/10\ 000)^{-0.75} = 1.4\ (\mathrm{m})$。

4.3 估算输沙流量

按照表 2 中流量和水力半径的关系 $Q = 23.598\ R^{3.406\ 6}$，$r^2 = 0.988\ 3$，我们能够得到相应水力半径的输沙流量 $Q_s = 23.598 \times 1.4^{3.406\ 6} = 74.2(\mathrm{m^3/s})$。

案例二运用上文提及的生态水力半径法，估算作为南水北调工程西线一期水源的道孚站汛期河道内输沙需水量。计算结果见表 2。

表 2 道孚站河道内输沙需水量

年份	6~9 月平均流量 (m^3/s)	允许流速 (m/s)	输沙生态水力半径 (m)	流量和水力半径关系	水力半径法	
					河道内输沙需水量 (m^3/s)	河道内输沙需水量 6~9 月平均水量(%)
1966	273.00	1.18	1.47	$Q = 32.088\ R^{2.809\ 9}$, $r^2 = 0.987\ 7$	94.7	34.7
1967	154.75	1.13	1.37	$Q = 29.082\ R^{3.100\ 1}$, $r^2 = 0.989$	77.2	49.9
1968	261.75	1.21	1.54	$Q = 31.327\ R^{2.921}$, $r^2 = 0.994\ 3$	110.6	42.3
1980	293.75	1.19	1.49	$Q = 29.562\ R^{3.007\ 2}$, $r^2 = 0.982\ 9$	98.1	33.4
1982	329.25	1.23	1.57	$Q = 25.589\ R^{3.155\ 4}$, $r^2 = 0.979\ 6$	149.6	45.4
1983	203.75	1.19	1.50	$Q = 25.969\ R^{3.245\ 6}$, $r^2 = 0.979\ 7$	96.8	47.5
1984	226.75	1.29	1.7	$Q = 24.276\ R^{3.177}$, $r^2 = 0.971\ 4$	121.4	53.5
1985	390.75	1.34	1.78	$Q = 22.896\ R^{3.195\ 2}$, $r^2 = 0.969\ 2$	144.5	37.0
1986	150.45	1.08	1.28	$Q = 24.073\ R^{3.515\ 9}$, $r^2 = 0.974\ 2$	57.3	38.1
1987	271.25	1.17	1.46	$Q = 23.598\ R^{3.406\ 6}$, $r^2 = 0.988\ 3$	85.7	31.6
平均					100.2	

注：因为文章页数限制，只有部分计算结果列入表中。

从表2计算结果可以看出，生态水力半径法计算的道孚站汛期输沙需水量一般占汛期平均流量的29.7%～59.5%，1966～1987年输沙流量平均值为100.2 m^3/s，与输沙水量概念计算的输沙需水量90 m^3/s较为接近。结果说明，生态水力半径法计算汛期输沙需水量是可行的。

5 结论

基于河流生态需水特点和确定参数的要求，本文提出了一种同时考虑河道信息（水力半径、糙率系数、水力坡度）和维持河流生态功能所需河流流速的生态水力半径法。特定时期河道内生态需水量可以通过 Q 和 R 关系曲线，由确定的 $R_{生态}$ 进行估算。

本文运用新提出的生态水力半径法，来估算朱巴站从1972年到1987年（1982年除外）共15年的年度生态需水量。结果表明：水力半径法计算朱巴站河道内生态需水量基本处于Tennant法所计算的最小和适宜生态需水量之间；由于该方法考虑了生态流速（如鱼类洄游流速），故所得结果符合南水北调西线区域的实际情况。生态水力半径法综合了水文学（横断面、流量、水位信息等）和水力学（曼宁公式），因而避免了湿周法因定义临界点引起不确定性的缺点。

同时，我们通过确定允许流速 v_c 和输沙生态水力半径 R_s，运用生态水力半径法来估算河道内输沙需水量，还依据道孚站多年淤积数据（1966～1987年，1969年、1970年和1981年除外）估算了汛期时河道内的输沙需水量。估算结果表明：生态水力半径法计算道孚站汛期输沙需水量占汛期平均流量的29.7%～59.5%，1966～1987年输沙流量平均值为100.2 m^3/s，与输沙水量概念计算的输沙需水量90 m^3/s较为接近。结果说明，生态水力半径法计算输沙需水量是可行的。这提供了估算河道内输沙需水量的新方法。

新提出的方法不仅适用于水生系统如鱼类栖息地和输沙需水量的流速分析，而且可用于确定稀释污染物的清洁需水量，这是生态水力半径法最突出的特征。

参考文献

[1] Li L. J., Zhang H. X.. Environmental and ecological water consumption of river systems in Haihe－Luanhe Basins[J]. Acta Geographica Sinica (in Chinese), 2000, 55(4): 495－499.

[2] Tennant. D. L.. Instream flow regimens for fish, wildlife, recreation, and related environmental resources, in Orsborn, J. F. And Allman, C. H. (eds)[M]. Proceedings of Symposium and Specility Conference on Instream Flow Needs Ⅱ American Fisheries Society, Bethesda, Maryland. 1976. 359－373.

[3] Caissie D. , El – Jabi N. , Bourgeois G. Instream flow evaluation by ydrologically – based and habitat preference (hydrobiological) techniques[J]. Rev Sci Eau, 1998, 11(3): 347 – 363.

[4] Mathews. R. C, Bao, Yixing. The Texas method of preliminary instream flow assessment [J]. Rivers, 1991, 2(4):295 – 310.

[5] Ubertini L. , Manciola P. , Casadei S. Evaluation of the minimum instream flow of the Tiber river basin[J]. Environmental Quality in Watersheds. 1996,41(2): 125 – 136.

[6] Christopher. J. Gippel and michael J. Stewardson, use of wetted perimeter in defining minimum environmental flows [J]. regulated rivers: research & management, 1998, 14: 53 – 67.

[7] Mosely. M. P. The effect of changing discharge on channal morphology and instream uses and in a braide river, Ohau River, New Zealand[J]. Water Resources Researches, 1982, 18:800 – 812.

[8] Yang Z. F. , Zhang Y. . Comparison of methods for ecological and environmental flow in river channels[J]. Journal of Hydrodynamics (in Chinese), 2003, Volume A, 18 (3): 294 – 301.

[9] Gore J A, King J M, Ha mman, K C D. Application of the instream flow incremental methodology to Southern African Rivers: Protecting Endemic Fish of the Olifants River[J]. Water Sa Wasadv, 1991,17(3): 225 – 236.

[10] Stalnaker. C. B, Lamb. B. L, Henriksen. J, et al. . The instream flow incremental methodology: a primer for IFIM. National Ecology Research Center[M]. International Publication, Fort Collins, Colorado, USA, 1994, 99.

[11] King. J. M. , Tharme, R. E. . Assessment of the instream flow incremental flow methodology and initial development of alternative instream flow methodologies for South Africa[J]. Water Research Co mmission Report, 1994. 295(1): 590.

[12] Rowntree. K, Wadeson. R. A geomorphological framework for the assessment of instream flow requirements[J]. Aquatic Ecosystem Health & Management (in Chinese). 1998, 1 (2):125 – 141.

[13] King J, Louw D. Instream flow assessments for regulated rivers in South Africa using the Building Block Methodology[J]. Aquatic Ecosystem Health & Management (in Chinese), 1998,1(2):109 – 124.

[14] Wang X. Q. , Liu C. M. , Yang Z. F. . Method of resolving lowest environmental water demands in river course(Ⅰ)—theory[J]. Acta Scientiae Circumstantiae, 2001, 21(5): 544 – 547.

[15] Wang X. Q. , Yang Z. F. , Liu C. M. . Method of resolving the lowest environmental water demands in river course (Ⅱ)—application [J]. Acta Scientiae Circumstantiae (in Chinese), 2001, 21(5):548 – 552.

[16] Song J. X. , Cao M. M. , Li H. E. et al. . Water requirements of the stream's self

purification of the Weihe River in Shaanxi Province[J]. Scientia Geographica Sinica (in Chinese), 2005,25(3):310 -316.

[17] Zheng D. Y., Xia J., Huang Y. B.. Discussion on research of ecological water demand [J]. Hydroelectric Energy (in Chinese), 2002,20(3):3 -6.

[18] Yan D. H., He Y., Deng W., et al. Ecological water demand by river system in East Liaohe River Basin[J]. Journal of Soil Water Conservation (in Chinese), 2001, 15(1): 46 -49.

[19] Agnew C. T., Clifford N. J.. Haylett S.. Identifying and alleviating low flows in Regulated Rivers: the Case of the Rivers Bulbourne and Gade, Hertfordshire, UK, Regul. Rivers[J]: Res. Magmt, 2000,16: 245 -266.

[20] Chow. V T. Open - channel hydraulics[M]. New York: McGraw - Hill Book Company lnc, 1959, 24 -25.

[21] Xue C. Y. A New method to calculate hydraulic radius[J]. Journal of Hohai University (in Chinese), 1995, 23(2): 107 -112.

[22] Chen Y. Y.. Fish in Hengduan Mountains Region[J]. Beijing: Science Press,1998.

[23] Sichuan Agriculture Regional Planning Committee, the Editorial Committee of Fish Resource and Using Protection in the River of Sichuan Province. Fish resource and using protection in the River of Sichuan Province [M]. Chendu: Sichuan Science & technology Press, 1991.

[24] The Editorial Committee of Sichuan Resource and Fauna. Sichuan resource and fauna, volume 1, Pandect[M]. Chendu: Sichuan People's Publishing Press, 1982.

[25] Ye Zhenguo. Hydraulics and Hydrology of Bridge and Culvert [M]. Beijing: People's Communications Publishing House, 2002.

[26] Men B. H., Liu C. M., Xia J. et al.. Estimating and evaluating on minimum ecological flow of western route project of China's South - to - North Water Transfer Scheme for water exporting rivers[J]. Journal of Soil Water Conservation (in Chinese), 2005, 19(5): 135 -138.

[27] Men B. H., Liu C. M., Xia J. et al.. Application of R/S on forecast of runoff trend in the water - exporting regions of the First Stage Project of the Western Route of the South - to - North Water Transfer Scheme [J]. Journal of Glaciology and Geocryology (in Chinese), 2005, 27(4): 368 -573.

[28] Tennant D L. Instream flow regimes for fish, wildlife, recreation and related environmental resources[J]. Fisheries, 1976, 1(4): 6 -10.

[29] Liu C. M., Men B. H. An ecological hydraulic radius approach to estimate the instream ecological water requirement[J]. Progress in Natural Science, 2007, 17 (3): 320 -327.

[30] Liu S. X., Mo X. G., Xia J. et al.. Uncertainty analysis in estimating the minimum ecological instream flow requirements via wetted perimeter method: curvature technique or slope technique[J]. Acta Geographica Sinica(in Chinese), 2006, 61(3): 273 -281.

建设山东现代都江堰 获治黄兴运优化黄淮海平原三大效益

李殿魁

（山东省政协）

摘要:治黄历来是国家的治水重点。国家已决策南水北调,如何把南水北调与治黄、治淮结合起来,实现黄淮海平原水资源的优化配置,兴利除弊,已成为必须研究清楚的问题。这方面的理论研究落后于实际。现在南水北调中的问题,黄淮海平原南涝北旱、生态失衡问题均与此有关。

笔者一直致力于黄河和水利决策研究,认为中国根治黄河的时代条件已经成熟,应认真总结人民治黄的经验教训,切实根据黄河实际制定治黄方略。人民治黄的最大教训就是在黄河下游孤立黄河、分割山东,没把“统筹规划、蓄泄兼筹”的治水方针落到实处,实行了以排为主的措施,造成黄淮海平原生态失衡。

黄河的主要问题是水少沙多,水沙失衡。治理的办法是增水减沙,抓两头增水,带中间减沙。上游藏水入黄,增水潜力在千亿以上;下游豫鲁水入黄,增水潜力百亿以上。下游增水最科学、最有效的措施是建设山东现代都江堰,应列为水利部一号工程。

关键词:治黄　兴运　优化黄淮海平原生态　山东现代都江堰

黄河是中华民族的摇篮,又是国家的忧患,治黄向来是国家治水的重点。我国有盛世治水的优良传统,从汉武帝到唐太宗,再到清康乾盛世,均如此。当前在中国共产党的领导下,我们伟大祖国已出现了空前的盛世,国家已做出了南水北调的战略决策,如何把南水北调与治黄、治淮结合起来,实现黄淮海平原水资源的优化配置,兴利除弊,就成为黄河、淮河主管部门与有关各省水利界应该认真研究的问题,显然,这方面的理论研究落后于实际。现在南水北调中的问题,黄淮海平原上的南涝北旱、生态失衡问题,从根本上讲都与该问题有关。

在山东省委、省府、水利部和黄委的支持下,笔者从 1986 年到东营工作至今,一直致力于黄河和水问题的决策研究,并承担了关于黄河口治理的国家“八五”和山东省“十五”重大科技攻关课题研究,均获得“国际领先水平”的科研成果。现在根据学习研究的成果,对盛世治水形势下的黄淮治理和黄淮海平原上的水问题进行深入分析。

集中讲,抓住南水北调机遇,从治黄、治淮入手,充分发挥南四湖的作用,建成山东现代都江堰,可以收到治理黄淮水患、恢复京杭大运河航运、改善和优化黄淮海平原生态三大效益,以中国经济发展战略腹地黄淮海平原的治水成就推动全国水利事业的大发展,为中国在新世纪的和平崛起奠定坚实的基础,让黄河、淮河为中华民族造福!

1 根治黄河的时代条件已经成熟

在黄淮海平原,黄河始终处于主导地位。根治黄河可以带动整个黄淮海平原水患的治理。现在根治黄河的时代条件已经成熟。

(1)人民治黄60年成就辉煌,全河上下实施了上拦下排、修堤筑库、引黄灌溉、固定河口、稳定河势的工程措施,以小浪底为代表的水库拦蓄能力已达到575亿 m^3 以上,国家已完全掌握了控制黄河洪水、固定河口和稳定河势的主动权。黄河已成为我国北方经济发展的大动脉和总干渠,山东农业灌溉面积已达到200多万 hm^2,不仅为沿黄各市供水,而且成功地实现了跨流域以黄济青、以黄济津、以黄济淀,正在建设以黄济烟(威)工程。

(2)治黄理论有重大突破。黄河是中华民族的母亲河,又历来是国家的心腹之患。治黄是我国历代治水的第一要务,其水利科技成就主要反映在黄河上,明代潘季训完成系统的治黄专著,治黄理论已相当完整,近代特别是人民治黄60年治黄科研成果丰富,从基础理论到工程措施均有重大发展。历史的大难题固定河口、稳定河势的问题已从理论与实践的结合上基本解决,治理河口的办法"工程导流,疏竣破门,巧用潮汐,定向入海"已收到实效,"一主一副,双流定河"的工程布局已经过国家鉴定,并在这个基础上总结出"三约束"理论,确立了利用海动力输沙治理河口的新观念。国家"八五"重大科技攻关"延长黄河口清水沟流路行水年限的研究"和"十五""巧用海动力输沙　建设黄河口双导堤工程技术研究"已通过国家鉴定。这一切为根治黄河下游提供了强有力的理论支持。

(3)国家已拥有了治理水患、稳定黄河、全面发挥黄河水利优势的雄厚实力。黄河治理一定会成为当代治水的重点。黄河主管部门和沿黄各省应抓紧做好这方面的理论和工作准备,以便抓住南水北调上马机遇,迎接必将到来的新时代的治黄高潮。

(4)胡锦涛总书记、温家宝总理分别为人民治黄60周年题词,发出了"进一步把黄河的事情办好"的号召。胡总书记的批示是:"进一步把黄河的事情办好,让黄河更好地造福中华民族!”温总理的批示是:“让黄河安澜无恙,奔流不息!”两位党和国家最高领导人都强调了“人与自然和谐相处”的治水理念,这一切为新时代的治黄工作指明了方向。在这种形势下,急需以科学发展观为指导,审时度势,在人民治黄取得辉煌成就的基础上,创新治黄方略,再造与时代相称的黄河。

2 认真总结经验教训,切实根据黄河实际制定治黄方略

2.1 存在的问题

在充分肯定治黄成就的同时,应深刻认识治黄工作中存在的实际问题,以发现问题,解决问题。其主要问题如下。

人民治黄最大的教训是在黄河下游孤立黄河,分割山东。20 世纪 50 年代,苏联专家对治黄工作的错误指导,导致位山工程的错误和失败,使孤立黄河、分割山东的错误固化为长期的现实;周恩来总理“统筹规划、蓄泄兼筹”的治水方针没能落实到底,实际工作中片面强调以排为主,黄淮海平原水资源未能优化配置。孤立黄河,使黄河在黄淮海平原中失去主导地位,分割山东,使山东失去了水利的整体优势,结果黄河流域面积减少,入黄水量减少,进一步恶化了水少沙多的矛盾,加重了黄河淤积、悬河之险;同时扩大了淮河的流域面积和水量,加重了淮河水灾,增加了治淮的难度。

京杭大运河长期断航,黄河、淮河、海河三流域分割山东,使山东水利的整体优势无法发挥,整个黄淮海平原水系无法做到优势互补、矛盾自消,结果造成了该地区南部水灾加重,北部缺水严重。这是中国经济发展的战略用地——黄淮海平原上明摆着的事实。京津缺水,生态恶化,主要原因不是自然条件的变化,而是黄淮海平原治水方略不当造成的。究其祸根在位山工程,主要有六大错误:

(1)高坝拦黄,加重了黄河的淤积抬高,增加悬河之险。该工程 1961 年建成,1963 年周恩来总理下令炸掉。鉴于当时我国与苏联的关系微妙,接着又是“文革”浩劫,水利部没有对该错误进行清算,黄委、山东水利界更没有深入研究,以致留下了至今仍然危害黄河和山东的后患。

(2)破坏戴村坝—南旺闸枢纽工程。由于苏联专家指导设计的位山工程使黄河以南的洪水由南北分流改为单向南排,使都江堰式的水利工程戴村坝—南旺闸失去作用,随之这座伟大的水利工程被破坏。

(3)造成恢复京杭大运河航运失败,大大延长了大运河断航时间。早在新中国成立初期,国家第一代领导人就把恢复京杭大运河航运做为位山工程的内容之一,因设计思想是以黄济运,黄河与运河平交,黄河泥沙淤积运河河道,导致失败。以黄济运是宋朝人提出的方法,多次采用,均遭失败。我们应该牢记这一

教训。

(4)直接加重鲁西水灾。菏泽、济宁两市的洪水向来是南北分流,位山工程将其改为单向南排,汛期南四湖水位高,发生顶托而加重洪水灾害,成为鲁西经济社会发展的重要制约因素,使菏泽、济宁1 600多万人民深受其害。

(5)位山工程减少了黄河下游的流域面积,相应减少了入黄水量,加剧了黄河水少沙多的矛盾,增加了黄河下游河床的淤积抬高。

(6)位山工程增加了淮河的流域面积,相应增加了淮河洪水,加大了淮河的治理难度。

以上错误,造成了三流域分割山东的局面,使泰山、黄河、南四湖造就的山东整体水利优势被破坏、弱化;与此同时,黄河丧失了在黄淮海平原上的主导地位,这是黄淮海平原生态失调特别是华北平原生态恶化的直接原因。

在黄淮海平原漫长的历史长河中,黄河南移,淮河是她的支流,黄河北徙,海河是她的支流,黄河向来在黄淮海平原上处于主导地位。黄河固定山东,大河分布最合理,但如何保证黄河在黄淮海平原上的主导地位,是伴随黄河流路长期稳定而出现的新的重大的水利科技问题,应慎重处之,深入研究,科学决策。人民治黄60年,为正确解决这个问题积累了丰富的经验教训。恢复和发展黄河在黄淮海平原上的主导地位,关键在于纠正位山工程错误,充分发挥南四湖的作用,把南四湖流域划属黄河,使其北流为主。

2.2 根据黄河实际,制定治黄措施

黄河的实际是水少沙多、水沙异源、水沙失衡。解决的办法是增水减沙,抓两头增水,带中间减沙。增水是主导因素,决定治黄的成败、黄河的根治;减沙是重要措施,直接影响治黄的效果。

两头增水:上游抓青藏、下游抓豫鲁。据测算,从豫鲁增水潜力在200亿m^3左右,治黄效果明显,可收到京杭大运河复航、黄河下游河床下降、黄淮海平原生态优化三大效果。藏水入黄潜力巨大。2006年9月笔者专程到西藏考察,西藏水文资料表明,西藏水资源总量6 000亿m^3,自用仅1%,引水潜力最低在1 000亿m^3以上,仅雅鲁藏布江每年出境水1 650亿m^3,引1/3即是530亿m^3,再造一条黄河。所以,根治黄河、解决北方缺水和生态问题的战略措施在于藏水入黄。

藏水入黄也是彻底扫除“藏独”意识的战略措施。国内外的事实证明,地理特点塑造民族意识。长江、黄河、珠江三大河流皆东流入海,京杭大运河横贯南北,孕育出中国沿海从南到北广大的经济发达区,从而形成了民族团结、国家统一的基础。藏水入黄将使西藏的广大地区纳入黄河流域,同时再造一条青藏公路,进一步密切西藏与内地的联系。

藏水入黄有两种方案,黄委的小西线方案和民间推动的大西线方案,二者本质是一样的。2006 年笔者到西藏考察了大西线的情况,并在郑州专门听了黄委西线调水情况的介绍,整个设计方案已经相当成熟。国家应支持小西线尽快开工,然后做好工作把二者结合起来。这应该成为水利部抓紧做好的一号工程。

3　建设山东现代都江堰,实现科技治理黄淮的战略性突破

为此,笔者深入研究四川都江堰,并把研究成果写成了《都江堰原理与黄河下游治理》论文,在 2004 年召开的纪念都江堰 2 260 周年国际研讨会上发表,并收入文集,几位院士告诉笔者:“你的意见很好,但实施需高层推动!”为此,需首先正确认识建设山东现代都江堰的有利条件。

3.1　正确认识由泰山、黄河、南四湖决定的山东自然地理特点和水优势,这是建设山东现代都江堰的基础条件

历史上从隋唐至明初(公元 589 ~ 1411 年),历代开明的领导和水利专家都注重研究这一特点和优势,经过近千年的努力探索,先后建成金口坝、罡城坝、戴村坝—南旺枢纽工程,形成京杭大运河的“心脏”,实现以汶济运,以自流之水使京杭大运河顺利通过山东水脊,实现全程通航。现在只要南水北调东线济梁运河采取“降河开隧,南北分流,以北为主,稳运畅泄”的设计方案,坚决改掉“三级提水”的错误设计方案,京杭大运河就可以很快恢复通航,实现为黄河增水、为淮河减灾的目标,建成山东现代都江堰。(见附图:山东现代都江堰原理图)

3.2　充分估价南四湖的战略地位,这是建设山东现代都江堰的关键条件

南四湖是黄河江淮流路留给当代中国最应珍视的瑰宝,是科学设计南水北调东线、建设山东现代都江堰的决定因素。该湖总面积 1 268 km^2,堤顶高程 39.5 m,湖底高程 30 ~ 32 m,安全防洪水位 36.2 m,正常运行水位 34.2 m,现在南四湖入湖河流 53 条,流域面积 3.1 万 km^2,以 36.2 m 水位南向控制,调蓄库容 70 亿 m^3。新中国成立以来,年度最多南排 93 亿 m^3,平均 25 亿 m^3 左右。南四湖的水资源尚有很大的发展空间。该湖东部,从临沂市刘家道口控制水位 65 m 处,开鲁南运河至南四湖,全长 193 km,落差 29 m,河右岸以上流域面积 2.3 万 km^2 纳入南四湖,年均水量 32.7 亿 m^3。以上两项合计,通过南四湖自流北调水的潜力在 50 亿 m^3 以上。

3.3　正确认识戴村坝—南旺枢纽工程的历史经验,是建成山东现代都江堰的理论依据

明初,工部尚书宋礼、水利专家白英充分发挥山东水优势,在元朝水利专家郭守敬全程测量京杭大运河,得出南旺镇是山东水脊的基础上,在大汶河海拔高

程50 m处开小汶河至南旺,在地面海拔约39.5 m处建分水闸,使其南北分流,以汶济运,支持明清两代近500年(1411~1902年)的全程通航,从而把中国的治水和内河航运事业推向了历史的巅峰,被誉为山东的古代都江堰。可惜这一伟大的水利工程在20世纪50年代建设位山工程时被破坏了。纪念这一工程的南旺古建筑群分水龙王庙、宋公祠、白英庙也在"文革"中被破坏,现在国家文物局已决定恢复重建。

对照研究南旺分水闸与南四湖,不难发现,南四湖的湖堤堤顶高程是39.5 m,已与南旺地面持平。所以,南四湖已可以代替南旺闸的分水功能。南旺闸只由一条大汶河供水,该河流域面积仅0.98万km^2,而南四湖有53条河流供水,流域面积3.13万km^2,所以以南四湖代替南旺闸并把大汶河、东平湖纳入其调节系统,可使原戴村坝—南旺闸的调节功能提高5倍,完全可以适应京杭大运河现代水运发展的需要。特殊的缺水年份,则以江补湖。南四湖水源可靠。

3.4 建设山东现代都江堰

山东现代都江堰具体方案是:

3.4.1 加固南四湖,使其南北分流,以北为主

只要对南四湖实行36.2 m水位南向控制,34.2 m水位正常运行,即可达到目的。即在防洪安全水位36.2 m以下,除保证南向航运外,全部北流,确保以北为主;水位36.2 m以上自动南溢,原路下泄,确保防洪安全,34.2 m水位正常运行,北调供水。

3.4.2 降河减闸

济梁运河去掉"三级提水"、"三级船闸"、27座排洪站,适当降河,南端(湖口)按河底海拔高程30 m、北端(黄河边)28 m,底宽70 m,挖土方6 850万m^3,这等于形成一座大型平原水库,扩大南四湖至黄河边,恢复了原来北五湖(南旺湖、蜀山湖、独山湖、马场湖、马踏湖)的调节作用,再开通穿黄隧洞,可形成一条自流的黄金航道,使济宁以北的航运畅通无阻,并一劳永逸地解决鲁西水灾。

3.4.3 开通穿黄隧洞

位置选择在京杭大运河与黄河的交汇处,其设计参数是:洞底高程28 m,净空10 m,该处黄河底高约42 m,上面尚有4 m保护层,可确保黄河防洪安全。该处黄河两大堤之间的宽度是3 100 m。穿黄隧洞设计四洞,中间两洞各25 m通船,两侧各8~10 m洞桥双向通车。整个隧洞具有通水、通航、通车、防洪、灌溉五大功能,其功能指标世界领先,建设成功可创造世界级水利奇迹!

穿黄隧洞开通后,南四湖的水沿京杭大运河自流北调,恢复京杭大运河航运,优化华北平原,特别京津地区生态;顺黄河北堤开一引渠进济南北展,自流入

黄冲沙。初步测算,每年为黄河增水 20 亿 m^3,可使黄河下游从艾山以下长 373 km 、宽 500 m 河道可下降 0.1 m。这与黄委五次调水调沙的冲刷效果一致。

依托和充分发挥南四湖的作用,适当降低济梁运河,开通穿黄隧洞,这三要素的结合,形成自流、自调、自控,湖水北用、以江补湖、远程短调、跨河恒流、优势互补、矛盾自消的工程保障体系,就建成了山东现代都江堰。四川都江堰调控岷江,润泽成都平原,成为水利科技奇迹,历史神话。山东现代都江堰,调控京杭大运河、淮河、黄河,润泽黄淮海平原,使该地区成为水旱从人、生态优化的宝地乐乡,成为中国现代水利奇迹。

4 把南北水调与根治黄河结合起来,是实现南水北调工程"综合效益"、根治黄河下游、优化黄淮海平原生态的必由之路

现在南北水调三线方案,除西线外,中、东两线不与黄河结合,违背中央、国务院关于南水北调要具备综合功能的战略指导方针,是 20 世纪 50 年代孤立黄河错误的继续,严重影响南北水调工程的"综合效益"和科技治黄的进程,南北水调东线与恢复京杭运河航运结合,与治理黄淮结合,山东西水东调与恢复小清河航运结合,本来就是南北水调工程综合效益的题中之义,应该成为该工程的基本设计原则。其结合的方式是:"东线"通过建设山东现代都江堰,引淮入黄。这是明代潘季驯"以淮刷黄"在当代的运用与发展。"中线"在郑州开溢流闸,直接入黄,实现王化云老主任以汉济黄的遗愿。尽快开工建设西线调水,并把西线调水发展成为藏水入黄,把调水长远目标定在千亿以上,彻底解决黄河问题和北方缺水问题。这应该成为中国 21 世纪和平崛起的治水大目标。

5 改造、发展周商永运河,使其截留淮河山区洪水北调

20 世纪在 1958 年大跃进中,河南人民开挖了一条周商永运河,这条运河具有重要的科学价值,改造、扩挖该河可形成一条重要的治淮排洪河,北向分流河南山区洪水,减小安徽洪水压力,缓解华北缺水问题。具体措施:使其上延至河南漯河市海拔 65 m 处,下延穿过黄河与徒骇河、马颊河、漳卫新河相连,建设黄淮海平原一条新的南北排洪河,初设 1 500 m^3/s,从而形成治淮三向排洪的水利格局,即南向入江,东向入海,北向穿黄,从而解决安徽水灾和华北缺水两大问题。以今年安徽水灾为例,如有此河,则不必启用滞洪区。治淮只在江苏抓南、东两向排洪,永远解决不了安徽水灾,只有三向排洪且双河(济梁运河、周商运河)北调,分排 27% 的洪水才能同时解决安徽水灾和华北缺水。这一分治淮河、三向排洪的方案应该列入国家攻关课题加深研究。

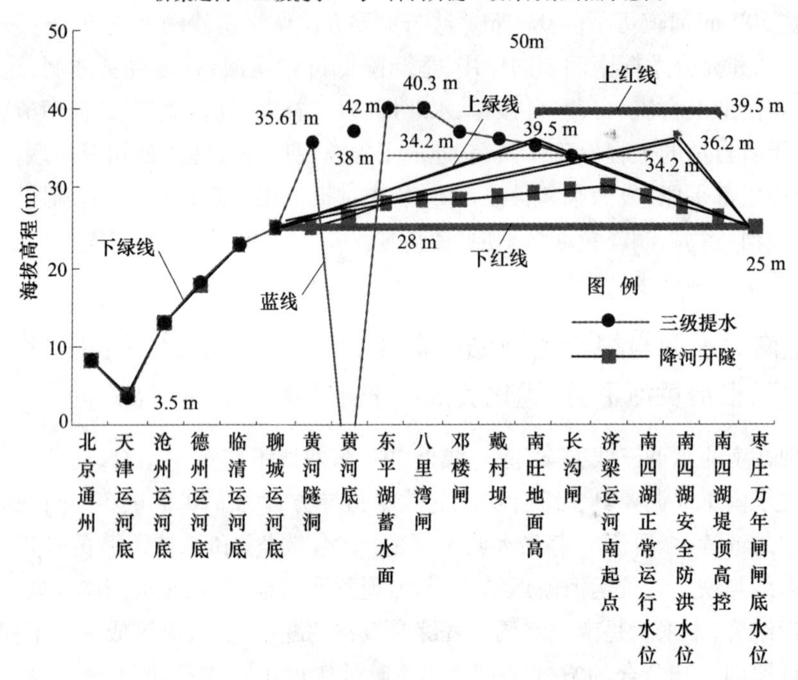

附图　山东现代都江堰原理示意图

说明：

1. 红线(上)表示京杭大运河通过山东水脊的海拔高程。红线(下)表示南四湖以南的枣庄万年闸底与黄河以北的聊城运河底同在一个海拔高程(25 m)。高于25 m河段称为京杭大运河山东水脊。原来最高点在南旺，地面高程39.5 m，明代(1411年)工部尚书宋礼、农民水利专家白英在大汶河上海拔50 m处巧妙筑戴村坝，开小汶河，引水至南旺建闸，形成戴村坝—南旺闸枢纽工程，使其自动南北分流，以汶济运，成功解决了船舶通过山东水脊的重大科技问题。人称该工程为山东古代都江堰。

戴村坝—南旺闸至今已近600年，其间南四湖淤积抬高，其湖堤顶高程已达到39.5 m，与南旺镇地面持平。所以，依托南四湖可建山东现代都江堰(双黑线表示)。二者位置表示山东水脊已由南旺移到南四湖。

戴村坝—南旺闸的水源只有一条大汶河，流域面积仅0.98万 km^2，南四湖有53条河流注入，流域面积3.1万 km^2，湖总面积1 268 km^2，湖底高程30～32 m，安全防洪水位36.2 m，正常运行水位34.2 m，调节功能提高5倍，完全可适应现代引水和通航需要。

2. 绿色线表示现代都江堰的自动运行情况，下线表示大运河河底的沿途高程，上线表示南四湖和济梁运河的正常运行水位。适当下降济梁运河，开通穿黄隧洞，南四湖就成为大运河现在的山东水脊，完全可以自流，经聊城、临清、德州、沧州至天津，加一提升站即可到北京。南四湖的水位36.2 m以下，除保南向航运外，全部北流；超过36.2 m，即自动南溢，沿原通道下泄，确保防洪安全。穿黄隧洞具有引水、通航、通车、防洪、灌溉五大功能，初设投资约18亿元，工期8个月，一个水文年完成。

3. 深蓝线为济梁运河"三级提水"运行线，即南四湖至东平湖不到80 km的距离内，通过长沟、邓楼、八里湾“三级提水”、“三级船闸”，提高水位不到8 m，进入东平湖，再通过单纯引水的穿黄试验涵洞，在引水和航运结合的情况下，船舶无法过黄河；如过黄河，还要重回京杭大运河，再通过穿黄隧洞。所以，“三级提水”纯属无功之劳，无效投资，劳民伤财，破坏生态，且必加重鲁西水灾。所以，“三级提水”是根本性错误，是位山工程错误的继续，必须坚决纠正。

4. 示意图表明，“三级提水”方案与戴村坝—南旺闸山东古代都江堰相比，设计水平大大落后了，与山东现代都江堰比，其功能更是天地之差，是非优劣，昭如日月。去掉“三级提水”、“三级船闸”、穿黄试验涵洞，可节省巨额资金，用于“降河开隧”大运河可直航德州，水可自流天津。

5. 敬请各级领导深研之、慎处之，以对国家、对山东、对人民、对历史负责的精神正确决断！

电法探测技术在黄河堤防上的推广与应用

张俊峰 张喜泉 崔建中 张厚玉

（黄河水利委员会建设与管理局）

摘要：针对黄河堤防质量差、隐患多的实际，黄委充分利用“八五”科技攻关成果、国家科委“九五”重点科技推广项目“黄河堤防隐患电法探测技术”，组织相关单位和部门，在黄河下游堤防上进行了大规模的推广应用，其隐患探测成果为堤防加固和汛期防守提供了决策依据，取得了明显的经济效益和防洪社会效益。同时提出了电法探测技术在今后堤防管理中的推广意见。

关键词：探测技术 推广措施 效果评价 应用前景

1 概述

1.1 黄河堤防隐患探测的必要性

堤防隐患是指由于自然或人为等各种因素作用与影响所造成的堤防裂缝裂隙、漏洞、松散土体、软弱夹层、獾鼠洞穴等威胁堤防安全的各类隐患。黄河堤防是在历史堤防和民埝基础上经过多次加培修筑而成的，由于所形成的历史条件比较复杂，决定了堤防质量参差不齐，存在着“洞、缝、松”等特点。近代治黄历史表明，黄河决口除堤身高度不足所发生的少量漫溢决口和因河势顶冲造成的冲决外，多数是因为堤防存在隐患而造成的溃决。堤防工程是保证黄河防洪安全的重要物资基础，大堤内在质量如何，实际抗御洪水能力是否达到设计要求，直接关系到黄河防洪安全，这是黄河堤防安全管理所面临的重大技术难题。因此，选择先进的探测仪器，推广应用堤防隐患探测新技术，快速、准确地探测判定堤身隐患是非常必要的。

1.2 堤防隐患电法探测技术特点

堤防隐患探测方法从原理上可分为电法、电磁波法、瑞雷面波法。对不同的隐患，上述方法各有利弊。电法中的直流电阻率法对探测堤身横向裂缝、空洞、松散不均匀体效果较好。充电法、自然电场法、激发极化法对探测渗漏通道、管涌效果较好。电磁波法可分为瞬变电磁法和脉冲地质雷达法。瞬变电磁法是根据二次场的衰变特性来确定堤防隐患性质。目前,瞬变电磁法可以探测裂缝、空洞、松散不均匀体(老口门软弱基础)。脉冲地质雷达在砂性土中探测深度较浅,对浅部空洞、松散不均匀体、老口门等杂物反映明显;瑞雷面波法是根据弹性波在不均匀介质中传波的频散特性求出堤身介质的横波速度,根据横波速度与剪切模量的关系,确定堤身强度及软弱层分布。

目前,堤防隐患探测主要是利用电法探测堤身隐患,这种方法简单易学、直观,图像反映解释容易,实用性强,通过较短时间的培训就能掌握,且仪器价格较便宜,经济快速,便于推广应用。瞬变电磁法目前普及率较低,只有少数单位在应用,它需要探测人员具有一定的电磁波理论基础及相关知识。探测时采用了不接地回线,可以连续进行,探测速度较快,资料解释相对较难,非专业人员很难胜任该项工作。脉冲地质雷达在探测浅部洞穴和松散不均匀体时效果较好,但对单一的裂缝隐患反映不明显。

综上所述,电法探测隐患具有经济、快速、成本低的特点,因此可利用电法进行快速普查,确定隐患位置和埋深。如果需进一步查清隐患性质,可利用高密度电法结合其他方法进行详查。在较短的时间内,达到快速探测隐患的目的。

2 电法探测技术的推广与应用

2.1 推广应用计划

2.1.1 技术路线

比选国内先进的堤防隐患探测新技术与仪器,确定选型仪器,加强应用研究与仪器改进,促进探测工作规范化,按照先重点险工险段,后一般堤段的原则,先普查后详测,确实查清黄河堤身的隐患状况。

首先调研选择仪器,通过试验研究,改进所选定仪器,应用于生产;进而制定探测管理办法,规范探测工作;再将现有设防大堤全部探测一遍,对发现的重大异常点(段)进行详测,并结合堤防加高加固工程建设,优先安排进行除险加固,提高堤防的实际抗御洪水能力。

2.1.2 推广计划

首先制定工作计划,进行参选仪器对比试验。在调研比选国内探测仪器的基础上,选取先进的适宜黄河堤防探测的仪器。同时培训队伍,为推广了解仪器性能积累工作经验。在该阶段主要采用实地比测、灌浆验证、复测、开挖验证等措施,并开展 20 km 的生产性推广。

第二步是根据试验发现的问题,提出仪器改进意见,对选定的仪器进行改进完善,同时制定管理办法,规范探测工作。

第三阶段是推广实施阶段。对黄河下游堤防普遍进行一次探测,全面了解下游堤防质量状况,建立堤防技术档案,为堤防除险加固和工程管理提供依据。

2.2 工作组织

为使堤防隐患探测技术推广工作扎实有效,成立了由原黄委河务局牵头,黄委国科局、规计局、财务局,以及河南、山东黄河河务局和黄委物探总队共同参加的应用试验推广领导小组,黄委河务局和河南局、山东局、各地市县局的技术人员组成了隐患探测工作组,将各阶段工作任务分解到人,明确职责,使试验推广按照预定计划逐步实施。

2.3 措施保障

2.3.1 技术保障

(1)技术优势。堤防隐患探测技术是黄委"八五"科技攻关成果,该成果经水利部鉴定认为达到国际领先水平,1997 年 8 月被国家科委列入"九五"重点科技推广项目,经过这些年的完善,探测技术水平得到了新的提高。

(2)人才优势。有一批事业心强、专业技术水平较高的人员组成项目工作组。同时黄委设计院物探研究院、山东黄河河务局科技处仪器研制人员熟悉黄河堤防情况,直接参加推广应用,便于工作协调和对基层人员的培训提高。

(3)仪器优势。推广所选用的仪器无论从实用性方面,还是从技术性能方面进行比较,目前都处于国内领先水平。2000 年 7 月底国家防办组织全国 20 多家单位进行的实地探测对比,黄委推荐的堤防隐患探测技术和仪器被专家评选为第一。

2.3.2 质量保证措施

在探测过程中,制定了严格的质量保证措施,包括测量精度保证措施和探测精度保证措施。

(1)定位测量精度。规定测线丈量定位使用测绳,每公里从起始公里桩作为零点开始量测,到下一公里桩结束,记下测绳测的实际长度,并在百米桩处记下测绳的距离,以便今后使用其他物探方法探测时,保证测线测段位置相同。选择大堤永久固定的桩号(公里桩、百米桩)作为定位依据,以便堤防加固处理与制订防守预案具有针对性和准确性;在制订堤防工程建设规划时,也便于与其他资料进行综合比较。

(2)隐患探测精度。在实施探测工作前,要对所使用的探测仪器进行一致性试验,一致性良好,方可投入使用。接地条件不良时,增大供电电压,重复观测,若读数不稳就改善接地条件,直到读数稳定可靠为止。当读数突然增大或减小时,要重复观测,并且不定时进行漏电检查。每天探测结束后,将当天测得的数据通过仪器配置的 RS232 与计算机连接,回放到计算机,并把电阻率值合并,发现问题及时进行重复探测。野外工作始终进行跟班检查,确保探测质量。

2.4 电法堤防隐患探测技术的推广应用

1995年经过充分调研、计算机检索和水利部水管司推荐,比较国内外探测仪器,黄委选用了当时最先进的黄委设计院物探研究院、山东黄河河务局科技处和九江市水科所三家仪器,作为比选试验仪器。三家均采用了电法探测仪器,其测试原理是相同的。1996年5月,黄委设计院物探研究院、山东黄河河务局科技处、九江市水科所等三家仪器在山东东平湖围堤、河南长垣临黄堤及武陟一局沁河新左堤进行对比试验。测线布置按照临、背河及坝轴线三条布置。三家仪器先后依次探测,探测结果分别交项目组审查,比较分析三家单位的技术水平。

1996~1997年,项目组安排对探测段进行压力灌浆,1997年3月对灌浆段进行了复测和开挖验证。同时于1996年11月对东平湖围堤异常点进行了复测和开挖验证。开挖结果表明,隐患部位、性质、走向、发育状况、埋藏深度等与山东河务局、黄委设计院物探研究院探测的结果基本相吻合。

3 效益分析评价

为掌握黄河堤防工程的运行质量状况,通过隐患探测及时发现处理堤身存在的各种隐患。根据堤身土质情况、隐患分布等因素,及时制定防守预案,有目的地储备防汛料物,对汛期堤防可能出现的各种险情,及时判定,及时抢护,建立堤防工程隐患技术档案。通过分类加固处理,对确保防洪工程安全运用具有重要意义,其防洪社会效益巨大。

以往对堤防进行加固处理,主要依据是历史老口门潭坑、渗水段和堤防塌陷、滑坡、裂缝等,对内部隐患无法及时探明处理,缺乏科学依据。1996年以来,黄河堤防隐患探测工作得到了大规模推广应用,目前已累计探测黄河各类堤防95段,堤防长度748.57 km,共发现隐患783处,绘制灰阶图或彩色分级图计932张。隐患探测技术的推广应用为堤防除险加固提供了科学依据,更具针对性,避免造成人力、物力、财力浪费,使有限的资金用于工程最薄弱的环节,达到事半功倍的效果,创造了较大的经济效益。

目前所推广的黄委设计院物探研究院和山东黄河河务局的仪器,其探测速度和效果是传统方法不可比拟的,也是以往其他探测仪器很难达到的。利用该仪器探测堤防隐患,具有省时、省工、结果可靠等优点,与传统锥探、钻探、洇堤等探测方法相比可节约大量资金,经济效益非常显著。

4 推广应用前景

根据《堤防工程维修养护修理规程》之规定,“堤防管理单位对有可能发生隐患的堤段或重要堤段进行堤身、堤基探测检查”。按照水利部、财政部颁发的

《水利工程维修养护定额标准(试点)》要求,堤防隐患探测要有规划、有计划进行,对于国家一级堤防,每10年须对全部堤防探测一遍。水管体制改革完成后,堤防隐患探测工作在制度方面提供了可靠保障,专项探测经费得到了落实。因此,堤防隐患探测推广应用工作前景非常广阔。

由于黄河堤防隐患探测工作技术含量高,分析评价难度较大,因此在今后的生产实践应用中,不能再采取计划经济年代的管理模式,由各个水管单位自行开展探测的模式,必须按照水利工程维修养护市场化的要求,由水管单位设立专项,委托有资质的科研单位完成,以提高堤防隐患探测的精度,为黄河堤防工程的运行管理工作提供可靠的依据。

5 结语

根据10年来的推广应用和开挖验证结果可以看出,电法堤防隐患探测新技术具有技术先进、操作便利、实用性好、探测效率高等优点,可较准确地探测出裂缝、洞穴、松散土层等堤坝隐患的部位、性质、走向、发育状况和埋藏深度,同时在堤防总体质量探测分析、堤防渗水段探测分析等方面也取得了较好的应用效果。

沁河下游河道采砂治理的紧迫性及对策

张柏山[1]　曹金刚[2]　姬瀚达[1]

（1. 山东黄河河务局；2. 黄河水利委员会）

摘要：由于缺乏系统的采砂规划等，黄（沁）河下游河道内进行砂石资源开采已对防汛、河道整治、水行政管理等造成影响。在论证黄（沁）河下游河道采砂治理紧迫性的同时，提出治理采砂对策：①加强宣传，确保防汛安全；②尽快制定河道采砂规划；③加大执法力度等。

关键词：采砂　防汛　规划　紧迫性　对策

黄河以其水少沙多和“二级悬河”著称于世，泥沙使得黄河善徙善决、给两岸人民带来沉重灾难，但引用便利的水沙资源为两岸工农业发展做出了重大贡献，如抽沙固堤、减轻淤积，保证了堤防安全，粗颗粒泥沙、河砂在建筑材料中的利用，促进了地方经济的发展等。然而，目前沁河下游河道采砂（本文所称采砂是指在河道管理范围内的采挖砂、石、取土和淘金）乱采滥挖现象严重，加之又没有系统的河道采砂规划，极大地影响着沁河防汛安全，破坏着沁河河道的有效治理，束缚着水政执法行为等。为此，迫切需要制定有效的治理对策，改善沁河下游河道采砂现状。

1　沁河下游采砂现状

黄河下游河道786 km，滩区面积近4 000 km^2，居住群众181万人。利用滩地及主河道淤积的泥沙加固堤防，是几十年来保证堤防安全的一项重要措施。黄河河南河段堤防间距较宽，广阔的滩地在满足滩区群众生产生活的同时，也为加固堤防提供了充足的土源。放淤固堤工程的实施产生了巨大的社会效益。然而，多年来堤防放淤加固的土源一般是就近取土，以减少排距，节约投资。目前，堤防附近因抽沙形成的坑塘星罗棋布，如遇大洪水，极易发生滚河，造成顺堤行洪，危及堤防安全。

位于山谷至平原过渡段的河道，由于水流初出峡谷，坡陡流急，河道砂石堆集，是理想的建筑砂石料源。黄河小浪底水库以下孟津及孟州河段，沁河五龙口以下济源及沁阳河段,砂石资源丰富,20 世纪 70 年代以来时有开采。随着我国经济的快速发展,建筑材料需求量的不断增加。90 年代末至今,这些河段开采河道砂石规模不断扩大,主要是挖取河道砂卵石进行粉碎加工,以及抽取河道粗颗粒泥沙、河床砂子用于工程建筑,产生了较好的经济效益,为地方经济发展作出了一定贡献。而无序地在主河道或河道管护范围内乱采滥挖砂土,已引起部分河段河势变化以及险情的发生,对沁河防汛、河道治理及生态环境等产生了严重影响,近几年来表现得尤为突出。

2 采砂治理的紧迫性

2.1 威胁防汛安全

黄河安澜,事关大局。防汛是河务部门的第一要务,保护黄河安危是每一位黄河职工的职责。河道采砂不仅关系着黄河河道及防洪工程安全,也关系着采砂者的生命财产安全。《中华人民共和国水法》、《中华人民共和国防洪法》、《河南省河道管理条例》等法律法规已明确规定:在河道内采砂不得影响行洪,并经河道主管单位批准。而河道内的采砂往往在河道工程附近,如丁坝坝裆、坝前头等部位,这些部位砂量丰富,量大质优。在这些部位开采,极易导致水流冲刷坝体,引起坝体险情发生,危及坝体及堤身安全。

因在河床抽取砂子,河床降低,分汊河段成为单一河道;河床砂被抽取后,形成坑塘,滞留水流,中小水情况下,洪水演进时间发生变化,增加其洪水预报的不确定性,给防汛准备工作造成被动。另外,堆放的砂体一般在主河道浅滩处,如遇洪水而不能及时清处,极易堵塞河道,改变河势,造成重大险情的发生。

以往进行堤防放淤固堤时,往往只考虑本段放淤加固堤段的料场规划,满足其技术指标要求,而对全部堤防的放淤加固料场缺乏一个完整的系统规划,这样容易导致不同时段、不同堤段料场的坑塘相连在一起,如遇大洪水,易发生串沟过流,导致滚河、顺堤行洪,危及堤防安全的险恶局面。

2.2 破坏河道有效治理

河道整治是维护河道稳定、保证堤防安全的一种有效治理洪水的措施。无序地在河道内开采砂石,改变了河床边界条件,引起河道河床形态变化,若在主河道内开采砂石资源,势必影响河道水流方向,破坏水流结构。河势变化的结果,要么使河道整治工程或堤防工程发生险情,要么使大河主流外移,大量滩地坍塌,甚至工程脱河。如黄河孟津河段 1997 ~ 1998 年在铁谢险工下延 5 坝附近抽砂,使得原由铁谢下延工程挑出的水流,因抽挖河床砂,河床深泓线发生变化,致使送出的水流不能很好趋向逯村工程方向,而是在铁谢险工下延 5 坝以下座湾下滑,右岸大量高滩坍塌,这是导致 1999 年逯村工程靠河下挫(仅工程下首 2

道坝靠河)的主要原因,河道整治工程作用难以充分发挥。人为挖取河道河砂,容易导致畸型河势的发生发展,如沁河下游孔村险工上首,因挖砂使斜河河势恶化,一定程度上导致2003 年8 月孔村险工发生重大险情,被迫依堤抢修5 个垛1 道坝。沁河下游上段因水小,往往开辟砂坑滞砂抽砂,这种情况下,如遇较大洪水,容易引起河势改变,危及堤防安全。

多年来随着堤防放淤工程的不断实施,抽取的滩地沙源工程量大、点多、分布广。因缺乏系统的规划,抽沙塘坑星罗棋布,较深坑塘内积水甚多,如遇较大洪水,坑坑相连,极易形成串河、新河,导致平工堤防段出险,依堤抢修新险工。

2.3 束缚水行政管理行为

黄河河务部门是黄河河道的主管机关,水行政管理是其行使的重要职能。无序地在河道内采挖砂石,违犯了《中华人民共和国水法》、《中华人民共和国防洪法》等法律法规。违法开采砂石使得开采船及操作人员的生命财产安全受到严重威胁。目前,沁河下游河道仅制定了《焦作市黄沁河河道采砂管理办法》,该办法要求"县级黄沁河河道主管机关依据防洪总体规划、河道整治规划和河势现状,编制河道采砂规划,报市黄沁河河道主管机关批准,并严格执行"。

沁河上下游、左右岸分辖不同单位,受利益的驱动,不同单位的采砂船只互相争取砂源,引发冲突,造成社会不稳定,影响了地方经济的发展。如因主流方向的改变,两岸边界及上下游砂量变化,都易引发地方群众利益纠纷。

在浅滩抽采的砂石坑,枯水季节暴露在外,邻近村庄村民、儿童在其游泳或玩耍,易受伤害。近年来,这种现象时有发生,已引发了许多矛盾,影响了河务部门的工作。

原指望能进行回淤的高滩滩坑,因近些年来黄河下游没来大水,造成滩(塘)坑常年积水,影响了当地群众的农业生产,使得依地为生的滩区群众可耕地减少,每遇多雨时节,滩坑内水流漫溢,其周边土地受淹。多年来, 这个遗留问题已成为个别地方社会不稳定的一个病因。

2.4 制约地方经济发展

位于沁河山区向平原过渡河段或下游上段,河道砂石资源丰富,近些年来已成为当地部分群众的重要致富来源。一味地禁止也不现实,合理有序的砂石开采'是当地百姓迫切需要的。如沁河下游沁阳河段,近年来砂子开采量年40 余万 m^3,黄河孟州河段砂子年开采量达100 余万 m^3。无序地在河道内进行砂石开采,从长远来说,对地方经济的发展只会起制约作用。唯有合理规划,有序开采,促进地方经济发展的目的才能达到。

2.5 影响河床生态

保护河床生态是防治河道风沙的关键措施,也是实现防洪安全的主要手段之一。无序开采河床,天然的分汊型河道有可能成单一河道,河心滩及天然湿地消失;浅滩处沙或砂石的开挖,破坏了河道天然植被;因河床深层开挖,河床边坡不稳,土体流失等。这些都是对河床生态的破坏。

3 治理采砂对策

沁河下游河道内或河道管护范围内采砂治理,应该加强相关法律、法规宣传,保证防汛安全,尽快制定河道采砂规划,加大水行政执法力度。统筹考虑防汛、河道整治、水行政管理及地方经济发展等方面需要,考虑上下游、兼顾左右岸,分析近年来主河道来水来沙情况,合理规划,有效开采。

3.1 加强宣传,确保防汛安全

《中华人民共和国水法》、《中华人民共和国防洪法》、《河南省黄沁河河道管理条例》等法律法规要求,在允许的河道采砂范围内进行开采。不准在工程保护范围内开采,破坏工程稳定;不准在主河道内开采,影响河势变化,防止造成安全事故;开采的砂石不能堆在河道浅滩处,影响大洪水时河道行洪等。对这些明确要求的内容,首要是加强宣传,利用广播、电视等新闻媒介进行宣传,通过制作标语、版报等手段,让广大群众,特别是堤防两岸、滩区等常住群众熟知。近年来,各单位在"水法宣传周"及"世界水日"期间安排得很好,关键是平时的宣传教育;其次,应该举办法律宣传培训班,培训的对象为村民代表,可具体到生产小队或班组;三是建立奖励基金,对举报人员进行奖励。通过这些手段,使广大群众不断增强法律意识,达到守法护法的目的。

3.2 制定河道采砂规划

河道采砂规划是采砂的依据,无序地在河道内乱采滥挖的一个主要原因,就是缺乏合理有效的采砂规划,需要尽快制定并颁行。采砂规划的制定应该由河道所在县(市)基层单位的上一级水行政单位负责,合理规划,统筹兼顾,认真分析河道来水来沙情况,进行必要的河床泥沙颗粒分析,研究河势变化及滩岸演变趋势,兼顾上下游、左右岸。

制定完整系统的沁河下游堤防放淤固堤加固料场规划,合理取土,保护耕地,保护滩区群众的生命财产安全。进行放淤固堤抽取泥沙时,抽沙场必须远离堤防、村庄,避免出现近堤坑塘,导致串沟行洪,造成"二级悬河"及"滚河"的不利局面。如有可能,应及时引洪回淤,复平坑塘。

3.2.1 *采砂规划内容*

河道采砂规划应包括以下内容:

(1)禁采区和可采区;

(2)禁采期与可采期;

(3)可采砂石资源规模,包括可采深度、范围、数量等;

(4)砂石资源补给情况、年度采砂总量控制;

(5)设备选取及作业方式;

(6)采砂规划平面图。

3.2.2 采砂规划应严格遵循河道整治规划

河道整治工程是归顺河势、防止滩地坍塌、保护滩区群众安全及堤防安全的关键措施,特别是随着小浪底等黄河骨干水库的运用,下游洪水能进行有效调节情况下,黄河下游发生漫滩洪水的可能性不断减少,河道整治工程的作用愈发突显。主河道高滩深槽的形成正是治理河道、满足中小洪水行洪的需要。沁河采砂规划必须依据近期批复的河道治导线规划进行编制,不得突破。

3.2.3 分期分区开采

沁河河道采砂规划拟定的砂石开采应分期分区进行,砂石的补充是分区规划的一个重要方面,分期开采应充分考虑不同时期的河道来水来砂情况。如砂量不能及时补给,应杜绝超采行为。值得强调的是,采砂规划不是一成不变的,随着河势变化及河道来砂或砂源补充情况,一定时期须调整规划,依据批准的最新规划进行砂石开采。

3.3 加大水行政执法力度

无论是加强法律、法规宣传,还是制定制度、规划,其关键是落实。落实的是否到位,关键是各单位的水行政执法力度。如果执行不力,河道内乱采滥挖的局面难以根本改变。所以,应加强各项水行政法规执法力度,这也是我们水利工程管理单位的一项主要工作职能;河务部门应紧紧依靠当地政府,依托司法机关,严格执法,按照规定收取采砂管理费以及采砂抵押金;对废弃的采砂场应及时清除影响河道行洪的料物,如木桩、编织袋等。

4 结论

加强宣传,强力执法,在满足沁河下游防汛及河道整治要求的前提下,尽快制定并颁行全流域河道采砂规划,对保证沁河防汛、河道工程及滩区群众生命财产安全,化解采砂业主与水行政执法单位之间的矛盾,促进地方经济发展,该项工作必要而迫切。作为沁河河道主管机关,行使水行政管理职能,制定沁河下游自上而下的河道采砂整体规划,规范河道采砂行为,按照水利部《关于加强全国河道采砂管理工作的意见》要求,明确任务,落实责任,实现黄河长治久安。

参考文献

[1] 水利部水建管[2005]529号. 关于加强全国河道采砂管理工作的意见,2005.

[2] 水利部 财政部 国家物价局水财[1990]160号.河道采砂收费管理办法,1990.
[3] 曹金刚.黄河洛阳河段砂石开采对河道行洪的影响分析.黄河水利管理技术论文集,1998.
[4] 焦作市人民政府令第68号.焦作市黄沁河河道采砂管理办法,2005.

不同河流河道整治方案及措施的综合效果

江恩惠　刘　燕　李军华　赵连军

（黄河水利科学研究院水利部黄河泥沙重点实验室）

摘要：河流因其地理位置、流域下垫面条件不同，其水沙特性及河床边界条件必将产生明显的差异。世界各国针对各自河流特性、河流所要肩负的使命，确定了不同的治理与开发目标，采取了相应的整治方案和措施。整治方案、措施及建筑物是否适应于河流的基本特性，关系到整治的综合效果和成败。本文在综合分析国内外一些典型河流整治方案及措施的基础上，归纳总结了6种典型方案，并就其整治效果进行了简单介绍，进而提出了整治目的与整治方案及措施之间的承辅关系。

关键词：整治目的　整治方案　工程措施　承辅关系

众所周知，天然状态下的河道平面形态，很少有直的，绝大部分是弯的，平面上是一个接一个的反向弯道，这正是水流与河床相互作用的结果。河道整治也往往是顺应河势的发展，遵循河床演变基本规律，采取相应的整治措施和工程布置型式。

不同河流河道整治由于其整治目的不同，往往采用更适合本河流特点的整治方案，所采取的整治措施及相应的工程型式均根据整治方案确定。

1　以控导主流稳定河势确保防洪安全为目的的多沙河流微弯型整治方案

1.1　多沙河流整治的目的及措施

该方案的代表河流有黄河和辽河。两条河流水沙及河道特征共有特点：①洪水暴涨暴落；②多沙（冲积性）河流，河势游荡变化大；③防洪任务艰巨。因此，其整治目的基本相同，都是为了改善河道的平面和横断面形态，控导主流，稳定河势，在确保防洪安全的前提下，有利于两岸灌溉和滩区人民群众的生产生活。整治措施是以控导工程为主，以裁弯为辅。

黄河下游按微弯型方案进行河道整治。在弯道凹岸修建河道整治工程，“以坝护弯、以弯导溜”是黄河下游河道整治所采用的原则。

辽河的游荡性河段整治也采用息弯型整治方案,在容易出险的凹岸修建控导河势的短丁坝,构成一组弯道,保护堤岸,稳定河势,使其向微弯型河道转化;对蜿蜒型河道也往往在易受到冲刷的凹岸安排工程,形成连续的平顺弯道,迎托主流,保护滩岸,保持原有河势。

1.2 实施微弯型整治方案的多沙河流河道整治综合效果

黄河下游游荡型河段微弯型整治方案经过二三十年的探索、实践,使游荡范围较自然状态下有明显减弱,水流得到了改善,缩小了主流摆动范围,改善了横断面形态,减轻"横、斜河"威胁,提高了防洪安全,有效地防止了塌滩、掉村,改善了涵闸的引水条件,沿黄工农业和城市供水保障率得到提高。同时,我们也发现,工程修建完善的河段河势控导效果明显优于工程配套程度较差的河段。因此,加快黄河下游游荡性河道整治是非常必要的。

辽河下游目前已按规划要求完成整治工程建设,经受了 1986 年、1989 年、2005 年三次洪水考验,保障了沿河地区防洪安全,取得了显著的经济效益和社会效益。尤其是柳河口至红庙桥游荡性河段,所采用的石笼短丁坝一体性较好,能抗击较大水流的冲击与漫流,对稳定河势起到至关重要的作用,该河段游荡范围已明显缩小,有效地控制了主流,稳定了河势。出现的问题如丁坝间遭受回流淘刷比较严重,洪水期易出现险情,但由于辽河河道内近年来进行清障及动迁河滩地房屋和群众,滩区防洪任务较轻,一般不在汛期抢险,待洪水过后对工程进行修复。

2 以护滩护岸、航运和防洪安全为目的的水多沙少河流整治方案

2.1 水多沙少河流整治方案整治目的及措施

这一类河流整治方案的典型代表是中国的长江。长江多年平均年径流量 9 600亿 m^3,占我国江河入海总水量的 1/3 以上,其含沙量却不大,洪水期常形成横河顶冲滩岸,造成岸滩崩塌,主流沿横比降大的方向流动,造成河道大摆动,给人民生活带来极大的困难,甚至威胁人民生命安全。长江的整治目的是保护河岸,提高干流泄洪能力,保护两岸防洪工程安全运用,保证防洪安全;维持航道水深,有利于水运航道的畅通,保证航运安全。整治措施是以护岸工程为主,以裁弯、疏浚为辅。

2.2 河道整治综合效果

长江中下游整治工程形式主要是修建大规模护岸工程和裁弯工程。护岸工程主要有平顺护岸、矶头群护岸和丁坝护岸三种类型,河道整治的多年实践表明,沉排和抛石两种护岸结构比较成功。

长江中下游 40 多年的河道整治,1 800 km 长的河道两岸,护岸工程建设总

长度1 100多km。下荆江裁弯2处,分汊河道堵塞支汊5处。

护岸工程的不断兴建,崩岸情况大为改善,有效地稳定了河势,阻江南移,固岸保堤,阻止崩岸的发生和发展。但也出现一些问题,主要表现在两方面:一是丁坝护岸的修建所引起的水流抄后路、影响近岸深泓主航道的水流流态等问题;二是荆江裁弯工程带来的问题,裁弯在一定程度上减轻荆江两岸的防洪压力,同时有一定的航运效益,但裁弯后河道演变速度快,严重的崩岸常威胁两岸的工农业生产。

3 以城市防洪为目的的渠道化整治方案

3.1 城市渠道化整治目的及措施

河道渠化整治是通过采取一些工程措施,将天然河道改造成两岸近乎平行、较为规则的渠道。为确保城市防洪安全,在城市河道整治中,常采用渠化整治,强化河道边界。

渠道化整治具体工程措施是固化河岸,缩窄河道。渠化治理费用高昂,在欧美、日本等一些经济发达国家很多河流在城镇附近甚至个别河流的全河段都已渠道化,我国的一些重要城镇也实施了渠化整治。

3.2 实施渠道化整治的河流河段的河道状况

莱茵河纵贯中欧、西欧,是国际性河流,为欧洲最大的水运动脉,莱茵河畔有许多著名城市临河而立,因而,各个国家均采取固化河岸的整治措施,以确保城市的防洪安全。

莱茵河河流渠道化整治后,限制了河道的横向冲刷变形,抑制了崩岸,稳定了河势。因此,大大减少了险情的发生,有利于防洪安全,同时也减少了由于崩岸引起的大量土地损失。但因河道渠道化引起河床严重下切,法、德两国曾协议再建一级水利枢纽(诺伊堡威尔)。因种种原因,该级水利枢纽未兴建,政府不得不采取向河中抛投推移质的方法使河床得到稳定。其中,1978~1985年每年抛投的推移质平均为16.7万km^3。

众多人工运河的开挖和河道的渠化,极大地改善了莱茵河的航运条件,促进了莱茵河航运业的发展。

4 以通航为目的的内河航道整治方案

4.1 内河航道整治的目的及措施

内河航道整治一般是在河岸两侧采取相应的工程措施,将河道束窄于一定范围,从而保证通航水深、宽度和平缓的弯道,稳定航道,以确保通航安全为目的。

航道整治具体采取的工程措施有很多,如锁坝群堵塞支汊,用导流坝保证航道宽度和深度,用对口丁坝或错口丁坝(潜坝)壅高水位,保证航深等措施,除上述工程措施之外,往往辅以疏浚和裁弯工程。

目前大多数以航运为目的的河流较为广泛地采用对口丁坝工程,裁弯,并辅以疏浚河道的整治措施来束窄河流,稳定河势,保证航运水深。

4.2 实施内河航道整治河流的综合整治效果

内河航道采用对口丁坝整治方案的河流非常多,下面对几条典型河流作一介绍。

4.2.1 密苏里河

密苏里河是美国水量丰沛的多沙河流,中下游河道大规模修建整治工程以保证航道稳定,同时采用裁弯、疏浚措施确保航道通畅。在河道两岸以对口、错口丁坝、顺坝群束窄散乱水流,固定下游航道,防止河道经常发生摆动。丁坝、顺坝多采用轻型透水结构,如透水木桩、废旧汽车等。平顺护岸以堆石或混凝土块体为主。经过河道整治,现已呈单一的弯曲河道,航运条件有所改善,通航水深达1.96 ~2.1 m。

4.2.2 荷兰境内的莱茵河

莱茵河最后流经的国家是荷兰,注入北海,在荷兰境内长170 km,是荷兰第一大河。荷兰对莱茵河的河道整治不仅包括堤防和控导工程,还有挖河、裁弯、渠化河道、清障等。

至19世纪上半叶,莱茵河已修建由1 600多座丁坝组成的控导工程。修建控导工程的目的有三方面:一是为了防止位于弯道处的河岸滩地被进一步淘刷,二是为了枯水期航运而抬高水位,三是防止船舶运行所产生波浪对河岸的侵蚀或淘刷。由于航运因素,无论是弯曲河段,还是直河段,大部分河段的两侧都建有丁坝;丁坝一般较长,有时甚至达枯水水面宽的1/3。

众多的工程措施极大地改善了莱茵河的航运条件,促进了莱茵河航运业的发展。目前,7 000 t级的船舶可以通过莱茵河直达德国的科隆港(距河口500 km)。

4.2.3 易北河

易北河斜贯德国东北部平原洼地,水流缓慢,落差较小,过汉堡后,在布伦斯比特尔科格以西约10 km处注入北海。其河道整治目的是束窄河槽和固定岸滩,保证航运水深,稳定航道,以利航运。河道整治工程采取对口丁坝形式,整治效果良好。

4.2.4 汉江

汉江襄樊至汉口河段江道采用对口、错口丁坝固定江道,并用锁坝工程并辅以裁弯、疏浚措施保证航道通畅。航道整治工程完成后,控制了中枯水河势,固定了岸滩,稳定了主泓,改善了航道条件和主要港口条件。整治后最小水深达1.6 m以上,航宽增加至80 m,最小弯曲半径由250 m增大到340 m,可通航500 t级船舶,2 000 载重吨船队,通航保证率达97%,干流通航里程达1 313 km。丹江口以下航道达到四级航道标准。

对内河航道整治的综合效果分析表明,内河航道采用通过修建整治工程束窄河床,防止河道摆动过大,保证航运所需的水深、宽度和深泓,稳定航道。采用对口丁坝、锁坝、裁弯并辅以疏浚整治工程进行航道整治是比较行之有效的工程措施,但普遍存在的问题是:一是两岸工程应同时进行,一次性投资大,工期长,对河势变化较大的河流难以实施;二是由于坝头经常受水流顶冲,对丁坝结构材料要求较高,相应增大了施工难度和投资;三是实施裁弯工程,对局部河势影响较大,裁弯后缩短了河道,无形中增加了水流的挟沙能力,对岸坡的冲刷能力加强,丁坝坝根和护岸将遭受强烈冲刷,极易造成严重险情。另外,裁弯后下游的淤积问题比较突出,一定要加以控制,否则将前功尽弃。

5 以航运为目的的河口航道整治方案

5.1 河口航道整治的目的及措施

河口不仅是河流的承泄区,同时也往往是内河与外海航运的交界地,是水陆联系的门户,甚至是重要的国防军事基地。河口海岸黏性泥沙居多、颗粒组成细,极易形成絮凝沉降,大多数河口因泥沙淤积形成拦门沙或浅滩,成为河口地区航道、港口及泄流排涝的主要障碍。

河口航道整治是凭借整治工程规顺河岸、调整水流、达到要求的航运水深。一般采用两岸修建整治工程并配合疏浚措施,所采取的工程措施常用的有双导堤配合丁坝群束水归槽,逐步使主河槽束范于设计参数之内,从而保证航道稳定。

5.2 实施河口航道整治的河流综合整治效果

根据我们收集到的资料,世界各国的重要河口通过整治后,都基本达到了预期的目的。

5.2.1 国外典型河流河口整治

国外河口治理大都是从整治拦门沙航道开始的。19 世纪中叶,随着国际航运业的快速发展,船舶吨位和吃水迅速增加,河口拦门沙水深不足成为影响河口港建设的严重障碍,一些经济较发达的国家如法国、美国、荷兰等相继开始对河口航道进行治理。

总结国外河口航道治理的经验,主要有:

(1)各河口水文泥沙特性千差万别,治理方案也不同。

(2)治理河口航道难度极大。

(3)采用整治工程和疏浚相结合的方法。

(4)多沙河口来沙的季节性变化明显,一般均需有一定量的疏浚才能维护治理后实现的航道水深。

5.2.2 国内典型河流河口整治

1)长江口

长江口是巨型丰水、多沙的分汊河口。自徐六泾以下,平面上呈喇叭形。多年平均入海径流量为9 240亿 m^3,年平均流量为29 300 m^3/s,多年平均入海沙量为4.86亿t,年平均含沙量为0.547 kg/m^3。多年来长江口航道极不稳定,各口门都有拦门沙存在,拦门沙滩顶自然水深为5.5~6.0 m,远较其上、下游水浅。为此自1998年1月长江口一期工程开工以来,进行了系统的航道整治。

整治的首要问题是通航,确保航道畅通是采用整治与疏浚相结合的措施,其中,深水航道整治是采用南北两条宽间距导堤与长丁坝结合疏浚成槽的总体设计方案。长江口深水航道8.5 m和10 m航道正式通航后,实现了100%的通航保证率。

2)钱塘江口

钱塘江自杭州以下,江面骤宽,水流散漫,无一定深泓,加以巨大的冲刷作用引起流沙的激动,以致两岸滩地此涨彼塌,滩槽经常易位。所以对钱塘江河道整治主要是保滩护岸,稳定和缩窄江道,进占围垦。

钱塘江河口江道整治布局在不同时期有所不同,不断修改完善,但都是采用南北两岸同时整治。近期治理采取缩窄江道方案,工程措施采取乘淤筑堤围涂,逐渐逼近江道规划线。整治工程遵循成群成组、适时调整布置和顺坝与围堤相结合的布置原则。钱塘江整治工程主要包括保滩护岸工程和缩窄江道工程。整治措施采用长、短丁坝和顺坝相结合和以围代坝。

钱塘江河口两岸,先后曾修建长、短丁坝约545座,将杭州闸口至海宁十堡间64 km河段缩窄至规划要求,稳定了航道;长丁坝、顺坝结合围涂治江,不但稳定了江道,而且为国家节省了大量资金。

由以上对国内外河口航道整治多年来实践表明,河口航道整治一般采取整治与疏浚相结合的原则是有效的措施;河口航道整治规划线应顺直微弯,并选落潮主槽为航槽,尽量使涨潮主槽与落潮主槽一致,以利于航道水深的维持。

6 以稳定流路淤滩刷槽为目的的对口丁坝整治方案

多沙河流出河谷进入冲积平原以后,往往很快进入游荡性河道。对那些主要有沙壤土、沙土和黏壤土组成的可动性极大的河床，在水流作用下，河道游荡不定，往往造成滩地河床的强烈崩塌。为此，出现了以阿姆河为代表的对口丁坝整治方案。

6.1 对口丁坝整治方案的目的及措施

阿姆河土雅姆水利枢纽下游的250 km为游荡性河道，河床极不稳定，洪水期常形成横河顶冲滩岸，造成滩地坍塌，主流沿横比降大的方向流动，造成河道大摆动，给灌溉引水、土地利用，带来极大的困难，同时威胁居民点的安全。阿姆河整治目的是为了保护岸滩免受顶冲崩塌，淤滩造地，刷深主槽，使河道游荡摆动范围缩小，稳定流路，发挥引水、灌溉等综合效益。

采取的工程措施是上挑或正挑对口丁坝。

6.2 实施对口丁坝整治的河流河道整治综合效果

中亚灌溉研究所在20世纪80年代初提出了一套整治方法，采用对口丁坝整治方案，规顺河势，稳定流路，整治工程采用上挑对口丁坝。采用上挑对口丁坝整治后，河道游荡范围有所缩小。整治工程的兴建限制了洪水期水面的宽度，在坝裆形成较大的漫滩回流漩涡区，从而促进了泥沙回淤，坝间滩地淤积大量泥沙，抬高了滩面。滩地淤高，主槽刷深，使滩槽高差增大，形成了高滩深槽，使得小水不出槽，有利于控导主流，排洪输沙。丁坝使主流远离河岸，防止了河岸的崩塌，但上挑丁坝坝头处水流较为集中，坝体受到强大的淘刷作用，其冲刷深度在大洪水期达20多米，坝头回流淘刷，有的冲断坝身只剩下孤零零的坝头。

另外还有以排水为目的的河道整治，以浮运木筏为目的的河道整治，以及桥渡或其他跨河建筑物附近的河道整治等。

7 结语

由以上对不同河流河道整治的目的、方案及措施的综合分析发现，河流所采用的整治方案及措施与其特殊的整治目的是密不可分的，为了达到其整治目的，在进行河道整治时，就必须综合考虑河道特性、来水来沙特征以及两岸社会经济状况等特点，才能有的放矢，事半功倍。也就是说，不同整治方案与和整治措施与河流的来水来沙特性、河道冲淤演变特性、流域的下垫面条件、流域经济的发展状况等有着密不可分的承辅关系，我们将其概括如下：

(1)对于水量丰沛、含沙量小于10 kg/m^3、河道总体呈冲刷或冲淤平衡特性、非游荡性河道或游荡强度不大、泥沙来源区得以有效治理、以保证航运为整治目的的河道整治，为了稳定其航道，保证航运水深、流速及稳定平滑的弯道，针对枯水多采用两岸修建工程如对口丁坝整治方案，同时辅以裁弯和疏浚措施，以保证航道通畅、稳定。

(2)对于水量少、含沙量大于 10 kg/m^3、河道总体呈淤积特性、河道游荡多变、泥沙来源区未得以有效治理的、以防洪和稳定河势为整治目的的河道整治，为稳定流路、缩小河势游荡摆动范围、保证滩区耕地及群众生命财产安全，多采用“以坝护弯，以弯导流”的方法，如黄河的微弯型整治方案。该方案遵循河势演变规律，确定整治流路，以控导工程为主，因势利导，确保防洪安全。

(3)以城市防洪为目的的河道整治，往往采用束窄河道、两岸固化的方法，限制河道的横向冲刷变形，抑制崩岸，稳定河势，提高城市防洪标准。

参考文献

[1] 余文畴，曾静贤. 长江护岸丁坝局部冲刷和防冲研究. 长江科学院长江河道研究成果汇编，1987.

[2] 荷兰水利的启示. 黄河水利科学研究院考察报告.

[3] 长江口深水航道治理工程成套技术总报告. 交通部长江口航道管理局，2006 -4.

[4] 韩曾萃，戴泽蘅，李光炳，等. 钱塘江河口治理开发. 浙江省水利河口研究院. 中国水利水电出版社，2003 -9.

[5] 范宝山，刘德勇，杨辉，等. 辽河口水沙运动及演变规律研究报告. 中水东北勘测设计研究有限责任公司，2003 -8.

[6] 汉江(襄樊至涮河口)航道整治工程初步设计说明书. 湖北省交通规划设计院，1987 -6.

[7] 江恩惠，等. 阿姆河考察报告. 黄河水利科学研究院，2002.

黄河下游洪水演进对河道萎缩的响应

姚文艺[1] 李 勇[1] 荆新爱[1] 侯爱中[1]

(黄河水利科学研究院)

摘要:依据水文学和河床演变学的原理,结合定位观测资料分析和河工动床模型试验的方法,对黄河下游河道萎缩过程中的洪水演进规律进行了分析。研究表明,黄河下游河道萎缩过程中,无论水流含沙量高低,洪水削峰率均会增加,出现坦化现象,但是,当洪峰流量与平滩流量接近时,洪水的变形不大,洪峰流量削减也最小;洪水演进速度减缓,演进历时加长,当洪峰流量约为平滩流量的2倍时,洪水传播速度最慢。但是,河槽断面平均流速与流量之间仍存在着同步调整的关系;河道萎缩使过水断面面积减小,河底平均高程抬升速率增加,从而造成洪水水位涨幅增大;河道萎缩后,洪水输沙仍具有"多来多淤多排"的特性,洪水挟沙力大小与河槽断面形态的关系仍然符合一般意义下的河床过程规律,与河道萎缩模式无关。

关键词:洪水演进 输沙能力 河道萎缩 黄河下游河道

根据水文学和河床演变学的原理知,河道洪水演进特征与河床边界条件之间有着高阶的响应关系。自20世纪80年代中期以后,黄河下游主河槽发生严重淤积萎缩,河床平均高程抬升速率加快,过水面积大大减小,对河道的洪水演进产生很大影响。针对黄河下游河道萎缩对洪水演进影响的问题,有人曾开展过一些探讨,但总的说,大多是针对某一场洪水的演进特性或河道行洪能力,以及引起河道萎缩的洪水水沙特征等问题开展研究的,而对于黄河下游河道萎缩条件下洪峰、洪水传播时间和水位—流量关系等洪水演进特征参数的变化规律进行系统研究的较少,对洪水的输沙能力的调整与河道萎缩之间的响应关系也更待进一步研究。分析洪水演进对河道萎缩的响应关系,对于了解河道萎缩的致灾机理及制定治理对策都是非常必要的。本文依据定位观测资料分析,结合河工动床模型试验,探讨了黄河下游河道萎缩过程中洪水演进的响应关系。

1 模型试验设计

1.1 试验河段选择及试验比尺设计

黄河下游游荡型河段河道萎缩最为严重,其萎缩演变过程也比较复杂,因此

基金项目:"十五"国家科技攻关计划重大项目(2004BA610-03)。

选取该河段作为试验对象。根据试验场地和模型进出口水沙条件的控制要求，模拟范围选定为花园口河段。模型进口为北裹头，出口在赵口险工下游，全河段长 38.45 km(图 1)。

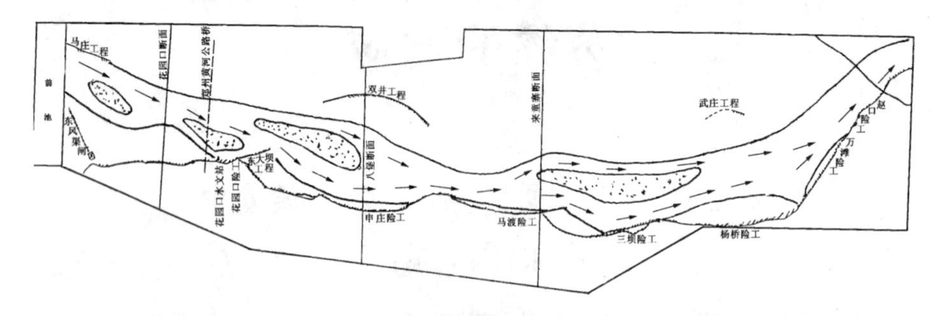

图 1　模型模拟河段示意图

模型按黄河动床模型相似律设计，相似条件主要有水流重力相似、水流阻力相似、水流运动相似、泥沙起动和扬动相似、泥沙沉降相似、水流挟沙能力相似和河床冲淤相似等。模型选定的主要比尺见表 1。

表 1　模型主要比尺汇总

比尺名称	平面比尺 λ_L	垂直比尺 λ_H	流速比尺 λ_V	水流运动时间比尺 λ_{t_1}	河床变形时间比尺 λ_{t_2}	沉速比尺 λ_ω	含沙量比尺 λ_S	糙率比尺 λ_n
比尺	800	70	8.37	95.58	95.58	1.35	2.00	0.60

根据模型试验目的，选取 1987 年水文年水沙过程作为验证试验的水沙条件，模型初始地形按河道萎缩初期的 1987 年汛前实测大断面制作。尾门水位按花园口站流量与赵口闸前水位统计关系控制。验证试验表明，模型在河型、河势、沿程水位、河床形态和冲淤等方面与原型是基本相似的，可以满足试验的精度要求。

1.2　试验方案

选择三个典型的水沙过程作为试验水沙条件，即中水丰沙的 1988 年、小水中沙的 1994 年和枯水少沙的 1991 年。根据实测资料分析，河道萎缩主要发生于汛期，因此在试验过程中只施放汛期水沙过程。另外，1998 年淤积量是 1985 ~ 1996 年年均淤积量的 1.8 倍，且滩地淤积都非常明显，主河槽深泓高程抬升约 2 m；1991 年淤积量较小，如汛期的仅为 1988 年的 33%，但泥沙全部淤积在主河槽内，若与 1988 年的水沙过程组合，则可充分展现“小水大灾”的效应，根据主河槽冲淤变化的特征，将 1991 年和 1998 年的水沙过程进行组合作为一个试验组次。因此，在试验组次设计中，考虑了两种类型，即 1988 年 + 1991 年组合型和1994年型(分别简称为“88+91型”和“94型”)。两个试验组次的初始地形均按1987年汛前实施大断面制作。试验周期按每种水沙试验条件下河床冲淤演变达到相对稳定状态时进行控制。

2 河道萎缩特征及模式

实测资料分析和试验研究表明,黄河下游河道萎缩主要表现为主河槽严重淤积,同流量水位明显抬升,平滩流量大大减小。因此,通常所说的黄河下游河道萎缩实质上是指主河槽的萎缩。黄河下游河道萎缩的主要特征是主河槽宽度和其中的主河槽明显缩窄;主河槽过水面积大大减少;河床高程抬升速率明显增加,以及横断面形态调整多变等。试验结果也进一步表明,在河道萎缩过程中断面形态的调整趋势不单是单向性的,而是视水沙条件而有所不同。在1991年和1998年的试验水沙条件下,断面宽深比是逐步减小的,也就是说主河槽断面逐步趋于窄深;而对于“94型”的水沙过程,断面宽深比则是逐渐增大的,说明断面形态趋于宽浅。因而,可将“91型”洪水所形成的萎缩模式称作“集中淤槽”,而将“94型”洪水形成的萎缩模式曰为“滩槽并淤”。显然,在“集中淤槽”模式下,主河槽断面趋于宽浅;而在“滩槽并淤”模式下,断面形态则趋于窄深。另外,还有一种“淤积不萎缩”的模式,即尽管河槽发生淤积,但并不具备主河槽宽度缩窄、过水断面面积减小的萎缩特征。

3 洪水演进过程与河道萎缩的响应关系

3.1 河道萎缩对洪水峰型的影响

洪水在向下游传播过程中,因河道边界条件的影响,将会引起洪水峰型的变化。峰型可简单由洪峰流量大小表征。峰型的变化最直接的表现是洪峰流量的增减。洪峰流量增减程度一般用削峰率表征。所谓洪水削峰率,是指上下断面洪峰流量之差占上游断面洪峰流量的百分比。根据黄河下游花园口至孙口河段自20世纪50年代到90年代洪水削峰率的变化过程知,1986年以来黄河下游河槽淤积萎缩,平滩流量明显降低,洪水漫滩严重,造成洪水削峰率逐年增加。尤其是1988年高含沙量洪水发生后,高村以上河段削峰率不断增高,1994年、1995年达到1954年以来的最高值。而高村以下削峰率反而减小。1981年、1985年和1996年洪水,花园口洪峰流量均在8 000 m^3/s左右,但由于河床边界条件的不同,洪峰流量沿程削减也不同(表2)。1985年9月洪水前,河道平滩流量较大,洪峰在下游传播过程中,没有发生明显漫滩,因此洪峰削减不明显。花园口和孙口最大洪峰流量分别8 260 m^3/s和7 100 m^3/s,削峰率为14%;而1996年洪水过程中,受1986~1996年河道持续淤积萎缩的影响,平滩流量仅

3 000 ~ 4 000 m³/s,在花园口洪峰流量7 860 m³/s的条件下,下游河道发生大范围漫滩,同时由于下游主槽淤积抬升幅度大于滩地的抬升幅度,滩地水深大,滞洪作用强,因而洪峰沿程坦化明显,如孙口洪峰流量仅有5 800 m³/s,较花园口削减了26%。1981年情况与1996年相似,因洪水前期下游河道平滩流量较小(约4 500 m³/s),洪峰削减也较为明显,如花园口洪峰流量8 060 m³/s,到孙口时已削减了19%。

表2　典型洪峰削减情况统计

站名	洪峰流量(m³/s)			削峰率(%)		
	1981年	1985年	1996年	1981年	1985年	1996年
花园口	8 060	8 260	7 860	4.1	-0.7	9.0
夹河滩	7 730	8 320	7 150	4.4	9.8	4.8
高村	7 390	7 500	6 810	12.0	5.3	14.8
孙口	6 500	7 100	5 800	19.4	14.0	26.2

进一步分析表明,对于一定的平滩流量,当洪水的洪峰流量小于河槽平滩流量时,洪水在主槽运行过程中,即使洪水有所坦化,但洪峰流量的削减不会太大,上下站洪峰流量基本接近;当洪峰流量与平滩流量接近时,洪水的变形不大,洪峰流量削减也最小;一旦洪峰流量超过平滩流量,洪水发生漫滩,削减率随洪峰流量的增大而增大。在不同时期,尤其是与1986年前后时期相比,河道的平滩流量相差极大,因此即使发生相同流量的洪水,洪峰流量的削减率也不相同。河道淤积时,过洪能力降低,平滩流量减小,中小洪水即可漫滩,洪峰流量的削减率就大。因此可以说,洪水洪峰流量 Q_m 与河槽平滩流量 Q_p 的对比关系可以作为反映河道边界条件对洪水削减作用的特征因子。为此,统计分析自20世纪50年代以来主要场次洪水不同河段削峰率与 Q_m/Q_p 之间的关系可得到:

$$Q_{m下}/Q_{m上} = k_1(Q_m/Q_p) + b_1 \tag{1}$$

式中:$Q_{m上}$、$Q_{m下}$分别为上下断面的洪峰流量;k_1、b_1 分别为斜率和截距,k_1、b_1 的取值见表3。

显然,河道萎缩后无论是一般含沙量洪水还是高含沙量洪水,由于平滩流量 Q_p 减小,增 Q_m/Q_p 大,削峰作用更为明显。即河道萎缩后,洪水在传播过程中坦化作用更强。

3.2　洪水传播时间的响应

由于河道萎缩使得洪水坦化,因而洪水的传播速度必将受到影响。对于断面规则、非复式断面的河道,洪峰传播速度 ω 与断面平均流速 V 的关系可表示为

$$\omega = AV \tag{2}$$

表3　式(1)中 k_1、b_1 取值

洪水类型	河段	Q_m/Q_p	
		k_1	b_1
一般含沙量级洪水	花园口—夹河滩	-0.06	1.062
	夹河滩—高村	-0.05	1.004
	高村—孙口	-0.08	1.022
高含沙量洪水	花园口—夹河滩	-0.32	1.224
	夹河滩—高村	-0.50	1.300

式中:A 值代表河槽形态对洪水传播特性的影响,可表达为

$$A = \frac{5}{3} - \frac{2}{3}\frac{R}{B}\frac{\mathrm{d}B}{\mathrm{d}Z} \tag{3}$$

式中:R 为水力半径;B 为河槽宽度;Z 为水位。

由式(3)知,在河槽断面形态一定时,若来水洪峰流量超过平滩流量发生漫滩,过流面积的增大将明显降低断面平均流速,那么,洪峰传播速度将会减小。在1986年以前,下游平滩流量在5 000 m^3/s 左右,其后降至2 000 ~3 000 m^3/s。若分析典型洪水全断面平均流速变化过程(表4)可以看出,在平滩流量附近断面平均流速最大,其他流量级的断面平均流速都小。而且平滩流量越小,滩地过流比例越大,断面平均流速越小。“96·8”洪水前期高村断面平滩流量2 800 m^3/s,约为1982年和1958年洪水前的50%,发生大幅度漫滩后,全断面平均流速仅0.54 ~0.70 m/s,为其他年份同流量下断面平均流速的1/3 ~1/5,也仅为1982年和1958年大漫滩洪水期全断面平均流速的1/2。与1981年同流量级洪水相比,除2 000 m^3/s 流量级外,“96·8”洪水期断面平均流速仅为前者的43% ~55%,相应传播时间增长1.43 ~2.62倍。

表4　高村水文站典型洪水断面平均流速统计

流量	不同年份断面平均流速(m/s)				
(m^3/s)	1958年	1981年	1982年	1985年	1996年
2 000	1.69	2.22	1.52	1.81	2.40
3 000	2.08	2.50	1.88	1.97	1.38
5 000	2.55	2.38	2.32	2.09	0.54
7 000	1.20	1.62	2.45	2.56	0.70
10 000	1.03		1.89		

进一步分析表明,当洪峰流量约为平滩流量的2倍($Q_m/Q_p \approx 2$)时,洪水传

播速度最慢。1996 年洪峰流量仅约为平滩流量 2 倍,因而其洪峰的传播速度也只有平滩流量附近的 1/3,洪峰传播时间最长。根据分析,当 Q_m/Q_p 大于 2 时,如 1957 年、1958 年洪水,将会出现全河道过流,洪水主流带宽度增大,从而洪水的传播速度随 Q_m/Q_p 的增大则反而减小。

根据模型试验分析知,尽管河道萎缩可以引起洪水传播速度减小,传播时间增长,但是断面平均流速与流量之间仍有很好的跟随性,即流量越大,洪水的断面平均流速越大。而且,不论何种萎缩模式,流速的变化过程都与流量变化过程有着密切的正比关系。由此说明,无论何种萎缩模式,只要增大流量,就可望使得主河槽内保持有较大的流速,从而改善河道的萎缩状况。

3.3 洪水水位的响应关系

根据曼宁阻力公式可得到主槽流量从 Q_1 上涨到 Q_2 时的水位涨幅:

$$\Delta H = (Q_2^{0.6} - Q_1^{0.6})(BJ^{0.5}n^{-1})^{-0.6} \tag{4}$$

由式(4)可以看出,水位的变幅与河宽和河床阻力具有密切的非线性关系。进一步计算表明,河宽缩窄或河床阻力增大一倍,都将导致 1.52 倍的水位升幅;水面比降减小一倍,将导致 1.23 倍的水位升幅。如前述分析,现状黄河下游花园口—夹河滩、夹河滩—高村两河段主槽平均宽度约为 20 世纪 80 年代中期主槽宽度的 60%,据此可以推算,同流量的水位升幅将增大 36%;下游生产堤范围内滩区综合曼宁糙率系数由 0.015 增加到 0.03 ~ 0.04,增大了 1.5 ~ 1.8 倍,同流量的水位升幅将增大 25% ~ 42%;下游生产堤至大堤之间,在假定滩区水面比降与主槽相同的条件下,滩区综合曼宁糙率系数由 0.025 增加到 0.06 时,水位的升高幅度将增大 69%。

根据黄河下游不同河段各水文站断面定位观测资料统计,洪水期间相同水位的涨幅与相应 $BJ^{0.5}$ 的关系是较为密切的,经回归分析有:

$$\Delta H = 5.55(BJ^{0.5})^{-0.65} \tag{5}$$

统计黄河下游各河段 1985 年汛后和 1997 年汛后主槽 $BJ^{0.5}$ 参数,按式(5)推算知,主槽缩窄对洪水水位涨幅的影响非常明显(表 5)。由表 5 可以看出,1997 年汛后黄河下游高村以上游荡性河道主槽宽度约为 1985 年汛后的 60%,主槽同流量下的水位涨幅增大了约 40%。

4 输沙能力对河道萎缩模式的响应

根据黄河下游不同河段不同时期的输沙特性分析,黄河下游的输沙特性一般存在“多来多淤多排,少来少淤少排”的输沙特点,其输沙能力可由下式描述:

$$Q_S = KQ^a S_{上}^b \tag{6}$$

表 5　不同河段平滩水位下主槽宽度及对洪水位升幅的影响

河 段	不同年份主槽宽度(m)		1997 年主槽宽度与 1985 年宽度之比(%)	主槽水位抬升幅度百分数(%)
	1985 年	1997 年		
铁谢—花园口	1 586	921	58	42
花园口—夹河滩	1 432	923	64	33
夹河滩—高村	1 208	727	60	39
高村—孙口	879	695	79	16
孙口—艾山	610	544	89	8
艾山—泺口	54\14	507	99	1
泺口—利津	490	431	88	9

式中：Q_S 为河道输沙率，可作为输沙能力的表征参数 t/s；Q 为流量 m^3/s；$S_上$ 为上站来水含沙量 kg/m^3；K 为系数，与前期河床冲淤有关；a、b 是指数，与边界条件及来沙颗粒组成有关。

根据赵业安等人的分析，花园口站断面汛期全沙输沙率与流量和上站含沙量关系为

$$Q_S = 1.43Q^{1.16}S_上^{0.6} \tag{7}$$

由此可得出相对“多来、多排”输沙能力为

$$S_多 = 1.43Q^{1.16}S_上^{0.6} \tag{8}$$

式中：$S_多$ 为相应输沙率 Q_S 的水流含沙量，kg/m^3。

由式(8)计算模型试验各级水沙过程的输沙能力 $S_多$ 与模型进口来沙 $S_上$ 之比 $S_上/S_多$，据而估算出河道冲淤变化，并根据试验资料，点绘模型试验各级水沙过程单位时间冲淤强度与相对输沙能力 $S_上/S_多$ 的关系(图 2)。由图 2 可见，点据分布趋势是比较明显的，说明模型中八堡至来童寨河段在萎缩过程中，洪水输沙仍然具有“多来多淤多排”的特性。

根据曼宁公式和水流挟沙能力联解知，水流挟沙力与断面形态之间有如下函数关系：

$$S_* \propto \left(\frac{Q}{M}\right)^{0.28} \tag{9}$$

式中：S_* 为水流挟沙力；Q 为流量；M 为断面湿周与水力半径的比值。

若由本研究的试验资料点绘 S_* 与 $\left(\frac{Q}{M}\right)^{0.28}$ 关系(图 3)可以看出，在河道萎缩过程的试验水沙条件下，无论何种萎缩模式，洪水的挟沙能力 S_* 仍与 $\left(\frac{Q}{M}\right)^{0.28}$ 有着较好的正比关系。也就是说，在河槽淤积萎缩过程中，若使得 M 值趋小，即断面趋于窄深，则主河槽的挟沙能力将有所增加；反之，若河槽萎缩过程中断面

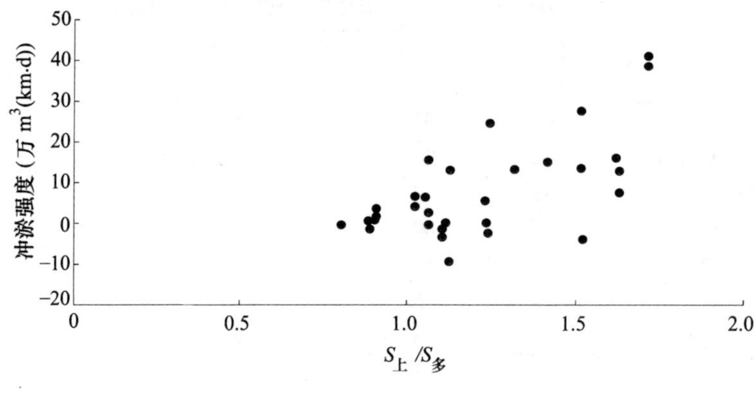

图 2　冲淤强度与 $S_{上}/S_{多}$ 关系

形态趋于宽浅,即断面形态参数 M 是增大的,则主槽的挟沙能力将会减小。由此也说明,在萎缩过程中,水流挟沙力与断面形态的关系是与通常概念下的河床过程规律是一致的。

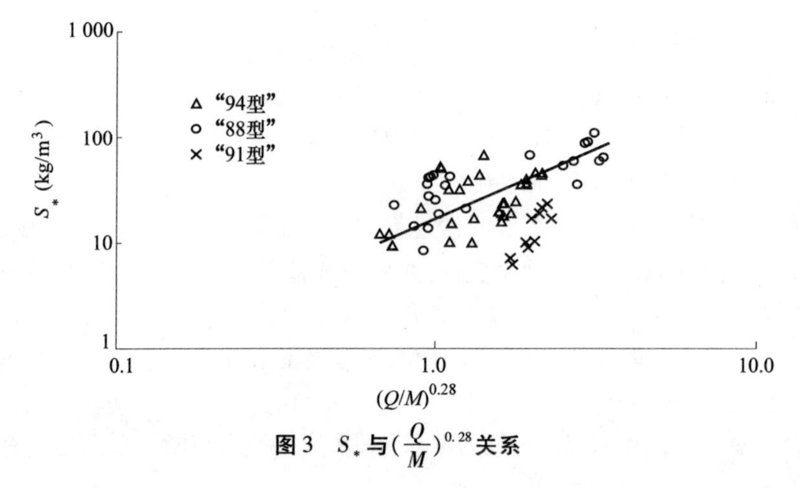

图 3　S_* 与 $(\frac{Q}{M})^{0.28}$ 关系

若定义 $\frac{V^3}{gR}$ 为水流强度,则根据试验资料,可以点绘洪水水流强度 $\frac{V^3}{gR}$ 与洪水期每天单长度冲淤量之间的关系(图 4)。由图 4 可以看出,在试验水沙条件下,随着水流强度的增大,其挟沙能力相应提高,河道单位淤积量减少。由此表明,在河道萎缩过程中,仍具有水流强度越大,越有利于减轻河道淤积的造床规律。也就是说,河道萎缩是可以逆转的。只要设法增大河槽的洪水水流强度,就可以有效减轻河道淤积萎缩的程度。

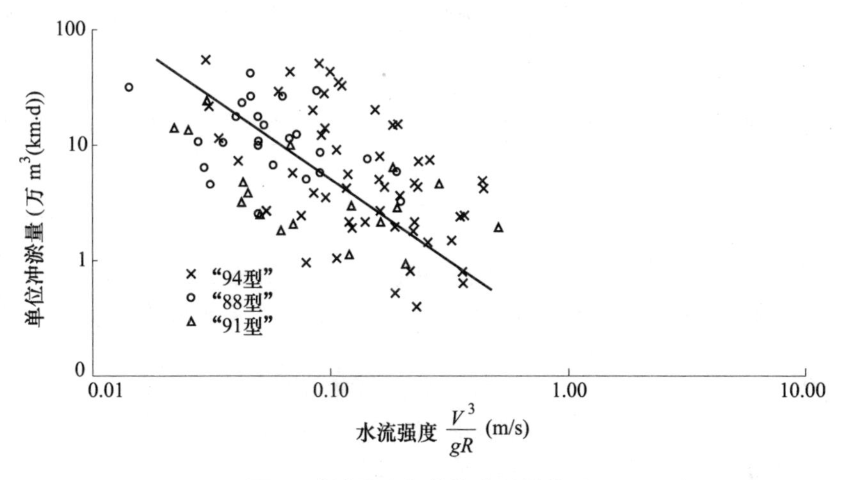

图4 水流强度与单位冲淤量关系

5 结语

通过定位观测资料分析和河工动床模型试验的方法,分析了黄河下游河道萎缩过程中洪水演进的特性,得到以下几点认识:

(1)河道萎缩后,无论是一般含沙量洪水还是高含沙量洪水,洪水在传播过程中削峰率均有所增大,发生明显的坦化现象。但是,当洪峰流量与平滩流量接近时,洪水的变形不大,洪水削峰率也最小。

(2)河道萎缩使得洪水传播速度减小,演进历时增加,增大了防洪压力。当洪峰流量约为平滩流量的2倍时,洪水传播速度最慢。试验分析进一步表明,无论何种萎缩模式,断面平均流速大小仍与流量高低有着密切的正比关系。

(3)河道萎缩使过水断面减小,河底平均高程抬升速率增大,河槽断面缩窄,造成洪水水位涨幅增大。

(4)在河道萎缩条件下,洪水输沙仍具"多来多淤多排"的特性。同时萎缩过程中洪水挟沙力 S_* 仍与断面参数$(\frac{Q}{M})^{0.28}$成正比,即断面愈宽浅(M 越大),水流挟沙力越低;反之,断面愈窄深(M 越小),水流挟沙力越高,这与一般概念下河床过程的规律是一致的。

参 考 文 献

[1] 李文学,李勇,姚文艺,等. 黄河下游河道行洪能力对河道萎缩的响应关系[J]. 中国科学(E辑),2004,34(增刊I):120-132.

[2] 陈建国,邓安军,戴涛,等. 黄河下游河道萎缩的特点及其水文学背景[J]. 泥沙研究,2003,(4):1-7.
[3] 黄金池. 黄河下游河槽萎缩与防洪[J]. 泥沙研究,2001,(4):7-11.
[4] 蓝虹,程晓陶,刘树坤,等. 黄河下游1996年异常洪水水沙数值模拟[J]. 灾害学,1999,14(1):17-20.
[5] 曾莲芝,孙炳霞. 山东黄河孙口以上河段滩区漫滩洪水特性分析[J]. 山东水利,2004,(1):35-36.
[6] 陈东,胡春宏,张启舜,等. 河床枯萎疏浚浅论[J]. 泥沙研究,2000,(1):65-68.
[7] 申冠卿,张晓华,李勇,等. 1986年以来黄河下游水沙变化及河道演变分析[J]. 人民黄河,2000,22(9):10-11,16.
[8] 李勇,张晓华,尚红霞. 黄河下游宽河段河道调整对洪水水沙输移特性及防洪的影响[R]. 黄河水利科学研究院,黄科技第ZX-2003-18-23(N21)号,2003.
[9] 姚文艺,侯志军,常温花. 萎缩性河道演变规律与致灾机理研究[R]. 黄河水利科学研究院,2005-7-5.
[10] 姚文艺,王德昌,侯志军. 黄河下游河道萎缩模式研究[J]. 泥沙研究,2004,(10):8-14.
[11] 赵业安,潘贤娣,樊左英,等. 黄河下游河道冲淤情况及基本规律[A]//李保如. 黄河水利委员会水利科学研究所科学研究论文集(第一集,泥沙·水土保持). 郑州:河南科学技术出版社,1989. 12-26.
[12] 麦乔威,赵业安,潘贤娣,等. 多沙河流拦洪水库下游河床演变计算方法[J]. 黄河建设,1965(3).

黄河下游生产堤对河道治理影响及对策分析

耿明全[1] 姬瀚达[1] 朱衍海[2]

(1. 河南黄河河务局;2. 山东黄河工程局)

摘要:黄河是一条多泥沙河流,其下游河道治理难度很大,虽然其河道治理取得了很大成效,保证了防洪安全。但随着近期下游来水偏少、洪峰几率降低,滩区群众大量违章修建的生产堤加重了河槽淤积,对河道工程产生负面影响。我们进一步践行“稳定主槽、调水调沙,宽河固堤、政策补偿”河道治理方略,以积极开展引洪淤滩、加强滩区安全建设、逐步废除生产堤作为下游河道治理的重点和方向。

关键词: 生产堤 河道整治 调水调沙 河槽淤积 引洪淤滩

1 黄河下游河道治理及现状

黄河下游河道长 786 km,上宽下窄,比降上陡下缓,其中白鹤至高村河段,河宽水散,冲淤幅度大,主流摆动频繁,为典型的游荡性河段,两岸大堤堤距一般为 5 ~ 10 km,最宽处达 20 多 km;高村至陶城铺河段属于由游荡向弯曲转化的过渡性河段,通过河道整治,主流已趋于稳定,堤距 1.4 ~ 8.5 km,大部分在 5 km 以上。为控制主流摆动,减少“横河、斜河”出现几率,保证黄河防洪和滩区村庄安全,新中国成立以来,在黄河下游修建了大量河道整治工程,对河道进行了系统治理,并取得了巨大成就。但自 1986 年以来,黄河下游来水严重减少,洪峰出现几率大幅度降低,长期小水作用下洪水漫滩几率减小,泥沙主要淤在主河槽内。加之主流的摆动范围得到控制,小水淤积的范围也随之固定,经常走水的主槽不断淤高,而不能摆动,改变了天然游荡性河道通过主流自由摆动平衡滩槽差的演变规律,致使固定的主河槽日渐萎缩,断面减小,排洪能力降低。再加之黄河滩区修建生产堤影响,更加大了河槽淤积比例,久而久之便进一步形成并加剧了目前“槽高、滩低、堤根洼”的二级悬河不利局面。目前,平滩流量由过去的 6 000 m^3/s减少到现在的 3 000 m^3/s,造成了“小洪水、高水位、大漫滩”的不利局面,给存在许多薄弱环节、隐患多的堤防安全带来严重压力。

2 黄河下游生产堤概况

人民治黄以来，生产堤修建经历了禁—兴—禁的发展过程。生产堤虽属违章建筑物，但滩区群众受短期利益驱动，修筑生产堤屡禁不止，多年来长度一直维持在500 km左右。尤其是2000年受小浪底水库蓄水运用影响，生产堤修筑思想抬头，不少地方在两岸控导工程之间突击修建了部分前进生产堤，形成了第二或第三道生产堤。2003年蔡集生产堤决口堵复后，又有不少地方借堵截滩区串沟口门名义，对一些薄弱生产堤及其缺口进行了加固和封堵，同时也在汛前又突击修建了一些生产堤，使仅花园口至泺口河段生产堤数量即增加到580多km，并呈现一些新特点：①长度增加趋势明显。据统计，1980～1999年全下游生产堤长度基本维持在510 km，而到2004年生产堤长度却猛增至583.753 km，4年增加68.324 km。②两岸间距日趋减小。根据1999年1/10 000河道地形图，陶城铺以上河段两岸生产堤间距一般在2～3 km以上，但最近的调查结果显示，许多地方得寸进尺，在原有生产堤前面又修筑了第二道、第三道生产堤，两岸生产堤间距也进一步缩窄，有的河段不足500 m。③断面强度逐渐增大。1999年前的生产堤，高度一般在1.0～1.5 m之间，个别堤段达到2.0 m，3.0 m以上较为少见，顶宽多数在3.0～5.0 m之间，且缺乏必要的防护。近两年加高、加宽现象普遍，高度一般2.0 m左右，顶宽4.0 m左右，且挡水生产堤一般都有防渗、抗冲的土工合成材料防护。④系统性日渐增强。多年来生产堤一直作为阻水建筑物被国家防总要求解决破除的，所以生产堤断断续续、缺口很多。最近缺口堵复的蔓延与发展，生产堤趋于系统和完善，个别单段生产堤长度达到了43.4 km。⑤洪水期抢险守护日趋加强。近两年沿河地方政府都将洪水期守护生产堤作为一项任务，分派给沿河村民，以及受土地分包给个人影响，群众加强了对生产堤的守护与抢险。

3 生产堤对河道治理的影响

3.1 限制滩槽水沙交换，加重河槽淤积萎缩

自然条件下，黄河下游洪水经常漫滩，但滩面受道路、沟渠、树木以及作物的影响，滩地糙率远比河槽大，因而滩面水流流速也远比河槽小，漫滩洪水中泥沙沉降速度很快，初始部分泥沙在滩唇外侧500 m左右的滩地落淤，随着漫滩水深及流量的加大，漫滩洪水在滩地薄弱地方集中过流、行洪，形成串沟，则更大数量的洪水及泥沙经串沟进入滩区深处，并很快落淤，受滩区纵比降、宽河段宽窄相间的河道平面形态影响，落淤后的清水在堤防与河道交汇处的漫滩区下游端某一合适位置又重新回归河槽，稀释该块滩区下游河槽中洪水泥沙并加大其流量，

促进下游河段河槽的冲刷,使河槽发生冲刷而向窄深发展,主槽迅速扩大,漫滩洪水的这种"淤滩刷槽"规律对河道的良性发育非常有利。非漫滩洪水的泥沙则只能淤积在河槽里。实测资料表明,大洪水漫滩一般使滩地淤高,主槽刷深,不漫滩洪水则造成河槽淤积,总体上滩的淤积量大于河槽,但由于滩地面积大于河槽面积,长期作用的结果,滩地与河槽的淤积厚度基本一致,即河槽与滩地趋于同步上升,滩槽高差变化不大,防洪十分有利。

例如,1958 年花园口站出现洪峰流量 22 300 m^3/s 的实测最大洪水,洪水期花园口至利津河段滩地淤积 10.7 亿 t,主槽冲刷 8.6 亿 t,形成高滩深槽。再如 1996 年汛期花园口站发生 7 860 m^3/s 的中等洪水时,即使受生产堤影响一些滩区未发生漫滩,但洪水期滩地淤积仍达 4.45 亿 t,花园口以下主槽冲刷 1.61 亿 t。由此可见,漫滩洪水对河道冲淤影响是很大的,塑造出一个有利于排洪的主槽和稳定的河势是通过其他途径难以达到的。

但生产堤阻碍洪水上滩(见表 1),不仅改变了宽窄相间的河道平面形态,同时也使本该大面积漫滩的洪水被束于两岸生产堤之间,洪水漫滩的几率大为减少,一般中小洪水难以漫滩,即使发生较大洪水,滩区群众也是尽力修守生产堤,努力不让滩区进水,难以形成淤滩刷槽的条件,使滩槽水流泥沙交换受到限制,加大了嫩滩河槽淤积的比例,大面积的滩地则多年不能上水落淤。这种作用长期积累,逐步形成了目前的"槽高、滩低、堤根洼" 的二级悬河(如图 1 所示)不利河道形态。如东明河段河槽平均高程比滩地平均高程约高 1.0 m,而滩唇比堤根高近 3.0 m。

表 1　生产堤影响典型洪水汛期漫水淤积滩区几率统计

统计数量		典型洪水				
		1953、1954、1957、1958 年	1966、1967、1968 年	1975、1976、1977 年	1981、1982、1983、1985 年	1988、1992、1994、1998 年
滩区总个数		8	24	24	32	40
生产堤影响淤积滩区	个数	0	2	3	9	20
	比例	0	8.33%	12.5%	28.125%	50%

注:其中统计滩区总数为各时期有资料可以进行统计计算的滩区总数。

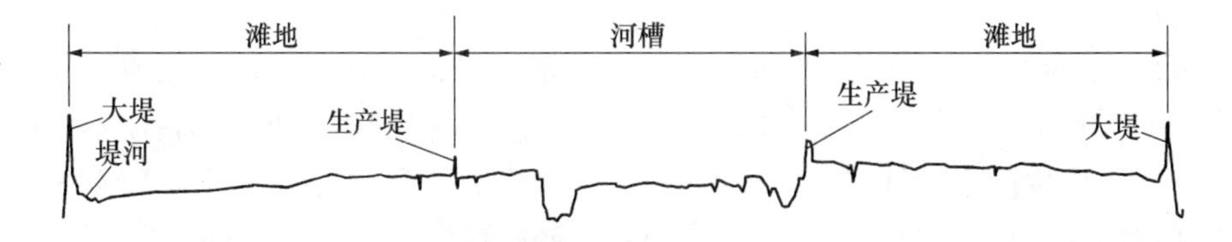

图 1　黄河下游二级悬河示意图

河槽淤积比例加大还使河槽断面面积减少,主槽萎缩,滩槽高差减小,河道平滩流量逐年降低(见表2)。

表2　典型年份平滩流量变化　(单位:m^3/s)

项目	花园口	夹河滩	高村	孙口
1958年汛后	8 000	10 000	10 000	9 800
1964年汛后	9 000	11 500	11 000	8 500
1973年汛后	3 500	3 200	3 500	3 700
1980年汛后	4 400	5 300	4 300	4 700
1985年汛后	6 900	7 000	6 900	6 500
1997年汛后	3 900	3 800	3 000	3 100
2002年汛前	4 100	2 880	1 960	2 070

同时,也造成河道主槽容量日趋减少。1992年铁谢至河口段设计防洪标准水位下的主槽容量为47.9亿m^3,相当于1986年57.2亿m^3的83.76%,典型年份平滩水位下主槽容量变化详见表3。

3.2　对河道防洪工程产生负面影响

生产堤对河道防洪工程的影响主要反映在对堤防、河道整治工程安全方面:

(1)对堤防安全影响。历史经验也告诉我们,"凡有民埝的地方,大堤经常不靠河,容易使人产生麻痹思想,大堤得不到洪水考验,对堤身抗洪能力心中无数,一旦遇较大洪水,民埝溃决,洪水直冲大堤,十分危险。如民国22年(1933年)兰考四明堂决口,民国24年(1935年)鄄城董庄决口等,都是由民埝的溃决引起的。因此,人们对生产堤的危害早有所识,如1933年,山东河务局呈请省政府制止民众修筑民埝:"民众临河筑埝,希图圈护滩地垦种,一旦汛涨水发,河窄不能容,势必逼溜危及堤防安全……严行制止临河修埝,以安河流。"同时,生产堤的修建,滩地进水难,滩区退水更难,生产堤阻挡滩区清水回归河槽,致使积水长期滞留,堤防受洪水长时间浸泡,易发生渗水、管涌、裂缝、塌坡、漏洞等险情,增加了堤防溃决的可能,威胁大堤安全,2003年秋汛兰考、东明水灾已经证明了这一点。

(2)对河道整治工程安全影响。目前黄河下游河道整治工程是按照科学规划的河道整治治导线建设的,其作用就是控导河势、保护滩区土地和村庄不被洪水冲蚀。但生产堤的修建是一种民事行为,修建的随意性很大,很多堤段布置违背河道演变规律,相当一部分生产堤布置、修建在了主河槽内,严重干扰了洪水正常、合理的河势流路,造成河道整治工程受溜条件恶化,出现较大险情。例如"96·9"洪水期间,濮阳台前韩胡同河道整治工程,因其上游、对岸滩地生产堤

表 3　典型年份平滩水位下主槽容量变化统计

断面	间距（km）	1958 年		1968 年		1977 年		1982 年		1992 年		1996 年		1998 年	
		面积（m²）	水量（万 m³）	面积（m²）	水量（万 m³）	面积（m²）	水量（万 m³）	面积（m²）	水量（万 m³）	面积（m²）	水量（万 m³）	面积（m²）	水量（万 m³）	面积（m²）	水量（万 m³）
花园口		3 118		11 178		5 929		4 550		5 524		1 033		1 690	
	18. 46		733. 5		1 188. 35		484. 4		487. 15		537. 1		134. 75		155. 95
来童寨		11 552		12 589		3 759		5 193		5 218		1 662		1 429	
	29. 94		702. 2		791. 20		875. 65		883. 7		817. 2		223. 95		205. 75
黑　石		2 492		3 235		13 754		1 2481		11 126		2 817		2 686	
	18. 5		1 045. 05		443. 90		950. 1		735. 05		712. 7		172. 05		198. 9
柳园口		18 409		5 643		5 248		2 220		3 128		624		1 292	
	28. 12		966. 5		1 011. 75		822. 1		607. 0		637. 4		78. 6		125. 9
曹　岗		921		14 592		11 194		9 920		9 620		948		1 226	
	12. 98		223. 05		2 131. 8		1 894. 1		1 595. 05		1 549. 8		412. 15		361. 5
夹河滩		3 540		28 044		26 688		21 981		21 376		7 295		6 004	
	15. 22				1 803. 95		1 463. 6		1 199. 95		1 228. 4		473. 7		377. 25
禅　房				8 035		2 584		2 018		3 192		2 179		1 541	
	11. 29				747. 75		309. 55		204. 85		193. 95		365. 05		100. 2
油房寨				6 920		3 607		2 079		687		5 122		463	
	30. 62				692. 8		316. 1		221. 25		92. 75		266. 95		49. 45
河　道		6 540		6 936		2 715		2 346		1 168		217		526	
	16. 44				472. 0		205. 0		141. 9		88. 35		24. 75		38. 2
杨小寨				2 504		1 385		492		599		278		238	
	18. 27				283. 45		160. 25		72. 35		64. 85		31. 75		35. 5
南小堤				3 165		1 820		955		698		357		472	
	23. 75				270. 45		170. 1		93. 25		69. 5		56. 9		68. 05
苏泗庄				2 244		1 582		910		692		781		889	
	40. 09				210. 35		195. 4		134. 45		120. 1		86. 4		95. 25
史　楼				1 963		2 326		1 779		1 710		947		1 016	
	11. 47				250. 3		258. 7		196. 35		164. 7		88. 1		73. 65
徐码头				3 043		2 848		2 148		1 584		815		457	
	20. 57				421. 95		272. 15		216. 85		184. 2		90. 45		90. 05
杨　集				5 396		2 595		2 189		2 100		994		1 344	
水量合计（亿 m³）					1. 072		0. 837 7		0. 678 9		0. 646 1		0. 250 6		0. 197 6

的束水、导流,使本应该平缓、顺向通过工程的洪水,以90°角度顶冲韩胡同工程上段的“上延6、7、8、9坝”,持续的大溜顶冲和急流冲刷,很快将4道坝冲毁于一旦。

3.3 提高输沙入海效用分析

黄河下游滩区高低不平,串沟众多,河道数学模型计算结果显示,系统而连续的4 000 m^3/s标准生产堤可以有效约束小洪水在河槽中流动,一定程度上减少大、中洪水在滩区的输移比例,加大河槽流速,使河槽保持较强的水流输沙动力,促进河槽冲刷或减少淤积。但无生产堤时,洪水在河槽中输移过程中,经常沿低洼地带或串沟进滩,造成流量损失,使洪水输送泥沙动力降低,加大河槽淤积数量。现状生产堤因存在缺口或极易被冲决而不连续,洪水经常通过生产堤缺口流失,使洪水输送泥沙动力降低,降低河槽输沙能力。

但是,这种效用是有限度、有条件的,当洪水较大、生产堤发生决口时,这种效用便大幅度降低;再者,两岸生产堤间距因排洪需要,堤距一般1～3 km,远远大于使黄河下游河道保持不淤积的要求河宽500～600 m,过水河槽仍很宽浅,河道输沙能力很小,不发生漫滩的游荡性河槽仍然是多淤少冲。

4 对策分析

基于对客观条件的认识,我们认为黄河下游河道近期治理应采取“稳定主槽、调水调沙,宽河固堤、政策补偿”的策略。

(1)黄河泥沙问题将长期存在,下游河道淤积不可避免,黄河防洪保安全仍然是我们今后和将来河道治理的重要工作。同时,随着小浪底水库运用,黄河下游大洪水出现几率进一步降低,黄河下游将以出现调水调沙、输沙入海的中小流量洪水为主。因此,建议在进一步总结和分析中水河槽整治、近4次黄河调水调沙的经验和规律基础上,以稳定中水流路为目标,切实加快游荡性河段河道整治工程建设步伐,开展小水河槽整治,补充和完善黄河下游河道整治工程体系;建立和完善黄河水沙调控体系,坚持不懈地进行调水调沙工作,尽快提高下游河道平滩流量,塑造并维持过流5 000 m^3/s的中水窄深河槽,最终稳定、塑造有利于防洪排沙的河道主槽,为将来彻底废除生产堤创造条件。

另外,随着黄河治理开发技术和水平的不断提高,实现由控制洪水向利用洪水、塑造洪水的转变,体现人与洪水和谐相处,建议在黄河下游滩区实行分区管理,滩区设置群众安全居住和农副产品加工的集中建镇区、中常洪水方可漫滩的农作物种植区,以及小流量洪水即可上水淹没的牧业低滩区基础上,认真总结、吸取历史上修建生产堤及生产堤预留口门的经验教训,在控导工程中段偏上适宜位置布设分洪(引洪)淤滩闸门,遇适当时机、适宜洪水主动进行引洪或分洪淤滩,尽快治理“二级悬河”也尤为紧迫和重要。

(2)根据小浪底水库建成后黄河下游的长远防洪形势和初步形成的黄河防洪减淤工程体系,应按照宽河固堤的方案,尽可能发挥滩区滞洪、沉沙、排洪功能,并重点加快黄河标准化堤防工程建设。在将来的河道管理、运用中,各级河务部门应依据黄河下游防洪规划和滩区建设规划,制定严格的强制性限制规定,并尽快重新研究修订,加大滩区安全设施建设力度,建立、健全滩区淹没补偿机制,尽快、尽早废除位于河道整治工程前面的生产堤。

5 结语

小浪底水库建成运用后,进入下游的水沙条件两极分化趋势更加明显,进入下游的洪水以中小洪水为主且其量级和几率都显著减小,但人类活动对大洪水影响有限,黄河仍将是一条多沙河流,防御大洪水形势仍不容乐观,下游河道治理难度依然很大,从确保黄河下游防洪安全和一定程度上保障滩区群众安全与可持续发展出发,坚持“稳定主槽、调水调沙,宽河固堤、政策补偿”的黄河下游治理方略,理性处理生产堤对河道治理的负面影响,实现人与自然和谐。

泥沙淤积对黄河防洪影响的几点思考

耿明全　姬瀚达　陈群珠

（河南黄河河务局）

摘要：黄河防洪安全一直是党和国家关心的大事，但随着黄河水资源的大幅度开发利用，黄河下游来水来沙比例更加不协调，特别是下游来水严重偏枯、洪水频率和量级减小，在防洪体系比较健全的今天，每年都有大量的泥沙淤积在下游河槽，泥沙灾害造成的河槽萎缩、防洪工程标准降低等新情况应引起我们的思考和重视。我们应坚持调水调沙、引洪放淤等措施加以避免和解决。

关键词：滩区　淤积　几率　调水调沙　灾害　标准

黄河防洪安全备受世人关注，为保证黄河防洪安全，以确保黄河花园口22 300 m^3/s洪水不决口，新中国成立以来国家投入大量资金对黄河下游进行系统治理，取得了近60年的黄河安澜。但近十几年黄河下游频繁出现的"小流量，高水位"、"小洪水、大淹没"等新情况，使人们对泥沙灾害有了新认识。本文简要阐述泥沙淤积对黄河防洪影响的几点思考。

1　黄河下游防洪目标及主要措施

黄河防洪任务艰巨，水沙条件复杂，汛情瞬息万变，各级防汛指挥部要有应对各种突发性、特殊性情况的思想准备和应急处置措施。

黄河防汛目标任务是：确保黄河花园口站22 000 m^3/s及以下洪水大堤不决口，遇超标准洪水，做到有准备，有对策，尽最大努力，采取一切措施缩小灾害；确保设计标准内黄河控导工程安全；及时做好黄河滩区、滞洪区群众迁安避洪工作，确保群众生命安全，尽最大努力减少洪灾损失。

为保证黄河防洪安全，黄河下游已建成了以干流水库、堤防、河道整治工程为主体的"上拦下排，两岸分滞"的防洪工程体系。上拦工程主要包括干流上的小浪底、三门峡等水库。50多年来在黄河上、中游兴建大型水库22座，总库容617亿m^3，已超出黄河的年平均径流量，对洪水的调控能力大大增强，加之人口增加和经济发展造成的引黄用水与日俱增，进入下游洪水的出现机遇大大减少。4 000 m^3/s以上的洪水20世纪50年代年平均达6.3次，60～80年代年平均3.6

次,90年代年平均0.9次,进入21世纪还没有一次超过4 000 m^3/s 的洪水;下排工程主要包括黄河两岸大堤、险工及河道整治工程;两岸分滞是指黄河下游两岸开辟的东平湖、北金堤滞洪区。

同时,还建立了以地方行政首长负责制的“三位一体”军民联防体系和省、市、县、乡、村五级防汛组织。

2 水沙灾害定义

河流整体上作为一个动态的反馈系统,以泥沙为中介,水流和河床相互作用,局部的水沙条件变化将会引起泥沙输移的变化,从而引起更大范围的调整。在这些影响中对人类威胁最大、最直接的莫过于促成和加剧洪水灾害。由于流域水土流失严重;而且泥沙灾害具有累积效应,这种因泥沙输移变化引起江河水沙灾害加剧的现象越来越严重。因此,我们将泥沙灾害定义为:凡是致灾因子是泥沙,或由泥沙诱发其他载体给人类的生存环境和物质文明建设带来危害,给经济带来损失,这样的泥沙事件就构成泥沙灾害。由泥沙为致灾因子形成的灾害为泥沙的直接灾害,如滑坡、泥石流及崩塌等;由泥沙诱发其他载体引发的灾害,如因土壤侵蚀形成的泥沙在河道或水库年复一年的淤积使河床抬高,泄洪能力降低,由不太大的洪水引发的漫堤、溃堤的灾害等,定义为泥沙的间接灾害。

值得指出的是,水沙灾害并不是一种新出现的灾害现象,它是水灾和沙灾之间的一个子系统。此前的灾害研究中,有些水沙灾害被归于水灾,有些水沙灾害被归于沙灾,人为地将其归于两个灾害系统之间的一个,割裂了它们之间的联系,对近年来频繁出现的“小流量、高水位”现象无法解释。

3 近期黄河下游防洪出现的新情况

近年来,黄河下游防洪出现的总体新情况是洪水不大,防洪压力不小,以往大洪水引发大灾,而今大小洪水都致大灾。最显著的特征主要有以下几点:

(1)普遍出现流量小、水位高、危害重、损失大的现象,并呈逐年加重趋势。1996年黄河花园口洪峰流量仅相当于1958年的1/3,而水位却超过了1958年约1.0 m,堤坝处处出险,沿岸防洪形势非常紧张,豫、鲁40多个县市,100多万人遭受灾害。2002年7月黄河小浪底水库首次调水调沙试验期间,高村水文站2 930 m^3/s 流量的水位比“96·8”洪水同流量水位高出0.55 m左右;高村上下河段濮阳滩区在流量不到2 000 m^3/s 时即发生漫滩,漫滩水流顺串沟直冲大堤,并在堤河低洼地带形成顺堤行洪,濮阳部分堤段堤根水深达4~5 m,堤防受到严重威胁。

(2)大面积、大范围是近几年洪水灾害的另一特征。近年来上游来水来沙偏枯，黄河下游主河槽萎缩，平滩流量减小，滩槽高差降低，河道内“槽高、滩低、堤根洼”的“二级悬河”状况加剧，使得在与过去同样的平滩流量情况下，现今早已漫过主槽，发生大面积、大范围漫滩了。例如，“96·8”洪水，虽然洪峰流量只有6 260 m^3/s，但洪水水位表现很高，造成黄河下游严重的洪水灾害，共淹没滩区耕地7.6万hm^2，偎水和进水村庄67个；1855年形成的河南原阳高滩，1958年、1982年洪水基本未漫滩，1996年竟全部偎水，淹地1.6万hm^2，有38个村庄进水和被水围困；水利设施、交通道路、通信线路等损坏严重，直接经济损失约2.15亿元。1999年以来长期小水，夹河滩至贯台之间的张庄河段，形成畸形死弯，造成3户房屋塌入河中，河势至今还没有得到明显改善。2002年7月4日开始，7月7日高村水文站流量为2 280 m^3/s，上午11时30分濮阳县习城滩万寨渠堤决口，习城滩全部被淹，滩区进水量31 306万m^3，流量357 m^3/s，平均水深为1.5 m，最大为2.5 m，淹没面积1.5万hm^2，水围村庄133个，人数83 830人，受影响村庄37个，人数30 190人。2003年9月18日，黄河河南兰考县谷营乡蔡集村生产堤决口，造成兰考北滩、东明滩区全部被淹，滩区平均水深2.9 m，最大达5 m。受淹面积达1.85万hm^2，淹没耕地1.676万hm^2，谷营、焦元、长兴三乡152个村11.42万人被水围困，共转移人口3.21万人，9 738户的36 191间房屋损坏，1 733户的4 252间房屋倒塌。

（3）小水大险是近几年河道整治工程出险的明显特征。近几年虽然河道整治工程逐步配套，河势变化也逐步得到控制，但由于河槽萎缩，工程控制范围内小洪水畸形河势特别发育，小范围的横河、斜河不时出现，洪水长历时顶冲工程坝垛而出险，甚至出现重大险情的事例屡屡发生。例如，1993年9月，在黄河流量只有1 000 m^3/s情况下，在黑岗口对面形成横河，直冲黑岗口63坝与高朱庄之间长840 m的空当，滩地塌退600 m，主流距大堤仅64 m，直接危及黄河堤防的安全，经2 000多名军民昼夜抢修8个垛才保障了堤防安全。2003年9月10日5时，大河流量1 500 m^3/s，枣树沟14～17坝大溜顶冲、回溜淘刷，坝基沉排产生不均匀下蛰，出现坦石坍塌、下蛰和土胎蛰裂等重大险情，出险体积达992 m^3。

4 泥沙淤积对黄河防洪影响分析

河流整体上作为一个动态的反馈系统，以泥沙为中介，水流和河床相互作用，局部的水沙条件变化将会引起泥沙输移的变化，从而引起更大范围的调整，年复一年，小水大灾、灾害频率加剧，对防洪造成严重影响。事实说明，除人类活动影响及防洪意识、防洪管理和防洪工程建设方面尚存在欠缺外，自然因素中恶化防洪形势的直接原因是泥沙灾害，最明显的表现为泥沙淤积。

4.1 河槽萎缩,排洪能力降低

黄河下游来沙去向主要是输送入海和入海口造陆、淤积在河道内,还有一小部分人工引放至黄河灌区及固堤,由于多年来黄河没有发生较大洪水,泥沙集中淤积在主河槽内,河道主槽淤积比例由20世纪80年代初的30%增加到70%,河槽严重萎缩,河道排洪能力降低。目前,东坝头以下河段横比降达1‰~2‰,而河道纵比降为0.14‰,一旦发生较大洪水,由于河道横比降远大于纵比降,滩区过流比增大,极易发生横河、斜河,甚至发生“滚河”,产生顺堤行洪,危及堤防安全。由于河槽过洪能力明显降低,局部河段2 000 m^3/s左右流量就可漫滩,小水就能造成大灾。

4.2 防洪标准降低

设计防洪水位是河道建筑物防洪标准的主要标志,河道建筑物顶部高程超设计防洪水位的多少,直接衡量着河道建筑物防洪安全可靠性。泥沙淤积在天然河道中,引起河床的抬高,减少河槽容量和泄洪能力,使同流量下的水位抬高,使堤防的防护标准相对降低。例如,“92·8洪水”因高含沙造成的河道严重淤积,使得花园口站6 260 m^3/s的水位达94.33 m,相当于一般洪水12 000 m^3/s的水位,多处堤防出现大洪水条件下才可能有的散浸、流土等渗透险情。因此,可以推断,黄河大堤以花园口22 300 m^3/s洪水标准设防,其洪水位较正常洪水位严重偏高的结果,必然使黄河堤防防洪标准相对大幅降低。再如“96·8”洪水,花园口站出现了7 860 m^3/s洪水,花园口站最高水位94.73 m,为该站有水文记录以来的最高水位,比1982年8月15 300 m^3/s洪水的最高水位(93.99 m)高0.74 m,相当于一般洪水10 000 m^3/s的水位。

还需要引起注意的是,洪水的风险相对增加的同时,泥沙淤积还使得洪水推进速度明显减慢,持续时间增加。例如,20世纪50~60年代黄河洪水从花园口到人海口仅需7天,“96·8”洪水却长达18天,“92·8”洪水长达13天。

4.3 洪水出现几率相对“加大”

黄河下游堤防建设以花园口22 300 m^3/s洪水流量为指标进行设防,其防洪安全以各级洪水位为标志进行防洪准备和防洪措施实施。这种模式是建立在正常洪水位与流量关系基础上才是正确的,但由于泥沙在河道的淤积,离间了洪水位与流量之间的紧密联系,破坏了洪水位与流量之间的正常关系,造成洪水位异常偏高,使得小流量洪水出现大流量洪水位,并使河道工程出现渗透破坏、滩区淹没等险情几率加大。因此,泥沙淤积加大了洪水高水位的出现几率,造成工程小流量洪水出现大流量洪水才有的险情,亦即“加大”了洪水出现几率。例如,“92·8”洪水和“96·8”洪水,按洪水流量6 260 m^3/s和7 860 m^3/s计算其出现几率仅约5年一遇,但却出现了百年一遇12 000 m^3/s洪水流量的高水位,亦即说百年一遇 12 000 m^3/s 洪水的出现几率受泥沙淤积影响而变为约 5 年一遇。

5　对策及建议

为消减或减小泥沙淤积对黄河防洪带来的不利影响,我们认为黄河下游河道近期治理应积极采取"稳定主槽、调水调沙,宽河固堤、政策补偿"的治理方略。

黄河泥沙问题将长期存在,下游河道淤积不可避免,黄河防洪保安全仍然是我们今后和将来河道治理的重要工作。因此,建议进一步总结和分析中水河槽整治、近 4 次黄河调水调沙的经验和规律,以稳定中水流路、减小河道淤积为目标,切实加快游荡性河段河道整治工程建设步伐,开展小水河槽整治,补充和完善黄河下游河道整治工程体系;建立和完善黄河水沙调控体系,坚持不懈地进行调水调沙工作,尽快提高下游河道平滩流量,塑造并维持过流 5 000 m^3/s 的中水窄深河槽,最终稳定、塑造有利于防洪排沙的河道主槽;继续按照宽河固堤方略,加快推进黄河标准化堤防工程建设,消除小洪水、高水位给黄河防洪带来的不利影响,确保黄河防洪安全。

同时,随着黄河治理开发技术和水平的不断提高,实现由控制洪水向管理洪水、利用洪水、塑造洪水的转变,建议黄河下游滩区实行分区管理,尽可能发挥滩区滞洪、沉沙、排洪和养育人口功能,滩区设置群众安全居住和农副产品加工的集中建镇区、中常洪水方可漫滩的农作物种植区,以及小流量洪水即可上水淹没的牧业低滩区基础上,积极争取滩区滞洪、沉沙运用补偿政策,遇适当时机、适宜洪水主动进行引洪或分洪淤滩,治理"二级悬河",实现人与洪水和谐相处。

另外,鉴于泥沙淤积造成的洪水位严重升高,洪水流量不能准确表达河道建筑物防洪标准的实际情况,建议建立以防洪水位、漫滩水位等主要标志的防洪水位体系,以给人直观、明了、准确的防洪态势。

6　结语

洪水灾害已普遍被人们接受和认可,但因泥沙淤积造成黄河下游出现流量小、水位高、影响防洪安全,在一定程度上加大了大洪水出现几率的现象,应引起我们的严重关注。我们必须建立以防洪水位、漫滩水位等主要标志的防洪水位体系,坚持"稳定主槽、调水调沙,宽河固堤、政策补偿"的黄河下游治理方略,引洪放淤,治理"二级悬河",确保黄河防洪安全。

淤地坝“淤粗排细”技术探索

李 敏 张 丽

(黄河上中游管理局)

摘要:“维持黄河健康生命”的重要内容是减少泥沙,特别是减少粗泥沙。多年来,黄河中游修建的淤地坝拦淤了大量泥沙。但是由于按“全拦全蓄”设计,没有考虑拦淤泥沙的级配问题,拦淤了大量的细泥沙,因此在计算淤地坝对黄河的拦沙效益时,仅按总拦沙量的1/4考虑,大大降低了淤地坝对于黄河减沙的拦沙效益。

关键词:淤地坝 泥沙 拦沙效益 淤粗排细 黄土高原

研究表明,淤积在黄河下游河床的泥沙主要是粒径大于0.05 mm的粗泥沙,粒径小于0.05 mm的泥沙可以通过水流排入大海。黄河中游的多沙粗沙区是主要泥沙来源区。水文观测数据表明,即使是粗沙集中来源区,其中粒径小于0.05 mm的泥沙也占50%左右。因此,应当研究粗沙集中来源区高效处理(拦淤)粗泥沙的措施。本文根据已有研究成果,结合淤地坝设计实例,探索淤地坝“淤粗排细”问题,进而提出对淤地坝设计的改进建议,提高拦沙效益,使淤地坝为“维持黄河健康生命”发挥更大作用。

1 粗泥沙运行规律

据研究,当含沙量达到200~250 kg/m^{3}以上时形成高含沙水流,高含沙水流中因固体颗粒大量存在,使浑水悬液黏性明显增高。试验研究表明,对于含沙量为300 kg/m^{3}的悬液,其黏滞系数约为同温度清水黏度的2.5~3.5倍,而当含沙量达到600 kg/m^3,悬液黏性达到同温度清水黏性的5倍以上。这将导致水流性质的显著变化,使水流的阻力、颗粒在其中的沉速以及水流挟沙能力等,都与清水显著不同见表1。

表1 高含沙水流中分级粒径沉速及平均沉速

d_i(mm)	0.35	0.158	0.087	0.061	0.035	0.016	0.008	0.004 6	Σ
ω_i(cm/s)	1.676	0.567	0.172	0.084	0.028	0.005 8	0.001 5	0.000 5	
Δp_i	0.015	0.148	0.157	0.205	0.218	0.113	0.02	0.054	1.0
$\Delta p_i\omega_i$	0.025	0.084	0.027	0.017 2	0.006 1	0.000 7	0	0	0.16

研究表明,高含沙洪水特性的影响,使水库排出泥沙的级配发生变化。图1是我国一些水库一次洪峰中的排沙比与水库及泥沙特性之间的关系,其中 V 为库内蓄水量,Q_i 及 Q_0 分别为进出库流量,横坐标 V_{Q_i}/Q_0^2 具有时间的量纲,它反映了这一场洪水在水库中停留时间的长短。除此以外,水库排沙比还和泥沙粗细及含沙量有关。细的泥沙比粗的泥沙更容易排出库外;当含沙量超过 50 kg/m³时,泥沙的沉速减小这时水库的排沙比也相应增大。

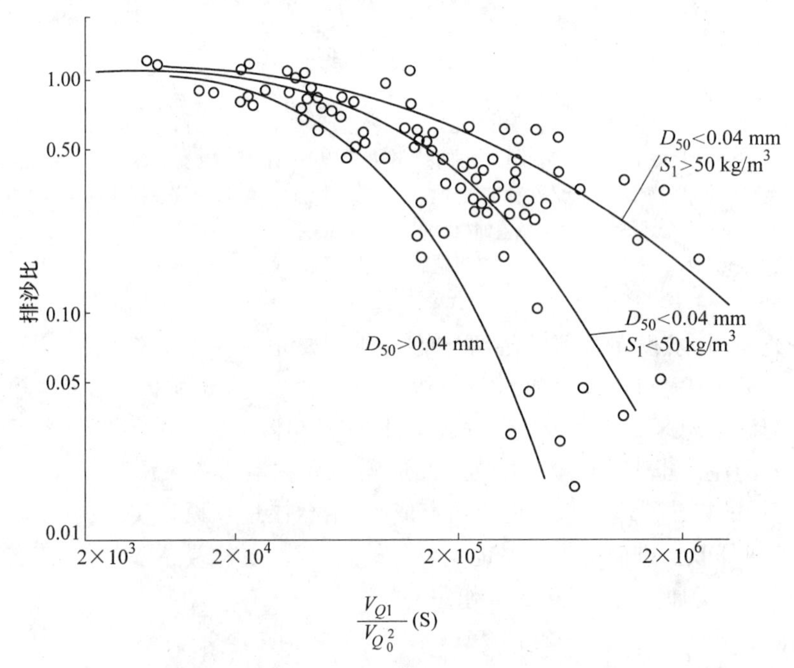

图1　水库排沙比与水库及泥沙特性之间的关系

研究以上高含沙水流的特性,有利于了解淤地坝的泥沙运动状态:

(1)小流域洪水,特别是多沙粗沙区的小流域洪水,基本是高含沙洪水。其在进入淤地坝库区前为紊流,挟带大量泥沙;进入库区后流速降低,洪水缓慢向坝前放水工程流动。

(2)在洪水没有全部进入库前,库区水位逐渐上涨,这时,放水工程排出的洪水含沙量和泥沙的级配基本为入库前的状态。

(3)当洪水全部进入库区后,库内洪水流速接近零,泥沙沉积速度加快,但由于受高含沙洪水特性的影响,粗沙沉积速度较低,而细沙沉积速度更慢。根据表1数据分析,粗泥沙约在洪水入库后的数小时内全部沉积,而细沙则需要 10 h 以上的沉积时间。

2 淤地坝"淤粗排细"的初步论证

随着淤地坝设计技术的发展和经济实力的提高,可以更加深入、细致地对淤地坝进行设计和调控,实现"淤粗排细",使其不仅能够淤地造田,而且可提高为黄河减沙的效益。

2.1 黄河主要支流产沙概况

来自黄河中游黄土丘陵沟壑区的洪水多为高含沙洪水。用洪水期总沙量除以总水量所求得的平均含沙量一般均超过 400 kg/m³。其中,黄河中游的主要入黄支流不仅经常发生高含沙洪水,而且其中的粗沙含量较高(见表2)。对表2中所示各支流的统计表明,80%的洪水的含沙量均超过 500 kg/m³。黄甫川和窟野河流域的黄土组成极粗,244 次洪水的含沙量均超过 1 000 kg/m³。

表2 黄河主要支流流域产沙

来源区	支流名	站名	流域面积(km²)	产沙模数(t/(km²·a))	d_{50}(mm)	$P>0.05$(%)	S_{max}(kg/m³)	发生年份
粗泥沙来源区	黄甫川	黄甫	3 199	18 060	0.079	58	1 570	1974
	孤山川	高石崖	1 263	22 130	0.046	46	1 300	1976
	窟野河	温家川	8 645	15 270	0.069	56	1 500	1964
	秃尾河	高家川	3 253	9 880	0.069	61	1 410	
	佳芦河	申家湾	1 121	24 980	0.045	44	1 480	1963
	无定河	川口	30 217	5 270	0.040	37	1 290	1966
	大理河	绥德	3 893	16 300			1 420	1964
	北洛河	洑头	25 154	3 810	0.030	22	1 190	1950
细泥沙来源区	泾河	张家山	43 216	5 920	0.025	20	1 040	1963
	泾河	杨家坪	14 214	6 690			900	1979
	渭河	咸阳	16 827	4 060	0.015	13	729	1968
	渭河	南河川	23 385	6 160			953	1959
	蒲河	毛家河	7 190	6 580			992	1965
	汾河	兰村	7 705	1 860			544	1973
	汾河	义棠	23 925	597	0.018	17	731	1953
	泾河	泾川	3 145	6 010			762	1973

2.2 淤地坝设计中应同时考虑全沙输沙模数和粗沙输沙模数

为了实现"淤粗排细",淤地坝的设计思路应是:拦淤大部分粗沙,排出大部分细沙。进入黄河下游的 16 亿 t 泥沙中,粗沙有 3.64 亿 t,占总沙量的 22.75%。其中多沙粗沙区每年输入黄河的泥沙达 11.82 亿 t,占同期黄河输沙总量的73.88%,其中粒径大于0.05 mm的粗泥沙有3.19亿t,占粗泥沙输沙总量的87.64%。在黄河中游的千沟万壑中拦淤这些泥沙,特别是粗泥沙,无疑对黄河治理具有重要意义。考虑到黄河中游地区建坝条件的限制和国家资金投入水平,以有限的淤地坝拦淤尽可能多的粗沙,应当是今后淤地坝规划设计的基本原则。

据此,在计算淤地坝拦沙库容时应当考虑粗沙输沙模数,并以此为依据,计算拦沙库容。

建议,拦沙库容计算公式为:

$$V = M_0 \times S \times T/D = M \times R \times S \times T/D$$

式中:V为拦泥库容,万m^3;M_0为粗泥沙输沙模数,万t/km^2;S为坝控面积,km^2;T为淤积年限;D为泥沙比重,t/m^3,一般取1.35;M为土壤侵蚀摸数,万t/km^2;R为粗泥沙比例(%)。

2.3 放水工程设计应同时考虑常遇洪水和设计洪水

由于黄河中游的洪水特点是“大水大沙”,而且“大水粗沙”,往往一场大洪水所挟带的泥沙就占全年总沙量的60%以上,因此重视对淤地坝设计洪水的排泄,对于实现“淤粗排细”具有重要意义。

同时,由于常遇洪水挟带约40%的年来沙量,因此也要考虑对常遇洪水的“淤粗排细”,避免造成常遇洪水的“拦浑排清”。

2.4 加大放水工程的泄洪量,减少洪水的拦滞时间,将细泥沙排出

由表1数据知,在高含沙洪水中,粗沙沉积速度每小时1 m以上(粒径0.035 mm:101 cm/h;粒径0.061 mm:302 cm/h),一般可以在数小时内完全沉积;而细沙沉积速度每小时远小于1 m(粒径0.016 mm:21 cm/h),全部沉积需要更长的时间。根据粗沙和细沙沉积速度有较大差异的特点,可以通过改进放水工程的设计,达到“淤粗排细”需要。

首先,适当加大放水工程放水孔直径,增大泄流量。为了实现“淤粗排细”,一般应当在10 h内排泄完一场设计洪水总量。为此,需要加大放水工程的泄洪流量。

其次,设计变孔径的放水工程。随着库容的淤积,相同频率的洪水形成的水深越来越浅。对于多孔排水的放水工程,为了保证放水工程的泄流量不变,在放水孔间距一定的条件下,放水孔径应由下向上逐渐增大。为简便设计,可以在拦泥坝高高程以下为一个孔径尺寸,拦泥坝高高程以上为加大的孔径尺寸。

对于采用一孔排水的放水工程,可以在同一高程设计两个(或两个以上)不同孔径的排水孔,以适应排放不同频率的洪水。

2.5 精确调控放水工程

首先,为了防止常遇洪水不经沉沙而畅泄和大洪水细沙沉积过多,需要对放

水工程进行精细调控:小水开小孔,少开孔;大水开大孔,多开孔。

其次,为了保证将粗沙尽可能多地拦在淤地坝内,应当在每次洪水过后对淤地坝和放水工程处的淤积情况进行观测,使最低的放水孔高于淤积面,相当于形成一定的死库容,以利于下次拦淤。最低放水孔距离淤积面以上的确切高度应通过计算在设计洪水条件下粗泥沙的总体积获得。由于在运行期的淤地坝放水孔间的距离是确定的,因此实际操作中最好取上限值,以保证有足够的库容拦淤粗沙。

2.6 改变淤地坝的控制面积或拦沙库容

根据以上思路,可以考虑适当加大骨干坝和中型淤地坝的坝控面积,或减小淤地坝的拦泥库容,提高淤地坝工程的投资效益和拦沙效益。

3 淤地坝实行“淤粗排细”的效应

3.1 提高了淤地坝拦淤粗泥沙效益

初步估算,采用以上改进设计,淤地坝可以拦淤90%以上的粗沙,同时排出70%以上的细沙,从而使有限的库容拦淤更多的粗沙。以《黄土高原地区水土保持淤地坝规划》的建设规模,到2020年在多沙粗沙区建设10.28万座淤地坝,形成约250亿t的拦沙库容,基本控制全部多沙粗沙区。如果采用“淤粗排细”方式建设这些淤地坝,可以显著增加粗沙拦淤量,估算总粗沙拦淤量超过120亿t。

3.2 提高了淤地坝安全稳定性

淤地坝在淤积库容基本淤满后,开始淤积防洪库容,造成淤地坝的防洪能力急剧下降。实行“淤粗排细”后,显著加大了淤地坝的泄洪能力,从而使淤地坝提高了防御洪水的能力,相对提高了淤地坝的防洪能力。

3.3 减少了水资源的无效消耗

黄土高原地区气候干旱,水面蒸发量大。现行的设计,造成洪水在淤地坝内滞留时间较长,库区蒸发和下渗量较大。根据《黄土高原水土保持淤地坝规划》框算的结果,到2020年,每年淤地坝由于滞洪造成的蒸发量达9亿多m^3;由于长时间滞洪造成的下渗补充地下水(不进入黄河的水量)在2020年达5亿多m^3,两项合计,2020年损失河川径流约达15亿m^3,占2020年坝控面积内83亿m^3径流总量的18%。“淤粗排细”加大了淤地坝的排洪能力,使暴雨洪水在短时间内排出,减少了淤地坝在长时间滞洪情况下的水量蒸发、下渗等无效损耗。

4 设计举例

北沟骨干坝位于陕西榆林城区东南40 km处的陈家沟上游,坝址所在沟道属无定河二级支流。坝控面积 6. 28 km^2。多年平均侵蚀模数为 1.5 万 t/(km^2·a)。洪水计算成果见表 3。

表 3 洪水计算成果

洪水重现期(年)	10	20	30	50	100	200	300	500
洪水总量(万 m^3)	16.96	21.25	30.90	35.54	43.33	51.43	57.27	66.44

防洪标准按 30 年一遇洪水设计,300 年一遇洪水校核,淤积年限取 20 年。拦泥库容 139.56 万 m^3,滞洪库容 57.27 万 m^3,总库容 196.83 万 m^3。坝高 31.5 m,其中拦泥坝高 25.0 m,滞洪坝高 3.2 m,安全超高 2 m,沉陷加高 1.3 m。放水工程为卧管,设计泄流量按 3 天泄完、20 年一遇一次洪水总量计算,泄流量为0.82 m^3/s,采用同时开启 3 孔泄流,孔间水位差 0.45 m,计算孔径 0.37 m。

根据建议,首先计算粗沙数量。该区域粗泥沙输沙模数为 7 000t/(km^2·a),占土壤侵蚀模数 1.5 万 t/(km^2·a)的 47%。年来粗沙 3.26 万 m^3。当采用淤粗排细方式运行时,原设计的 139.56 万 m^3 拦泥库容的淤积年限可达 43 年,比原设计淤积年限增加 1 倍以上。

为了达到对常遇洪水和设计洪水均实现"淤粗排细",要进行放水工程设计。

(1)选择竖井形式的放水工程,采用相同高程设计两个不同面积的放水孔,以排泄不同频率的洪水。图 2 为竖井放水孔设计示意图。

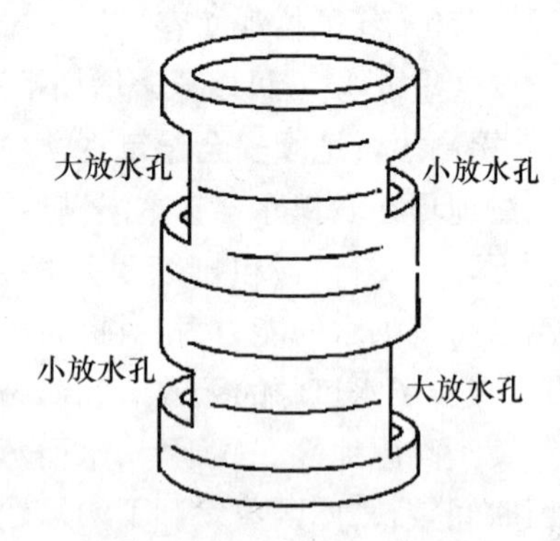

图 2 竖井放水孔设计示意图

(2)按 10 h 左右泄完一次设计洪水(30.9 万 m^3),计算 1 级孔放水时的竖井放水孔面积。放水流量为 8.6 m^3/s。孔口中心至水面深 1.5 m,计算孔面积

$$d = 0.174 \times \frac{8.6}{\sqrt{1.5}} = 1.22\ m^2$$

(3)每级放水孔总面积为 1.22 m^2 时,在竖井每级的相对两面分别设计不同孔径的放水孔,以适应不同频率洪水的排泄。设相对两孔面积分别为 0.82 m^2 和 0.4 m^2。其中 0.82 m^2 的放水流量为 5.77 m^3/s,0.4 m^2 的放水流量为 2.82 m^3/s。从表 4 看出,采用以上组合孔径能够基本满足 10 h 左右排泄完一次洪水总量的要求。该组合孔径兼顾了设计洪水和常遇洪水的"淤粗排细"要求。

进一步考虑,还可以将每级放水孔设计成 2 个以上的组合孔径,以更精细地对各类洪水进行"淤粗排细"方式的排泄。

(3)对于放水涵洞、消力池等按照最大放水流量和规范要求设计。

由于采用一级放水孔放水,因此需要对每场洪水的放水过程进行控制,按照洪水总量决定需要开启多大的放水孔,并在水位下降后,及时开启下一级放水孔。每场洪水过后,应检查坝前淤积情况,及时关闭位于淤积面上下 20 cm 左右的放水孔,以利下次拦沙。

表4 排泄不同重现期洪水试算

孔径组合(m^2)	放水流量(m^3/s)	10 h 排完的洪水总量(万 m^3)	排泄不同重现期洪水		
			重现期(年)	洪水总量(万 m^3)	排泄时间(h)
0.82 +0.4	8.6	30.96	30	30.90	9.98
0.82	5.77	20.77	20	21.25	10.23
0.82	5.77	20.77	10	16.96	8.16
0.4	2.82	11.88	<10		

5 需要进一步研究的问题

(1)深入分析研究黄河各支流,特别是多沙粗沙区支流的泥沙级配及其变化。

(2)设立研究课题,进一步研究淤地坝中泥沙的运行规律。

(3)对淤地坝放水工程的设计进行改进,使之适应“淤粗排细”条件下,排泄不同重现期洪水的要求。

(4)研究如何建立在“淤粗排细”要求下的淤地坝运行管理机制。

参考文献

[1] 赵文林. 黄河泥沙[M]. 郑州:黄河水利出版社,1996.

[2] 钱宁,万兆惠. 泥沙运动力学[M]. 北京:科学出版社,2003.

[3] 夏震寰,韩其为,焦恩泽. 论长期使用库容//北京河流泥沙国际学术讨论会论文集[C]. 2 卷. 北京:水利电力出版社,1980.

河龙区间典型支流淤地坝拦减粗泥沙分析

冉大川[1,4]　罗全华[2]　周祖昊[3]

（1. 黄河水利科学研究院；2. 黄河水利委员会西峰水土保持科学试验站；3. 中国水利水电科学研究院；4. 西安理工大学）

摘要：本文对地处黄河中游多沙粗沙区的河龙区间5条典型支流皇甫川、窟野河、无定河、三川河和湫水河流域淤地坝拦减粗泥沙进行了深入分析，计算了其不同年代淤地坝拦减粗泥沙量。通过分析实施淤地坝等水土保持措施前后泥沙粒径的变化、淤地坝配置占比与减沙占比的变化后认为：淤地坝是快速减少入黄粗泥沙的首选工程措施。当5条典型支流淤地坝配置占比平均达到3.0%时，淤地坝减沙占比平均可以达到60%。因此，为有效、快速地减少入黄泥沙尤其是粗泥沙，河龙区间典型支流淤地坝的配置占比应保持在3.0%左右。减少黄河粗泥沙的重点支流应首选窟野河和皇甫川。

关键词：典型支流　淤地坝　粗泥沙　粒径

淤地坝是指在沟道中修筑的以拦泥、缓洪、淤地造田、发展生产为目的的水土保持工程设施。长期的水土保持实践经验证明，淤地坝是防治黄土高原水土流失的重要措施，在水土流失治理中具有不可替代的作用；是快速减少入黄泥沙、减轻黄河下游河道泥沙淤积、实现"河床不抬高"最有效的工程措施；在黄土高原地区小流域治理中对泥沙具有绝对的控制性作用。因此，对淤地坝减沙作用的研究一直是黄土高原水土保持措施减沙作用研究的重中之重。但是，在黄河中游河口镇至龙门区间（简称河龙区间）淤地坝减沙作用以往研究中，侧重于对淤地坝拦减泥沙总量的研究，侧重于对淤地坝减沙效应的宏观评价；对淤地坝拦减粗泥沙（粒径 $d \geqslant 0.05$ mm）研究不够。黄河为患，害在泥沙，根在粗泥沙。粗泥沙对黄河下游的危害最大。淤地坝在拦减泥沙的同时，也必然拦减粗泥沙。本文根据以往研究成果，对河龙区间5条典型支流淤地坝拦减粗泥沙的情况进行了分析，以期对加快河龙区间粗泥沙治理步伐、实施黄土高原水土流失"先粗后细"的治理方略提供支撑。

1　典型支流粗泥沙来量及粒径变化分析

根据笔者以往研究成果，作为黄河中游地区淤地坝分布最为集中的河龙区间,1970～1996 年淤地坝减沙量占水土保持措施减沙总量的 64.7%。河龙区间西北部的皇甫川、窟野河、无定河等 3 条典型支流和东部的三川河、湫水河等 2 条典型支流,水文站控制面积合计 4.746 万 km^2,占河龙区间总面积11.3 万 km^2 的 42%,其中皇甫川、窟野河和无定河又是黄河中游粗泥沙的集中来源区之一。这 5 条典型支流淤地坝均较多。1970～1996 年皇甫川、窟野河、无定河、三川河和湫水河淤地坝减沙量分别占水土保持措施减沙总量的 57.8%、37.2%、62.1%、72.2%和 64.7%。除窟野河外,其余 4 条支流淤地坝的减沙作用均占主导地位,减沙占比(指淤地坝减沙量占水土保持措施减沙总量的百分比)最大的主要水土保持措施均为淤地坝。三川河流域减沙占比最高,超过了 70%;减沙占比最低的窟野河流域也接近 40%。

分析淤地坝不同年代拦减粗泥沙量变化的关键是如何推求淤地坝拦减的粗泥沙量,以往研究很少涉及。根据笔者提出的计算方法,结合各典型支流淤地坝的淤积物颗分资料和其他资料,经过综合分析可以确定各典型支流的粗泥沙所占比例修正系数 K。其中皇甫川流域 $K=1.68$,窟野河流域 $K=1.52$,无定河流域 $K=1.42$,三川河流域 $K=1.22$,湫水河流域 $K=1.35$。K 值由北向南依次减小;西部支流大于东部支流,具有明显的地域性分布规律,这显然与各支流粗泥沙所占比例大小有关。据此计算 5 条典型支流不同年代淤地坝拦减的粗泥沙量,同时统计不同年代各典型支流对应的粗泥沙所占比例,计算及统计结果见表 1。

表 1　河龙区间典型支流淤地坝拦减粗泥沙量计算结果

河 流	年 代	淤地坝减沙量(万 t)	淤地坝拦减粗泥沙量(万 t)	流域粗泥沙所占比例(%)
皇甫川	1954～1969	47	38	49.9
	1970～1979	189	163	51.2
	1980～1989	580	474	48.6
	1990～1996	970	712	43.7
窟野河	1956～1969	104	65	41.2
	1970～1979	299	194	42.8
	1980～1989	301	230	50.0
	1990～1996	602	413	45.1
无定河	1956～1969	1 130	532	33.2
	1970～1979	4 810	2 485	36.4
	1980～1989	2 750	1 227	31.4
	1990～1996	1 280	468	25.8

续表 1

河流	年代	淤地坝减沙量（万 t）	淤地坝拦减粗泥沙量（万 t）	流域粗泥沙所占比例（%）
三川河	1959～1969	117	27	18.5
	1970～1979	641	155	19.8
	1980～1989	896	190	17.4
	1990～1996	827	121	12.0
湫水河	1959～1969	134.5	43	23.9
	1970～1979	565.5	174	22.8
	1980～1989	339	94.5	20.6
	1990～1996	661.5	141	15.8

由表 1 可以看出：

（1）皇甫川、窟野河两条粗沙支流淤地坝拦减粗泥沙量呈上升趋势。但皇甫川和窟野河流域具体变化过程又有不同：1980 年以前窟野河流域拦减粗泥沙量大于皇甫川；1980 年以后皇甫川流域拦减粗泥沙量却大于窟野河且增幅明显大于 1980 年以前。2 条折线交叉点值为 200 万 t/年左右（见图 1）；折线明显的上升趋势显示出两大支流淤地坝拦减粗泥沙的潜力很大，皇甫川流域更为突出。这从一个侧面凸现出粗泥沙集中来源区的治理方向。

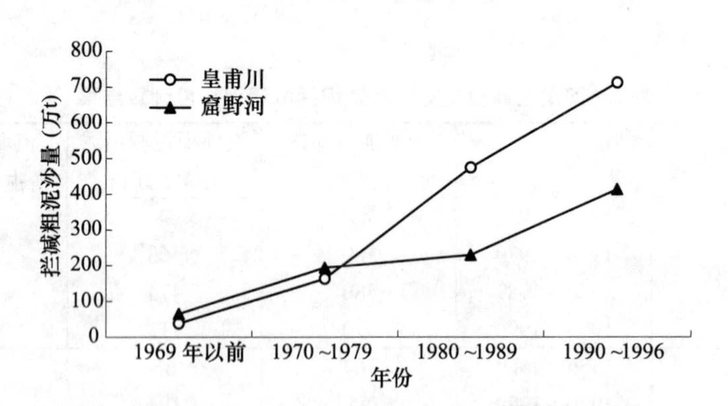

图 1　皇甫川、窟野河流域淤地坝拦减粗泥沙量变化过程

（2）无定河、三川河两条支流淤地坝拦减粗泥沙量呈下降趋势。无定河流域淤地坝拦减粗泥沙量 20 世纪 70 年代最大，以后随着时间的延续呈下降趋势且变化幅度较大；三川河流域淤地坝拦减粗泥沙量 80 年代达到最大，进入 90 年代后有所下降，但不同年代变化幅度较小。无定河、三川河流域淤地坝拦减粗泥沙量变化过程分别见图 2、图 3。

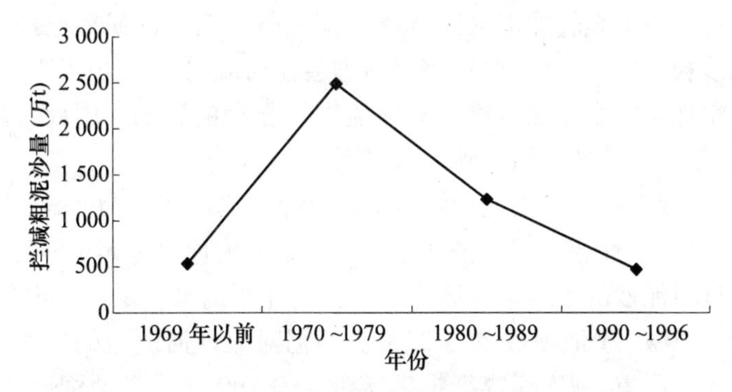

图 2　无定河流域淤地坝拦减粗泥沙量变化过程

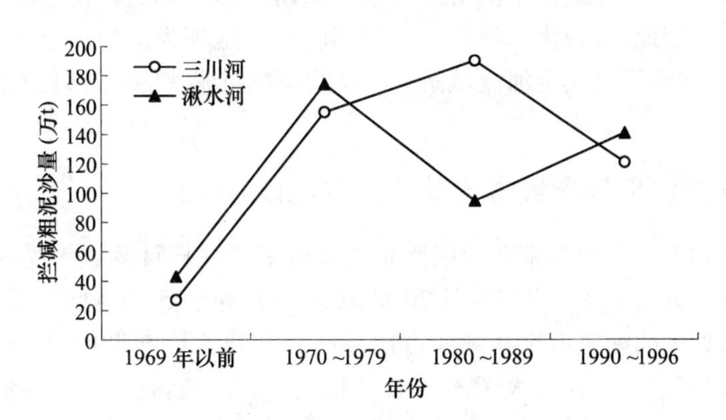

图 3　三川河、湫水河流域淤地坝拦减粗泥沙量变化过程

(3)湫水河流域淤地坝拦减粗泥沙量变化过程与其他支流都不相同:1969年以前至70年代呈上升趋势,70年代至80年代呈下降趋势,80年代至90年代又呈上升趋势。但上升幅度不及第一阶段。80年代由于流域年输沙量锐减,淤地坝拦减粗泥沙量最小。70年代以来淤地坝拦减粗泥沙的变化趋势与相邻的三川河流域正好相反,形成鲜明的对比。湫水河流域淤地坝拦减粗泥沙量变化过程见图3。

(4)自20世纪70年代以来,皇甫川、无定河、三川河、湫水河流域粗泥沙所占比例依时序随着流域年输沙量的减少而减小,呈现出一定的规律性变化。窟野河流域则不同,70年代粗泥沙所占比例为42.8%,80年代上升到50.0%,90年代又下降为45.1%,粗泥沙所占比例呈现出波动上升的趋势,与对应的流域年输沙量波动下降的变化趋势相反,值得关注。

(5)窟野河流域80年代粗泥沙所占比例最大,主要是因流域大规模开矿引起的人为新增水土流失所致。窟野河流域蕴藏有丰富的煤炭资源,80年代开发的大型露天煤矿神(木)府(谷)煤田,面积3 214 km^2,地质储量339亿t,主要分布在窟野河神木以上至转龙湾区间的干支流两侧。诸多的研究已经证明,开矿会使河流泥沙粒径变粗,水土保持综合治理会使河流泥沙粒径变细。此消彼长,开矿抵消了淤地坝等水土保持措施对河流泥沙粒径的影响。因此,遏制人为新增水土流失,千方百计减少粗泥沙入黄,依然任重道远。

此外,由于无定河流域淤地坝拦减粗泥沙量下降趋势最为明显,说明流域内淤地坝数量减少、工程老化及淤平现象比较严重。大理河是无定河的最大支流,是无定河流域粗泥沙的主要来源区之一。其多年平均来沙量占无定河流域多年平均来沙量的30%,淤地坝数量占25%。根据对大理河流域的典型调查,其坝库淤积现象比较严重,坝库库容淤损率接近45%;90年代淤地坝遭暴雨破坏严重,数量急剧减少。无定河干流丁家沟至白家川区间的黄土丘陵沟壑区也有类似现象存在。因此,加快大理河等流域(区间)以淤地坝为主的水土保持生态工程建设步伐,尽快提高无定河流域淤地坝持续拦减粗泥沙的能力,具有重要的现实意义。

2 典型支流淤地坝配置占比及减沙占比计算成果

河龙区间5大典型支流淤地坝配置占比及减沙占比计算成果见表2;二者对应的柱状图分别见图4、图5。从20世纪70年代开始,5大典型支流中只有皇甫川流域淤地坝的配置占比和减沙占比呈同步上升的趋势:90年代与70年代相比,在淤地坝配置占比增大了34.6%的情况下,减沙占比增大了48.3%。减沙占比的上升趋势表明其减沙能力还未达到最大。窟野河、无定河、三川河等3大典型支流淤地坝的配置占比和减沙占比均呈同步衰减的趋势:90年代与70年代相比,窟野河、无定河、三川河流域淤地坝配置占比分别减小了26.7%、33.3%和25.0%,减沙占比分别减小了18.9%、60.9%和21.0%。湫水河流域淤地坝配置占比与减沙占比的关系紊乱,没有趋势性的变化规律。从四个阶段的变化情况来看,减沙占比的变化为:增大—减小—增大;配置占比的变化为:相同—增大—减小;70年代以来二者的变化趋势相反。

表2 河龙区间典型支流淤地坝配置占比及减沙占比计算成果

时段(年)	占比(%)	皇甫川	窟野河	无定河	三川河	湫水河	平均
1969年以前	配置占比	1.8	1.3	1.8	4.6	4.7	2.84
	减沙占比	40.7	55.8	76.7	68.8	55.7	59.5
1970~1979	配置占比	2.6	1.5	2.4	4.4	4.7	3.12
	减沙占比	43.3	52.9	84.1	85.1	80.0	69.1

续表 2

时段（年）	占比(%)	皇甫川	窟野河	无定河	三川河	湫水河	平均
1980~1989	配置占比	2.6	1.2	1.9	3.9	5.7	3.06
	减沙占比	57.2	42.1	62.5	74.9	50.4	57.4
1990~1996	配置占比	3.5	1.1	1.6	3.3	4.6	2.82
	减沙占比	64.2	42.9	32.9	67.2	62.9	54.0
1970~1996	配置占比	2.8	1.3	2.0	3.9	5.0	3.02
	减沙占比	53.9	46.3	62.8	76.7	64.6	60.8

注：配置占比指淤地坝保存面积占水土保持措施保存总面积的百分比。

从各支流淤地坝配置占比与减沙占比的关系看，皇甫川流域只要淤地坝配置占比达到2%以上，减沙占比即可达到40%，减沙效益明显；窟野河流域当淤地坝配置占比达到1%以上时，减沙占比可以达到40%以上，减沙效益也十分明显；无定河流域当淤地坝配置占比达到1.5%以上时，减沙占比可以达到30%以上；三川河流域当淤地坝配置占比达到4%左右时，减沙占比可以达到75%左右；湫水河流域当淤地坝配置占比达到4.5%以上时，减沙占比可以达到60%左右。显然，窟野河流域达到同样减沙占比所需要的淤地坝配置占比最低，湫水河最高，皇甫川和无定河基本相当。1970~1996年27年平均，当5条典型支流淤地坝配置占比平均达到3.0%时，淤地坝减沙占比平均可以达到60%。因此，淤地坝依然是5条典型支流减沙首选的水土保持工程措施。

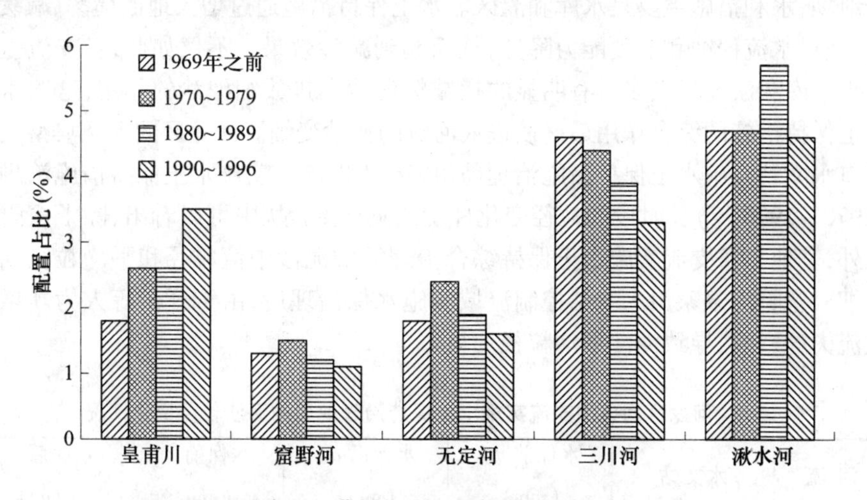

图4　河龙区间典型支流不同年代淤地坝配置占比

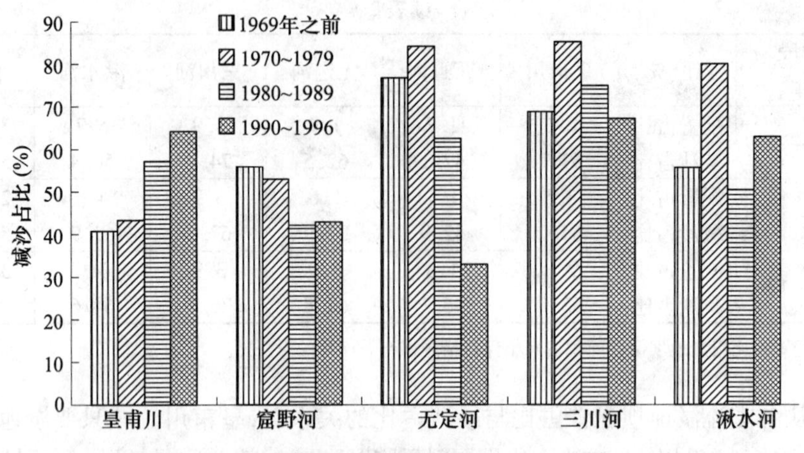

图 5　河龙区间典型支流不同年代淤地坝减沙占比

3　典型支流长时段粒径变化情况

从 5 条典型支流把口水文站长时段的泥沙粒径变化情况来看(见表 3),实施水土保持综合治理后(一般以 1970 年为界),泥沙中值粒径明显变细。粒径变化以皇甫川、窟野河这两条支流最为明显。经分析,河龙区间降雨的减少和河道冲淤都不是影响河流泥沙变细的因素,因此水土保持便成为可能导致河流泥沙变细的主要因素。河龙区间典型支流实施的水土保持措施主要有梯田、林草、淤地坝,水利措施主要是水库和灌区。水土保持措施通过增大地面糙率、减缓坡度,使得水流侵蚀和输沙能力降低,从而起到减沙效果。不仅如此,各支流上的大小水库和淤地坝大多具有明显的拦减粗泥沙和排放细泥沙的作用,这些水利水土保持措施的综合作用最终使进入河流的泥沙变细。河龙区间 5 条典型支流把口水文站实施水土保持措施治理前(1970 年以前)、实施水土保持措施治理后(1970 ~ 1996 年)长时段的粒径变化柱状图见图 6。从中可以看出,除了窟野河之外,其他 4 条支流实施水土保持综合治理后的泥沙中值粒径和平均粒径同时变细。窟野河温家川水文站控制流域实施水保治理后,由于开矿等人为新增水土流失的影响,导致泥沙平均粒径变粗。

表 3　河龙区间典型支流实施水土保持治理前后的泥沙粒径变化情况

河　流	水文站	水保前 d_{50} (mm)	水保后 d_{50} (mm)	水保前 d_{cp} (mm)	水保后 d_{cp} (mm)
皇甫川	皇　甫	0.066 0	0.055 6	0.156 0	0.151 1
窟野河	温家川	0.078 3	0.056 4	0.089 7	0.124 9
无定河	白家川	0.035 8	0.032 9	0.052 0	0.048 8

续表 3

河 流	水文站	水保前 d_{50}（mm）	水保后 d_{50}（mm）	水保前 d_{cp}（mm）	水保后 d_{cp}（mm）
三川河	后大成	0.024 7	0.020 0	0.037 8	0.030 6
湫水河	林家坪	0.029 8	0.021 9	0.049 2	0.037 4

注：(1)资料系列截至 1996 年，部分水文站缺 1994 年资料。表中部分数据来自参考文献[3]。

(2)d_{50}代表中值粒径，d_{cp}代表平均粒径。

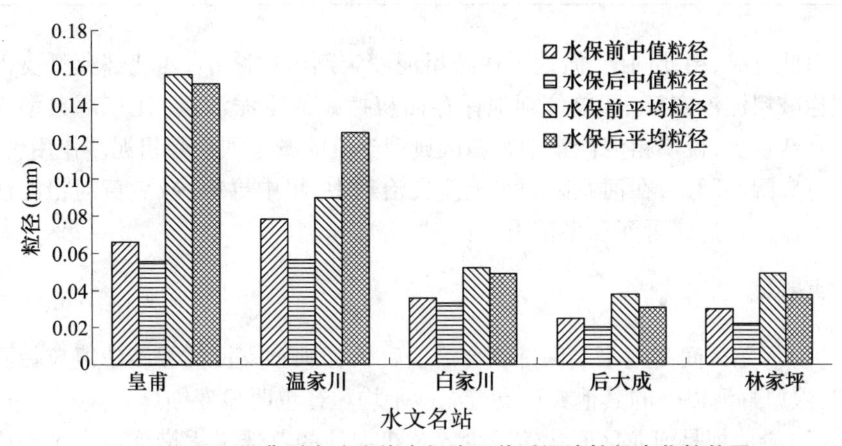

图 6　河龙区间典型支流实施水保治理前后泥沙粒径变化柱状图

4　河龙区间东西部典型支流的差异

(1)由前述分析可知，地处河龙区间西北部的皇甫川、窟野河、无定河等 3 条典型支流，其粗泥沙占比修正系数 K 值明显大于东部的三川河、湫水河等 2 条典型支流；粗泥沙所占比例越大，K 值越大。

(2)东部典型支流淤地坝的配置占比和减沙占比均大于西北部典型支流。说明虽然同为黄土丘陵沟壑区，但西部典型支流淤地坝建设潜力更大。加快以淤地坝为主的水土保持生态工程建设势在必行。

(3)西北部 3 条典型支流的泥沙中值粒径和平均粒径均明显大于东部 2 条典型支流；在各自区域内，各典型支流的泥沙中值粒径和平均粒径由北向南依次减小。

(4)河龙区间 5 条典型支流 1970～1996 年淤地坝平均拦减粗泥沙定额计算结果见表 4。

表 4　河龙区间典型支流 1970～1996 年淤地坝平均拦减粗泥沙定额

河 流	坝地保存面积（hm^2）	淤地坝拦减粗泥沙量（万 t）	拦减粗泥沙定额（t/（hm^2·a））
皇甫川	911	420.5	4 620
窟野河	950	264	2 780
无定河	11 190	1 500	1 340
三川河	2 075	159	767
湫水河	1 420	136	958

由此可见，由北向南，淤地坝拦减粗泥沙定额依次减小；西北部典型支流淤地坝拦减粗泥沙定额（即单位坝地保存面积拦减的粗泥沙量）比东部典型支流大一个数量级，说明粗泥沙集中来源区典型支流的淤地坝拦减粗泥沙作用更大，前景更广阔。因此，在河龙区间水土流失治理中，粗中寻粗，减少黄河粗泥沙的重点支流应首选窟野河和皇甫川。

5　结论

（1）河龙区间实施水土保持综合治理后，5 条典型支流的泥沙中值粒径明显变细；除窟野河以外的其他典型支流泥沙平均粒径也明显变细。

（2）淤地坝是河龙区间快速减少入黄粗泥沙的首选工程措施。当 5 条典型支流淤地坝配置占比平均达到 3.0% 时，淤地坝减沙占比平均可以达到 60%。

（3）为有效、快速地减少入黄泥沙尤其是粗泥沙，河龙区间典型支流淤地坝的配置占比应保持在 3.0% 左右。

（4）减少黄河粗泥沙的重点支流应首选窟野河和皇甫川。

参 考 文 献

[1]　冉大川，罗全华，刘斌，等．黄河中游地区淤地坝减洪减沙及减蚀作用研究[J]．水利学报，2004，35（5）：7－13.

[2]　冉大川，左仲国，上官周平．黄河中游多沙粗沙区淤地坝拦减粗泥沙分析[J]．水利学报，2006，37（4）：443－450.

[3]　韩鹏，倪晋仁．水土保持对黄河中游泥沙粒径影响的统计分析[J]．水利学报，2001（8）：69－74.

THESEN 岛屿:革新性环境改善下的码头发展

Laura Giuliano[1] James Wang[2]

(1.奥夫施尼·马可菲尔公司,意大利博洛尼亚;
2.马可菲尔中国公司)

摘要:Thesen 岛屿发展项目是一个具有挑战性和技术复杂的项目,计划将南非 Knysna 地区 96 hm^2 的 Thesen 岛屿发展成一个由 19 个岛屿环绕而成的港口区的一部分,这些岛屿通过架在宽阔潮汐水道上的桥梁相连接。15 km 的原始海岸线需要以环境友好的方式保护,以避免由起伏不断的潮汐作用和相应的波浪所引起的侵蚀破坏,从而保证这些将要发展的岛屿与 Knysna 入海口的环境相协调。

经过充分的定点试验和调查研究发现,雷诺护垫、格宾和 Terramesh ® 等机织六边形网格产品是实现项目要求的规范和标准的唯一选择:适合当地环境、在海洋环境条件下具有耐久性、易于安装、易于植被移植生长和性价比高。

所选择的解决方案能够保护每一个处于原始状态的岛屿免受潮汐作用引起的冲刷侵蚀,也要能够保证堤岸的稳定性,特别是在快速退潮的状态下保证堤岸的稳定性。

结果,岛屿周边的潮汐水流依旧处于其自然状态:良好的环流、优良的水质和最小的淤积。应用丹麦水利学研究所研发的现状模拟系统辅助水道的设计和布局。即使在考虑气候变化的条件下,所选择解决方案的水力学模拟和水文学模拟可以保证 Thesen 岛在洪水条件下绝对的安全。

在建设时采用一种生物工程方法。应用本地的盐沼植物将潮间带中互无关系的物质联系起来。小型的鱼类和海洋生物能够在水道边缘的植物与自然岩石上觅食及找到栖息地。结果,水道吸引大量的鸟类与更多的鱼类聚集于此,生态环境得到了改善。装填在格宾内的石头提供了藻类-微生物膜,藻类-微生物膜可以吸收潮汐流中的氮磷等营养物质,从而降低水道内浮游植物生长的潜力。

南非环境事务和旅游部副部长 Mabudahfhasi 女士称赞 Thesen 岛开发者说:"他们以最负责任心的方式实施、支持和资助环境研究,这可能是南非迄今为止实施最复杂的、最专业的和最详细的环境影响评价"。

关键词:去水作用 盐沼移植 环境适应 码头发展 格宾技术 生物工程

自古以来,人类就喜欢临水而居。对人类而言不幸的是,为适应自然因素,如降雨、刮风、水流、侵蚀以及这些因素的交互作用,陆地和水域接壤处经常性的变化以达到一种动态平衡。人口的增长和土地价格的持续上涨导致了滨水区域及区域内可利用的土地最大化的发展,结果是环境的破坏。

本文侧重于滨水区发展的设计和建设的创新性进步,该滨水区是一个环境敏感性高、自然风光美丽的区域。研究案例为南非东海岸 Knysna 入海口的一个岛屿——Thesen 岛(见图 1、图 2)。本文概述了如何克服不利的自然条件、解决历史遗留的污染问题、遵守严格的环境法规和解决挑战性设计问题,在环境行为非常友好和美学标准相当高的条件下实现发展。

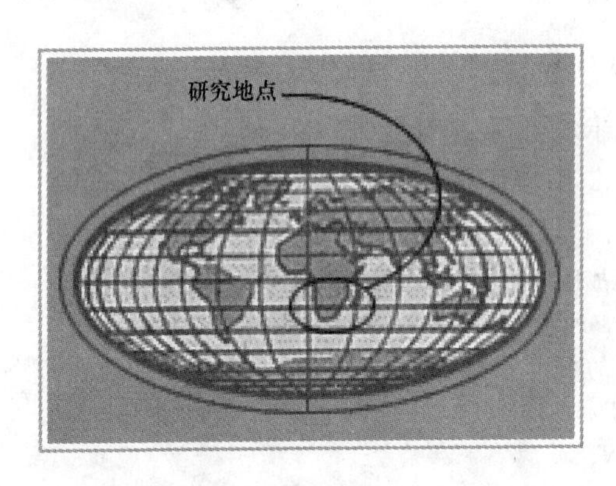

图 1　世界地图

图 2　南非地图

1　工程背景

100 多年前,Thesen 岛是作为工业加工基地而发展起来的。由于该地区缺少铁路线,因此以岛屿作为船只装卸的港口和码头成为了必需,来自该地区森林的木材大部分通过这些港口和码头运输到国外。木材加工业在该岛发展起来,而且一种木材处理设备(杂酚和 CCA 防腐处理设备)在过去 70 年一直在运行。这种设备的运转以两种途径对入海口环境产生不利的影响:

(1)木材处理所用的化学物质污染了部分岛屿;

(2)为连接大陆到岛屿而铺设的硬化道路阻止了河口内水的循环和污染物排出河口。

由于 Thesen 岛是南非四个岛屿中唯一适宜居住的岛屿,因此该岛在南非具有特殊地位。由于岛上的工业生产活动,Thesen 岛也是一个当地居民完全不能进入的岛屿。由于该岛位于一个城市的中心位置,该城市由此获得了“南非最佳旅游城市”的称号。

20 世纪 90 年代早期,Thesen 岛的重建计划是将该岛再次发展成为一个码头。由此,房建工程开始启动。

7 年详细的环境影响评价,26 个发展方案的评价和数百个单独的研究成果使 96 hm^2 的 Thesen 岛发展计划最终获得环境部门和南非政府的认可与批准。Thesen 岛发展计划的内容是将 96 hm^2 的 Thesen 岛发展成为一个由 19 个岛环绕而成的港口区的一部分。随着项目的实施,经常被政府监督的监测机构监测 101 个相互独立的开发环境条件。

Thesen 岛屿建设发展开始于 2000 年 8 月。从调查研究开始至今的近 12 年里,Thesen 岛屿发展的 5 个阶段已经完成前 2 个,第三个阶段正在实施。现在,Thesen 岛不仅是南非发展最大的码头,也是南非第一个建在岛屿上的码头。第一批房屋(48 间)的建设正在进行,市政建设的大部分内容也已经完成。迄今为止基本没有严重的建设问题,项目按计划有序地进展,资金也控制在预算以内。这是因为建设严格符合批准的要求,建设过程中严格的监测和每个建设单元都以绝对精准的方式进行建设。

达到项目目前的状况不是一件简单的事情。本项目在研究和发展规划上花费大量的时间以保护和改善南非最美丽的区域之一——Thesen 岛屿的环境。

南非环境事务和旅游部副部长 Mabudahfhasi 女士称赞 Thesen 岛开发者说:"他们以最负责任心的方式实施、支持和资助环境研究,这可能是南非迄今为止实施最复杂的、最专业的和最详细的环境影响评价"。

2 码头发展目标

Thesen 岛屿发展项目是一个具有挑战性和技术复杂的项目,计划将南非 Knysna 地区 96 hm^2 的 Thesen 岛屿发展成一个由 19 个岛屿环绕而成的港口区的一部分,这些岛屿通过架在宽阔潮汐水道上的桥梁相连接(见图 3)。目的是

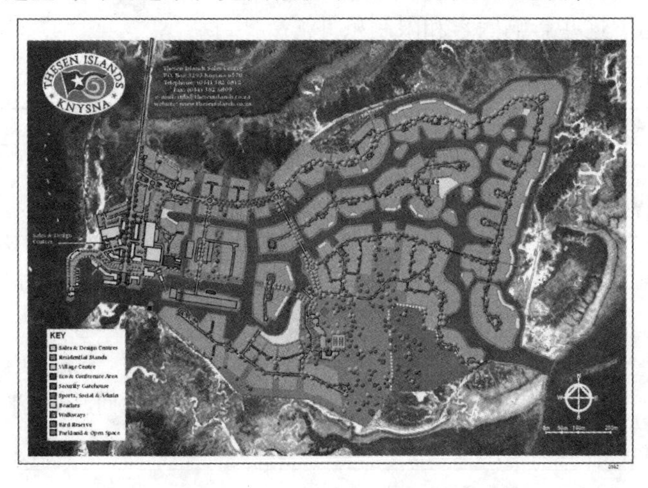

图 3　Thesen 岛发展计划

在极端不利的条件下建设一个码头,如图 4 所示。

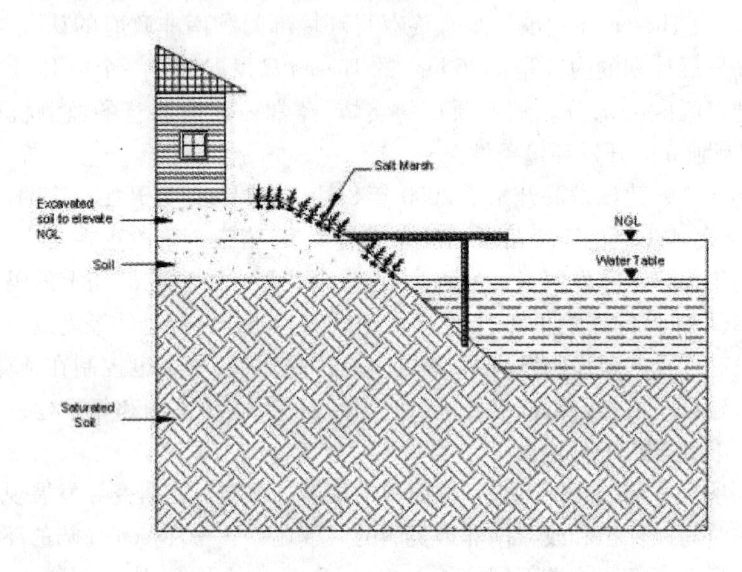

图 4　建议工程横断面示意图

15 km 的原始海岸线以环境友好的方式保护,以避免由起伏不断的潮汐作用和相应的波浪所引起的侵蚀破坏,从而保证这些将要发展的岛屿与 Knysna 入海口的环境相协调。

3　码头发展的限制因素

项目独特和极端的自然与环境限制条件从根本上影响着码头发展的可能性,表 1 概述了这些影响因素和限制条件。

表 1　码头发展的限制因素

限制因素	描述
土壤特性	从土壤剖面知,0 ~ 2 m 深的土壤是由河口的细沙形成。在地面不紧实的地方(如水边),土壤非常的松软并可压缩。形成岛屿的细沙有一个 13°的夹角且易液态化。这就意味着即使在中等程度的震动下,这些细沙也只具有非常低的抗扰动能力。当被水浸湿饱和时,这些细沙是流动的,且不可能用震动的设备压实
水位	岛屿自然的地面高度平均高于海平面 2.0 m。无论高水位和低水位,它们都分别在海平面上 1 m 和海平面下 1 m 之间波动。平均的水位高于海平面 0.6 m

续表 1

限制因素	描述
地面高度	在项目发展期间,岛屿的地面高度设计升高到 2.8 ~ 3.0 m。南非科学和工业研究理事会计算出了建筑物最低层安全的地面高度。这是基于最高的春季潮汐、极端的河流洪水影响、恶劣的海洋条件、大气压力和强风同时作用的条件下,再加上全球变暖作用后果和特别安全因素而计算出来的
几何特性	几何特性限制因素主要适用于人工航道: 航道的宽度:基于水力学模型的模拟和可利用土地发展的最大化条件,人工航道最大允许宽度是 30 m; 高水位的潮汐:在高水位和强波浪作用的条件下保护人工航道堤岸的安全或避免基础设施的损坏; 低水位的潮汐:在低水位潮汐时保证通航,使船只能够停泊在码头
许可的环境条件	为了许可土地利用的变化和同意该类型码头的发展,有关职权部门详细列出了 101 个许可条件。 最严格的要求是维持入海口极高的生态价值。对南非是第一次,对全球来说可能也是第一次,所有由于发展而扰动的盐沼必须被重建以保证盐沼没有净损失。而且需要沿着航道的边缘在高潮汐线和低潮汐线间设计一个保护区,以避免水岸由起伏不断的潮汐作用和相应的波浪所引起的侵蚀破坏,从而保证这些发展的岛屿与 Knysna 入海口的环境相协调

4　码头发展

4.1　技术设计

4.1.1　航道设计与水道布局

航道设计与水道布局工作由南非科学和工业研究理事会承担(CSIR)。应用水力学和水文学模拟系统辅助水道的设计与布局。应用南非科学和工业研究理事会开发的 Knysna 河口模型及 Mike11 一维模拟系统,通过计算机模拟对航道内的水流及其流速进行评估。

Mike11 一维模拟系统是一个界面友好的现状模拟系统。在过去的 20 多年,该系统被丹麦水利学研究所进一步的发展,并在全球范围内广泛应用。该系统是一个河道和河口一维的水流模拟系统。模型首先被用来确定水位、水量和流速。该系统还能够应用于传输扩散、水质或泥沙传输的模拟。

航道设计一直被修改直到模型模拟显示的结果是最终的航道布局,能够使水有很好的环流,同时是使水的流速足够低(低于0.5 m/s)以保护航道堤岸免受冲刷。

良好环流的重要性表现在两个方面:

(1)随着富含养分和氧气的新鲜水的供给,航道沿岸的动植物群落将繁茂。良好的环流还能够调节水温。因此,良好的环流对健康生态系统的发展有积极的影响。

(2)如果有意外漏油事件或污染问题发生,良好的环流将对水质高效的恢复起辅助作用。

4.1.2 堤防稳定方案的评估

海岸线的结构必须能够承受住波浪、水流和不同水位等共同作用所引起的影响。所选择的结构必须能够在下沉和冲刷所引起的变形条件下保持稳定;在洪水淹没的条件下保护海岸线;经受得住持续不断的干湿交替。

项目的咨询公司 Arcus Gibb (Pty) 有限公司的工程师考虑了不同的堤岸保护方案,包括木材、抛石、预制水泥板、雷诺垫或格宾加雷诺垫,并就不同方案的成本分析和可行性研究结果与相关部门进行讨论。

在一系列野外试验后,各种方案在桌面水平进行了评估。桌面水平的研究评估原则包括:

(1)实践的可行性:从分析的角度看,该结构的工程设计可能吗?

(2)切合实际的施工技术:在建设过程中考虑从工程设计到实际实施的简单转化问题。

(3)美感:主要的设计者和规划者、开发者、管理部门、收益方和受损方(LAP's)都强调所选择的方案应具有美感。

备选方案的野外试验是在地面上进行的。那些在建设中要解决的、对保障工程结构建设有重要影响的实际问题与基于设计计算所存在的问题相一致。

格宾加雷诺垫的结构作为最合适的解决办法被选中。这是由于格宾加雷诺垫的结构对航道堤岸几何形状灵活的适应性、在苛刻的海洋环境下的长久耐用性和结构本身对环境复原的有利性。

4.1.3 结构设计

结构的设计由咨询工程师手工计算完成并被计算机产生的模型所验证。这些结果由一个独立的地球技术工程师进行检查核实,并被南非格宾责任有限公司应用马可菲尔设计软件进一步确认。在假定格宾后面的物质被完全浸润饱和的条件下,实施了防止滑弧的纵剖面试验。典型横截面示意图(B 型)如图 5 所示。

基本的设计包括一个土工布过滤层和颗粒过滤层组成的底层,其上的 230

mm 厚的雷诺垫,再上部 1 m×1 m 规格的、作为覆盖层的格宾和 Terramesh®,以及最上层与土工布平行铺设的、170 mm 厚的雷诺垫。双绞丝的格宾、雷诺垫和 Terramesh®被镀锌且被有 PVC 包衣。

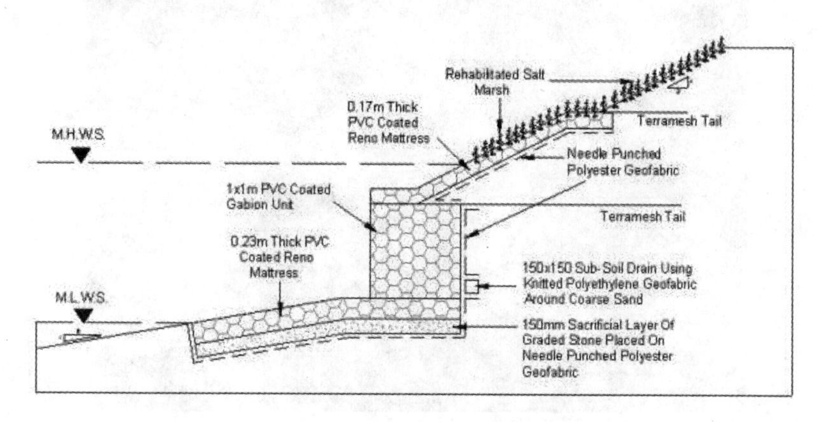

图 5　B 型结构的横截面

特殊部位各不相同的设计(例如额外的格宾铺设在 1 m×1 m 格宾的顶部),结果产生了大量各不相同的横断面类型。但是在所有的实例中,B 型结构的各组成部分是一样的和通用的,且是基本设计的基础。

4.2　建设:去水

由于土壤的浸水液态化,在现存的环境下正常的建设是不可能的。建设只有在去水的前提下才可能实施,这是因为去水作用能够改善土壤的特性从而保证航道的挖掘。

去水井建在地下 6 m 深的地方,一天 24 小时工作,泵水量为 20 L/s。泵出的水首先储存在围堰里,3 天后再泵进河口。去水作用使水位大约保持在航道底部以下 200 mm 的地方,或者是到海平面下 1.2 m 深的地方。去水作用需要维持到雷诺垫和格宾铺设完成和土壤回填结束。图 6 为拍摄到去水过程图。

4.3　双绞线技术的创新发展

格宾和雷诺垫的应用已经被过去实践证明具有良好的作用。重述这些信息不是本文的目的,而是为了突出与格宾和雷诺垫设计及建设相关的特性。对本项目来说这些性质是特有的,因此这些特有的性质使格宾技术得到进步。

4.3.1　无顶格宾

Terramesh 系统由奥夫施尼·马可菲尔公司研发,包括一个前端面板和一个的加强底部,这两部分形成一个连续的平板。在 Thesen 岛,传统 1 m×1 m 格宾的上盖被一个 Terramesh®底部所替代。这样做有两个目的:闭合格宾并在回填过程中形成一个加强层。

图6　脱水作用

4.3.2　垂直牵引力和框架结构

传统的格宾加工时双绞丝网格水平于格宾。但在 Thesen 岛,所有的格宾是特别定做的,双绞丝网格垂直于格宾前部面板。这样的设计结合钢框架的使用在石头装载的过程中可以支持格宾,从而完美地完成格宾的建设。

4.3.3　水平牵引力

通过经向牵引作用,工程的美学效果得到进一步增强。这个过程包括装置一排格宾、包装格宾的第一个间隔块、牵引的金属丝固定于第一个间隔块的某一固定点上、在这排格宾的另一端包装最后一个间隔块,并利用一个张紧轮来拉紧穿过格宾的金属丝。

4.3.4　创新的支撑加固技术

支撑加固过程就是拉紧格宾的前后表面以防止前部面板折皱的过程。这项技术的应用是为了增加格宾的美感。传统的加固方式是将捆绑的金属丝穿过格宾的前后部面板并在格宾内的中部位置拧紧以加固格宾。这项技术能够经得起时间的检验。在 Thesen 岛,大型的标准支撑架按规定的要求首先预制好。这样的话可以保证建设时间的高效利用,因此该工程也是一个成本高效的建设。

4.3.5　特殊的石头规格

SABS1200DK 详细规定了格宾和雷诺垫建设所需石头的最小有效直径和最大尺寸。根据 SABS 规定的要求,那些具有小于最小直径却大于最大尺寸的石头将被剔除出去,结构将导致很大比例的石头在建设现场被弃用。在本项目中较大尺寸的石头,即最小直径小于网格直径,最大尺寸在 150 ~ 300 mm 的石头被使用。这样的话,很大比例运来的石头被使用,从而造成较小的现场浪费。

4.3.6 机械和人工结合的建设模式

较底层 230 mm 的雷诺垫在应用机械安装之前首先进行预装,其下的格宾和上部 170 mm 的雷诺垫是通过手工铺设的。机械和人工结合的建设模式可以使航道以成本高效的方式进行开挖建设,每天大约可进展 80 m 长。

4.4 环境复原

如表 1 所示,“盐沼没有净损失”,以及在高潮线和低潮线之间建立一个保护区是 Thesen 岛发展批准条件的一部分。

盐沼没有净损失意味着那些由于航道开挖将受到扰动的盐沼需要移植到新的生长地方。特别地,高潮线和低潮线之间的保护区的周边地区因其作为生态带而出名。顶层的雷诺垫是生态带中盐沼生长发展的基础。

在航道挖掘期间,除顶层的土壤被移走并被存放起来,其他的挖掘物被应用于增加新形成岛屿的地面高度(见表 1)。在雷诺垫建设时,存放起来的顶层土壤被用来填充雷诺垫。其后,整个新成的区域被种植了本土的盐沼植物和草本植物以固定新生区域的表面。这是南非第一次,可能也是全球为数不多的地方这样大规模地、成功地移植盐沼植物并使盐沼植物在模拟的高度和自然条件下生长发展。

盐沼的移植最初是采用成块移栽的方法(见图 7)。现在的盐沼移植采用的是点簇移栽的方法(见图 8)。点簇移栽的方法最初是为了保证盐沼植物能够穿过雷诺垫覆盖层而正常的生长。生长缓慢的问题以及在雷诺垫覆盖前直接将盐沼栽植在雷诺垫下的要求使成块移栽的方法得以应用。从长远的观点看,这两种方法将会同样的成功,但是相比较而言,成块移栽方法建设速度较快,成本也较低,且盐沼生长较快。

图 7 成块移栽方法

图 8 点簇移栽方法

5 环境复原状况的评估

5.1 海洋生物移居码头区域的情况(Elizabeth 港口大学研究成果)

Thesen 岛发展委员会(TIDC)委托 Elizabeth 港口大学监测 Thesen 岛码头区域海洋生物的移居情况。

迄今为止,采集和分析了两个样品。第一个样品采集于 2001 年 8 月,第二个样品采集于 2001 年 12 月。下一次调查在 2002 年 8 月得出结论。

项目的目的是:

(1)监测肉眼可见的生物群系中可能移居到航道的三个动物群系:底栖生物、浮游动物和自游生物。

(2)有可能确定适合海马(Hippocampus)生活的生境,自然的或人工的生境。

(3)通过比较航道对船只开放前后的环境状况,评估未来船只运输可能对环境的影响。

(4)监测环境变量,包括每一个监测点的沉积物类型、盐度和温度等。

项目的目的是确定海洋生物移居整个码头航道区域的比例和程度,从而确定作为 Knysna 入海口生态系统的延伸部分航道区域的生态功能程度。

尽管该研究仅处在其初始阶段,但是已经证明栖息于格宾的生物群落的丰富度和多样性可以增加(Schoeman 和 Parker - Nance,2001)。

部分底栖生物,即常见的贻贝(Mytilus galloprovincialis)和墨鱼(Sepia vermiculata)的卵鞘没有出现在 8 月份采集的样品中,但出现在 12 月份采集的样品中。图 9 和图 10 分别是贻贝和墨鱼卵鞘的水下照片。

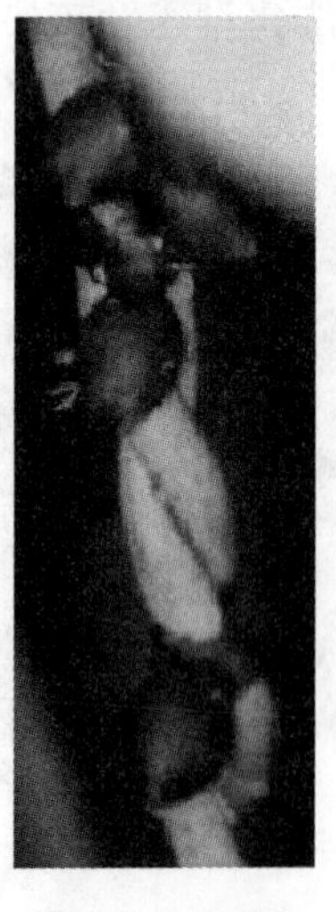

图 9 常见贻贝

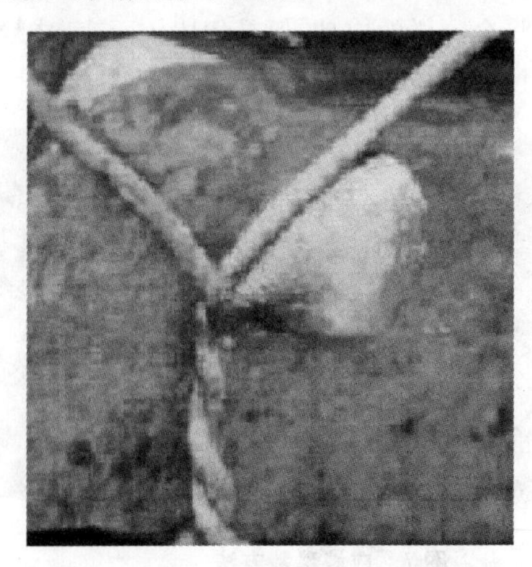

图 10 墨鱼卵鞘

特别有意义的是随着无迁徙习性的动物群落的发展，所有观测点的生物多样性在逐步增加。另外一个一致的现象是栖息于格宾的底栖大型动物群系的丰富度和多样性随着水位线的下降而增加，即低水位线处的底栖大型动物群系的丰富度和多样性高于高水位线处的底栖大型动物群系的丰富度和多样性。除动物生长发展具有明显的向上趋势外，所有监测点（有一个除外）的格宾都覆盖一层细细的绿藻，这表明格宾上动植物的繁殖力在增加。

常见寄生蟹（Diogenes breviostris）在两个监测点的出现进一步表明了浅水的环境条件得到改善。

通常而言，最接近码头顶端的地方是在潮汐活动中最易遭受冲刷的地方，该地方具有最丰富和最多样的动物群落，且是入海口最相似的地方。

可以预期随着航道的通航，航道将遭受更大的潮汐冲刷，航道的生态环境将发生显著的变化。海洋生物移居变化的重要性将从长远的时间尺度来进行评估。

5.2 格宾可作为大型生物的过滤器吗

装填在格宾内的石头提供了藻类－微生物膜生长的表面，藻类－微生物膜可以吸收潮汐流中的氮、磷等营养物质，从而降低水道内浮游植物生长的潜力。考虑到航道内能透水的格宾墙的深度和由大量装载在格宾内石头形成的总表面积，格宾可能起着大型生物过滤器的功能。这个特性的研究正在由 Knysna 流域项目的研究人员 Allanson 博士实施。

6 结语

Thesen 岛上最大码头成功的设计和正在进行的建设得益于人们环境改善的支持。

建设技术、格宾工艺的进步和盐沼独特的再植方法使得该项目在极端的自然与环境限制条件下有了实施的可能。

格宾和雷诺垫堤岸保护的适宜性已经在大量的研究项目中表现出来。因此，尽管该项目仅处在其初期阶段，但是已经表现出了环境成功复原的迹象。

让我们拭目以待吧！

参考文献

[1] Agostini, R., Ciarla, M.. 1987. Flexible Reno Mattress and Gabion Structures in Coastal Protection Works. Technical report: The Fifth Symposium on coastal and Ocean Management, Seattle, Washington.

[2] Chris Mulder Associates Inc.. 1999. Thesen Islands: Application for Approval of the

Development Framework, Phase 1 Site Development Plan and Subdivision Plan. June 1999.

[3] Chris Mulder Associates Inc.. 2002. Thesen Islands: Application for Approval of Revised Development Framework, Phase 3 Site Development Plan and Phase 3 Subdivisional Plan, April 2002.

[4] CSIR. 1998. Circulation in Thesen Island Canal Development Concept 25, CSIR Contract Report ENV/S - C 98068, December 1998.

[5] Hill Kaplan Scott. 1990. Site Investigation Report, Project no 14838, Cape Town, March 1991, included in Chris Mulder Assoc. INC. 1991.

[6] Huizinga, P. and Rossouw, M.. 2002. Circulation in Thesen Island: Final Layout, Including Industrial Area. CSIR REPORT ENV - S - C 2002 - 006, January 2002.

[7] Nota Tecnica 5 - Protezioni Costiere. Internal research, Officine Maccaferri Spa, Bologna.

[8] Rabie, C. K.. 1998. Thesen Island: Knysna: Proposed Rezoning, Subdivision and Amendment of the Knysna/Wilderniss/Plettenberg Bay Regional Structure Plan. Department of Planning, Local Government and Housing, Reference AF56/19/4/2 - K9.

[9] Schoeman, D., Parker - Nance, S.. 2001. Monitoring the Thesen Islands Marina System for Colonisation by Marine Organisms. Second Report, 20 December 2001, University of Port Elizabeth.

[10] Summary to Report No 2. The thermohaline structure of the phase 1A canals. Thesen Islands Monitoring program.

[11] Symons, E.. 2000. SA Firsts at Thesen Islands Development. The Civil Engineering & Building Contractor, November 2000.

小浪底水库运用后黄河下游防凌问题

戴明谦[1] 梁建锋[1] 于 涛[2]

（1. 山东黄河河务局；2. 山东黄河普泺养护公司）

摘要：黄河凌灾是黄河下游严重的自然灾害，因其难以防治，历史上曾有“凌汛决口，河官无罪”的说法。小浪底水库运用后，可有效控制下游河道水量，基本解决下游防凌问题。但受小流量封河、跨流域调水和突发事件等因素影响，下游防凌仍面临许多新的问题，需要采取多种措施，确保防凌安全。

关键词：防凌 黄河下游 小浪底水库

1 黄河下游防凌概况

1.1 凌汛灾害

黄河凌灾是黄河下游严重的自然灾害，历史上曾以决口频繁、难以防治而闻名，被视为不可抗拒的天灾，自古就有“凌汛决口，河官无罪”的说法。据历史记载，1883～1936 年的 54 年间，黄河下游山东段有 21 年发生 40 余处凌汛决口，平均每 5 年 2 次决口。新中国成立后，黄河下游凌情也比较严重，1950～2007 年的 58 年间，有 51 年封河，8 年出现较严重凌情；封河最上界到达郑州花园口，长 703 km(1969 年)。凌情严重年份，局部河段滩区漫滩，堤防出现坍塌、管涌、渗水等险情，甚至发生决口。1951 年、1955 年在山东利津县王庄、五庄分别发生决口，造成严重损失。就是由于发生过 2 次凌汛决口，所以我们仅能说人民治黄 60 年取得了伏秋大汛不决口的伟大成就。

1.2 凌汛成因

黄河下游河道属于不稳定封冻河道，冰凌成灾取决于地理位置、气温、水流和河道条件等多种因素。

从地理位置上看，黄河下游河道呈西南东北流向，上首位于北纬 34°50′，黄河入海口位于北纬 38°00′，河段两端相差 3°10′。

从气温上看，冬季气温上暖下寒，温差较大，黄河下游上段河道封冻晚、开河早、冰层薄、封冻时间短；下段河道封冻早、开河晚、冰层厚、封冻时间长。在上段冰层开河、冰水齐下时，下段冰层仍然比较坚固，容易导致冰凌阻塞，严重时形成冰坝，致使河道水位迅速上涨，形成严重凌洪。

从水流上看，黄河下游封冻期流量较小，封冻冰盖较低，封河后冰下过流能力减小；开河期，冰下蓄水量自上而下沿程释放，流量逐渐增大，容易形成水鼓冰开的“武开河”。

从河道条件上看，黄河下游河道上段宽浅散乱，下段狭窄多弯，封河、开河期间极易出现冰凌卡塞，形成冰塞、冰坝，造成凌汛灾害。

2　小浪底水库在下游防凌中的作用

2.1　小浪底水库简介

小浪底水库是黄河干流最末端的大型水库，2001 年投入防洪调度运用，其任务是以防洪（包括防凌）、减淤为主，兼顾供水、灌溉、发电。水库总库容 126.5 亿 m^3，包括拦沙库容 75.5 亿 m^3，防洪库容 40.5 亿 m^3，调水调沙库容 10.5 亿 m^3，可使黄河下游防洪标准由 60 年一遇提高到千年一遇。

2.2　小浪底水库运用后可基本解决下游防凌问题

根据设计条件，小浪底水库修建后，防凌库容为 20 亿 m^3，加上三门峡水库防凌库容 15 亿 m^3（相应库水位 325 m），防凌总库容可达 35 亿 m^3。一般凌情，运用小浪底水库即可满足下游防凌要求；在发生严重凌情时，小浪底、三门峡两座水库联合调度，开河时控制下游河道凌峰流量不超过 1 000 m^3/s，基本解除下游防凌威胁。

2.3　小浪底水库调水调沙后下游河道行洪条件明显改善

小浪底水库运用后，2002 ~ 2006 年连续 5 年进行调水调沙，下游河道 3 000 m^3/s 同流量水位下降 1.07 m，最大达到 1.48 m，河槽最小平滩流量由调水调沙前的 1 800 m^3/s，增至 3 400 m^3/s 以上。2006 年调水调沙期间，下游山东段高村站、利津站的最大流量分别为 3 900 m^3/s、3 750 m^3/s，滩区无一处漫滩，河道过洪能力显著增强。

3　小浪底水库运用后下游凌情变化

小浪底水库运用后，凌汛期进入下游河道的流量大幅度减少，下游河道年年封河，封河长度明显缩短。

3.1　水量大幅度减少，封河几率增大

小浪底水库运用后，2001 ~ 2007 年度进入下游山东河段的水量除 2003 ~ 2004 年度水量偏丰 20% 左右外，其他年份都明显偏小，特别是 2001 ~ 2002 年

度和2002～2003年度凌汛期来水量比常年偏少55%～71%。来水流量偏小，加之沿黄冬季引水，河道流量沿程逐渐减少，进入河口河段的流量减少幅度更大，最枯的2002～2003年度凌汛期平均流量只有36 m^3/s，比常年偏少93%。河道流量的减少，增大了封河几率。

3.2 出库水温增高，封河断面下移

据计算，在出库水温为4 ℃时，如果封河流量控制在500 m^3/s左右，即使遇到特冷年份，高村以上河段也不会出现封冻，封冻上首比水库运用前下移200 km左右。且出库水温每升高1 ℃，封冻上首将下移50 km左右。小浪底水库运用后，经过小浪底调蓄后下泄的水温一般在8～9 ℃，可有效减轻下游凌情，2002～2003年度下游封冻最长为95段330.6 km，是1981年以来封河长度最长年份，封冻最上端在山东菏泽牡丹区河段。

3.3 气温整体偏暖

2001～2007年度凌汛期黄河下游气温总体偏暖，凌汛期平均气温除2004～2005年度平均气温偏低0.52 ℃以外，其他年份平均气温均高于多年平均气温，其中2006～2007年度平均气温高于多年平均值1.80 ℃，2001～2007年度凌汛期凌汛期平均气温高于多年平均气温0.87 ℃。

3.4 封河长度大幅度缩短，河道易封易开

2001～2007年度凌汛期年均封河长度129 km，仅为1950～2000年年均封河长度254 km的51%，这是流量、气温、水温和河道条件综合影响的结果。2003～2004年度下游来水量偏丰20%，气温接近多年平均值，加之2003年严重秋汛，河道冲刷较多，封河长度仅1.5 km，持续1天。2002～2003年下游来水量比常年偏少71%，封河最长95段330.6 km，是小浪底运用后封河最长的年份。2005～2006年度黄河下游来水量比常年偏少24%，由于气温变化较大，出现了罕见的“三封三开”现象，封河长度最大15段57.4 km。

4 近期黄河下游防凌面临的不利因素

4.1 凌汛期跨流域调水给防凌调度带来新的困难

2001～2007年度凌汛期间山东位山引黄闸曾4次向天津市和河北省送水，送水过程中如遇特殊天气，供水随时可能中断，将造成引黄渠首以下河道流量突然增大，极易引发局部河段“武开河”。若遇突发凌情，即使小浪底水库立即关闸，仅河槽蓄水也可能造成较严重凌灾。2002年12月，引黄济津渠道因冰塞阻水，渠道决口，因堵复及时，未中断引水；否则，如果停止引水，位山闸以下河道流量将达到100 m^3/s以上，是封河流量的3倍多，由于当时正值封河期，局部河段极有可能出现水鼓冰开，形成冰塞。

4.2 跨河浮桥影响凌汛安全

黄河下游山东段有浮桥48座,对两岸交通和经济发展起着重要作用,但也直接威胁防凌安全。淌凌期间,浮桥拦冰阻水,若不及时拆除就有可能引起封河,甚至造成局部冰塞、冲毁浮桥等后果。同时,冰凌也危及浮桥上行人和车辆的安全。

4.3 突发事件对防凌的影响应特别注意

2005~2006年度凌汛期第二次封河期间,伊河发生水污染事件,小浪底水库加大下泄流量。当大流量过程到达滨州河段时,利津站流量511 m^3/s,是封河流量280 m^3/s的1.8倍。当时滨州河段正处在封河期,局部河段水位迅速上涨,封冻段上首水鼓冰开,冰水齐下,局部河段发生冰塞,水位大幅度升高,滨州道旭站水位上涨2.83 m,比2005年调水调沙期间3 100 m^3/s的水位高0.11 m。由于是污水,无法采取分水措施,造成局部漫滩。由于调度及时、准确,加之气温回升,才顺利开河。如果持续低温,封河进一步发展,冰塞险情将更加严重,这类事件对防凌的影响值得研究。

4.4 防凌信息测报、工程抢险等问题急需解决

目前,凌情观测手段落后,不能满足防凌需要。凌情测报、冰凌观测、冰凌普查等仍采用人工方式,精度低,反馈慢,时效性差,影响防凌调度决策。由于凌汛险情突发性强,抢险难度大,防凌抢险技术和抢险设备有待进一步改进提高。

4.5 引黄供水、确保河道不断流与防凌之间的矛盾突出

引黄供水造成河道流量沿程减小,易形成小流量封河。而一旦引水渠道结冰,停止引水,将造成以下河道流量突然增大,给防凌带来不利影响。因此,必须加强黄河水量分析、预测和调度,在确保防凌安全和河道不断流的前提下,多引多蓄黄河水。

5 防凌措施

5.1 防凌措施的演变

新中国成立前,防凌措施是每到凌汛期在各险工迎水面布设用木桩捆成的凌排,以防淌凌时冰凌损坏埽体;水涨漫滩时调人防守,没有其他积极措施,所以有"凌汛决口,河官无罪"的说法。

20世纪50年代,认为冰凌是产生凌汛的主导因素,主要采取破冰防凌的措施,即开河期破冰。对可能产生冰坝的窄河段在开河前进行破冰,一旦形成冰坝及时破除。

60年代,认为开河时沿程逐渐增大的流量是形成冰凌危害的关键,采取的措施是在开河期控制河道流量。1960年三门峡水库的建成运用为防凌蓄水创

造了条件,同时下游两岸的涵闸也可以用于分水分凌。

5.2 近期防凌措施

黄河下游近期防凌措施是以控制河道水量为主,破冰为辅,加强冰凌观测与防守,确保防凌安全。

5.2.1 利用水库联合调度,严格控制下游河道流量

小浪底和三门峡水库联合运用,严格控制下游河道流量。封河期,控制较大流量下泄,形成较高冰盖;封河稳定期,控制河道流量略小于封河流量,并保持相对稳定;气温大幅度回升有可能开河时,减小河道流量,促成河道“文开河”。即使局部形成冰塞,由于流量较小,也不至于造成大的危害。每年黄河防总都统筹上中游大中型水库的防凌调度,从宏观上为下游防凌提供了保障。

5.2.2 加强凌情观测预报,及时采取防守措施

为全面掌握河道凌情变化,凌汛期间除水文站进行气温、凌情等规定项目的观测外,河务部门每年都成立防凌观测组,沿河巡查,及时掌握凌情变化。凌情严重时,增设观测点,增加观测次数,全面分析凌情,预测发展趋势,及早采取防守措施。

5.2.3 适时分水分凌,减少河道水量

当出现冰凌阻水,河道水位上涨时,通过两岸涵闸或分水工程有计划地分水分凌,可有效减少河道槽蓄水量,削减凌峰,避免冰凌成灾。

5.2.4 及时破除行凌障碍,保证淌凌畅通

凌汛期,当下游出现淌凌时,及时拆除影响淌凌的浮桥,避免引发河道提前封河和冰凌对浮桥安全的影响。开河期,当出现冰凌堵塞,影响防凌安全时,及时实施冰凌爆破,保证淌凌畅通。

5.2.5 做好防凌准备,保证措施到位

每年河务部门都及早部署,充分准备,认真落实防凌预案,组织培训防凌观测和爆破队伍,储备防凌料物,做好大中型涵闸分水分凌准备,落实滩区群众迁安救护措施。凌汛期间,昼夜值班,全面掌握凌情,及时分析预测,部署防凌措施,确保防凌安全。

参考文献

[1] 胡一三,等. 中国江河防洪丛书·黄河卷[M]. 中国水利水电出版社,1996.
[2] 张锁成,等. 对黄河下游南北展宽工程的定位研究[J]. 人民黄河,2007(3).

水利工程对河流健康的影响及对策探讨

薛选世　武芸芸

（黄河小北干流陕西河务局）

摘要：本文主要论述了水利工程与河流健康的密切关系，分析了水利工程对河流健康的正面影响和负面影响，以及产生负面影响的主要原因，提出了水利工程与河流和谐发展的对策及措施。

关键词：水利工程　河流健康　影响　对策

河流是人类繁衍生息的场所。长期以来，人们为了控制洪水、治理开发和利用河流，维持正常的生产生活，兴建了大量的水利工程，在抗御水旱灾害、保障社会经济持续稳定发展、保护水土资源和改善生态环境、维护河流健康等方面发挥了重要作用。但水利工程在为人类社会发展带来福祉的同时，也往往对河流生态系统产生各种不利影响，直接威胁河流的健康。因此，我们一定要正视水利工程的生态影响，正确对待和处理开发与保护的关系，坚持科学发展观，牢固树立人与自然和谐的生态工程理念，以维护河流健康和实现流域可持续发展为目标，实行流域统一规划、统一管理，科学治理开发，不断完善流域水利工程和非工程体系，采取各种有效措施，进一步规范人类活动，大力加强资源节约型和环境友好型社会建设，严格按自然经济规律办事，坚持工程建设与生态保护并重，使水利工程不仅能为国民经济和社会发展服务，也要为生态建设和环境保护服务。以人为本，以水定发展，统筹协调生活、生态和生产用水，在保护中开发，在开发中保护，趋利避害，扬长避短，尊重河流，善待河流，保护河流，促使水利工程与河流协调发展，实现人与自然的和谐。

1　水利工程与河流健康的关系

水利工程与河流健康的关系，实质上是人与河流的关系的具体体现。人与河流的关系是人类社会长期共存的基本关系，人与河流的矛盾又是人类生存与发展的基本矛盾。人对河流的依赖是发展变化的，河流系统对人类社会发展的影响,又因社会发展的不同阶段和水平而改变。长期以来,人在与河流的相互作用和影响的发展过程中,主要经历了依存、开发、掠夺、和谐四个时期。在原始社会生产力水平极低的情况下,人类被动地适应自然,人和自然是一种依存的关系;生产力水平有所提高后,人类开始开发利用自然;随着科技进步和生产力水平的进一步提高,人类以建设水工程为主,对河流进行大规模的治理开发,毫无节制地向大自然索取、掠夺,使许多河流的下游逐渐干涸,水土流失,河流污染,生态环境恶化,以致遭到大自然的报复与惩罚。当人类认识到这种掠夺式开发的严重危害后,便开始寻求人与自然和谐相处的新境界,使人与河流持续协调发展。

事实证明,合理而适度地兴修水利工程对维护河流健康是有益的,如果没有必要的水利工程,河流也难以维持健康。同样,一条充满生机和活力的健康河流,有利于水利工程充分发挥其综合效益和重要作用。但任何事物都是一分为二的,水利工程虽对维护河流健康具有重要作用,也难免产生不利影响,只要采取适当的措施,水利工程的不利影响是可以减免或消除的。我们要坚持人与自然和谐的科学发展观,统筹兼顾,科学规划,完善制度,加强管理。既不能因水利工程会带来不利影响而因噎废食,停止对河流进行合理的治理开发,也不能回避问题,无视河流健康,无节制地大肆进行掠夺开发。既要充分发挥水利工程对维护河流健康的有利作用,更要深刻认识和防治水利工程的不利影响,正确对待和处理开发与保护的关系,河流治理的目标既要开发河流的功能性,也要维护流域生态系统的完整性,把水利工程和生态建设融为一体,使水利工程不仅是满足人们对水需求的社会经济工程,也是有利于维护河流健康的生态工程和保护环境的可持续发展工程,充分发挥水利工程的综合效益,促进水利工程与河流协调发展,实现人与自然和谐共处。

2　水利工程对河流健康的影响

兴建水利工程是人类改造自然、利用自然的一种实践活动,是人类通过工程手段对自然界的水进行控制、调节、治理、保护,其目的主要是为了减轻和免除水旱灾害,满足人类社会经济发展的需求,改善生态环境。水利工程主要包括防洪抗旱、河道整治、堤防、生态保护、农田水利、水力发电、航运、跨流域调水、城乡供水、海岸防护、围海工程和滩涂利用等工程,它在防洪、灌溉、供水和发电等方面发挥重要作用的同时,其建设和运行对河流生态系统结构与功能产生多种影响。

2.1　水利工程的正面影响

随着经济的发展和人口的增长,人类对水资源的需求日益增加,在众多的河流上修建水利工程调节水量、开发利用水资源,满足人们供水、防洪、灌溉、发电、航运、渔业及旅游等需求,有力地推动了经济的发展和社会的进步,对维护生态环境和河流健康同样具有积极作用。主要表现在:一是有利于水资源的统一调度和合理配置,提高河流水沙调控能力,协调水沙关系,保持必要的河流动力。二是有利于充分发挥河流的调蓄作用,通过调节水量丰枯,可抵御洪涝对生态系统的冲击,实现洪水资源化,增强防洪抗旱能力,减轻水旱灾害损失,改善干旱与半干旱地区生态环境。三是有利于防止河道断流,排解水污染,改善水生态环境。四是有利于统筹协调和充分发挥河流的各种服务功能,促进社会经济不断发展。

2.2　水利工程的负面影响

水利工程在为人类社会发展带来福祉的同时,也往往对生态系统产生各种影响,有的甚至是持续而深远的影响,主要是以某些自然、社会环境和土地为代价的,打破了原有的自然生态平衡,直接影响河流的自然功能。人类为自身的安全和经济利益,在疏导河流、整治河道、筑坝壅水等方面,不仅明显地改变了流域的地形地貌、河流的自然形态和水文泥沙的天然过程,在不同程度上降低了河流形态多样性,破坏了河床、水流和生态系统的连续性,造成河流形态的均一化和非连续化,导致水域生物群落多样性降低,河流生态系统退化,服务功能下降,使流域整个生态系统的健康和稳定性都受到不同程度的影响,也会带来溃坝和征地移民等问题,直接影响流域的可持续发展。总之,主要产生两方面的影响:一是对自然环境的影响。工程兴建,对水文条件的改变,对水域床底形态的冲淤变化,对水体、小气候、地震、土壤和地下水的影响,对动植物、水域中细菌藻类、鱼类及其水生物的影响,对景观和河流上、中、下游及河口的影响,使河道的流态、水文特征和水动力条件发生变化,影响流域的水循环,减少了河水对滨河湿地和地下水的补给,改变了河道来水来沙条件和输沙的动力,影响河流的自净能力,导致新的河床冲淤变化,水库泥沙淤积,河道萎缩,滩地、湿地与河口三角洲的消长演变,以及河流水生态系统的失衡等。二是对社会文化环境的影响。工程兴建,不仅对人口迁移、土地利用、人群的健康和文物古迹等造成不利影响,而且使人类生存环境质量下降,人类基因退化。

2.3　水利工程出现生态环境问题的主要原因

水利工程对生态的负面影响是客观存在的,分析其产生的原因主要有四点:一是工程自身的缺陷。水利工程技术本身所固有的特点是一些生态问题产生的根源。任何水利工程,实际上也都是生态工程,工程的存在往往就意味着某些生态问题的存在。二是人类认识水平和科技水平的局限。人们对自然规律的认识是随着科技水平的不断发展而逐步提高的,人类在一定的时空条件和科技水平下对自然规律的认识是有一定局限性的,对水利工程可能产生的一些生态问题认识不足或考虑不充分。三是人类缺乏自律,未按客观规律办事。人们只顾向大自然无节制地大肆索取和掠夺,而忽视了对大自然的保护,盲目地进行开发利用,超出了水资源环境的承载能力,从而引发了许多生态环境问题,甚至遭到大自然的强烈报复。四是制度缺失,监管不到位。尽管人们对一些水利工程的生态问题有所认识,并采取相应措施去消除这些生态问题,但是,由于重视程度不够或制度安排不当、监管不到位,导致了这些生态问题的加剧。

3 水利工程与河流和谐发展的对策和措施

发展是人类社会进步的必然要求,也是永恒的主题,社会经济发展需要水资源支撑,水资源的有效供给要求有足够的水利工程作保障。因此,要坚持科学发展观,以维护河流健康和实现流域可持续发展为目标,以人与自然和谐的新理念统领整个水利工程建设与管理,进一步完善各项政策法规制度,严格按自然经济规律办事,坚持统一管理,依法管理,科学管理,实行统筹规划,保护优先,合理开发,以水定发展,规范人类活动,在防止水对人的侵害的同时,更要注意防止人对水的侵害。严格实行用水总量和排污总量控制,保持流域社会经济发展与河流水资源和生态系统承载能力相协调,在开发利用水资源与保护河流生态系统之间找到相对平衡点。坚持工程建设与生态保护并重,把侧重工程措施转变为工程措施、生物措施及依靠河流自净和自然修复并举,加强科学管理,改进和完善水利工程的规划与设计技术,改变和调整开发利用自然资源的技术手段,学习运用与自然河流变化融为一体的方法和措施,探索人类社会与自然系统的协同进化规律,使水利工程在满足人们对水的种种需求的同时,还能兼顾维持生态系统健康性的需求。实行河流生态修复与防洪、河道整治、水污染控制和水环境整治、城市景观建设、旅游资源开发、新农村建设等工程相结合。在重视生活、生产用水的同时,注重生态用水。要运用技术、经济、行政、法律等措施,统筹协调,周全设计,精心施工,加强管理,趋利避害,保护河流形态的多样性,使水利工程在生态系统恢复、湿地保护、地下水回补、城市环境美化、水体水质改善、雨洪资源利用等方面发挥特有的作用。尊重河流,善待河流,保护河流,实现水利工程与生态环境的协调发展,维护河流健康。

3.1 认真搞好流域综合规划,严格按客观规律办事

流域综合规划是水资源配置、开发、利用、节约、保护和防治水害的基本依据,是统筹流域协调发展、维护河流健康的行动指南。流域开发通常涉及不同的行政区域,不仅要考虑资源开发布局、规模、方式及开发时序等技术经济问题,还要考虑流域和区域的生态保护建设需求。要坚持以人为本、人水和谐的科学发展观,全面规划,统筹兼顾,标本兼治,综合治理,统筹协调好流域兴利与除害、开

发与保护、整体与局部、近期与长远等关系,妥善安排好防洪、供水、发电、航运、生态建设与环境保护等各项任务,对大坝在内的水工程进行科学比选,在流域尺度上筛选各种工程建设方案,科学合理地布局水工程,并对流域规划实施环境影响战略评价。在项目决策前的规划阶段,就将生态环境保护纳入流域开发目标体系中,明确划定哪些河段为重点保护区,不宜开发,哪些河段适宜合理开发。工程项目的选择、建设和运营都要真正体现生态效益、经济效益、社会效益的统筹兼顾。规范和加强政府对流域涉水涉河事务的社会管理,规划的环境影响评价应委托具有资质的专业机构,并广泛征求社会公众的意见,其结果应向社会公布,全程接受社会监督,并认真组织实施规划,严格按客观规律办事,维持良好的治理开发秩序,实现流域水资源的优化配置、全面节约、有效保护和综合利用,减轻洪、涝、旱等灾害损失,维护河流健康,促进人与自然和谐相处,保障水资源可持续利用,支撑流域经济社会可持续发展。

3.2 把生态环境保护融入到水利工程的各个环节之中,实现工程生态化

坚持人与自然和谐的科学发展观,在水利工程规划、设计、建设、管理的各个环节中强化生态环境意识,落实保护生态环境的具体要求和强制性、规范性的生态环境保护标准,将环境影响评价制度全面纳入工程建设管理程序,尽快改革现行的水利工程建设程序。在项目建议书阶段,即规定对建议工程实施环境影响评价,提出环境补救和社会补偿措施,作为工程审批的基本依据之一,并向社会征求意见。在项目的可行性研究阶段,应规定对各种工程方案的生态环境影响进行比较,筛选出兼具技术经济和生态环境合理性的工程方案。在对江河湖泊进行治理开发时,尽可能尊重江河湖泊的自然形态(包括其纵横断面),保留或恢复其多样性。对于河流的裁弯取直工程要充分论证,慎重对待。在河流堤防的规划或改建中,要尽可能展宽堤防间距或采取堤防后退的工程措施,保持适当宽度的河漫滩,为洪水留有一定的空间,增强河流侧向的连通性,为鱼类和两栖动物提供避难所和栖息地。同时,保持河流断面形状的多样性,尊重河流原有的自然断面形态。在工程的初步设计阶段,应提出减轻生态环境影响的措施,为植物生长和动物栖息创造条件,提供鱼类产卵条件及鸟类和水禽栖息地与避难所。在工程的建设阶段,应优先采用生态环境友好的技术措施,河道防护工程的岸坡应采用有利于植物生长的透水材料,特别注意采用当地天然材料,切实加强施工期的环境保护,使工程的生态环境保护措施与主体工程同时建设落实。工程的后评价阶段,应引入生态环境影响的后评价,建立工程环境影响的监测和反馈机制,在工程建设管理运行的各个环节全面推行环境管理,对重要规划的实施和重要大坝等工程运行的环境绩效,及时组织环境跟踪评价,发现有明显不良影响的,及时采取改进措施。水利工程设施要营造一种人与自然亲和的环境,注意保

留江河湖泊天然的美学价值。新建水库工程要充分论证由于水库建设改变河流生态系统为静水生态系统的利弊得失，通过工程措施、生物措施和管理措施，对于筑坝河流进行生态补偿，尽量避免或减轻大坝对于河流生态系统的胁迫，建设与生态友好的大坝工程，并切实加强水利工程的正规化、规范化、标准化管理，大力进行植树种草，营造防浪林带，对工程全面进行绿化美化，使堤防等工程真正成为防洪保障线、抢险交通线、生态景观线。

3.3 建立跨学科的技术合作机制和科学的技术支撑体系

水利工程涉及水利、生态、生物、环境、地理、水文等众多学科，因此应建立跨学科的技术合作机制，实行联合攻关，及时解决技术难题。制定完善水利工程生态影响的评价体系，建立起生态综合及关键要素承载能力的评价方法，制定各类工程对各类生态影响问题的量化评估标准，建立完善工程项目经济技术及生态环境效益评估指标体系，充分利用生态系统自我修复和自我净化功能，研究推广生态系统治污技术，开发人工湿地、生物廊道、生态浮岛等经济实用技术，开展已建水库的生态系统健康评估与预测，加强库区生物群落调查，重视水库生态系统退化的恢复及富营养化控制问题。研究掌握河流的演化、泥沙的运移、动植物繁衍、气候的改变、移民的安置等规律和途径，通过科技创新，防止和减轻水利工程对生态的不利影响。

3.4 尽快建立和实施生态补偿机制

为防止和缓解水利工程建设对河流生态系统的胁迫，应尽快建立和实施生态补偿机制，进一步完善有关政策法规，积极探索符合我国国情的生态损失成本计算和补偿方法，开展对于河流生态服务功能的价值评估并进行量化，以法律的形式纳入国民经济核算体系，作为大型水利水电工程立项决策的依据，全面权衡工程的社会经济效益与生态系统服务功能损失之间的利弊得失，以避免为获得直接经济效益的短期行为。在大坝建设方面，应实行“谁损害，谁补偿”的原则，明确大坝工程业主是负责生态补偿的主体，补偿的范围不应仅仅局限于水库和大坝下游局部，应该是针对全流域的，补偿的时间应与大坝寿命一致，费用的核算应以河流生态系统服务功能损失总价值作为补偿标准的依据，补偿的方式除采取生态工程措施外，还应制定规章或法规，明确规定水电站应采取生态调度运行方式，有利于河流生物生长繁衍，由此造成的发电量减少的经济损失，也确定为一种补偿方式，应在水电站发电效益中提留一部分资金，用于长期生态补偿和保护，改善移民生产生活条件，也可以促使工程项目业主采取更多的生态补偿措施，减少服务功能损失的总价值，有效化解对于河流生态系统的胁迫，使生态补偿逐步走向规范化、法制化、科学化，保持生态平衡。

3.5 实行公众参与,加强社会舆论监督

在河流治理开发中,要健全公众参与的决策机制,完善咨询评议论证、专家评议、听证会等制度,增加透明度。及时、真实、全面地发布有关信息,畅通公众或利益相关者表达利益、参与决策的渠道,广泛征求各利益相关者的意见,社会公众参与应贯彻到工程的全过程,特别是在规划设计过程中应广泛吸取合理意见,走向公共决策,协调各方利益。加强内在机制的建设,形成科学有效的水事利益协调机制、诉求表达机制、矛盾调处机制、权益保障机制。同时,加强社会舆论监督,对举报乱建乱占等行为有功者及时给予奖赏,对肆意开发建设的行为及时进行跟踪曝光,有效遏制各种不良行为,保持河流健康发展。

3.6 加强河道保护和管理,维护良好的河道治理开发秩序

要从维护河流健康的高度出发,切实加强河道管理,坚持开发与保护并重,严把河道管理范围内建设项目的审批关。对于跨河、穿河、拦河、穿堤、临河等涉河建设项目,必须进行防洪影响评价分析,编制水土保持方案,取水工程还要进行水资源论证。同时,加强河道管理范围内建设项目的建设与管理,在河道管理范围内建设桥梁、码头和其他跨河、拦河、临河建筑物、构筑物,铺设跨河管道缆线,应当符合国家规定的防洪标准和其他有关技术要求,不得影响、侵占、毁坏堤防、河岸、水文测量和水文地质监测等工程设施,要根据批准的防洪评价、水资源论证、水土保持方案等报告认真做好相关设计,落实好各项补偿补救措施费用,确保水土不流失、水质不污染,并加大综合执法力度。认真清理河道管理范围内已建项目,对符合河道管理规定的项目依法注册登记,不符合流域防洪规划和其他要求,经论证无法采取补救措施的建设项目,应及时报废。严厉查处河道管理范围内违法违章建筑、乱采滥挖行为和污染水资源的行为,维护良好的河道管理秩序,保障水资源的可持续利用和良好的生态环境。

3.7 加强水资源统一管理,建设节水防污型社会,合理开发利用和保护水资源

大力加强节水防污型社会建设,建立总量控制与定额管理相结合的水资源管理体制和合理的水价形成机制,强化政府调控、市场引导、公众参与的节水型社会运行机制。实行以流域为单元的水资源统一管理、统一规划、统一调度,进一步完善水权制度,保障河流生态用水权配置,争取利用生态用水权的配置,实现对社会经济用水的制约和限制,使水资源开发不得超过40%,避免资源浪费和污染危害。重视利用水权分配和水权管理,建立由流域机构统一协调管理、区域水务一体化管理和由市场机制统一配置、调节的取水权与排污权交易体制,加强水资源的统一调配和管理,严格实行取水和排污许可制度,提高对水资源的时空调控能力,进一步完善水功能区规划管理,加强河流生态系统监测,建立生态用水保护机制,科学利用雨洪资源,不断完善防洪抗旱的工程和非工程体系,坚

持在开发中保护,在保护中开发,建立排污总量控制、定额管理、水质监测、超标预警、过量惩罚等水资源保护制度,加强政府监管,加快污水处理设施建设,积极征收污水处理费,切实提高污水处理效率和效益,并以水资源和水环境的承载能力为约束,规范人类活动,调整区域经济布局和产业结构,大力发展循环经济,统筹协调生活、生态和生产用水,不断提高用水效率和用水效益,保证河流生态需水量,实现人水和谐。

3.8 加强水土保持,保护好生态环境

河流生态建设的目标是恢复生态系统的健康和可持续性,重点是生物栖息地建设和河流自然水文条件的改善,以保证河流最小生态需水量,恢复生物群落多样性,创造生态系统的物种流、能量流、营养物质循环及生物竞争的条件,保持生态平衡。要坚持预防为主、保护优先的原则,加强封育保护,搞好预防监督,防止人为破坏。对生态问题严重的河流,采取节水、防污、调水等措施予以修复,涵养水资源,并有计划地进行湿地补水,保护湿地;在地下水超采区,采取封井、限采等措施,保护地下水;对于水土流失等生态脆弱地区,注重发挥大自然自我修复能力,实行退耕还林、封山禁牧等措施;在严重水土流失区,修建淤地坝工程,拦蓄泥沙,淤地种粮,发展经济;在牧区搞好牧区水利建设,发展灌溉饲草料地,对天然草原实行禁牧、轮牧、休牧,保护和恢复草原;在水力资源丰富的山区,积极发展小水电,使农民能够解决能源问题,减少对森林的砍伐。建立维护生态环境安全的水利保障体系,对水系统进行合理的调配,保障最小生态环境用水,把人类活动对生态环境的影响降低到最低程度,维护良好的生态系统。

3.9 加强水库的科学调度,充分发挥其综合效益

要根据河流健康和生态环境的需要,把水库的调度运用纳入到全流域的统一调配,充分利用已建水库的调度、管理等手段,协调社会经济和生态环境的关系,建立兴利、减灾与生态协调统一的水库综合调度运用方式,加强流域水沙的一体化调度管理,实行水库群的多目标统一调度,改善和恢复江河湖库的水生态系统。如黄河自2002年以来进行的5次调水调沙,通过三门峡和小浪底等水库的联合统一调度,使黄河下游河道的最小过流能力从实施前的1 800 m^3/s 提高到3 500 m^3/s,河流生态系统明显改善,有效遏制了河床的淤积抬高,逐步恢复了河道的基本功能。因此,要加强流域水库群的统一调度和管理,有效发挥水库的调蓄作用,蓄洪抗旱,合理利用雨洪资源,适时进行生态补水或调水调沙,减少水旱灾害损失,改善生态环境,提高河流过洪能力,恢复河流自然功能,使水库调度在满足人的需求的同时,兼顾生态系统的健康性的需求,克服静水、深水对于生物群落的不利影响,通过水库库区生态建设及水生生物的合理结构设计,提高水库水体自净能力和自我修复能力,充分发挥水库的社会经济效益和生态环境

效益,维护水库健康,提高水库寿命,使河流重新焕发生机和活力,促进人与自然的和谐。

3.10 加强水电开发管理,建立环境友好的水电开发体系

水电工程是一个清洁能源建设工程,要因地制宜,合理确定开发目标,认真进行流域开发统一规划,使水电开发规划服从流域总体规划,水电开发未制定流域规划,或规划未获批准的,不得进行水电开发建设,彻底杜绝无立项、无设计、无管理、无验收的“四无”电站,水电资源平均开发率不宜超过70% ~80%,并重视水电开发规划的环境影响评价工作,建立完善环境友好的水电开发体系。特别是在黄河上游要切实加强水电开发的统一规划和规范管理,严格依法审批水电项目,彻底杜绝无序开发,做到先评价后建设,优化工程设计,使污染防治设施和生态保护措施与主体工程同时建设和落实,妥善处理环境和移民问题,加强工程环境监理,明确环境管理职责,做好移民安置工作,加强水电建设项目的生态化,规范水电项目的建设和运营,优化水库运行管理,尽量消除或减轻水电开发的生态影响,实现河流开发与保护的双赢。

参考文献

[1] 汪恕诚. 在水利工程生态影响论坛的致辞[J]. 水利发展研究,2005(8).

[2] 王晓东. 对水利工程生态影响问题的看法[J]. 水利发展研究, 2005(8).

[3] 赵艳丽,毛国辉. 工程水利与生态建设的思考[OL]. 中国水网,2005-11-18.

[4] 董哲仁. 水利工程对河流生态系统的胁迫与补偿[OL]. 网易水利,2005-8-26.

[5] 关业祥. 合理开发利用和保护水资源 维护河流健康生命[J]. 水利发展研究,2005(8).

[6] 王孝忠. 维护河流健康 促进人水和谐[J]. 水利发展研究,2007(1).

瑞典生态修复的成功经验及对我国的启示

朱小勇[1] 杜亚娟[1] 宋学东[2]

（1. 黄河水利委员会水土保持局;2. 黄河上中游管理局）

摘要:近年来,国家十分注重提高生态自我修复的水平,采取了一系列的有效措施,共同推进生态修复工作,也取得了一定的成效,但是对于水土流失十分严重的中国来说,这些成绩还是远远不够的,还需要加大力度,推动此项工作持续的发展。几十年来,瑞典通过一系列行之有效的措施,生态环境保护与修复工作取得了巨大的成功。本文通过在瑞典短时间的考察和学习,深入了解了瑞典生态保护与修复的情况,并针对我国实际,提出了一些观点。

关键词:生态修复　水土保持　经验　瑞典

瑞典地处北欧,位于斯堪的纳维亚半岛东部,西部和西北部连接挪威,东北与芬兰相邻,东濒波的尼亚湾和波罗的海,西南临北海。领土面积为 45 万 km^2,人口 904 万人。

瑞典地形南北狭长,地势自西北向东南逐渐倾斜,北部斯堪的纳维亚山脉东坡的最高点凯布讷山海拔 2 117 m,南部及沿海为丘陵和平原。境内湖泊星罗棋布,约 9. 6 万个,占全国总面积的 8%。主要河流有约塔河、达尔河、翁厄曼河、吕勒河等,水资源丰富。

瑞典约有 15% 的土地在北极圈内,气候南北悬殊,大部分地区属亚寒带气候,最南部属温带海洋性气候,北部半年积雪不化,冬季有一两个月几乎不见太阳,夏季有一个月的不夜天,中部和南部因受北大西洋暖流和波罗的海影响,气候比较温和。2 月平均气温北部 -12. 9 ℃、南部 -0. 7 ℃,7 月平均气温北部 12. 8 ℃、南部 17. 2 ℃,年平均降水量 555 mm。

瑞典风景优美,广袤的森林占陆地面积的一半以上。森林、铁矿和水利是瑞典的三大自然资源,铁矿以其质地优良而驰名于世界。国内交通、通信发达,劳动力素质高。主要工业有冶金、机械制造、木材加工、造纸、造船、汽车等,以冶炼合金钢、特种钢著称,私有企业占工业生产的 90%。木材加工在经济中占相当重要的地位,农业仅占 2% 的国民生产总值和就业机会。主要农作物有燕麦、小麦、大麦、马铃薯和蔬菜等,粮食自给有余,畜牧业在农业中占重要地位。

1 瑞典生态环境状况及主要问题

瑞典森林密布、群岛林立、空气清醒,空气和水的质量与其他欧洲国家相比要好,严重影响人类健康的环境问题较少,水土流失轻微。瑞典人口稀少,人们爱花、爱鸟和其他野生物,热爱大自然,喜欢利用闲暇时间到野外活动,到森林和田野远足,采摘野果和蘑菇,到海湖去游泳、泛舟、垂钓。

但是,近年来,瑞典生态环境出现的一些问题,也引起了国家和公众的普遍担心与高度重视,这些问题主要包括:

(1)粉尘、臭氧和噪音等一些影响环境质量的因子,以及室内空气中的氡、有些食物中的汞和有机毒素可能会对人体造成危害。

(2)尽管瑞典绿室气体排放近年来没有增加,人均二氧化碳排放量低于大多数工业化国家(约为美国的1/3),但与发展中国家相比,其排放量仍然较大,人均排放量是非洲国家平均水平的6倍。

(3)瑞典目前发电方式以水电和核电为主,但交通工具仍主要使用石油、煤及其他矿物燃料,这些燃料占到国内热能供应的17%。由矿物燃料燃烧而排放的大量氮硫化合物,造成全瑞典大多数土壤和水酸化。尽管这些氮硫化合物只有一小部分排自于瑞典,而大部分来自于中欧和大不列颠群岛,且近年来酸性化趋势有所下降,但数千个湖泊仍然酸性严重,为此他们不得不投入石灰来保证一些敏感物种的存活。

(4)由污水排放和农田过量施肥产生的营养物质如氮、磷等,加速了湖泊、河道及海岸水体中澡类和其他植物的生长,波罗的海已深受富营养化问题的困扰。

(5)过度捕鱼及富营养化给瑞典周边海域及沿海地区生物多样性造成威胁。具有盐臭味的波罗的海中心地带植物和动物种类还不到80种,而在其周边的盐性海域,如北部的斯卡格拉克海峡,物种数量能达到1 500种。鳕鱼到处受到威胁,波的尼亚湾的鲱鱼和波罗的海中心的鳗鱼也面临同样景况。

(6)尽管瑞典人口密度较小,从20世纪20年代开始,土地利用却发生了巨大的变化,农场虽然数量少但规模大,牧业用地相对较小,一些有价值的湿地已被排干。

(7)由于在森林管理上存在的问题,瑞典境内有5%~10%的物种(4 000种以上)都濒临危险,其中包括大的食肉动物如貂熊和狼。

瑞典的废物管理水平高于欧洲的平均水平,空气中的金属物排放量也已降减低到了20世纪70年代水平,由公路交通产生的铅的排放也已完全消除。另外,过去 20 年瑞典铅和镉的沉积量下降了至少有 70%。

2 生态环境保护和修复的主要做法与经验

近年来,随着对生态环境问题认识的不断提高,瑞典采取了一系列措施,加强生态保护和修复,取得了显著成效,并为未来国家生态环境及经济社会可持续发展奠定了坚实基础,使该国成为世界生态领先国家。主要做法包括以下几方面。

2.1 树立可持续发展的国家生态战略

瑞典政府一直热衷于将国家建成一个"绿色福利国家"。为了实现这一战略,他们采取技术、工程、规划等各种手段,同时寻求积极的能源与环境政策。瑞典政府认为,通过建设绿色福利国家,将会推动国家高效利用资源,实现创新发展,提高就业机会,促进经济增长,增加社会福利。在"绿色福利国家",经济良好发展将与社会公正和环境保护相协调,当代人会与后代人之间的利益相统一。

实现可持续发展是瑞典政府政策的总目标,这意谓着国家所有的政治决定都必须考虑长期的经济、社会和环境影响。在生态环境方面,瑞典政府的目标被描述为"向下一代人移交一个主要环境问题已得以解决的社会"。

为了全社会各方面都能贯彻国家的生态环境综合政策,瑞典国会通过了一项议案,强调所有政府机构、公司和其他组织,在其所从事领域,都有明确的环境问题责任分工。

2.2 制定明确具体的国家生态环境质量目标

多年来,瑞典国会曾在不同的法案中,采纳了政府有关方面提出的近 200 个不同的环境目标建议,这些目标大都复杂而难以理解。为此,国家着手建立新的生态环境目标体系,该体系一方面强调综合性,同时也考虑到经多方努力后可以实现,体现了最为基础的环境质量要求。

1998 年,瑞典国会一致通过了一个由 15 项指标组成的国家生态环境质量目标(2005 年 11 月增加 1 条,目前共 16 条),这 16 个环境质量目标是:①减小对气候影响;②洁净的空气;③仅存在自然酸性;④无毒的环境;⑤被保护的臭氧层;⑥安全的辐射环境;⑦零富营养化;⑧灿烂多姿的湖泊和河流;⑨高质量的地下水;⑩平衡的海洋环境,多彩的海岸和群岛;⑪兴旺的湿地;⑫可持续的森林;⑬丰富多样的农业地貌;⑭壮观的山区地貌;⑮良好的人造环境;⑯种类多样的植物和动物世界(此目标为 2005 年 11 月新增加的指标)。

这 16 个目标描述了瑞典实现生态环境可持续发展后将要达到的自然和文化环境状况。建立这些目标的目的,是为了便于分析研究国家环境问题,明确生态环境工作的主要内容,协调不同部门、不同项目之间的环境工作行动,同时促进环境意识的提高,监测环境发展动态。

绝大多数目标计划在2020年以前实现,只有减小的气候影响、无毒环境、可持续的森林及零富营养等四项目标,由于受国际合作和生态修复周期等因素影响,到时可能较难实现。

以上各指标由瑞典环境目标委员会专门负责监测和评估。

2.3 设立高效协调的生态环境管理机构

瑞典政府内设1个总理办公室、1个行政事务办公室、1个派欧盟永久代表处和9个政府专业部门,其中包括可持续发展部,由其负责处理生态环境、能源、建设和人居环境等问题,该部还负责对政府与可持续发展有关的工作进行总体协调。可持续发展部负责国家可持续发展战略规划、能源与环境政策、大气政策、环境与健康、化学物政策、生态环境质量目标、水利与海洋、自然保护与生物多样性、生态环境法、欧盟及国际合作等。瑞典政府一切有关环境政策的决策都由可持续发展部负责筹划,但政府其他各部门要对其所从事领域的环境后果负责。

可持续发展部内设能源处,环境质量处,自然资源处,生态管理战略与化学物处,住房、建筑与规划处,可持续发展与环境综合处,行政事务处,国际事务处,可持续发展协调股,行政服务处,法律服务处,信息办公室等。

按照瑞典现有的管理体制,政府各部规模相对较小,主要负责为议会和政府制定法律文件开展有关的调查研究和起草组织工作,而主要日常行政管理和法规后续实施等工作由政府各部下属的相应各局署在县级地方政府行政管理部门的帮助下完成。同时,一些专业委员会负责对政府行政事务进行咨询、协助和协调。生态环境管理机构也是如此,可持续发展部下属一些相关的局署和委员会,他们负责向可持续发展部报告,这与我国的政府管理模式有所不同。生态环境政策的执行由一些主要相关的环境管理局署负责协调,但国家其他所有局署对其所管领域的环境影响问题负责,县级政府在推动当地执行环境法规方面具有十分广泛的责任。

2.4 颁布综合统一的生态环境法典

瑞典对生态环境保护的立法极为重视。1969年,瑞典便有了生态环境保护法规,1980年以后,相继制定了15个单项的环境法规。为了统一标准,减少冲突,提高政府环境管理效率,1999年,瑞典将历年制定的15个不同领域的环保法律进行了合并、综合、修改、增加,正式颁布实施了综合性的《环境保护法典》。

新的法典包含十六个法:自然保护法、环境保护法、禁止往水里倾倒废物法、染料中硫含量法、农田管理法、废物收集和处理法、保健法、水法、森林中使用农药法、化学产品法、环境损坏法、自然资源法、暂时限制驾驶法、生物技术农药先进测试法、基因技术法、关于濒临动物和植物品种法。法典进一步明确规定了所有单位、个人的生态环境保护责任和义务，强调了政府的监督作用，明确国家的各项经济社会活动都必须在新的法典规定下进行。

1995年，瑞典成为欧盟成员国后，其生态环境保护政策和法规有的已被用做共同准则的样板。瑞典也积极参加了国际环保工作。为了保证法典的实施，瑞典在全国5个区域设立了环境法庭（包括水法庭），专门审理环境案件。对法庭判决不服时，可以上诉环境法院，直至国家最高法院。同时，积极鼓励公众监督参与环境保护。

2.5 确定合理可行的生态管理原则

按照《环境保护法典》，瑞典在生态环境保护方面遵循如下原则：

（1）环境证据倒置原则。企业主必须证明其生产或建设活动符合法律要求并不会给环境造成影响，而受其环境影响的任何人没有义务提供证据。

（2）知识和能力原则。企业主必须具有与所经营的企业性质和规模相关的必要的生态环境知识及能力。

（3）预防原则。采取预防措施就是减少或消除企业经营造成的生态环境危害和风险，该原则是瑞典环境法的核心。

（4）最佳实用技术原则。指在企业建设、运营、生产和停业过程中采用经济、技术与生态环境上最可行的技术。

（5）合理选点原则。开发活动选定的地点应该是符合生态环境和其他有关要求的最佳选点方案。

（6）污染者付费原则。造成生态环境影响的任何人必须为符合法律要求的预防和治理措施付费。

（7）资源管理和生态循环原则。要求企业主采取有效措施确保原材料和能源得到有效利用并减少消耗与废物排放，太阳能、风能、水力发电和生物可再生能源应该作为首选能源。

（8）产品替代原则。应该避免销售及使用对生态环境和人体健康造成危害的化学品，应该采用低毒无害的替代品减少这种危害。

（9）可行性原则。在考虑环境效益时还要考虑其他的效益，比如说，环境措施的实施不能限制人的自由。

（10）禁止原则。对于尽管采取符合法律的预防措施，但还是会造成严重的环境危害的开发和经营活动，就应该禁止。

2.6 实行严格有效的生态保护制度

2.6.1 环境许可证制度

大量的开发或企业经营活动需要申请许可证，否则不得进行。按照环境法典,大约有 6 500 种对环境有害的开发或经营活动需要许可证。许可证由省级环境许可证处或环境法庭颁发。对环境有重大影响的活动称为 A 类活动,约有 550 种,须向环境法庭申请许可证。对环境有较小影响的活动称为 B 类活动,约有 5 500 种,须向省管理委员会申请许可证。对环境有轻微影响或只影响当地环境的活动称为 C 类活动,约有 1 500 种,不需要许可证,但必须向县环境和公共健康管理委员会备案。在提交许可证申请前,申请人必须咨询省管理委员会和县环境与公共健康管理委员会。执法机构可以对许可证发放决定提出复议,申请者、劳动机构、受影响的居民和民间组织也可对许可证决定提出复议。

2.6.2　企业自控体系

企业自我监控体系是一个企业为满足守法和达标这一基本要求的小型环境管理体系,瑞典环境法典要求企业必须建立自我监控体系,并明确了企业开展监控的责任和义务。法律规定企业必须开展环境审核,并将审核过程文件化。如企业发生对人体健康和生态环境造成危害的紧急事故,必须立即通知政府管理部门。企业自我监控的结果、方法和详细资料必须保存 5 年,执法机构有权调阅所有的相关记录和文件。

2.6.3　企业生态环境年报制度

法律对企业环境年报作出了明确规定。环境年报主要包括采取的措施、取得的效益、守法达标情况和许可证要求的符合情况。环境年报提交给执法机构后应向公众公开,违反环境年报要求的企业法人将面临诉讼。

2.6.4　执法监督制度

所有法律规定的对生态环境有害的开发和经营活动都必须接受环境执法机构的监督检查,环境执法机构有责任制定监督检查计划并开展监督检查。生态环境监督和执法主要由县环境与公共健康管理委员会负责。现场监督检查有两种不同的类型,一种就是检查企业内部自我监控体系,另一种就是注重检查企业技术措施。

2.7　采取有利于生态保护的经济政策

瑞典积极采用征收环境税费及其他多种环境经济措施以保护生态环境。世界经合组织在其 2004 年报告中认为,瑞典实施了 70 多种基于市场方式的环境经济措施,这高于世界上任何一个国家。瑞典每年征收的与环境有关的税费达到 680 亿瑞典克朗(70 亿欧元)。

绝大多数(约 95%)的环境税费来自于交通和能源领域,如能源税、二氧化碳和硫磺费。其他还有农药和化肥税、二氧化氮费、铝和塑料饮料罐强制托管费、垃圾废料税及船只环保航道费等。另外,当违反生态环境法规时,违法者会被处以 5 000 到 100 万瑞典克朗的环境罚款。

为了促进生态环境保护,瑞典政府准备实行“绿色税收”政策。在 2001 ~ 2010 年期间,国家计划将 300 亿瑞典克朗(33 亿欧元)的税收负担调整为“绿税”,其中 2004 年已调整 8 亿欧元,主要是在生态不友好的消费领域征收高税率,而在所得税方面降低税率。评估表明,“绿色税收”政策一经实施,就已促使二氧化碳排放降低,却并未在不同家庭和地区之间产生任何不平衡。

税收和收费一方面可为环境治理与资源保护筹措资金,另一方面,由于税收影响到生产成本,农民就会尽量减少农药和化肥的使用,而会更多地使用猪、牛粪等有机肥,既减少农药化肥污染,又增加土壤的有机质,提高土壤肥力,形成生态良性循环。工业及投资领域也得以引导,使建设和经营活动更为环保。税收政策和法规等经济政策,既给予了消费者权益更大的保护,也有力地推动了生态环境保护的可持续发展。

为了推动国家各县市向生态可持续性社会转变,瑞典政府决定从 1996 年开始启动地方投资计划(LIP)。在 2002 年,LIP 被大气投资计划(KLIMP)所代替,该计划主要针对减少温室气体排放。在 1998 ~ 2003 年间,LIP 计划共投资 62 亿克朗(6.5 亿欧元)。2002 ~ 2006 年,KLIMP 共投资 10.4 亿克朗(1 亿欧元)。

2.8 大力推进生态保护技术研究与开发

瑞典将生态环境技术定义为一切比其他可替代产品或方法对环境危害更小的技术。生态环境友好型经济的发展给环境技术提供了巨大的发展潜力,为提高预防和解决生态环境问题的技术水平,瑞典政府一如既往地加强与社会不同方面合作,如商贸、高校及研究机构、非政府机构及公众等,共同开展相关工作。

2005 年,瑞典政府决定成立瑞典环境技术委员会(SWENTEC)。该委员会将协调瑞典所有环境技术领域的公共发展计划,涉及从研究、开发到市场推介乃至出口促进等。另外,该委员会还将支持由工业界、研究和开发组织以及地方权力部门组成的区域网络之间的合作。瑞典政府在该委员会成立第一年,就拨款 110 万欧元,作为其活动经费。

瑞典创新体系局(Vinnova),将技术、交通和工作生活方面的研究与开发紧密结合,其目标是通过资助科学研究和技术开发,建立高效创新体系,推动可持续增长。

瑞典商业发展局(Nutek),是国家工业政策处理机构,也是企业家、商业发展和地区发展的先导中心。该局负责运行一个推进环境的商业发展计划,其重点是支持中小企业在其产品生产和商业发展过程中,在考虑环境问题的前提下,提高竞争力。该局此前还实施了一个向小企业介绍环境管理的项目。

瑞典贸易委员会在其所管范围有一个计划,叫瑞典环境技术网络,主要是在环境技术领域促进和支持新的商业机会。该网络包括 600 多个顾问和供应商,与供水、废水处理、废物管理、空气污染控制和可再生能源领域的环境技术工业联系紧密,并向他们提供市场。

2.9 不同领域生态环境保护成效显著

2.9.1 自然环境保护

瑞典的生物多样性较为丰富,许多动植物完全依赖湿地生态系统生存,还有一些动植物在其生命的重要阶段利用了湿地。瑞典湿地总面积约为9.3万km^2;占国土面积的20%。

21世纪以来,由于人口增加,瑞典的许多河流和湖泊被大量开发,用于水利电力建设和开垦耕地。在耕地开发过程中,约有1万km^2的湿地被排干。同时,采集饲草、降低湖泊水位、筑堤等也对湿地构成了威胁。湿地破坏对自然资源和生态环境影响巨大,给水体及其动植物形成了不可逆转的破坏。

瑞典于20世纪80年代实施了湿地资源调查,以全面了解和掌握湿地资源状况,防止进一步破坏湿地并对湿地保护进行综合评价。其后,国家建立了湿地信息数据库,制定了《沼泽地保护规划》。现在,瑞典政府已经停止了对湿地的不合理开发,排干湿地在瑞典已完全禁止。

根据2004年刚刚完成权威的湿地调查数据,瑞典目前湿地保护状况良好,表明湿地保护成效显著。在此基础上,2005年,瑞典又开始起草一个国家性的湿地和湿林地保护与管理战略,湿地管理向精细化方向发展。

2.9.2 农业生态保护与面源污染防治

生态农业就是用生态学原理和系统科学方法,把现代科学成果与传统农业技术精华相结合,建立起一种具有生态合理性功能良性循环的现代化农业发展模式。瑞典在生态农业方面处于世界领先地位,其发展生态农业的主要目标是:生产高质量食品,保持土地持久肥力,丰富农作物和牲畜种类,限制对不可更新自然资源的使用,使经营生态农业的农民保持合理收入,减少环境污染等。

瑞典的生态农业从无到有发展很快,做法主要有:使用天然肥料(牛、羊、猪粪便)施肥;人工除草;为保持土地肥力及减少病虫害而实行四年轮作,即每年轮种小麦、豆类、牧草、燕麦等。生态饲养禽畜的特点是:室外放养;喂养生态饲料;禽畜传染病以预防为主,一般不用药,如用过抗菌素类药,要满一年后才能出售,以保证禽畜体内不残留对人不利的成分。生态农作物的产量比普通农作物产量稍低一些,生态饲养禽畜饲养期比普通饲养期稍长一些,但售价都要高出一倍。生态食品价格也比普通食品高,但仍受到消费者的青睐,并且出现求大于供的局面,市场前景看好。这是由于生态食品味道好,无污染,人们吃着放心,而且对保护人类自身的生存环境又是一种贡献。

瑞典在控制由生活及工业领域引起的水污染方面已经取得了明显的进展,

他们现在又将注意力转向减少由农业引起的水污染,即面源污染。由于农业生产自身的特点,控制农业污水排放非常困难,对农业污水的控制在很大程度上必须依赖于影响农民土地利用方式和生产计划。因此,直接影响农民决策的农业政策和控制农业水污染的环境政策,必须紧密结合。

为了鼓励农民保护生态,瑞典在欧盟的倡导下,在农业政策方面进行了一系列深层次的改革,包括减少对某些农产品价格的支持,限制某些农产品产量,限制牲畜的最高存栏量。另外,通过农业及环境综合政策,鼓励农民采取更符合生态保护要求的生产方式,例如政府对主动实行保土耕作(如草粮间作等)、减少牲畜饲养量、减少化肥及杀虫剂施用量、采用有机肥料耕种或者不再从事农业生产的农民,按其生产成本等,都给予一定的补贴。

2.9.3 水环境保护

瑞典对水的管理更体现了全民的环保意识。水的管理依据,除过环境法典之外,目前主要遵从欧盟《欧洲国家水框架指令》。

《欧洲国家水框架指令》于2000年12月22日颁布并于同日生效,其目的是对各国的生产行为进行约束、防止水生态系统恶化、保护水生态系统、提高水生态系统质量、促进水消费可持续发展和水资源可持续利用,解决欧洲各国跨国界河流的水污染问题。该指令为实现欧洲河流按流域进行一体化管理提供了法律依据。

这一管理框架要求欧共体成员国对流域、水管理的地域进行确定,并将河流系统作为一个整体进行管理,同时要求各成员国指定一个相关部门来负责该框架有关条款的实施。为了实现该管理框架规定的"必须在2010年前使各水体处于一个良好的生态状态"这一目标,欧盟成员国还需要拿出相应的实施方案。同时,该管理框架还要求欧盟各成员国保证在2010年向家庭、农场主和工业等用水户收取水费和水价,能够反映其真实的成本,包括淡水的取用和分配以及污水的收集与处理等。同时还进一步要求不得在家庭用水、工业用水和农业用水之间进行交叉补贴,而且各国政府要保证家庭在基本的用水水平下能够负担得起相应的水费。

根据欧盟水管理框架指令要求,瑞典中央政府与省、市三级合作对水的管理作了详细明确的规定。2004年4月,瑞典成立了5个水管理的流域机构,流域内每个省的一个行政部门已经被指定为水管理的权力机构,负责管理当地流域内水环境质量。

2005年,瑞典政府指定有关部门起草相关行动计划,以修复国家一些具有较高保护价值或较高潜在保护价值的河流或水溪。预计到2010年,约有25%的此类河流或水溪生态将会得以修复。

在修复河流、水溪和湖泊生态方面，瑞典一般采用化学、物理和生态方法相结合的措施。化学方法主要是在水体中加撒石灰；物理方法主要是清除河流内鱼类迁移障碍物，疏通和恢复河道与航道，改善鱼类产卵及抚育地；生态方法主要是回放鱼虾和其他原生物种，这种方法由于较其他方法更为经济易行，因此目前得到广泛应用。国家有关生态方法的资助项目目前不断增加，有关组织也同时对之给予了推动。这方面较为成功的为瑞典四大湖泊的生态修复项目。

到 2009 年，以前所有公共水源和大的私有水源，都将实施供水规划，包括建立水保护区和执行水法规。另外，瑞典还将在近期实行一系列的落实水框架指令、保护水环境的计划。

2.9.4 森林生态保护

森林是瑞典最宝贵的自然资源，森林覆盖率达 54%，是世界上人均森林面积最多的国家之一。保护森林资源是瑞典的基本国策，爱护森林是瑞典人由来已久的传统。早在 1903 年，瑞典议会就立法规定：谁砍伐森林，谁就要补种新的树苗。1994 年，瑞典又颁布了新的森林管理规定，确立了保护生态平衡、合理开发森林资源的原则。这个原则的核心内容是：保障森林的可持续发展；保护森林中的生物多样性和不破坏生态系统；森林的所有者和林业工人有义务了解相关的环保知识。根据新的森林管理规定，瑞典政府连续组织了生态与环境保护培训班，几十万人参加了学习和培训。为保护森林树种的多样性，瑞典还建立了林木基因库，负责收集和保存国家稀有树种的基因材料。正是由于瑞典人对森林的爱护以及对森林资源的严格管理，自 1920 年以来，瑞典森林的林木存储量不但没有因为大量的采伐而急剧减少，相反，平均每年还新增林木约 1 亿 m^3，林木总储存量增长了 60% 左右。

瑞典在保护森林资源的同时，还在林产品开发利用过程中尽可能地提高林木的利用率，减少用材量，从而达到间接保护森林资源的目的。瑞典目前是世界第四大纸张出口国、第三大纸浆出口国和第二大松木出口国。林业成为瑞典出口创汇的主要部门之一，每年为瑞典获得巨额贸易顺差。林业的发展、林业在国民经济中的重要作用使瑞典人更加关注森林资源的保护，并逐步建立起从林木采伐到纸浆生产的"一体化"产业链，形成一种资源节约型的循环经济模式。

瑞典的木材大多用于造纸。造纸消耗的木材量越少，就意味着森林资源的储存量越多。少用原木、多用回收纸张是瑞典每家造纸厂生产经营的基本理念。在全国 48 家造纸厂中，有 15 家是以回收旧报纸、旧杂志、废纸板等作为主要生产原料之一的。每年，瑞典 80% 以上的旧报刊、70% 以上的办公废纸和生活用纸被造纸厂回收利用，这一比例在世界上是比较高的。即便在欧洲，瑞典的废纸回收率也高于其他国家。据统计，瑞典每年有 150 万 t 废纸被回收利用，这意味着每年生产的纸产品中有69%被回收利用,而欧洲国家平均废纸回收率只有56%。胡尔门纸业集团是瑞典的大型造纸集团之一,它每年新闻纸的生产原料中有40%是来自回收的废旧报纸。2003年,该集团下属的3家造纸厂共使用回收纸63万t。另外,造纸业传统上是一个对环境污染较严重的产业。瑞典的造纸厂一直把环境保护放在首位,大力推广环境管理。每家企业都安装了先进的污水处理系统。从1993年起,所有瑞典纸浆生产企业都已停止使用氯气。今天,瑞典造纸厂的废水和废气对环境的污染程度已大大降低。

2005年1月的一场暴雨,造成瑞典南部相对于全国一年砍伐量的木材在24小时遭受破坏,使全国倍感震惊,有人认为这个影响到2020年全国"可持续发展森林"的目标是否能顺利实现。目前,国家正在全力消除由此引发的不良影响。值得一提的是,瑞典对森林的保护思想,正在从以传统的依靠自然力量保护,向以合同为基础的新的保护理念转变。

2.9.5 工业及贸易生态保护

作为一个具有丰富的木材、铁矿、水力资源的国家,瑞典着重发展以出口为导向的工业化经济。工业在国民经济中占有十分重要的地位,82%的工业品出口到国外。根据国家发展战略的宗旨,瑞典认为,工业和外贸可持续发展的目标是实现整体效益最大化,而非单纯的贸易利润最大化,其前提是确保人们现在和将来都拥有一个良好且有益于健康的环境。在这一目标的指导下,人们从观念上真正意识到,工业和外贸的发展不应以生态资源为代价,大自然不是人类可以随意开发的经济资源,自然界有其固有的自身价值,在发展工业和外贸的同时应当尽力保护自然,兼顾环境和社会的平衡发展。

瑞典有很多公司在外贸可持续发展方面取得了较大的成效,如伊莱克斯公司(Electrolux)生产无氟冰箱;宜家公司(IKEA)制造环保家具;沃尔沃公司(Volvo)生产工业清洁设备,设计环保汽车。这些大企业在开展国际贸易和经济往来的过程中,始终坚持生产绿色产品、开展绿色贸易、提倡绿色消费的理念。现在,瑞典有大量的环境标志产品,例如纸、洗涤剂、布、建筑材料、计算机、家具、冰箱等。另外还有大量的绿色食品,如蔬菜、牛奶、乳酪、谷物、肉等。这些公司坚信,向"绿色"方式转变是企业更具竞争力、实现外贸可持续发展的关键。

20世纪70年代,废物再循环利用和清洁生产在瑞典被广泛接受,而且这些概念现在正在不断丰富和发展。1994年,瑞典颁布了《生产者责任法》,规定生产者对所有产品应负责回收利用。居民把废物中的有机物挑选出来,以减少废物体积,同时把有机废物作为他们花园的优质肥料。正是得益于清洁生产方式,瑞典的工业和外贸发展也迈上了可持续的道路。

在追求可持续发展过程中,瑞典对传统产业进行了取舍,坚决地放弃对环境影响严重的不可为行业,并对可为可不为的行业进行改造,降低能耗和污染水平,提高质量和竞争优势,促进其可持续发展。同时,大力发展可为产业,集中投入污染少、能耗低、附加值多的高新产业,如信息通讯、生物工程、医药、航天等,专注于研究开发和产品设计,通过加速技术革新,提高了国际竞争力。据统计,瑞典大约80%的出口品是高附加值的工业制成品,从所占国内生产总值的比例来看,瑞典的出口盈余在世界上是最高的,这正是其产业升级的结果。

2.10 加强与欧盟及国际间的合作

环境是一个全球性问题,各国命运紧密相联,许多重要问题只有全球统一行动才能得以解决,如酸雨、海洋环境污染、国际河流及迁徙鸟类保护等,因此加强国际合作至关重要。瑞典一直是国际合作的一个积极参与者,如在联合环境计划、世界经合组织及全球环境促进会等行动上表现积极。同时,与北欧及环波罗的海国家在环境方面的合作则更为紧密。

早从1972年在瑞典召开的联合国第一次瑞典大会开始,促进国际环境合作就成为瑞典外交政策的一个重要特征。其目标有三:一是实现瑞典环境质量目标;二是追求良好的全球环境;三是在世界范围内减少贫困。保护自然资源和环境是瑞典全球发展政策与国际合作的主要目标之一。当前国际合作面临的最大挑战,是过去30年以来世界各国签署的各个环境协定,如何才能保证得以实施。

从1995年成为欧盟成员,给瑞典生态环境政策提供了新的机遇,环境工作也有了很大的变化。在实现国家生态环境质量目标方面,瑞典政府对欧盟的四个方面要求给予优先考虑,并于2003年得到国会同意。这四个方面包括:一是大气和空气污染,包括支持欧盟在大气谈判中发挥主导力量的作用;二是可持续的消费和生产,按欧盟要求对化学物、资源和废物进行管理;三是自然资源和生态多样性,包括按欧盟共同农业政策(CAP)行动以确保对生态环境给予更大的关注;四是海洋环境,承认欧盟即将实施的海洋保护和保持战略是极为重要的。

在国际合作方面,瑞典国际发展合作局(SIDA)发挥着十分重要的作用。SIDA隶属于瑞典外交部,按照瑞典国会和政府的要求与资助,与其他国家和地区开展国际合作。SIDA是一个全球组织,总部在瑞典,全球50多个国家和地区分布有其办公室。

SIDA一般按照援助合作项目的形式开展工作。2004年,瑞典政府的发展合作预算的63%,约124亿克朗,是通过SIDA组织实施的。

2.11 公民参与是生态保护的基石

为了国家可持续发展战略的实现,瑞典各部门、各省、市地方政府都订立了“21世纪议程”,在各自范围制定了更为详尽的具体目标、规划和政策。在地方可持续发展进程中,社会不同阶层和组织,如地方政府、城市当局、公司、学校、农场主、非政府组织的参与是非常重要的，但最为关键的是唤起公众的意识，把可持续发展融进公众的思想和行动之中。

3　对我国生态修复的启示

根据瑞典的经验，对我国的生态修复工作有以下几点启示。

3.1　建立具体、明确的国家生态环境质量目标

在我国，尽管目前已制定了相应的生态环境建设规划，确立了生态奋斗目标，但由于生态环境是一项跨地区、跨部门、跨行业的宏观工程，目前尚缺乏国家层面的统一、具体、明确、易于为社会和群众普遍理解与广泛接受的生态环境建设目标。建议吸收瑞典经验，研究、制定和颁布适合我国国情的生态环境质量目标，进一步明确全社会生态环境奋斗方向，协调各项生态环境保护与建设工作，规范生态环境质量的监测与评价，提高全民族生态环境意识。

3.2　制定和强化国家生态环境保护与建设的经济鼓励政策

生态问题包括水土流失问题的重要根源，是人类单纯追求经济利益，不顾及生态代价。同时，生态环境保护包括水土保持工作，涉及经济社会发展的方方面面，尤其离不开广大农民群众的自觉参与。因此，借鉴瑞典经验，利用市场手段，通过经济杠杆，引导和激励社会各方保护生态环境，是一项极为有效的途径。

目前我国的生态环境建设工作，总体上仍停留在国家投资干项目的被动水平上，离开国家投资的带动，生态建设的进展就会放慢脚步。这种状况不利于调动全社会保护和发展生态的积极性，不适应社会主义市场经济运行规律，制约了国家生态战略的顺利实现。为此，建议国家按照瑞典乃至欧洲的发展经验，吸收绿色税收的理念，从税收和补贴等多个方面，给从事生态保护与建设的农民、企业和行业给予相应的经济补偿，保护生态建设者的利益，使损坏生态环境的经济活动得不偿失，提高社会各方面保护和建设生态的积极性与主动性，体现社会和谐与公平，推动生态环境建设工作的全面、快速、健康发展。

3.3　进一步加快生态修复工作的步伐

对已受破坏的生态环境进行修复，这是任何一个国家都不得不作出的最终选择，瑞典如此，中国作为一个人口、环境压力巨大的国家则更为如此。建议国家在保护好现有生态环境的同时，加快开展生态修复工作。

按照瑞典的经验，生态修复工作一要及早动手，最好在生态危害尚未扩大之前开展，避免形成更大破坏或产生不可挽回的后果。二要分清轻重缓急，要从生态、社会和经济等多方面分析恢复效益，确定合理的恢复次序、重点、步骤和方法。三要尽可能利用自然规律，针对主要生态问题，通过制止人为扰动，采取生态方法等，加快恢复步伐，做到事半功倍。四要注重应用合同方式，保证修复者

的利益,加快修复进度,促进长远保护。五要分清责任,要按“损坏者付费”的原则,确定责任者,避免全部由国家承担责任。

3.4 加大生态环境法规建设与监督执法力度

与我国现有的生态环境保护法规相比,瑞典环境法典具有简化、明了、具体、统一、协调、违法惩处力度大等特点,便于使用和监督,法律威慑力强,建议国家在今后制定和修订相关法规时予以充分借鉴。

相比较而言,瑞典在法律法规执行方面要好于我国,有法不依、违法不究的情况相对较少。各监督执法部门的监督效果比较明显,监督意见能够及时得以落实。建议国家从制度建设、政府职责、信誉管理、责任追究、惩罚力度等多个方面出发,采取有力措施,努力提高我们生态环境监督执法的效力,着力维护法律的尊严。同时,建议尽快建立企业水土保持自控体系建设制度,完善水土保持报告制度,抓紧做出相应规定并不断明确具体要求。

3.5 大力推动生态环境保护技术研究与开发

建议根据当今世界经济发展趋势,从可持续发展的战略角度出发,把生态环境保护技术,尤其是高新环境技术的研究和开发,作为国家重点支持领域,采取更为具体、有效的措施,给予大力推动。此方面尤其要强调两点,一是加强国家宏观协调,以整合国内各方力量,形成攻关合力。二是加强国际合作,及时掌握国外动态,积极开拓国际战略市场。

3.6 着力提高全社会生态环境意识

一方面,要通过教育、培训、宣传等各种途径,不断提高全社会生态环境保护意识,使环境意识深入人心;另一方面,在环境政策制定上,要尤其注重充分征求和吸纳社会与公众的意见,由公众决定环境政策,改变政府和业务部门“关起门搞规划”的落后方式,提高社会参与程度,提高生态环境决策的科学性和可行性。

利用农业用水系统提出新建坝减轻水浑浊状况方法

Hiroyuki Taruya　Setsuo Ooi　Katsuyuki Noguchi
Akie Mukai　Masahiro Goto

（日本国家农村工程研究院）

摘要:长期以来,在日本农业区,包括人造坝、蓄水池和把河流与蓄水池连接起来的渠道所组成的河流与水循环设施已经建立起来。基于对日本C坝的研究分析,本文提出了减轻水库水浑浊问题的方法。这个方法使用以上提到的水循环设施作为一个农业水使用系统。详细的介绍总结如下:①在灌溉蓄水坝内,水密度分层然后混合现象作为每年重复循环的一部分而存在,流量选择法能有效实现这一过程。②通过拦沙坝和沉沙区的作用,来自坝里的浑浊水能被储存下来,并提供给蓄水池。③在非灌溉季节,把水稻种植区作为一个沉沙区,通过输入浑浊水进入水稻种植区,能降低水的浑浊度。

利用现有的农业水使用系统,仅仅需要低的成本,是一个比较合理的方法。它已经在排水区内形成了一个水循环系统。这个系统与自然和谐的概念不谋而合,不需要额外建造新的设施和能源投入。

关键词:灌溉坝　水浑浊问题　蓄水池　水稻种植区　农业水使用

1　概述

自古以来,日本农业就主要集中于水稻种植业。这个研究的侧重区域为沿着河流及它们支流发展起来的传统水稻种植区,刚开始的研究重点为河流与水稻种植区的关系。

在日本水稻种植区,水稻耕作的水供应必须得到满足。它主要通过引用河流水或者提取地下水获得。这种水供应系统与河流及河流塑造而形成的地形地貌紧密相关。它也被认为水稻种植区形成与河流形状及河流级别紧密相关。

例如,主河流下游平坦的平原区常常作为水稻种植区,形成谷类主要产区。这主要得益于祖先辛勤劳动的结果。他们花费了几个世纪在冲积扇平原区修建围堰蓄水,然后通过修建的各种渠道把水引到冲积扇平原的每一个区域。结合河流永久流路改造的洪水控制工程已把老的河流流路变成了灌溉使用渠和排水渠。

在日本,独一无二的水稻种植区景象分布在河流上游和中游的沟道与支流边。这样一种水稻种植区叫 yachida,也叫沟底水稻种植区,这种区域主要通过蓄水池收集来自森林、高原或者地下水为水稻种植区供水。在山区,形成了一种崩塌地形地貌,这个区域一种独特的梯田水稻种植区已经形成,也叫 tanada,主要使用地下水作为水稻种植的水源。

在那些没有河流经过的地区,如果没有水源,就不可能形成水稻种植区,通过建立长的灌溉渠把它们与盆地连接起来,就形成了新的水稻种植区。在整个日本,到处流传有关先辈为了子孙后代,竭尽所能,充分利用各种技术修建灌溉渠的事迹。

通过这些方式,由人造蓄水池、灌溉渠和排水渠组成的河流与水循环设施结合利用地下水作为水源,在许多年前已经在日本许多地方建立起来。本文把这些水循环设施称做农业水使用系统。在日本,处处都形成了这种独特的水稻种植区景象。

该研究的目的是想利用一个全新的方式,解决储蓄在蓄水池内的水产生的水浑浊问题。这个新的方法将最大限度地利用每一个地区已经建立起来的农业水使用系统。很明显,这种措施不适合如黄河这种高含沙河流。

然而,以下介绍的这种解决坝坝内水浑浊度的方法,主要通过合理使用一个地区现有农业水使用系统,把泥沙淤积在坝内,能潜在有效解决坝内水浑浊度的问题。

2 日本农业水使用的有关工程

为了研究一个农业水使用系统,阐明系统怎样运行尤为重要。

一个水使用工程的目的是发展水稻种植区,它不同于一个公共水利工程,诸如洪水控制工程。总之,发展水稻种植区的成本由收益人承担,一般通过相当于农业家庭联盟性质的农民协会来具体实施。但是事实上,基于这些工程的公共特点,地方管理政府常常减少了农民在这方面的财政负担。

基于以上工程特点,一个日本水稻种植区灌溉工程,通过提高水源数目、扩展和加强现有水使用系统功能、提高水使用效率等措施,将起到一个额外水供应功能。总之,日本一个农业水使用工程的目的是实施一个辅助性水供应功能。

作为一个国家政策,许多没有农业灌溉渠地区都是在新的农业土地进行开发或占用,目的是建立新的农业水灌溉渠。例如,在第二次世界大战后,日本进入一个土地高速开发时期,以上这种情况经常发生。因此,这种灌溉渠就不能认为它们仅仅发挥辅助性灌溉功能。

图1是是通过一个工程的实施而发展起来的一个农业水使用系统的典型例子。通过沿着输水渠(供水渠和排水渠)建立诸如坝、提高水头工程、蓄水池和另外水源设施,将改进和提高主要由水稻种植区构成的农业土地使用水平。总之,这些工程通过重建和更新现有农业水使用系统功能,来提高现有农业土地使用水平。

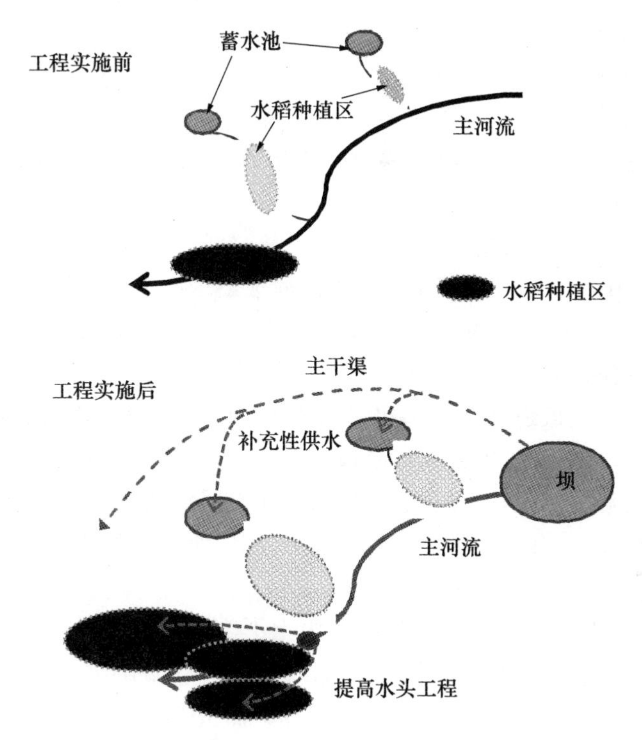

图1　通过一个工程而建立起来的一个水使用系统(辅助性供水)

3　水库水浑浊问题——C坝案例研究

3.1　工程概况

在工程开始之前,本研究区域已经建立起蓄水池并且能够提取地下水进行水稻种植供水。在1958年,由于工程区地方政府请求,在一个地方水改进供应工程基础上,在排水渠上游修建了一个蓄水坝。通过一个主要的灌溉渠,这个新建的坝为现有存在的蓄水池供水,目的是强化和稳定地区水源供应数量。稳定的水源设施和有关渠系的修建,促进了该地区水使用效率。

以下是已经建设好的C坝概况:

位置:日本Kanto地区

工程竣工年:1967年

控制流域面积:14.8 km^2

总蓄水库容:211.3 万 m^3

设计洪水流量:308 m^3/s

坝的类型:填充石坝

坝高:36.7 m

溢水:侧面溢洪道

坝长:110 m

进水方式:漫流进水方式

为了处理坝进水系统和排水系统老化问题,提高现有工程使用年限,一个后续工程正在实施。

3.2 C 坝水库水浑浊问题

在日本,30 年前已经发现了水库水浑浊现象。这主要发生在水力发电坝和洪水控制坝上,接下来,许多治理措施被使用来减轻这个问题。由于受工程建设时间和这种现象发展缓慢等因素的制约,是否在农业水供应坝上存在同样问题,不是很明确。但是最近几年,有关农业水供应坝水库发生水浑浊现象逐渐清晰。

据报道,C 坝水浑浊现象大约出现在 1990 年。据当地居民指出,这种现象正有扩展的趋势。不论什么时候去观察,水库表层水总处于一个浑浊状态;在流域洪峰结束后,上游浑浊度得到减轻状况下,坝内所蓄水和流出水浑浊状况在一定时间内没有得到改善。

在 C 坝控制流域内,地质构造主要为上下交错、蜿蜒伸展的晚第三纪泥岩层,形成了一个经典的崩塌区,从而导致该区产生大量的泥沙。进入水库的泥沙包括黏土矿物材料、起源于泥岩的斜长岩和页岩。通过对从水库库底采集到的样品进行分析,发现泥沙粒径主要为 10^{-3} ~ 10^{-2}m。

3.3 水库水浑浊问题调查方法和调查结果

基于地方政府请求,国家农村工程研究院从 2006 年 7 月至 2007 年 3 月,对 C 坝蓄水浑浊问题进行了调查,并对收集的有关数据进行了分析。

3.3.1 水库水浑浊状况和水温分布研究

为了找出水库内水浑浊在季节和空间上的分布状况,国家农村工程研究院工作人员按照一个月一次,垂直间距为 1 m,从水库表面到库底对水库浑浊度进行了测量。除了测量混浊度外,也对水库水温、电导率、pH、DO 等指标进行了测量。部分水浑浊度测量和水温结果分别标示在图 2 和图 3 中。测量的结果没有发现水浑浊度值在不同测量点上有明显的差别。

3.3.2 河流浑浊度调查

从工程建设时候开始,当地政府就组织有关机构,每隔 3 天,对水库表层及

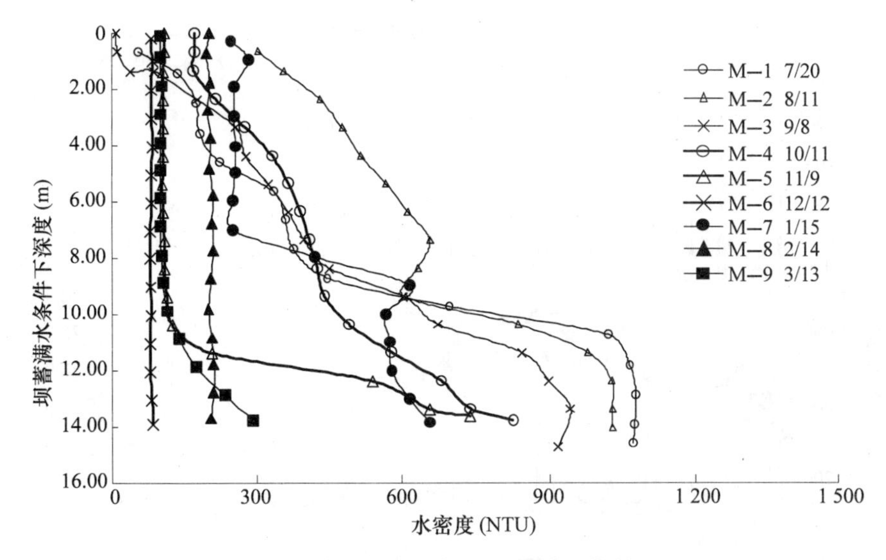

图 2　在 C 坝水库内水密度分布结果(观察周期从 1 月至 9 月)

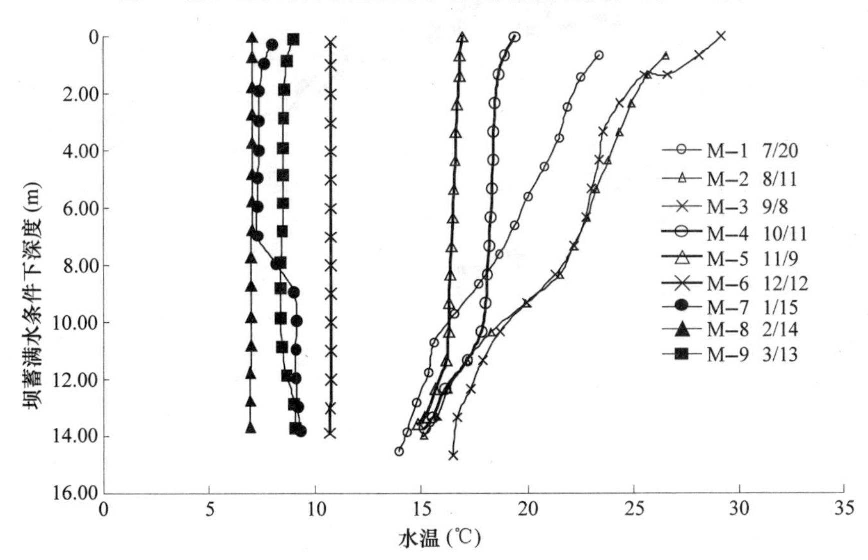

图 3　在 C 坝水库内水温分布结果(观察周期从 1 月至 9 月)

水库上游和下游河流的水温及水浑浊度进行了持续的测量。图 4 显示了 3 个测量点的测量结果。测量点 1 位于坝的上游,测量点 2 位于水库内表层,测量点 3 位于坝的下游。伴随对日降雨数据的测量,测量工作大约实施了 1 年。

3.4　研究结果探讨

图 2 和图 3 揭示了以下事实:在水温分布结果方面,在夏季,水温处于一个按层分布状况,在秋季和冬季,水温分层现象将被打破和混合。这被认为是所谓

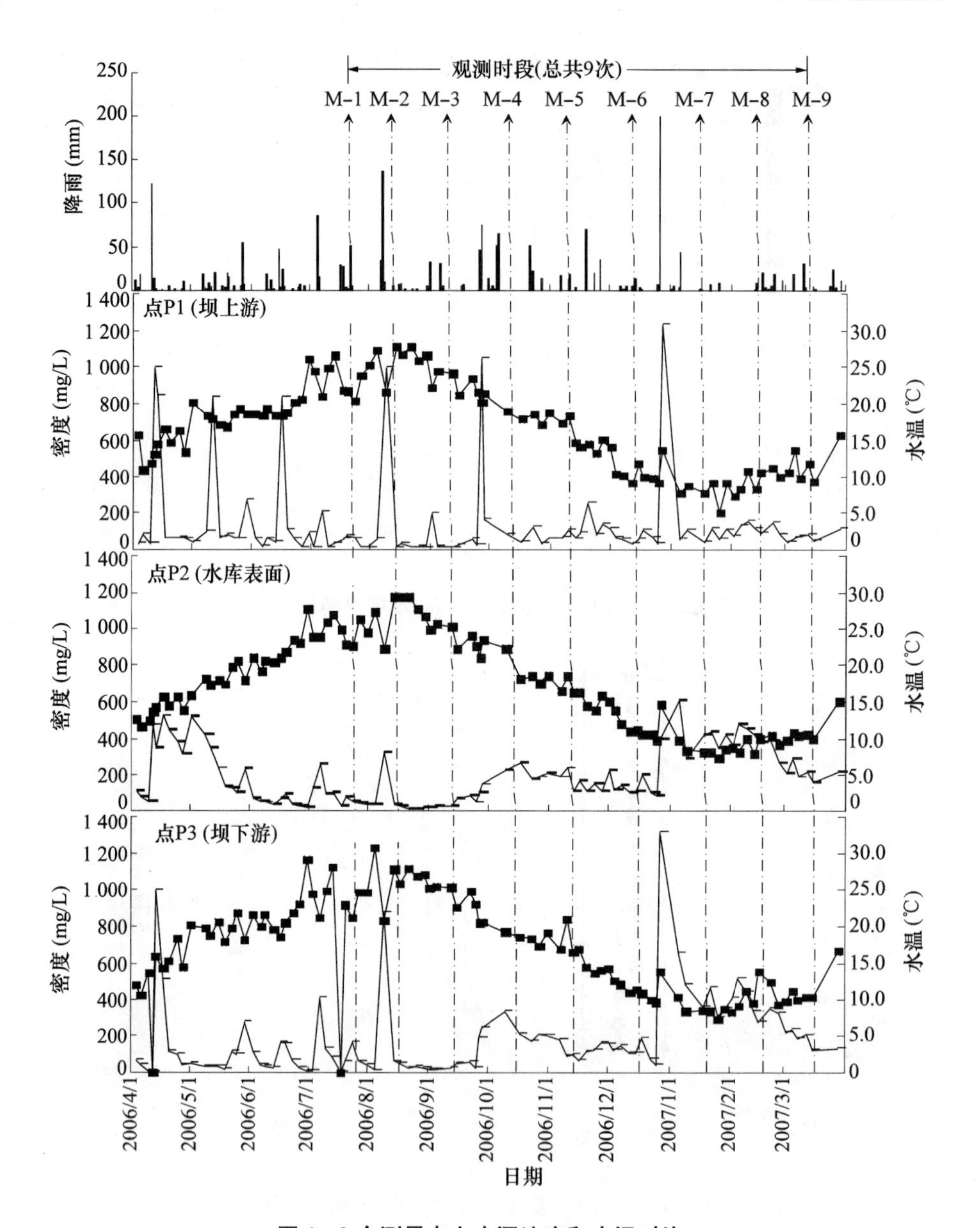

图4　3个测量点上水浑浊度和水温对比

秋季大循环的结果，即水库水温分层特点。水库浑浊度分布也存在与水温同样的分布特点，水库浑浊度也存在分层和混合这一循环过程。在水库底部，在1月雨季期间并处于一个水库水浑浊度分层时期，水库水浑浊度处于一个相对高的值。

相比其他季节，在雨季期间，水库底部的高水密度状况比较稳定。目前不是很清楚，是什么机制导致水库底部处于一个比较高的水密度状况，可能由于高含沙水流流入水库底部或者搅动底部泥沙形成高密度水。在8月，在水库4～10 m水深之间，水库水浑浊度临时性增加，在这个深度，一个下沉密度流被观察到。

从图4我们发现，在大坝上游的测量点，水浑浊度与降雨相关。但是，库区内的测量点及坝以下的测量点，降雨与水浑浊度之间的关系不是很清晰，与此同时，发现了季节性差异：从1月到3月，水库水浑浊分层现象在水库内形成，并且水浑浊度峰值在测量点1和3所处位置与分布尺度都处于一个相似的状况。从3月到9月，排除由于1月异常降雨的影响，这两个测量点所测数据很少具有相似性。

在3月份以后，当水库水浑浊分层现象被打破后，排除由于1月异常降雨的影响，水库各层水密度值进行混合。但是不论测量点1水浑浊密度值怎么波动，在测量点2和3，介于200～400 mg/L之间的水浑浊密度将一直持续下去，这就是所谓的水浑浊密度持续现象。

4 应用农业水使用系统降低水浑浊度的对策

这一部分将介绍降低水浑浊度对策在农业水使用系统的应用。C坝作为一个典型的灌溉坝，这个方法现在正被应用到这个坝上来解决水库水浑浊问题。这一部分也介绍了如何规划和更新现有设施来实施这一新方法的有关指南。

在该研究中，这个方法的基本概念为在每一个分级的排水区内，最大可能利用每一个蓄水设施的功能，当然也包括它们的潜在功能。每一个排水区主要由蓄水坝、蓄水池和水稻种植区组成，它们都是农业水使用系统的一部分。通过这种方式，作为一个整体系统将有效提高每一个部分的效率。为了合理地显示出高含沙水输送渠和这个方法，图1的形状被构造并重新组合成图5的形状。

图5显示了这个方法的整个过程，包括高含沙水流通过蓄水池，流到水稻种植区。在这个过程中，水流连续运行，最终流入下游的排水区内。在洪水季节和正常季节，以及灌溉和非灌溉时期，高含沙水流的流向是不同的。这些时间上的差别也表示在图5中。

以下是对这个方法在每一个蓄水单元中的详细介绍。

4.1 在蓄水坝中的对策

在前面部分，我们已经讨论过在C坝水库中，水浑浊分层然后混合现象作为一个每年反复循环的特征存在。对于洪水控制坝和水力发电坝，在洪水季节，坝内高含沙水将通过调济流量形式而流入河流下游，这个方法也叫调剂流量法，它适合这个区域内所有坝。

4.2 在蓄水池中的对策

在农业水使用系统中，一个蓄水池的主要作用是储存来自排水渠内的水，有

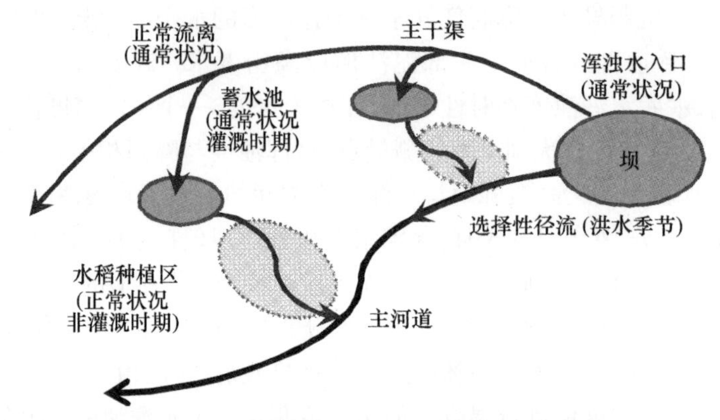

图5　应用农业水使用系统减轻水浑浊度法简图

时候也临时储存来自蓄水坝中的水。当水稻种植区需水时,通过它向水稻种植区供水。为了有效实施减轻水浑浊度对策,这些蓄水坝可以作为一个减轻水浑浊度的措施之一,或者将其建立在河流的上游。当它被使用作为一个拦沙坝,它们能阻止泥沙的悬浮,同时在非灌溉季节,通过排干坝内水,可提高挖沙效率。

这主要通过两个途径实现阻止泥沙悬浮,一种是地球自身重力的作用,另外一种可能是通过化学手段来加速泥沙的沉降。我们今后应该注重这种方法的研究。

4.3　水稻种植区有关对策

在非灌溉季节,依照农田机构特点,水稻种植区运行将发生变化。但是这种作用目前基本上被忽略了。在非灌溉季节,通过把含沙水输入水稻种植区,它能起到一个沉沙池的作用而减轻水的浑浊度。为了提高水净化能力,浅层过滤水管将铺设在水稻种植区下。浅层水管的过滤功能结合水稻种植区的净化功能,将对减轻水浑浊状况发挥重要的作用。

每一个水稻种植区开发状况的差异,决定了这个方法在净化水功能上的效率。为了量化和验证这个方法的效益,对当地一个水稻种植区进行了试验。接下来将介绍在这个水稻种植区内,实施验证减轻水浑浊度效率的有关方法和结果,试验时间从 2007 年 1 月至 2007 年 3 月。

4.4　利用水稻种植区降低水浑浊度效率验证试验

随着土地私有化得到承认,一个大约 1 800 m^2的水稻种植区被用来进行这个试验验证。从 2007 年 1 月到 3 月,在非灌溉季节,浑浊水输入到这个试验区内,目的是验证它降低水浑浊度效率。流量和水浑浊度值在试验区内的 3 个点上每隔 5 分钟自动被记录下来,这 3 个测量点分别位于浑浊水流入试验区入口、水流出试验区出口(包括地表流出和管道过滤流出两个测量点)。流入水稻种植区的水通过蓄水池,由最上游的蓄水坝供水,但是供应的浑浊水在水密度值上时常发生变化。从2月15日到3月1日,输入水稻种植区的浑浊水密度达到一个最高值。

所有水浑浊度指标都转化为含沙量,基于流量所产生的泥沙,最后都转化成泥沙量。流入水稻种植区内的水泥沙含量百分比通过一个径流泥沙率值来衡量,记录间隔为5 min。

图6显示了径流泥沙率值随时间波动的情况。这些研究结果表面,在2月15日以后这一段时期,当高含沙水流流入水稻种植区时,能减少径流泥沙率值30% ~40%。

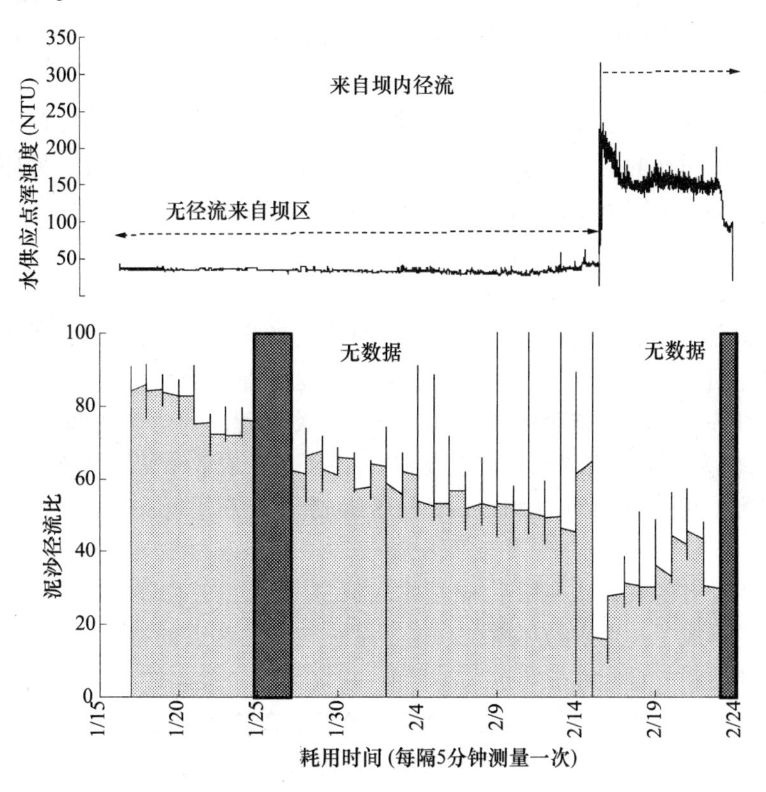

图6　验减轻水浑浊效率,泥沙径流率在一个水稻种植区试验中的变化情况

4.5　充分发挥水使用设施的有关功能

显而易见,为了实现以上提到的减轻水库水浑浊问题,简单更新现有水使用设施功能是不够的。在C坝水使用系统中,主要水设施功能得到了改进、加强或者增加了新的功能,有关细节总结如下。

C坝放水系统由底部放水门(现在存在故障)和溢洪道组成。因此,为了应用以上提到的减轻水库水浑浊问题的方法,必须对现有设施进行改造,目的是通过这些设施来实现流量调济功能。通过这个调剂流量法实现的下泄流量必须依照水库水位状况,持续地维持流量水位在现有侧面溢洪道堰口以上。另外一个方法是我们必须设计一个新的流路来排掉通过调剂流量法而多出的溢洪道流量。作为一个成功例子,通过装载一个流量控制器,它能依照水库水位,自动地关闭和开启泄水门。

对于坝早期进水系统而言,它通过一个表层进水法来实现对暖水取水。但是为了有效发挥蓄水池或水稻种植区有关措施的功能,必须增加有效输入坝的浑浊水的功能。因此,必须改造现有坝进水系统的功能,实现选择性地对所有不同层进行取水。

如果一个蓄水池被用来作为一个沉沙区或者作为一个拦沙坝,必须修建一个处理底部泥沙的工程和连接蓄水池的公路为定期进行挖沙服务。另外一个挖沙倾倒区必须选定下来,重新利用这些沙子的方案也必须确定下来。

5 结论

本文介绍了一个通过应用农业水使用系统来减轻水库水浑浊问题的方法。本文首先回顾了日本建立农业水使用系统过程的重点是在水稻种植区,另外也通过改进一个工程设施而加强系统功能的有关过程。通过现场调查 C 坝的有关状况,作为一个分级排水区典型设施,讨论了一个农业水使用系统治理水库水浑浊问题。它由坝、蓄水池和水稻种植区组成,主要利用每一个水利设施现有的功能。

利用现有的农业水使用系统,成本较低,是一个比较合理的方法。它已经在排水区内形成了一个水循环系统。这个系统与自然和谐的概念不谋而合,不需要额外建造新的设施和能源投入。目前,它仅为一个概念性方法,但是在将来,必须扩展一系列研究,目的是定量阐明这个方法在减轻水浑浊度方面的效率。

如果想要实施这一方法,有关水使用设施必须满足新的功能要求。因此,我们应该对这个方法实施必要的技术研究,目的是设计和维持它们的这些功能。

为使本文中介绍的方法有效地在这一领域内宣传,对它所产生的效益,我们必须广泛地与当地农民进行交流。为有效实现管理支持而制定的有关程序应该和建立与当地农村家庭合作同时开展,它能增加这个新方法的效率。

因此,为了获得有关单位的了解和支持,积极联系管理者和当地农民及研究机构很有必要。

致谢

本文作者想要给予地方管理中心的有关人员最真挚的感谢,他们为这个项目的野外调查研究提供许多帮助。

参考文献

[1] Taruya, H. :Current Conditions of Reservoir Sedimentation and Turbidity in Irrigation Dams in Japan, Proceedings of International Symposium on Sediment Management, Organizing Committee for the International Symposium on Sediment Management and Dams, 197 – 204 (2005).

基于SVM的黄河口滨海区生态需水量

拾　兵　王秀荣

(中国海洋大学工程学院)

摘要:针对黄河口生物多样性和生态整合性,同时考虑浮游植物、输沙、河口形态、气候及季节变化等因素对生态需水的影响,利用支持向量机强大的非线性映射能力,建立以叶绿素浓度、水位、流量、含沙量和海水表层温度为输入变量的支持向量机模型,实现了对黄河口典型年份生态最小需水量的定量研究,并将预测结果与神经网络结果比较,旨在为黄河口调水调沙提供基础数据。

关键词:生态需水量　支持向量机　神经网络　滨海区　黄河口

河口是地球上两大水域生态系统之间的交替区,是水生、湿地生物的理想栖息地,河口及其泥沙为它们提供了营养和饵料物质。就黄河口而言,长期以来,水资源的利用主要考虑满足农业、工业和生活用水等方面的需求,过量地开发河流和占用了水资源的生态空间;而维护生态环境平衡所需的用水却没有得到足够的重视。水资源不合理的开发利用使黄河口生态系统的结构和功能遭到破坏,废物或废热直接或间接排放到河口,使得生态环境更为脆弱,造成河口功能的退化,制约着黄河口区域经济和社会的可持续发展。

本文从已有的水文学研究成果出发,结合支持向量机技术,以叶绿素浓度、水位、流量、含沙量和海水表层温度为输入变量,建立黄河口生态需水量非线性预测模型,并将结果与神经网络模型预测结果比较,旨在实现对典型年份的生态需水量的定量研究,为黄河口下游调水调沙和滨海区生态环境的修复及健康发展提供基础数据。

1　生态需水量非线性研究方法比较

目前,国内对什么是生态需水量还没有一个公认的定义。由于研究的时间尺度、空间尺度的不同,生态环境需水的内涵也不同。广义地讲,生态环境需水可以认为是维持全球生物地理生态系统水分平衡所需用的水量,包括水热平衡、水沙平衡、水盐平衡等。狭义地讲,生态环境需水是指为维护生态环境不再恶化

基金项目:国家自然科学基金课题(50479029)资助。

并逐渐改善所需要消耗的水资源总量，它包括为保护和恢复内陆河流下游天然植被及生态环境的需水、水土保持和水保范围之外的林草植被建设需水、维持河流水沙平衡，以及湿地和水域等生态环境的基流、回补区域地下水的水量等多方面（朱玉伟、拾兵，2005；拾兵、李希宁，2005）。

在生态需水量的非线性预测方法中，现阶段使用比较多的有基于灰色理论的 $G(1,1)$ 模型、模糊数学法和神经网络技术。灰色理论比较适合小样本、贫信息系统的预测。模糊数学是一种表现和加工模糊信息的数学工具，该方法有很多优越性，但它最终还是要通过建立数学模型来解决问题，而生态需水量的影响因素众多，彻底弄清生态需水机理从而建立数学模型十分困难。

笔者将神经网络和 SVM（支持向量机，Support Vector Machine）技术分别用于生态需水量的学习与预测，经分析认为，与传统方法相比神经网络技术表现出更好的性能和效率。但也存在有以下缺陷：网络结构需要事先指定或应用启发式算法在训练过程中寻找，网络的隐节点数难以确定；网络权系数的调整和初始化方法没有理论指导；网络训练过程易陷入局部极小点，收敛速度比较慢且存在过学习（over-fitting）等问题。这些方法实际表现可能不尽人意，其原因是由于理论基础是传统的统计学。神经网络采用经验风险最小化准则（邵华平等，2006），在训练中最小化样本点误差，因而不可避免地会出现过拟合现象，使模型的泛化能力受到了限制，并且它是训练样本数趋于无穷大时的渐近理论，但在实际应用当中，样本数目不可能是无穷多的，有时甚至十分有限。而 SVM 的理论基础则是统计学习理论，它折衷考虑经验风险和置信范围以取得实际风险最小，即结构风险最小 SRM（张学工，2000），本质上是在机器的复杂性（即对特定训练样本的学习精度，Accuracy）和推广性（即无错误地识别任意样本的能力）之间寻求最佳折衷，以期获得最好的推广能力（Generalization Ability）。与人工神经网络方法相比，SVM 不存在容易陷入局部最小等问题，并且提高了泛化能力，因此有较大的优越性。目前，SVM 已经广泛应用于文本识别、语音识别、人脸识别、负荷预测、股市预测、地下水位预报等领域，应用前景广阔。

2　支持向量机原理

2.1　最优超平面

设给定的训练集 X_i 为 d 维向量（$i=1,2,\cdots,k$，为训练样本数），且可被一个超平面分割，该超平面记为：

$$\omega \cdot x + b = 0 \tag{1}$$

SVM 的基本思路是寻找一个最优超平面，使它的分类间隙最大。对二维问题，即寻找最优分类线，如图 1 所示。实心点和空心点代表两类样本，H 为分类线，H_1、H_2 分别为过各类中离分类线最近的样本且平行于分类线的直线，它们之间的距离叫做分类间隔(margin)。所谓最优分类线就是要求分类线不但能将两类样本正确分开(训练误差率为0)，而且使分类间隔最大。推广到高维空间，最优分类线就成为最优分类面(separation hyperplane)，即最优超平面。H_1、H_2 上的训练样本点就称作支持向量(Support Vector)。较大的分类间隔意味着分类器具有较好的泛化能力。

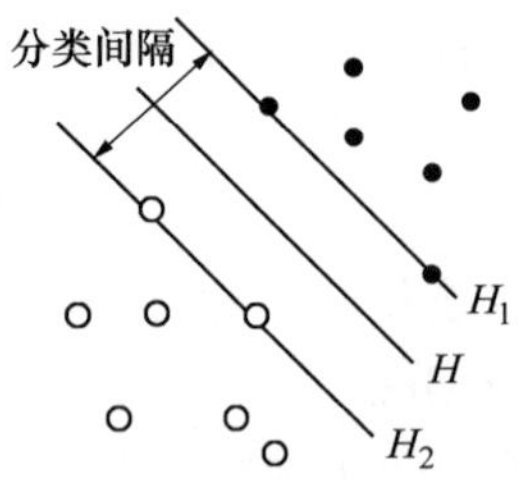

图1　线性可分时的最优分类线

2.2　线性可分问题

设分类线方程为公式(1)，不失一般性，我们可假定训练集中的矢量满足：当 $y_i = +1$ 时，$\omega \cdot x + b \geqslant 1$；当 $y_i = -1$ 时，$\omega \cdot x + b \leqslant -1$。合并为

$$y_i(\omega \cdot x_i + b) \geqslant 1 \tag{2}$$

由最优分类面定义，得分界面的分类间隔为

$$d(\omega, b) = \min_{x_i | y_i = 1} \frac{\omega \cdot x + b}{\| \omega \|} = \max_{x_i | y_i = -1} \frac{\omega \cdot x + b}{\| \omega \|} = \frac{2}{\| x \|} \tag{3}$$

可见使分类间隔最大等价于使 $\| \omega \|$ 最小，问题可转化为在条件(2)下最小化 $\| \omega \|^2/2$；由拉格朗日乘数法，又可将问题转化为如下对偶问题

$$\Phi(\alpha) = \sum_i \alpha_i - \frac{1}{2}\sum_{i,j=1}^{k} \alpha_i \alpha_j y_i y_j (x_i \cdot x_j) \tag{4}$$

满足条件 $\alpha_i \geqslant 0$，$\sum \alpha_i y_i = 0$，并存在唯一解。这是一个不等式约束下二次函数寻优问题，解中非零值 α_i 所对应的样本就是支持向量，最优分类函数为

$$f(x) = \mathrm{sgn}(\omega \cdot x + b) = \mathrm{sgn}\left(\sum_{i=1}^{N_s} \alpha_i y_i x_i \cdot x + b\right) \tag{5}$$

式中：N_s 为支持向量的个数；b 为分类的域值。

2.3　线性不可分问题

如果训练样本是线性不可分的，可以在式(2)中加一个松弛项 $\xi_i \geqslant 0$，变为

$$y_i(\omega \cdot x_i + b) \geqslant 1 - \xi_i$$

显然，当分类出现错误时，$\xi_i \geqslant 1$，$\sum \xi_i$ 是错误数量的一个上界。折中考虑

最少错分样本和最大分类间隔,即将目标函数变为

$$\Phi(\omega,b) = \frac{1}{2}\omega \cdot \omega + C\sum_{i=1}^{k}\xi_i \tag{6}$$

其中,C 是一个大于零的常数,它控制对错分样本的惩罚程度,称为惩罚因子。由拉格朗日乘数法,将问题等价为在约束条件 $0 \leqslant \alpha_i \leqslant C$ 和 $\sum \alpha_i y_i = 0$ 下最小化式(4)。

2.4 核函数

核函数定义如下:设 X 为输入向量,Z 为通过变换得到的特征空间向量,记为 $Z = \Phi(X)$,则核函数为 $K(X,Y) = \Phi(x) \cdot \Phi(Y)$。根据泛函的有关理论,只要核函数 $K(X,Y)$ 满足 Mercer 条件,就可以对应变换空间中的内积。常用的核函数有:

(1)多项式核函数: $K(X_i, X) = (X_i X + 1)^d$

(2)高斯核函数即径向基函数(RBF):$K(X_i,X) = \exp(-\| X - X_i \|^2/\sigma^2)$

(3)两层神经: $K(X_i,X) = \tanh(k X_i X + \theta)$

3 基于SVM的黄河口滨海区生态需水量的预测实例

3.1 资料的选取

水文、泥沙资料采用黄河利津水文站2000~2003年逐月实测成果;遥感资料来源于NASA(美国)国家航空和宇宙航行局的MODIS国家对地观测系统及SWIFS海洋水色卫星的地面站,取2002年1月~2005年12月每月海水表层温度数据及2000年1月~2003年12月每月叶绿素浓度数据,其范围为东经119°06′~119°12′,北纬37°36′~37°48′。这里由于缺少2000年1月~2001年12月海水表层温度资料,考虑海水表层温度年际变化不大,故采用2002年1月~2005年12月数据来代替2000年1月~2003年12月每月数据,如图2所示。

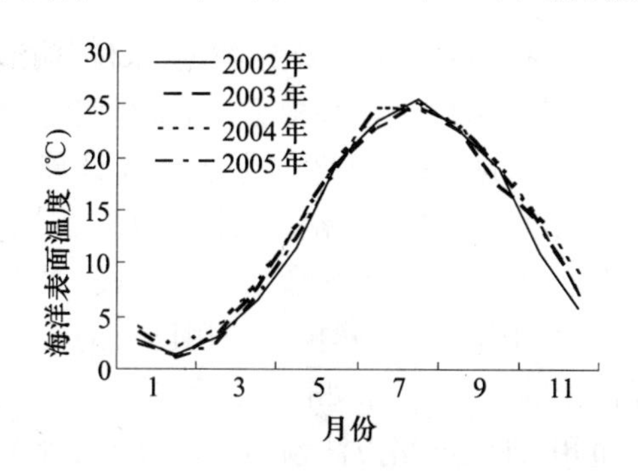

图2 黄河口滨海区海水表层温度年内过程线

3.2 海域参数与径流量的灰色关联分析

叶绿素浓度、海水表层温度、水位、输沙量都是影响生态需水的重要因素。为了定量研究它们的相关性,笔者利用 IDL6.0 软件编程,把径流量作为系统因素,与其他各量作为系统特征序列作灰色关联分析,得到各量与径流量的灰色关联度和关联序,如表 1 所示。

表 1 黄河口滨海径流量与其他各量的灰色关联度及关联序

关联度分析	A 水位	B 输沙量	C 叶绿素浓度	D 海表温度	关联序排序
绝对关联度	0.501 5	0.896 6	0.500 9	0.612 8	B > D > A > C
相对关联度	0.504 9	0.822 8	0.504 0	0.600 7	B > D > A > C
综合关联度	0.503 2	0.859 7	0.502 5	0.606 7	B > D > A > C

由表 1 可知,径流量与其他各量的绝对关联度、相对关联度、综合关联度都大于 0.5,表明它们都与径流量有一定的相关关系。关联度排序均为:输沙量 > 海表温度 > 水位 > 叶绿素,这表明无论是从绝对量的关系、相对性还是综合考虑,对径流量起主要影响的都是输沙量,其次是海表温度、水位和浮游植物的量。

3.3 建模方式

基于以上的灰色关联分析,认为可以开展生态需水量的预测研究。采用台湾大学林智仁副教授等开发设计的一个简单、易用和快速有效的 SVM 模式识别与回归的免费软件包 LIBSVM 来建立 SVM 模型。本文采用 C-SVM 算法,即对 SVM 算法引入一个非负的松弛度,用来实现在错分样本的比例和算法复杂度之间的折衷。以径向基函数 RBF 作为核函数,采用交叉验证选择最佳参数,并将最佳参数用于对整个训练样本集进行训练获取支持向量机模型,利用获取的模型进行测试与预测。

3.4 建模预测

采用 2000 ~ 2003 年逐月径流量、叶绿素浓度、水位、输沙量和海水表层温度数据,将数据分成 4 组,前 3 组用于训练模型,第 4 组用于检验预测效果。由于 LIBSVM 的输入数据有严格的格式,因此在进行 SVM 计算之前必须把使用的数据文件转换成能够用于 LIBSVM 的格式,并对数据进行简单的缩放操作。LIBSVM 软件提供的各种功能都是 DOS 命令执行方式,本文主要用到两个程序 svmtrain 和 svmpredict,分别用于训练建模和使用已有的模型进行预测。将所建模型用于 2001 年径流量的预测,结果如图 3 所示。

经计算得 SVM 和 BP 神经网络方法预测结果与实际来流量的平均相对误差分别为 20.6% 和 26.7%。两种方法的误差均比较大,这是由于建模所用部分数据是调水调沙后的数据,但同样数据建模情况下 SVM 方法预测的准确度略高于

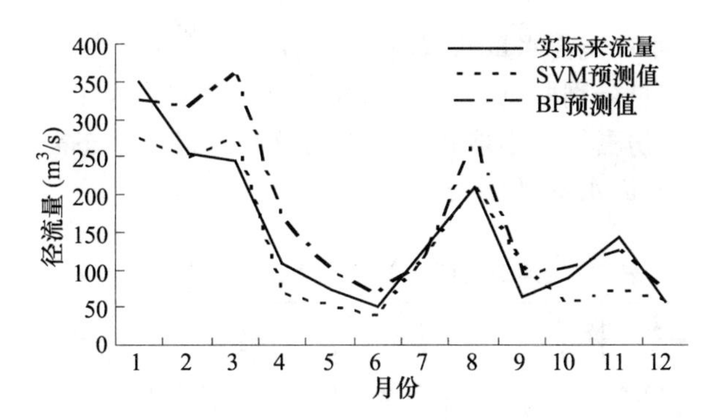

图 3　SVM 和 BPNN 法预测得到的 2001 年径流量

BPNN 方法,推广能力较强。

由于河口地区每月叶绿素浓度范围一般在 5 ~ 15 mg/m^3 之间范围变化,故取叶绿素在 5 ~ 15 mg/m^3 之间变化,对其他所有矢量取多年均值,输入 SVM 模型进行仿真,典型的变化曲线如图 4 曲线所示。改变矢量中的泥沙含量部分,使其分别为 0、5、7、9、11、15、20 kg/m^3,得到仿真曲线 1 ~ 7。可见,随着含沙量的增加,需水量也在增加。由此可知,输沙为 0 kg/m^3 时,生态需水量最小。但这与黄河实际输沙状况不符,因此本文在预测最小生态需水量时输沙值取其相应时间单位内的均值。

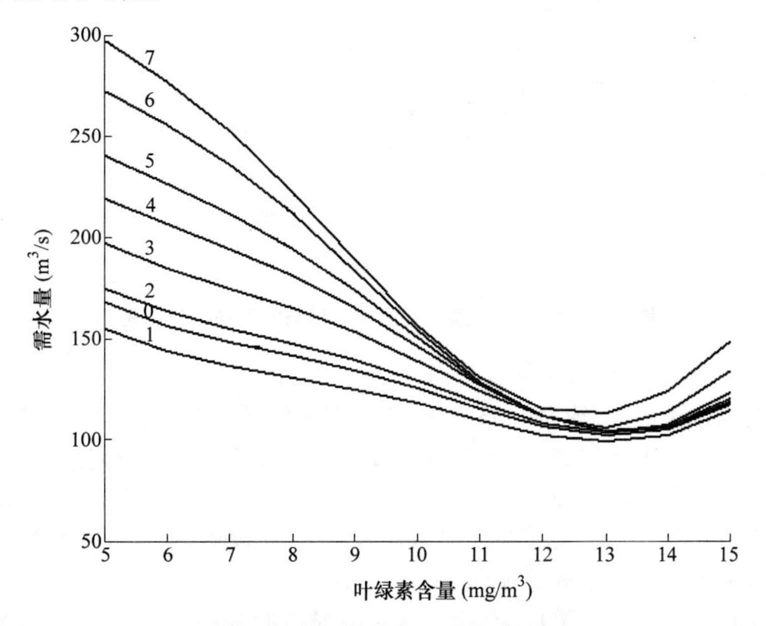

图 4　叶绿素含量与水量的变化曲线

由图 4 可以看出在叶绿素从小到大变化的过程中水量存在一个最小值,这个值可以作为最小环境需水量的取值。推而广之,叶绿素在 5 ~ 15 mg/m^3 之间变化,其他所有矢量分别取 2001 年各月均值,分别输入 SVM 和 BP 神经网络模型仿真,从每月的仿真结果中取最小值作为该月的最小生态需水量,得到 2001 年各月的最小生态需水量,如表 2 所示。

表 2　黄河口滨海区 2001 年逐月最小生态需水量　　（单位:m^3/s）

项目	1 月	2 月	3 月	4 月	5 月	6 月	7 月	8 月	9 月	10 月	11 月	12 月
实际来流量	349	255	243	109	73.7	52.3	128	208	65	89	144	57.7
BPNN 法	70.2	52.5	60.7	65.6	131.2	218.9	135.3	153.2	170.1	146.6	99.2	128.6
SVM 法	67.7	43.8	58.5	67.7	115	235.3	130	151.7	177	131	103	142.2

3.5　预测结果分析

对于管理和决策者来说,关心的是生态需水量的盈缺问题及调控量,即水量如何调配才能满足河口区生态需水要求,使河口生态环境健康发展。由此,可以将最小生态需水量与天然来水量进行比较,如果生态需水量比天然来水量小,则该月份生态不缺水;反之,亏空部分就是生态缺水量(宋进喜、李怀恩,2004)。由表 2 可见,两种方法预测得到的最小生态需水量值总体相差不大,本文取其算术平均值作为最小生态需水量,得到 2001 年最小生态需水量与该年实际来流量的对比曲线,如图 5 所示。

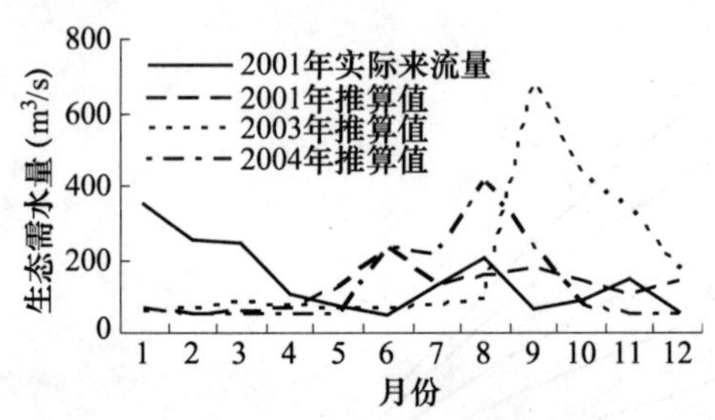

图 5　2001 年各月最小生态需水量与实际来流量比较

由表 2 和图 5 可见,2001 年 5 月、6 月、9 月、10 月、12 月为缺水月份,其中 6 月份生态缺水量最大,约为 4.53 亿 m^3;7 月份来流量基本接近最小生态需水量,其他月份能够满足最小生态需水量的要求。2001 年平均最小生态需水量为 118.96 m^3/s,总量是 37.52 亿 m^3,比沈珍瑶方法 60.64 亿 ~ 65.69 亿 m^3 要小 23.12 亿 ~ 28.17 亿 m^3,这主要是笔者仅考虑了口门外滨海区的生态需水量,未考虑河口陆域生态需水量的缘故。

文献[2]中给出了 2003、2004 年含实际输沙的最小生态需水量,将它们一并绘制于图 5 中。由图 5 中可见,因 2003 年和 2004 年黄河调水调沙,需输送较多的泥沙,其对应的生态最小需水量要比 2001 年同期对应的值为大。说明不受调水调沙影响的2001年对应的生态最小需水量变化过程更具代表性。

4 结语

支持向量机是一种建立在统计学习基础上的机器学习方法,具有精度高、速度快、自适应能力强、不受输入维数限制等优点,并且可以克服人工神经网络方法中无法避免的局部极小问题,具有比BP神经网络方法更好的泛化能力和更高的计算效率。本文是支持向量机方法应用于生态需水量预测的初步尝试,并结合了神经网络方法,为黄河口滨海区合理配置水资源提供了定量预测手段,其推算结果可以作为评价或规划黄河口滨海区淡水补给量的依据。

参考文献

[1] 朱玉伟,拾兵. 黄河口最小生态环境需水量研究综述[J]. 人民黄河,2005,27(1):42-44.
[2] 拾兵,李希宁,等. 黄河口滨海区生态需水量研究[J]. 人民黄河,2005,27(10):76-77.
[3] 邵华平,覃征,等. SVM算法及其应用研究[J]. 兰州交通大学学报:自然科学版,2006(2).
[4] 张学工. 关于统计学习理论与支持向量机[J]. 自动化学报,2000,26(1):32-34.
[5] 宋进喜,李怀恩. 渭河生态环境需水量研究[M]. 北京:水利水电出版社,2004:140-141.

黄河下游工程建设排序模糊理想点方法研究

周振民[1] 王路平[2]

(1. 华北水利水电学院;2. 黄河水利出版社)

摘要:考虑到黄河下游沿黄地区各类工程建设与投资计划特点,本文将黄河下游工程建设分为防洪堤防工程、引黄工程、灌溉与节水工程、水土保持及生态工程、河口综合开发治理工程、水利信息化工程等6类,利用模糊决策分析理论和工程规划调查数据确定工程权重,建立模糊理想点法模型,将黄河下游按照区域特征分为14个子区,利用所建立的模型进行排序求解,得到了黄河下游水利工程建设排序计划方案。研究成果对于黄河下游沿黄地区各类水利工程建设具有指导意义。

关键词:理想点法 模糊决策 工程排序 黄河下游

1 引言

工程规划和建设排序是黄河下游河道治理及沿黄两岸水利工程建设的重要内容,工程项目的建设次序对社会经济发展的影响很大。目前,确定工程项目建设次序的方法主要有层次分析法(AHP)、综合定量比较法、熵权决策法、最优化方法等。曲大义等(2000)将层次分析法应用于公路网规划建设项目排序中,将决策者的经验量化,对解决结构复杂而缺乏必要数据的问题有很大帮助。陈鹏等(2004)将综合定量比较法应用于城市干道建设项目排序,将定性目标转化为定量值,将不同性质的多目标转化为单目标,根据综合单目标值大小选择排序方案。廖勇等(2005)在云南省8个区域水资源开发排序中,用熵权决策法确定评价指标的权重,减少了主观上的偏差。

本文利用模糊决策分析理论和理想点法来建立模糊理想点法模型,在黄河下游沿黄地区的水利工程建设系统调查资料的基础上,综合考虑黄河下游各区域水利建设不同重点,给予不同的权重,计算得到水利工程建设次序方案的欧式距离,通过优选方案,确定水利工程建设次序。

2 模糊理想点法

2.1 理想点法

对多目标决策问题,其目标为 $F(x)=\{f_1(x),f_2(x),\cdots,f_m(x)\}^{\mathrm{T}}$,对应目标权重为 $W=\{w_1,w_2,\cdots,w_m\}^{\mathrm{T}}$。现有方案集为 $P=\{p_1,p_2,\cdots,p_n\}^{\mathrm{T}}$,且方案 p_i 在目标 $f_j(x)$ 上的特性值为 x_{ij},则目标特性值矩阵为

$$X=\begin{bmatrix} x_{11} & x_{12} & \cdots & x_{1m} \\ x_{21} & x_{22} & \cdots & x_{2m} \\ \vdots & \vdots & & \vdots \\ x_{n1} & x_{n2} & \cdots & x_{nm} \end{bmatrix}=(x_{ij}) \tag{1}$$

在目标特性值矩阵 X 中,每列极值 $\bigwedge\limits_i x_{ij}=\max\limits_i x_{ij}$, $\bigvee\limits_i x_{ij}=\min\limits_i x_{ij}$,其中

$$x_j^*=\begin{cases} \bigwedge\limits_i x_{ij},\text{对越大越优目标} \\ \bigvee\limits_i x_{ij},\text{对越小越优目标} \end{cases} \tag{2}$$

则由特性值矩阵得到的理想点是 $x^*=\{x_1^*,x_2^*,\cdots,x_m^*\}$。

根据闵可夫斯基(Minkowski)距离法

$$\| F(x)-F^* \| =\{\sum_{j=1}^{m} w_j[f_j(x)-f_j^*]^p\}^{1/p}\rightarrow \min \tag{3}$$

则每个方案距理想方案的距离为

$$d_i=\{\sum_{j=1}^{m} w_j(x_{ij}-x_j^*)^p\}^{1/p} \tag{4}$$

将 $d_1,d_2,\cdots,d_n$ 排序,最小值对应的方案为最优方案。式(4)中,$p=1$ 对应的距离称为海明距离或绝对值距离,$p=2$ 对应的距离称为欧式距离,$p\rightarrow\infty$ 对应的距离称为切比雪夫距离。

2.2 模糊决策分析理论

定义 区域集 $D=\{d_1,d_2,\cdots,d_m\}$ 中区域 d_i、d_j 就某方面比较重要性的规则:

(1)d_i 比 d_j 重要,则 $e_{ij}=1,e_{ji}=0$;

(2)d_i 和 d_j 同样重要,则 $e_{ij}=e_{ji}=0.5$。

根据定义,得到二元比较矩阵

$$E=\begin{bmatrix} e_{11} & e_{12} & \cdots & e_{1m} \\ e_{21} & e_{22} & \cdots & e_{2m} \\ \vdots & \vdots & & \vdots \\ e_{m1} & e_{m2} & \cdots & e_{mm} \end{bmatrix} \tag{5}$$

对矩阵各行求和,按和数从大到小将矩阵的各行重新排列,得到排序一致性标度矩阵

$$\beta = \begin{bmatrix} \beta_{11} & \beta_{12} & \cdots & \beta_{1m} \\ \beta_{21} & \beta_{22} & \cdots & \beta_{2m} \\ \vdots & \vdots & & \vdots \\ \beta_{m1} & \beta_{m2} & \cdots & \beta_{mm} \end{bmatrix} \tag{6}$$

该矩阵同样满足定义的规则。

取排序一致性标度矩阵第 1 行,有

$$0.5 = \beta_{11} \leqslant \beta_{12} \leqslant \cdots \leqslant \beta_{1m} \leqslant 1 \tag{7}$$

β_{1i}表示第 1 个区域相对于第 i 个区域的重要性对比值,在表 1 中通过语气算子查出。

由模糊标度值可以计算出各区域权重,即

$$w_i = \frac{w'_i}{\sum_{i=1}^{m} w'_i} \tag{8}$$

其中,$w'_i = \dfrac{1-\beta_{1i}}{\beta_{1i}}, i = 1,2,\cdots,m$。

表 1　语气算子与模糊标度、隶属度之间的关系

语气算子	同样		稍稍		略微		较为	
模糊标度值	0.50	0.525	0.55	0.575	0.60	0.625	0.65	0.675
隶属度值	1.0	0.905	0.818	0.739	0.667	0.60	0.538	0.481
语气算子	明显		显著		十分		非常	
模糊标度值	0.70	0.725	0.75	0.775	0.80	0.825	0.85	0.875
隶属度值	0.429	0.379	0.333	0.290	0.25	0.212	0.176	0.143
语气算子	极其		极端		无可比拟			
模糊标度值	0.90	0.925	0.95	0.975	1.0			
隶属度值	0.111	0.081	0.053	0.026	0			

3　黄河下游“十一五”规划工程排序实例应用

3.1　方案集形成

黄河下游现有水利工程包括防洪堤防工程、引黄工程、灌溉与节水工程、水土保持及生态工程、河口综合开发工程、水利信息化工程等共 6 类,其中大部分

是防洪工程和引黄工程。本次评价的方案共33个,各个方案形成是根据各个区域的特点来对这些工程项目进行选择。每个方案对应的工程项目有300多项。

3.2 评价目标体系

黄河下游水利工程建设排序方案的评价目标共17个,即堤防建设长度、河道整治长度、行蓄洪区围堤长度、水库总库容、水库防洪库容、水库兴利库容、城镇年供水量、农村供水人口、城镇供水人口、新增灌溉面积、改善灌溉面积、新增节水灌溉面积、新增除涝面积、改善除涝面积、河口区域开发综合工程、水保治理面积、工程总投资等,见表2。

表2 黄河下游水利工程建设排序方案评价目标体系

目标分类	具体内容
防洪目标	堤防长度、河道整治长度、行蓄洪区围堤长度、水库总库容、水库防洪库容
供水目标	引黄供水量、灌溉用水量、水库兴利库容、城镇年供水量、农村供水人口、城镇供水人口
农村水利发展目标	新增灌溉面积、改善灌溉面积、新增节水灌溉面积、改善除涝面积
河口区域综合治理	河口区域开发综合工程
生态环境保护目标	水保治理面积、湿地保护面积、土地沙化治理面积
工程投资目标	总投资

3.3 区域权重

本文将黄河下游水利工程建设排序按照区域工程特征划分为14个子域,即河南省郑州市、开封市、焦作市、新乡市、濮阳市,山东省菏泽市、济宁市、泰安市、济南市、淄博市、潍坊市、聊城市、德州市、滨州市和东营市。各区域规划侧重点不一样,但是引黄工程都是重要的工程建设内容,泰安市大汶河流域内的水库工程建设是主要的内容。各区域工程建设中,城市供水工程建设是需要重点考虑的对象。另外还需考虑城乡供水工程建设和生态环境建设。对于外流域引黄供水工程,考虑在引黄口所在地的工程规划中,各地区的规划引水量均按黄委统一分配的水量计算。对于不同区域的不同发展重点,在模型中应予以不同的权重系数。

应用模糊决策分析理论计算得到各目标在各个区域权重如表3所示。

3.4 计算结果分析

利用式(4)计算欧式距离,其中方案目标特性值x_{ij}计算公式为

$$x_{ij} = \sum_{l=1}^{l_i} r_{lj} \times w_{lj} \tag{9}$$

式中:l_i为第i个方案的工程项目数;r_{lj}为第i个方案中第l个项目对应第j个目

标的特性值；w_{lj}表示第 i 个方案中第 l 个项目对应第 j 个目标的权重，需根据该项目具体位于那个区域确定，具体值见表 3。

计算出方案特性值后，即可计算出方案欧式距离，结果如图 1 和图 2 所示。

表 3　区域权重

区域	防洪	供水	农村水利发展	河口治理	生态环境保护	工程投资
郑州市	0.114	0.105	0.055	0.012	0.091	0.086
开封市	0.104	0.061	0.082	0.026	0.082	0.065
焦作市	0.038	0.025	0.025	0.006	0.015	0.023
新乡市	0.092	0.090	0.105	0.011	0.085	0.080
濮阳市	0.094	0.081	0.095	0.014	0.090	0.078
菏泽市	0.105	0.080	0.090	0.018	0.089	0.076
济宁市	0.042	0.055	0.020	0.025	0.060	0.045
泰安市	0.045	0.065	0.035	0.045	0.040	0.046
济南市	0.055	0.099	0.045	0.056	0.065	0.081
淄博市	0.025	0.025	0.036	0.060	0.045	0.040
潍坊市	0.060	0.035	0.041	0.055	0.023	0.035
聊城市	0.091	0.084	0.115	0.065	0.085	0.085
德州市	0.095	0.080	0.095	0.101	0.070	0.075
滨州市	0.030	0.060	0.085	0.145	0.075	0.080
东营市	0.010	0.055	0.076	0.361	0.085	0.105
合计	1.000	1.000	1.000	1.000	1.000	1.000

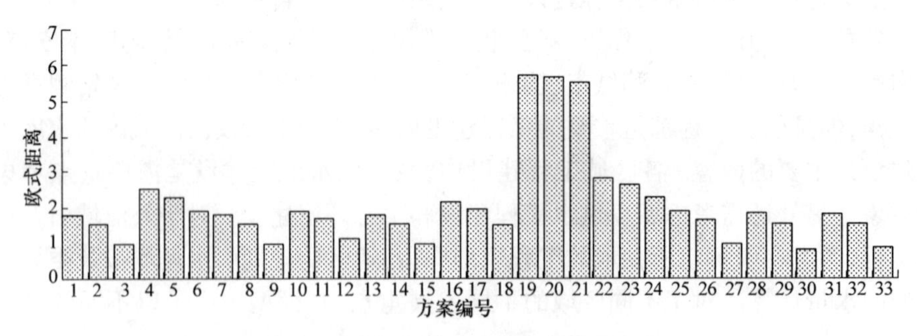

图 1　投资完全满足时各方案欧式距离

从图 1 和图 2 中可以看出，投资完全满足时，第 30 号方案为最优方案；当投资不超过预算的 95% 时，第 29 号方案为最优方案，第 32 号方案为备选方案，相当多的方案均不满足投资要求；当投资不超过预算的 90% 时，满足要求的是第 25 号、28 号方案（此图略）。

我们以图 1 结果进行合理性分析。图 1 第 30、9、15、33 号和 3 号方案均为优方案，其共同点是区域内黄河堤防、大型引黄工程、大型灌区灌溉工程、重点生

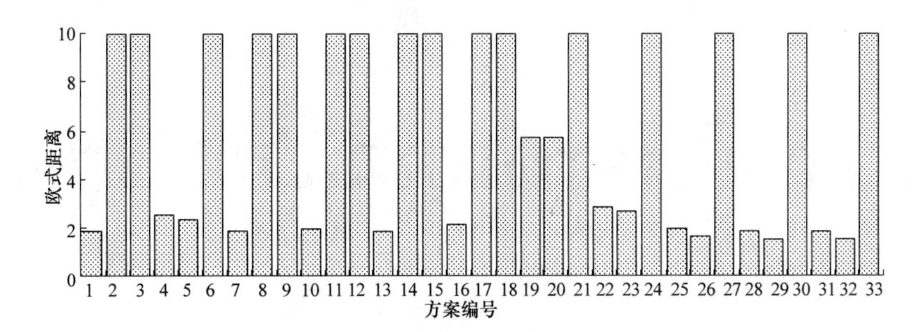

图 2　投资只有总预算 95% 时各方案欧式距离

态环境工程、河口综合治理和重点水库均安排建设。第 19、20、21 号方案均为劣方案，其共同点是没有将大型引黄工程、生态环境工程和河口治理工程项目纳入方案中，而引黄工程的发展对于黄河下游工农业生产起着非常重要的作用。优劣方案对比显示出堤防工程、引黄灌溉工程、大型灌区重点节水工程技术改造和河口综合治理的重要性，该特点符合黄河下游河南、山东两省“十一五”水利发展的要求。

4　结论

本文利用模糊理想点法对黄河下游水利工程建设进行排序，得到的方案可指导黄河下游河南、山东两省水利“十一五”规划建设；该应用过程也对同类型工程建设排序问题具有一定的借鉴意义。

参 考 文 献

[1]　钱颂迪，等. 运筹学[M]. 北京：清华大学出版社，1990.

[2]　曲大义，等. 层次分析法在公路网规划建设项目排序中的应用[J]. 公路交通科技，2000，17(5)：102 - 106.

[3]　陈鹏，李杰，罗君君. 城市干道建设项目排序探讨[J]. 华中科技大学学报(城市科学版). 2004(2).

[4]　廖勇，梁川. 熵权决策法在区域水资源开发最优排序中的应用[J]. 东北水利水电，2005(6).

[5]　陈守煜. 系统模糊决策理论与应用[M]. 大连：大连理工大学出版社，1994.

土工合成材料在防汛抢险工程中的应用

仝逸峰[1] 简 群[2] 杨达莲[3] 吕军奇[4]

(1.黄河国际论坛秘书处;2.黄河水利出版社;
3.黄河水利委员会水文局;4.河南黄河河务局)

摘要:土工合成材料具有整体性强、抢险速度快、适应性强、储运方便、造价低、经久耐用和可废物利用的优点,在防汛抢险中主要起到排水、反滤和防渗的作用,常用于堤岸崩塌、基础管涌、堤身跌窝与漏洞、背水坡散浸、背水面脱坡、洪水漫顶和防风浪淘刷、涵闸及堵口等方面,可及时排除险情。

关键词:土工合成材料 防汛抢险 堤防

1 应用现状

土工合成材料是一种新颖岩土工程材料。它是以合成纤维、塑料及合成橡胶为原料,制成各种类型的产品,置于土体内部、表面或各层介质之间,发挥其工程效用。防汛抢险所用材料要求重量轻、便于运输、不易腐烂,施工简单、快捷、见效快,而土工合成材料所具有的特点正好能满足防汛抢险的要求。土工合成材料应用于岩土工程是近50年来发展起来的一门新技术,20世纪70年代末引入我国。1985年云南省陆良南盘江左岸堤坡脚汛期的巨大管涌破坏,曾用无纺土工织物作滤层,上覆毛石压重排除了险情。继后在长江中下游和北方大江大河的防洪堤上先后用土工合成材料排险和兴建护坡护堤工程。1991年开始,国家防汛抗旱总指挥部将土工合成材料作为防汛抢险物料下达生产储备任务,各流域都分别储存了编织袋、复合布、土工织物、防浪布(即编织布覆膜)等。1991年长江中下游、太湖流域在抗洪抢险中,仅江苏和安徽两省就分别采用土工合成材料缝制的土袋枕3 000万条。1998年长江大水和松花江大水抢险中,使用编织袋1亿多条、编织布1 400万 m^2、无纺布286万 m^2。

2 防汛中常用的土工合成材料

土工合成材料主要分为土工织物和土工膜两大类,分别代表透水材料和不透水合成材料。土工织物细分为编织物、机织物、无纺织物及复合织物四种。目前应用较普遍的土工合成材料品种有编织袋、编织布、无纺布、土工膜(或复合土工膜)。防汛抢险中主要利用其排水、反滤和防渗功能,进行坍塌、管涌、流土、滑坡等险情的抢护。材料种类不同,其反滤排水效果差异很大,因此一定要根据出险地点的具体情况和被保护土体的粒度与级配,分析土工合成材料的特性机理,适当选择土工合成材料,确保抢险成功。

3 土工合成材料的功能和应用范围

任何一种材料或产品都有一定的应用范围,而应用范围又是由其功能决定的。土工合成材料在水利工程及其他有关工程中的应用,归纳起来有反滤、排水、防护、加筋、隔离等几种功能。此外,还可与其他材料复合组成不透水织物用于防渗。土工膜的功能则主要是防渗。

3.1 反滤功能

土工织物具有良好的透水性能,又有适当小的孔隙,因而既可满足水流通过的要求,又可防止基土颗粒过量流失而造成的管涌和流土破坏。利用土工织物的这种功能,在实际工程中可以用它来代替传统的砂砾反滤层,例如堤坝护坡的反滤层(垫层)、坝后排水反滤层、涵闸出口护坡反滤层和减压排水井的反滤等。

3.2 排水功能

土工织物具有良好的垂直和水平排水能力,而且可以调节。因此,它可有效地作为排水设施把土中的水分汇集起来排出。例如,挡土墙的排水、坝体内垂直和水平排水,以及作为加速土体固结的排水等。土工织物的排水功能往往与反滤功能相结合,起两方面的作用。

3.3 防护功能

利用土工织物良好的力学性质与透水性,可把它用于防止水流冲蚀和保护基土不受外界作用破坏。例如堤坝护坡垫层、河岸护底、海岸或防潮堤保护、防止坡底冲刷、防汛抢险等。

3.4 加筋功能

将土工织物埋入土中可借织物与土体界面的摩擦力,限制土体侧向位移,等效于施加侧压力增量,从而使土体强度有所提高,承载力增大;加筋使应力扩散,有助于调整地基沉降。例如堤坝等各种结构物的软土地基或强度不足的地基加固,在冻土和稀泥土上修筑临时道路,防止沥青混凝土路面裂缝,修筑加筋土墙,稳定边坡,防止冻融或其他作用造成的滑坡等。

3.5 隔离功能

土工织物的隔离作用是把材料分隔开,以防止相互混杂,或为某种目的的作为同一材料的分隔层。通过隔离层,引起应力扩散作用,使地基沉降量得到一定程度的均匀化;隔离提供排水面,加速地基固结,使承载力提高;隔离可能防止翻浆等现象,例如土石坝、堤防、路堤等不同材料的各界面之间的分隔层等。

3.6 防渗功能

土工织物可用一些防水材料,如乙烯树脂、合成橡胶、聚胺酯或塑料等浸渍或涂刷后成为不透水的织物,这样它就和土工膜一样可用于各种防渗结构中,而且,在力学和水力学性质上往往具有更多的优点。不透水织物和土工膜已广泛应用于堤坝、水库、水池、渠道、屋面和地下洞室等防渗防水工程,还可在满足结构刚度的条件下充气或充水作为挡水结构物。

4 土工合成材料在防汛抢险中的应用实例

如何利用土工合成材料抢险,要结合实际具体分析。下面结合实例说明土工合成材料在防汛抢险中的应用。

4.1 防漫溢抢险

应用土工织物抢护堤、坝顶部的漫溢,主要的抢险方法有:利用编织土袋及混合子堤、编织袋与土工织物子堤、土工织物与土子堤加高加固堤防等。主要是利用编织土袋、土工软体排及土工膜的抗冲刷性,以保护抢修子堤的稳定。

实例:1998 年,长江、嫩江、松花江在洪水期,利用袋土做防洪子堤取得了巨大成功。长江流域的堤防筑子堤 620 km,嫩江、松花江流域堤防筑子堤 800 多 km,子堤高达 2.2 m,实际挡水的有数十公里,挡水高度 1.6 ~ 1.7 m。在洞庭湖区用修子堤方法多蓄洪水数亿立方米,减轻了长江中下游洪水的压力。

4.2 风浪抢险

汛期江河涨水以后,堤坝前水深增加,水面加宽。当风速大、风向与吹程一致时,形成冲击力强的风浪。堤防临水坡在风浪一涌一退地连续冲击下,伴随着波浪往返爬坡运动,还会产生真空作用,出现负压力,使堤防土料或护坡被水流冲击淘刷,遭受破坏。轻者把堤防临水坡冲刷成陡坎,重者造成坍塌、滑坡、漫水等险情,使堤身遭受严重破坏,以致溃决成灾。

实例:2001 年 7 月 30 日 0 时至 24 时,大汶河流域普降暴雨,临汶以上平均降雨量为 74 mm,最大点雨量东周站 113 mm。受汶河流域降雨影响,8 月 1 日汶河进入东平湖的戴村坝水文站 12 时 18 分洪峰流量 1 050 m^3/s,20 时东平湖老湖水位已上涨至 42.91 m,超过警戒水位 0.41 m,相应蓄量 5.25 亿 m^3。此后东平湖水位仍在继续上涨。8 月 4 日下午 3 时,大汶河流域又突降大到暴雨,局部特大暴雨,最大点雨量楼德水文站 271 mm。5 日 7 时,戴村坝水文站洪峰流量 2 900 m^3/s。7 日 1 时,东平湖水位达 44.38 m,为 1960 年建库以来最高水位,超警戒水位 1.88 m,超保证水位 0.38 m。8 月 7 日在二级湖堤未加高的八里湾缺口处(15 +000 ~15 +350)抢修一道子埝,子埝高 1.0 m 左右,长 350 m,采用编织土袋排垒,外裹土工布。8 月 7 日 16 时东平湖老湖区突起大风,湖面浪高 1.5 m,在八里湾缺口处,风浪涌上了堤顶,在湖面停靠的两条吸泥船被涌上了堤坡,由于及时抢修了子埝,避免了风浪淘刷的不利局面。

4.3 渗水(散浸)抢险

汛期高水位历时较长时,在渗压作用下,水流向堤身内渗透,堤身形成上干下湿两部分,干湿部分的分界线为浸润线。若堤身质量不好,渗透到堤防内部的水分较多,浸润线也相应抬高,在背水坡出逸点以下,土体湿润或发软,有水渗出的现象,称为渗水。

实例:1998 年 8 月 8 日,在长江上车湾桩号 618 +859 ~618 +865 长 15 m 的范围内,堤内脚以上垂高 2.5 m 发生脱坡,吊坎高 0.5 m,堤顶以下垂高 1 m 以下堤内坡严重散浸,当时外江水位是 37.65 m。具体抢险方法是:一是在内脱坡处用编织土袋做透水土撑,填矿砂厚 0.1 m,碎石厚 0.1 m,内脱坡险情基本稳定;二是用编织土袋抢修前戗截渗,前戗长 50 m,顶宽 5 m,高出水面 0.5 m,并在前戗上铺设土工膜防浪;三是在 400 m 长严重散浸段开沟导渗,沟宽 0.3 m,内填二级砂石料,将渗水导出,险情基本得到控制。

4.4 管涌(流土)抢险

大洪水期,堤防处于高水位运行状态,由于临水面与背水面的水位差而发生渗流,若渗流出逸点的渗透坡降大于允许坡降,则可能发生管涌或流土等渗流破坏。

实例:1991 年 7 月大洪水时,淮河大堤陈大湾堤段背水堤脚出现了直径 30 ~40 cm 的管涌,冒水水柱高达 30 cm,孔周堆积了许多沙环。抢险时采用非织造土工织物,土工布尺寸 5.3 m×5.3 m(长×宽),单位质量为 400 g/m^2,平铺在管涌孔口上,试图压住管涌翻沙,但由于方法不当,开始时并未达到预期效果。当在织物中央加块石压重时,其周围鼓起;相反,在织物周围压块石时,则中间又鼓起。继续上压 30 cm 厚的石料,仍有浑水流出;将压重加厚到 60 cm 时,浑水依旧不止;再增厚压重到 1.0 m 以上时,渗水才变清。待数小时后,非织造土工织物四周又流出浑水,说明险情仍未完全排除。最后在管涌周围修筑了一个长 30 m、高 1.0 m 多的大围井,险情才得到控制。

1987 年淮河连续出现 5 次洪峰,高水位持续时间长,在蒙洼圈和城西湖蓄洪大堤多处出现翻沙鼓水险情,在紧急情况下,均采用土工织物覆盖管涌口,压住冒沙形成反滤,只要按照土工织物反滤排水的技术要求设计施工,绝大多数效果十分显著,一般土工织物铺放 30 ~60 min 后便可出清水。

4.5 漏洞抢险

漏洞是贯穿于堤身或堤基的过流通道。漏洞水流常为压力管流,流速大,冲刷力强,险情发展快,是堤防最严重的险情之一。尤其对黄河来说,由于堤防多为沙性土,临背悬差大,各种隐患较多,加之深水漏洞不易发现,故查险、抢险难度非常大。

4.6 裂缝抢险

堤坝裂缝是最常见的一种险情,有时也可能是其他险情的预兆,有些裂缝可能发展为漏洞,应引起高度重视。

实例:1998 年 7 月 20 日,钱粮湖农场采桑湖大堤桩号 32 + 000 ~ 32 + 090、高程 36 m 处堤背坡出现 1.0 cm 左右裂缝。7 月 18 日,滑坡开始发展,裂缝最宽 10.0 cm,垂直下沉 20.0 cm,长度发展到 600 m,其中裂缝险情最严重的堤段长 93 m。抢护措施:在滑裂体覆盖不透水的土工膜,防止雨水灌入加剧险情;对滑裂体堤坡开沟,以达到导渗、减载、平压、阻滑的效果;开挖土方则用来作平压土撑,对 93 m 严重滑坡段每隔 15 m,抢修一土撑;在滑坡体中下部作类似于减压井的砂井,穿过滑裂面;禁止非防汛车辆通行,并加强观测。经处理后险情基本控制。

4.7 堤防坍塌抢险

坍塌是堤防、坝岸临水面崩落的重要险情。发生坍塌的主要条件,一是环流强度大,二是河势发生较大变化,出现"横河"、"斜河",坍塌部位靠近主流,三是堤岸抗冲能力弱。坍塌险情如不及时抢护,将会造成溃堤灾害。

实例:1999 年 3 月 17 日黄河花园口 115 护岸受大回流淘刷,其下河床冲刷,岸坡失稳下滑而出险,现场大河流速在 1.5 ~ 1.7 m/s,水深 7.0 ~ 8.5 m,组织抢险人员 30 人、1 台套 6 寸泥浆泵、1 辆 8t 自卸汽车、1 台装载机组成的抢险队,采用充沙土工反滤布长管袋褥垫进行了护坡、护根抢险。其工艺操作是:首先探测坝前水深、流速情况,选择长管袋末端封闭、进口敞开、符合防护尺寸的土工反滤布长管袋褥垫;接着将土工反滤布长管袋褥垫上游边 3 ~ 5 道中 Φ10 mm 的定位锦纶牵拉绳,在褥垫管袋进口端的连接反滤布上每间隔 1.0 m 拴系 Φ10 mm 的顶端锚固锦纶绳,在褥垫两角各拴一根 Φ10 mm 的牵拉锦纶绳。其次是滚排成卷,以褥垫末端为卷心将选定的土工反滤布长管袋褥垫卷好,沿抢护坝坡放置于临河坝肩坝面上;第三是打桩挂排,在褥垫顶端锚固锦纶绳,并对应坝面和褥垫牵拉绳拴固的合适坝面位置,打入中 Φ150 mm、长 1.5 m 木桩,木桩顶高出坝面顶 0.3 ~ 0.4 m,将褥垫顶端锚固锦纶绳和牵拉纯固定于木桩上;最后是利用泥浆泵抽沙结合人工装土(汽车运来,倒置于管袋充填口处)最先充填褥垫上游边两个管袋,同时要求在充填过程中随着褥垫的展开要及时进行上游边、末端牵拉的松、紧调整和锚定,实现褥垫的压载充填和准确就位, 险情很快得以控制。险情过后,水位下降后,从暴露出的冲沙褥垫的位置判断,其护坡、护根抢险效果比较理想。

4.8 坝垛(护岸)坍塌抢险

坍塌险情是坝垛最常见的一种险情。坝垛在水流冲刷下,出现沉降的现象称为坍塌险情。坍塌险情又可分为塌陷、滑塌和墩蛰三种。塌陷是坝垛坡面局部发生轻微下沉的现象。滑塌是坦坡在一定范围内局部或全部失稳发生坍塌下落的现象。墩蛰是坝垛护坡连同部分土坝基突然蛰入水中,是最为严重的一种险情,如抢护不及就会产生断坝、垮坝等重大险情。

实例:黄河枣树沟 1 坝抢险。1999 年 9 月 25 日,河势大幅度上提,河水在枣树沟工程上首坐弯,造成枣树沟 1 坝根部的未裹护段土坝坡出险,当时大河流量在 1 100 m^3/s 左右,河面宽在 80 m 左右,流速 2.0 m/s,水深在 10.0 m 以上,在旋涡、螺旋流的作用下,河湾内土坝坡塌失速度很快,利用石料抢险仅能护根,不能护坡,再加上工程地处黄河嫩滩区,柳料收集非常困难,遂决定利用 4 块长 37 m、宽 25 m 的土工反滤布长管袋褥垫进行充沙抢险,其工艺方法类似花园口 115 护岸抢险,根据险情和水情选择褥垫→拴绳滚排成捆→打桩挂排→充填压载。不同之处是: 险情较花园口 115 护岸大、急,不仅采取了利用泥浆泵抽吸工程背河滩地及坝裆的泥沙充填褥垫管袋和人工将汽车运来并倒置在褥垫管袋口处的土混同泥浆泵水直接装填入褥垫管袋内,同时还利用人工将编织土袋也抛投入褥垫管袋内,高强机织土工反滤布长管袋褥垫在泥水、土和土袋自重的作用下迅速沿坝坡下滚展开而贴附于坝坡和河床面上,在锦纶绳牵拉作用下,虽然坝前旋涡、螺旋流密布。但褥垫仍按设计状态平顺地下沉,最终冲沙土工反滤布长管袋褥垫准确地铺设于设定的抢险位置,迅速控制了险情。

4.9 施工截流抢险

实例:2005 年 12 月 18 日在南水北调穿黄Ⅳ标工程中采用冲填长管袋护滩、编织袋笼进占、大强度的土方跟进闭气的方法成功地依托河中心的嫩滩截导大河主流。采用以坝护湾、以湾导流的传统方法加上在冲刷严重的地段冲填长管袋的主动防护相结合,使没有用一块石头的土体施工平台抵御了 3 800 m^3/s 流量的调水调沙的水头等。这些创新技术的大胆运用,不仅确保了主体工程的施工,也优化了传统的柳石楼箱进占护岸的施工方案。

5 土工合成材料评价

实践证明,在防洪抢险工程中采用土工合成材料用于护岸、护坡、抢修子堤、抢堵漏洞和堤防背水处理管涌、渗水等险情时,有其明显的优势。

5.1 整体性强

应用土工合成材料可以加工制作成长管袋、长管褥垫、软体排等,根据险情类别和大小而选用,不易发生局部冲刷,并很好地适应河床冲刷变形,起着非常好的防护作用。

5.2 抢险速度快

在黄河防汛抢险中争取时间至关重要,若能抢在洪水到来之前完成抢修任务,就能保证防洪工程安全度汛;反之,将会遭受洪水危害,造成损失。

5.3 适应性强

织造土工织物软体排沉放后,能与不同地形的河岸(堤坡)较好地贴合,并能随河床断面经淘刷变化而自行调整其位置,紧贴岸坡,发挥防冲护岸作用;同时它又可用做背水坡出现管涌险情时的良好滤层。

5.4 抢险操作简便

通过实践应用是非常有效的,有时往往用几块土工布就可以迅速有效处理一处险情,可以说抢险简便快捷,效果好,从而避免了长距离大量调集符合反滤要求的砂、碎石及梢、柳、秸料等问题。

6 结语

为了更好地在防汛抢险中使用土工合成材料,国家防总办公室近两年做了大量的应用研究工作,组织有关单位研究开发了高摩擦土工编织袋,成果已通过验收。1998 年大水后,开展了土工合成材料在抢护管涌险情中的研究,着重研究了土工合成材料防治管涌的机理和施工机具,对软体排的施工机具也进行了专题研究,取得了初步成果。虽然土工合成材料在我国的应用起步较晚,但发展很快,比如土工合成材料软体排应用于防汛抢险的试验研究和实际应用,在国际上处于领先地位。由于其方法较简单,耗资也比传统的方法省,特别是可以减少大量的砂石运输,社会效益和经济效益显著。

参 考 文 献

[1] 孙亚林. 堤防工程土工合成材料应用技术. 北京:中国建筑出版社,2000.
[2] 范蓉. 土工合成材料在建筑中的应用. 北京:中国建筑出版社,2001.
[3] 牛运光. 堤防加固技术. 北京:中国水利出版社,2000.

维持渭河下游中水河槽的需水量分析*

林秀芝[1,2]　李　勇[1,3]　苏运启[1,4]

(1.黄河水利科学研究院;2.河海大学;3.西安理工大学;
4.水利部黄河泥沙重点实验室)

摘要:渭河是黄河的最大支流,近年来,由于水资源严重短缺,河道不断淤积,河槽严重萎缩,排洪能力降低,常常导致中小洪水灾害频繁发生。为了减轻渭河下游防洪压力,塑造和维持一定的中水河槽是十分必要的。文章根据经济社会可持续发展对渭河下游河槽排洪能力的要求以及渭河下游中常洪水频率分析和未来水沙条件预估,论述了渭河下游中水河槽的标准,提出维持渭河下游中水河槽的年水量、汛期水量以及洪水水量。为今后跨流域调水,受水区需水量分析提供参考。

关键词:中水河槽　需水量　平滩流量　渭河下游

渭河是黄河的第一大支流,发源于甘肃省渭源县鸟鼠山,自西向东流经甘肃省的武地、甘谷、天水等地,在凤阁岭进入陕西,然后经宝鸡、杨凌、咸阳、西安、渭南等地,在潼关注入黄河。流域面积13.48万km^2,其中,甘肃占44.1%,宁夏占5.8%,陕西占50.1%。干流全长818 km,宝鸡以上为上游,河长430 km,河道狭窄,河谷川峡相间,水流湍急;宝鸡峡—咸阳为中游,河长180 km,河道宽,多沙洲,水流分散;咸阳—入黄口为下游,河长208 km,比降较小,水流较缓。

渭河下游地区城镇集中,工农业发达,旅游资源丰富,是陕西省政治经济的中心区域,也是西部大开发的重要地区。然而,20世纪90年代以来,由于水资源短缺、河道淤积、河槽萎缩、排洪能力等生态功能严重降低,致使中小洪水频繁成灾,出现了“92·8”,“96·7”,“2000·10”和“2003”洪水等洪水灾害,呈现出“小流量、高水位、大灾情”的特征。因此,为了促进人与自然和谐发展,减少渭河下游防洪压力,保持渭河下游河槽一定的过洪能力是十分必要的。

1　渭河下游中水河槽标准

渭河是陕西省关中地区的一条经济命脉,维持渭河下游河道的健康生命,是保持陕西省关中地区社会经济可持续发展的关键。改善渭河下游生态环境,促

* 本研究得到国家“十一五”科技支撑计划项目(2006BAB06B04)课题的资助。

进人与自然的和谐,是关中地区经济社会发展的一个重要目标。因此,经济社会可持续发展对渭河下游排洪能力的要求[1]:一是渭河下游发生中常洪水时,洪水位不要过高,基本不发生洪水灾害;二是河道宣泄洪水能力得到一定程度恢复,常遇洪水威胁和超标准洪水灾害控制在一定限度内;三是河道输沙能力接近或达到平衡输沙状态,避免河床的持续淤积抬升,确定在未来一段时期内,不造成渭河下游防洪治理工程防御标准的过快降低。

经济社会发展对河道生态功能恢复的要求,集中体现在主槽过洪的能力的恢复。因为主槽过洪能力的恢复既能增强河道泄洪能力,明显降低中小洪水水位、减缓滩面淤积抬升速度,又能缓解滩面淤积抬升引起治理工程防御标准降低的压力。据此提出经济社会发展要求的控制指标是[1]:华县主槽过洪能力维持在3 000 m^3/s(建库后历年最大流量的均值)左右,河道滩面不出现明显抬升。

渭河下游的河槽形态是进入下游的水沙条件和河床边界条件共同作用的结果。在一定的河床边界条件下,水沙条件是塑造河床形态的最主要因素。渭河下游河道整治原则,基本是按中水河槽设计治导线,布置控导护滩工程[2],渭河下游河道中水河槽的设计过洪能力,临潼附近为 3 500 m^3/s,华县附近为 3 000 m^3/s。为了使渭河下游治导工程能更好地发挥控导作用,中水河槽的确定也应与规划或已布设的控导护案工程相适应。另外,通过洪水重现期分析,华县水文站洪峰流量大于3 000 m^3/s 的洪水在长系列(1950 ~2003 年)中的重现期为2.5 年,临潼水文站洪峰流量大于3 500 m^3/s 的洪水在长系列(1950 ~2003年)中的重现期为2.8 年,基本为中常洪水。若将渭河下游河槽塑造成平滩流量华县断面附近3 000 m^3/s,临潼断面附近3 500 m^3/s 的河槽,基本满足中水河槽的条件。

同时考虑到90 年代以来,由于水沙条件的巨大变化,进入渭河下游的水量大量减少,大洪水出现几率明显降低,最大洪峰流量值也明显减少。因此,渭河下游中水河槽的目标可以适当降低到华县附近平滩流量 2 500 m^3/s,临潼附近3 000 m^3/s左右。

2 维持渭河下游河道中水河槽需水量分析

要维持渭河下游中水河槽形态,需要一定的水量和流量过程。从渭河下游平滩流量和华县来水量变化过程(图 1)可以看出,来水量大,相应的平滩流量就大;反之,亦然。1985 ~1993 年,华县平滩流量基本在 3 000 m^3/s 左右变化,最大为3 700 m^3/s,最小为2 100 m^3/s,平均为2 800 m^3/s,该时段华县年平均水量62 亿 m^3,汛期平均水量 35 亿 m^3;另一时段 1980 ~ 1983 年华县平滩流量在3 000 m^3/s左右,最大为3 990 m^3/s,最小为3 049 m^3/s,平均为3 376 m^3/s,该时

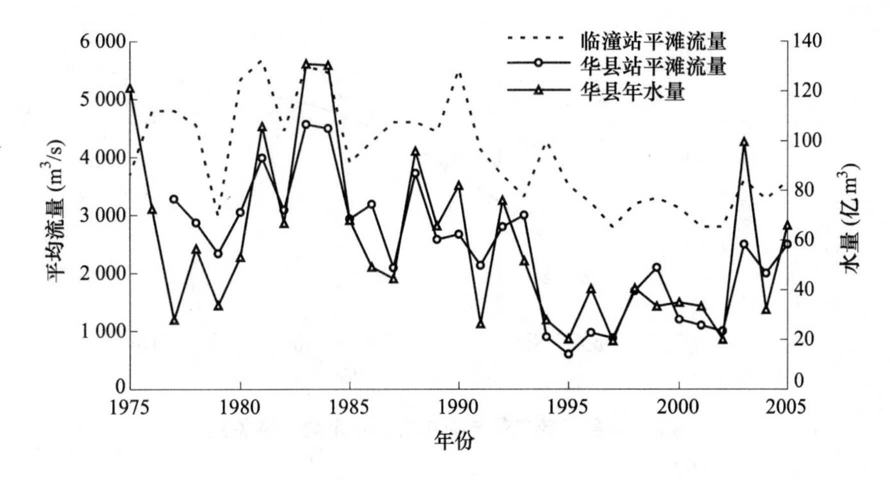

图 1　1974 年以来渭河下游历年汛后平滩流量与华县年径流量变化

段华县年平均水量 75 亿 m^3，汛期墒均 52 亿 m^3。从而可以看出，若要维持较大的平滩流量，则需要较大的水量，若要维持较小的平滩流量只需较小的水量。

通过大量实测资料分析渭河下游华县平滩流量与多年平均水量滑动值的关系，发现渭河下游华县平滩流量与年水量和汛期水量的 2 年滑动平均值相关关系较好，相关系数均在 0.86 以上[3,4]。同时考虑到在大水年份，当年水量和往年水量对当年平滩流量的影响度不同，于是通过分析发现华县平滩流量与当年水量的 0.7 倍和往年水量的 0.3 倍加权平均水量相关较好，相关系数均在 0.88 以上[3,4]，见图 2 和图 3。由图可以看出，若要维持渭河下游华县断面 3 000 m^3/s 的平滩流量，华县年水量需要在 50 亿 ~ 80 亿 m^3，平均约 65 亿 m^3，其中汛期需要水量 30 亿 ~ 54 亿 m^3，平均约 42 亿 m^3。若要维持渭河下游华县断面 2 500 m^3/s 的平滩流量，华县年水量需要 40 亿 ~ 70 亿 m^3，平均约 55 亿 m^3，其中汛期需要水量 25 亿 ~ 45 亿 m^3，平均约 35 亿 m^3。

图 4 为华县平滩流量与流量大于 1 000 m^3/s 洪水水量的关系图，由图可以看出，华县平滩流量与流量大于 1 000 m^3/s 的洪水水量相关性也较好。说明较大流量的洪水是塑造河床形态的重要因素。由图 4 可以看出，要维持华县断面 3 000 m^3/s 的平滩流量，汛期大于 1 000 m^3/s 流量的洪水水量 10 亿 ~ 20 亿 m^3，平均约 15 亿 m^3。要维持华县断面 2 500 m^3/s 的平滩流量，汛期大于 1 000 m^3/s 流量的洪水水量为 5 亿 ~ 11 亿 m^3，平均约 8 亿 m^3。洪水期水量的多少还取决于流量的大小，在不漫滩情况下，流量大时需要的水量相对就少；反之，需要的水量相对较多。

3　主要结论

(1) 根据社会经济可持续发展对渭河下游排洪能力的要求以及渭河下游中

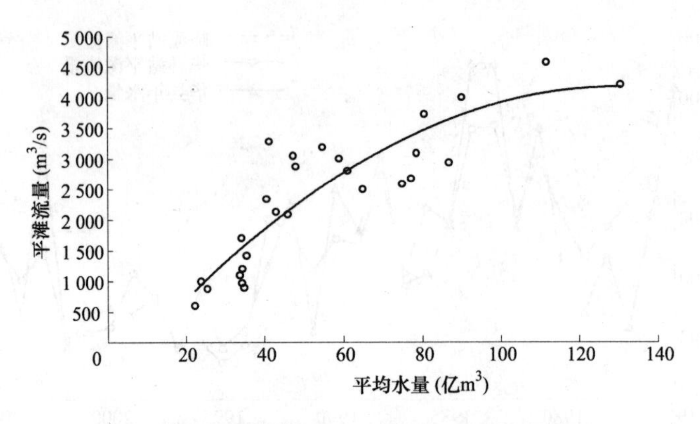

图 2　华县平滩流量与 2 年滑动年平均水量关系

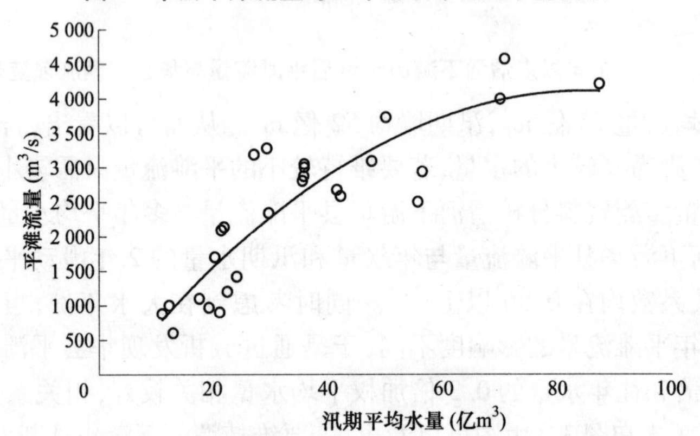

图 3　华县平滩流量与 2 年滑动汛期平均水量关系

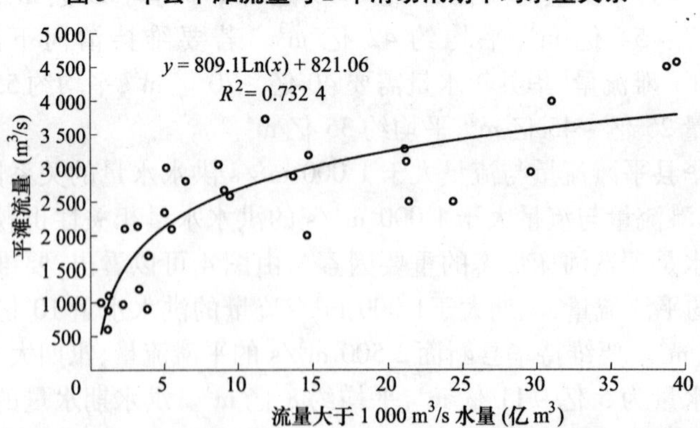

图 4　华县平滩流量与汛期流量大于 1 000 m^3/s 相应水量关系

常洪水频率分析和未来水沙条件预估，提出渭河下游中水河槽的标准。即华县断面平滩流量 3 000 ~ 2 500 m^3/s，临潼断面平滩流量 3 500 ~ 3 000 m^3/s 的河槽。

(2)若要维持渭河下游华县断面 3 000 m^3/s 的平滩流量,华县年水量需要 50 亿~80 亿 m^3,平均约 65 亿 m^3。其中汛期需要水量 30 亿~54 亿 m^3,平均约 42 亿 m^3;汛期大于 1 000 m^3/s 流量的洪水水量为 10 亿~20 亿 m^3,平均约 15 亿 m^3。

若要维持渭河下游华县断面 2 500 m^3/s 的平滩流量,华县年水量需要 40 亿~70 亿 m^3,平均约 55 亿 m^3。其中汛期需要水量 25 亿~45 亿 m^3,平均约 35 亿 m^3;汛期大于 1 000 m^3/s 流量的洪水水量为 5 亿~11 亿 m^3,平均约8 亿 m^3。

(3)维持渭河下游中水河槽的需水量是在多年平均来沙水平下得出的,结论也是初步的。中水河槽的塑造不仅需要一定水量,同时更需要一定的水沙过程,因此以后还需要对水沙过程做进一步的分析。

参考文献

[1] 陕西省水利厅. 潼关高程和水沙条件对渭河冲淤影响及合理潼关高程研究[R]. 2003. 9.

[2] 黄河水利科学研究院. 渭河下游道治导线初步设计咨询报告[R]. 黄科技第 97048 号,1997. 8.

[3] 林秀芝,姜乃迁,梁志勇,等. 渭河下游输沙用水量研究[M]. 郑州:黄河水利出版社,2005.

[4] 林秀芝,田勇,伊晓燕,等. 渭河下游平滩流量变化对来水来沙的响应[J]. 泥沙研究,2005(5).

黄河多泥沙水体中萘和叔丁基酚挥发特性研究

周艳丽　杨勋兰　宋庆国　张　宁

（黄河流域水环境监测中心）

摘要:针对黄河多泥沙和有机物污染状况,研究了清水和含沙量 1 g/L、3 g/L 的混水中萘和 2,6-二叔丁基对甲酚(BHT)两类有机污染物的挥发过程及规律,用气相色谱仪测定随挥发过程的溶液浓度,试验数据进行曲线拟合得到挥发动力学方程、挥发速率常数和半衰期,分析了有机物的物化性质、风速和泥沙含量等环境因素对挥发速率的影响,挥发自净规律为确定黄河对有机污染物的承纳水平和总量控制提供了依据。

关键词:萘　2,6-二叔丁基对甲酚　挥发　迁移转化　沉积物

黄河兰州河段是排污密集区,多环芳烃和酚类有机污染物在黄河水中的检出率较高。根据近年来的调查研究多环芳烃和酚类具有“三致效应”和生物蓄积的潜在毒性等,对沿岸自然资源和人民的健康造成严重的威胁[1,2]。

疏水性有机化合物、分子量较大而溶解度小的化合物从水体向大气的挥发很快,挥发是有机化合物在水环境中迁移转化的一个重要环节[3]。国内外环境化学工作者对有机物的挥发过程进行了许多研究,针对各个河流和湖泊进行现场或实验室模拟研究,得到大量试验数据和理论控制模型,为环境水污染控制和水资源保护提供了依据[4~7]。泥沙对有机物的迁移转化也有影响,有人进行了黄河多泥沙水体石油污染物自净试验研究[8]。本文根据黄河有机污染现状和多泥沙特性,对多环芳烃和酚类有机污染物的挥发特性进行研究,以萘和 2,6-二叔丁基对甲酚(BHT)为代表化合物,考察黄河对两类有机污染物的自净能力及对环境污染的承纳水平,为黄河实施容量许可条件下的总量控制提供技术依据,实现对黄河水资源的有效保护。

1　主要试剂和仪器

主要试剂:萘(分析纯),天津市大茂化学试剂厂;2,6-二叔丁基对甲酚(化学纯),国药集团化学试剂有限公司;正己烷(农残级);甲醇(色谱纯);无水硫酸

钠(分析纯),使用前在 500 ℃条件下烘 4 h 除去其中的水分,在干燥器中冷却至室温备用。

泥沙:试验用沉积物为 2004 年 11 月份在黄河兰州河段的什川断面采集的河流底质,取回后冷冻干燥,使用前剔除其中的石块、植物根茎等杂物,过 100 目孔径的筛子后备用。

主要仪器:电子天平,1 000 mL 烧杯,电动搅拌器,250 mL 分液漏斗,电风扇;风速仪;TurboVap Ⅱ型氮气吹干仪; HS-260 型振荡器;Agilent 6890A 型气相色谱分析仪配 FID 检测器。

2 试验方法

2.1 基准溶液的配制

配制基准溶液:逐级稀释法,首先准确称取萘和 BHT 各 1.000 0 g,用甲醇溶解,转入 100 mL 容量瓶并用甲醇定容,浓度为 10 000 mg/L。然后用甲醇稀释浓度为 200 mg/L,用做配制实验水溶液的标准溶液。

2.2 挥发过程实验

清水中有机物的挥发:近年来调查黄河天然水体中萘和 BHT 浓度范围是 0.01 ~0.45 mg/L,本实验配制成浓度为 1.0 mg/L 的水溶液 1 000 mL,室温 18 ℃,用电动搅拌器搅拌。考虑到溶液配制过程的损失及测定的及时性,取最初取样的溶液浓度为初始值计时,每隔 1 h 准确移取 100 mL 水样,用 20 mL 正己烷萃取两次,再用无水硫酸钠对萃取液吸水除湿,并用氮气吹干仪浓缩到 1 mL,用气相色谱定量分析。

多泥沙水体中有机物的挥发:因为泥沙吸附和有机物挥发损失,预先配制溶液浓度为 1.5 mg/L。根据黄河多沙特性和含沙量,分别配制含沙量为 1 g/L 和 3 g/L 的萘和 BHT 的水溶液 1 000 mL,在慢速搅拌下密封放置 12 h 以上,使有机物在泥沙和水两相间分配平衡。然后敞口并继续慢速搅拌使有机物挥发,开始计时,室温 18℃,用电风扇水平吹风模拟自然风,实验台处风速 1 m/s。随着挥发过程的进行,每隔 30 min 准确取水样 100 mL,以 4 000 r/min 的转速离心分离,清液用正己烷 20 mL 萃取,除水并浓缩到 1 mL,随挥发过程的进行用气相色谱检测溶液浓度。

2.3 气相色谱仪分析条件

色谱柱:HP-5 石英毛细管色谱柱(30 m × 530 μm × 1.50 μm);进样量:2 μL;进样口温度:260 ℃;分流比:10∶1;检测器(FID)温度:280 ℃;色谱柱程序升温:145 ℃(2 min)、20 ℃/min,180 ℃(2 min)、15 ℃/min、240 ℃(5 min)。气相色谱仪根据有机物色谱峰的保留时间和峰面积定性定量分析,用外标法确定溶液浓度。

3 结果与讨论

3.1 清水中萘和 BHT 的挥发特性

模拟萘和 BHT 在清水中的挥发过程,根据前述试验方法得到溶液浓度随挥发时间的变化,以时间 t(h)为自变量,水中挥发性有机物含量 c(mg/L)为因变量作图,并根据试验数据非线性拟合得到挥发速率曲线,如图 1 所示。挥发过程拟合曲线方程为一级动力学方程:

$$c = c_0 e^{-Kt} \tag{1}$$

对式(1)进行微分可得挥发速率方程:

$$-\frac{dc}{dt} = Kc \tag{2}$$

式中:c_0 和 c 为初始和 t 时水溶液中有机物浓度;K 为挥发速率常数。

当 $c = 0.5c_0$ 时,由式(1)可得有机物的挥发半衰期 $t_{1/2} = \ln 2/K$,半衰期与挥发速率常数成反比。

由图 1 可见,当萘和 BHT 在水中起始浓度一定时,溶液浓度随着挥发时间的延长而减小。清水中萘和 BHT 的挥发规律用一级动力学方程 $c = c_0 e^{-Kt}$ 拟合得到相关性较好的曲线方程,挥发速率与溶液浓度成正比,溶液浓度大时挥发速率较快,随着溶液浓度的减小,挥发速率减慢。曲线拟合方程参数和挥发半衰期如表 1 所示。

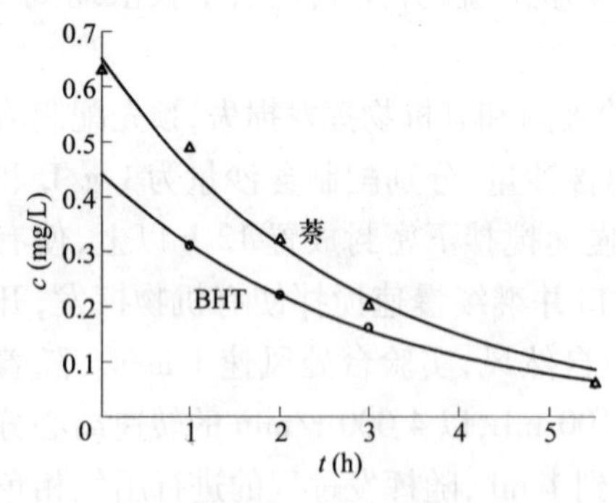

图 1 蒸馏水中萘和 BHT 的挥发曲线

表 1 萘和 BHT 曲线拟合方程参数

项目	萘	BHT
初始浓度 c_0(mg/L)	0.651	0.441
速率常数 K(h^{-1})	0.367	0.347
挥发半衰期 $t_{1/2}$(h)	1.9	2.0
拟合相关系数 R	0.993	0.999

3.2 含沙水体中萘和 BHT 的挥发特性

有机污染物在水环境中的迁移转化主要取决于有机污染物本身的性质以及水体的环境条件。天然水体中含有泥沙等悬浮物,有机物容易吸附到悬浮物上进行迁移转化,模拟黄河水体情况,用泥沙和蒸馏水配制成含沙量分别为 1 g/L、3 g/L 的萘和 BHT 混合水溶液,研究萘和 BHT 的挥发过程及规律。由试验数据

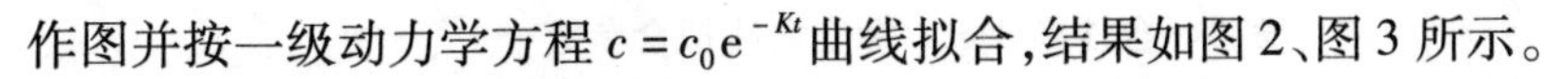

作图并按一级动力学方程 $c=c_0e^{-Kt}$ 曲线拟合，结果如图 2、图 3 所示。

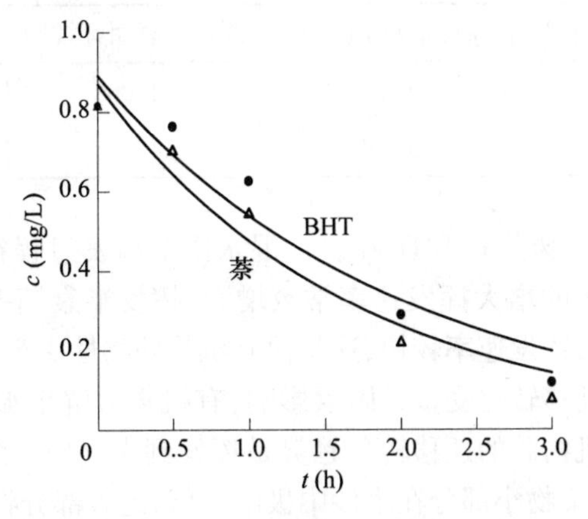

图 2　含沙量 1 g/L 萘和 BHT 的挥发曲线

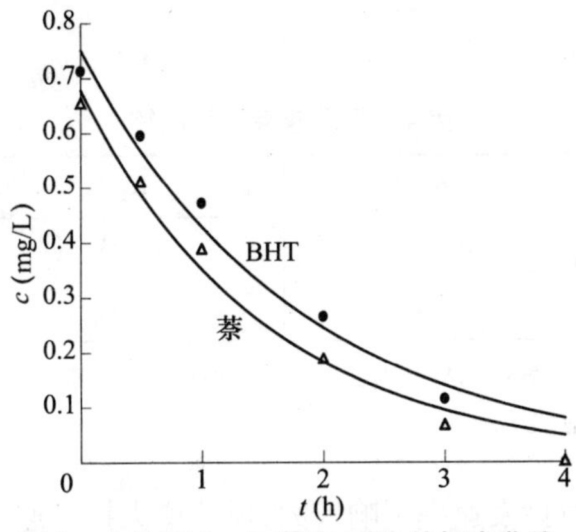

图 3　含沙量 3 g/L 萘和 BHT 的挥发曲线

萘和 BHT 在含沙量 1 g/L、3 g/L 的水体中吸附平衡后挥发规律与清水中相同，按一级动力学方程 $c=c_0e^{-Kt}$ 仍能拟合得到相关性较好的曲线，挥发速率与溶液浓度成正比。拟合所得挥发曲线方程的参数和挥发半衰期如表 2、表 3 所示。

表 2　含沙量 1 g/L 挥发曲线拟合参数

项目	初始浓度 c_0(mg/L)	速率常数 K (h^{-1})	挥发半衰期 $t_{1/2}$(h)	拟合相关系数 R
萘	0.870	0.603	1.15	0.978
BHT	0.891	0.503	1.38	0.965

表3　含沙量3 g/L挥发曲线拟合参数

项目	初始浓度 c_0(mg/L)	速率常数 $K(h^{-1})$	挥发半衰期 $t_{1/2}$(h)	拟合相关系数 R
萘	0.678	0.655	1.06	0.991
BHT	0.751	0.560	1.23	0.985

由此可见,有机物萘和BHT在含沙混水中的挥发过程符合一级动力学方程,随水体中含沙量的增大挥发速率常数增大,挥发半衰期缩短。萘相比BHT挥发速率常数较大,挥发速率较快,这是由有机物的物性决定的。在复杂的水环境条件下,有机物迁移转化受多种因素影响,有机物溶解于水中,同时易被泥沙等悬浮物吸附,有机物总的迁移转化趋势是挥发到大气中。溶解度小的多环芳烃和酚类等有机污染物小部分在水沙中极限残留,绝大部分将挥发到大气中。

3.3　风速和泥沙对挥发速率的影响

对比不同风速和泥沙含量对挥发过程的影响,挥发速率常数比较如表4所示。

表4　挥发速率常数比较

项目	K_1	K_2	K_3
萘	0.367	0.603	0.655
BHT	0.347	0.503	0.560

注:K_1—风速0、蒸馏水中速率常数;K_2—风速1 m/s、含沙量1 g/L水中速率常数;K_3—风速1 m/s、含沙量3 g/L水中速率常数。

由此可见,风速对挥发速率影响较大,风速增大挥发速率常数明显增大。根据双膜理论,在气液两相界面的两侧都存在一层边界薄膜:气膜和液膜,气膜和液膜对化合物从一相迁移至另一相产生阻力[3]。风速越大气液界面的气体流动越快,气液传质也越快,当风吹水面时可观察到水面形成波纹,引起水团的湍流流动。同时风可随时带走从水中挥发至大气的有机物,始终保持水面上方气相中有机物的浓度远低于平衡浓度,维持了挥发推动力。

泥沙对挥发速率也有影响,在泥沙含量一定范围内含沙量越大挥发速率常数也越大,由于泥沙本身含有相当数量的黏土矿物和有机、无机胶体,可吸附种类繁多的污染物净化水体,同时泥沙作为污染物和污染物的载体对水环境造成污染。随着挥发过程的进行泥沙上吸附的有机物会解吸到水体中,起到了一定程度的缓冲作用。泥沙在水环境中的两面性,给水质参数的测定、水环境质量评价与管理带来许多复杂问题。

4 结论

模拟研究了清水和含沙量为1 g/L和3 g/L混水中多环芳烃和酚类两类有机污染物的挥发过程及规律,挥发过程可用一级动力学方程拟合,挥发速率与溶液浓度成正比。分别得到了萘和叔丁基酚的挥发动力学方程。

有机污染物本身的性质和水环境条件是有机物挥发迁移过程的制约因素,受物性影响萘比BHT易挥发,挥发速率常数较大,半衰期较小。风速和泥沙等环境条件对挥发速率影响较大,风速越大有机物挥发速率越大;泥沙在挥发过程中有促进作用。

参考文献

[1] 高宏,暴维英,张曙光,等. 多沙河流污染化学与生态毒理研究[M]. 郑州:黄河水利出版社,2001:162-187.

[2] 刘昕宇,冯玉君,刘玲花,等. 黄河重点河段水环境有毒有机物污染现状浅析[J]. 水资源保护,2004(2):37-38.

[3] 邓南圣,吴峰. 环境化学教程[M]. 武汉:武汉大学出版社,2000:197.

[4] 候灵,赵元慧,赵晓明,等. 江河中有机污染物挥发速率的模拟与预测[J]. 环境化学,1997,16(4):333-340.

[5] 赵元慧,郎佩珍,龙风山. 模拟实验测定江河中有机物的挥发速率[J]. 环境科学,1990,11(3):53-57.

[6] Wen-Hsi Cheng, Ming-Shean Chou, Chih-Hao Perng. Determining the equilibrium partitioning coefficients of volatile organic compounds at an air - water interface [J]. Chemosphere, 2004,54:935-942.

[7] Rebecca E. Countway, Rebecca M. Dickhut, Elizabeth A. Canuel. Polycyclic aromatic hydrocarbon (PAH) distributions and associations with organic matter in surface waters of the York River, VA Estuary[J]. Organic Geochemistry, 2003,34:209-224.

[8] 胡国华,李鸿业,赵沛伦,等. 黄河多泥沙水体石油污染物自净实验研究[J]. 水资源保护,2000,(4):31-32.

萘和叔丁基酚在黄河沉积物上的吸附解吸行为研究

周艳丽 宋庆国 杨勋兰 王 霞

（黄河流域水资源保护局）

摘要：研究了萘和叔丁基酚在黄河兰州段水体颗粒沉积物上的吸附解吸行为。结果表明，萘和叔丁基酚在黄河兰州段水体颗粒物上的吸附在 8 h 内可以充分达到平衡。其吸附解吸曲线均呈“S”形，吸附行为能较好的符合 Freundlich 等温吸附式。研究表明萘和叔丁基酚的解吸存在着明显的迟滞现象且有极限残留量的存在，不能被完全解吸。同时还考查了不同水文条件对吸附的影响。

关键词：萘 叔丁基酚 水体颗粒物 吸附解吸

黄河横穿兰州市区，既是兰州市生活、工业的唯一水源，也是城市工业、生活污水排放的唯一受纳水体，因此研究有毒有机污染物在该段水体中的迁移转化规律具有重要意义。同时，黄河又是世界上含沙量最大的河流，因此研究黄河水体颗粒沉积物对有机污染物的吸附解吸特性又是研究有机物在黄河中环境行为的一个重要环节。

多环芳烃类(PAHs)是美国环保局制定的 129 种优先污染物中的一类，是环境致癌化学物质中最大的一类物质[1]。在 2001 年发表的调查报告中，多环芳烃类有机污染物占黄河有机污染物总检出的 13.3%，仅次于取代苯类化合物(14.7%)[2]。酚类化合物作为有机化学工业的基本原料也是环境中的一类主要污染物，根据往年对黄河污染情况的调查，多环芳烃和酚类有机污染物在黄河中的存在较为普遍，因此我们选择萘和叔丁基酚(BHT)作为对象对多环芳烃和酚类有机污染物在黄河兰州段水体颗粒沉积物上的吸附－解吸特性进行了研究。

1 试验材料和方法

1.1 主要试剂与仪器

主要试剂：萘（分析纯），天津市大茂化学试剂厂；正己烷（农残级）；甲醇

(光谱纯);2,6-二叔丁基对甲酚(化学纯),国药集团化学试剂有限公司。

无水硫酸钠(分析纯):使用前在500 ℃条件下烘4 h以去除其中水分,在干燥器中冷却至室温、备用。

萘和BHT(10^4 ppm)标准贮备液:分别准确称取1.0000 g分析纯的萘和化学醇的BHT,溶解于甲醇中,最后用甲醇定容至100 mL,此溶液中萘和BHT的浓度均为10 000 ppm,200 ppm的标准使用液用农残级的甲醇溶液逐级稀释该标准贮备液得到。

水体颗粒沉积物:试验所用沉积物为2004年11月份在黄河兰州河段下游的什川断面采取的河流底质,取回后冷冻保存。使用前取出经空气自然风干,然后剔除其中的石块、植物根茎等杂物,过180 μm孔径的筛子,备用。

仪器:Agilent6890A型气相色谱分析仪;TurboVap Ⅱ型氮气吹干仪;SXL-1008型程控箱式电炉;LD5-10型低速离心机,北京医用离心机厂;Z-21012ZHWY-2102C型控温摇床,上海智诚分析仪器制造有限公司;HS-260型振荡器。

1.2 试验方法

1.2.1 吸附动力学试验

吸取一定量的萘和BHT的标准使用液用纯水配制成1.00 ppm的溶液200 mL。密封后在20 ℃、185 r/min条件下恒温振摇,每隔一定时间取出一组三角瓶按吸附试验方案进行分析测定。每一时间点同时做空白对照样品和两个平行样品。所得到的吸附动力学曲线如图1所示。

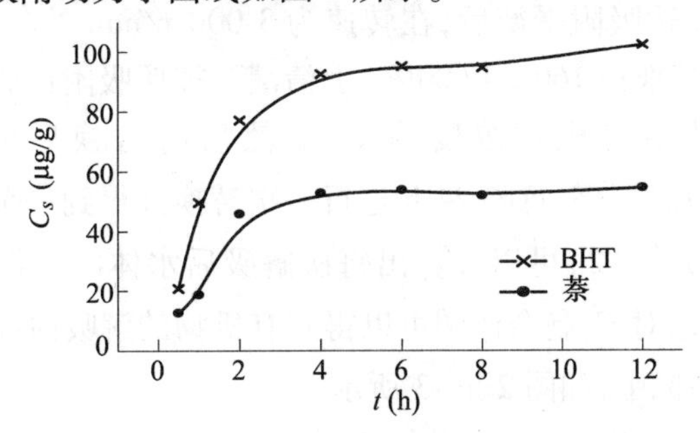

图1　萘和BHT的吸附动力学曲线

1.2.2 吸附解吸试验方案

分别称取0.6 g水体颗粒沉积物和适量的萘和BHT的标准使用液于一系列250 mL的具塞三角瓶中,用纯水配制成含沙量为3 g/L的萘和BHT溶液,密封后,在20 ℃、185 r/min条件下恒温振荡至吸附平衡。在转速为4 000 r/min的条件下离心分离10分钟后取上清液进行色谱定量分析,将所得的颗粒物上有机物的平衡吸附量C_s对液相中有机物浓度C_w作图得到二者的吸附等温线,如图2、

图 3 所示。每一个浓度点均做无沉积物的空白对照溶液和两个平行吸附溶液。

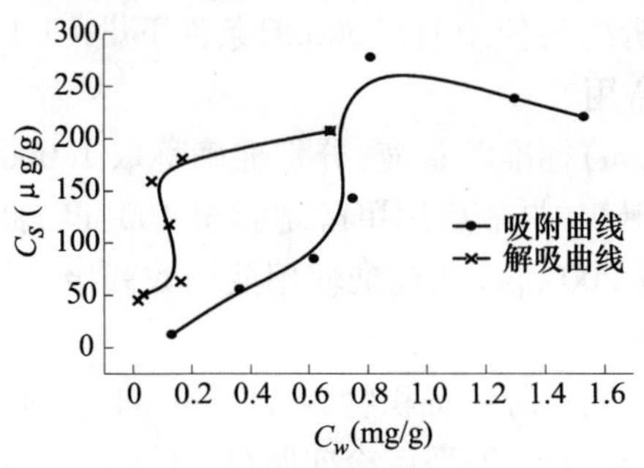

图 2　萘的吸附解吸曲线

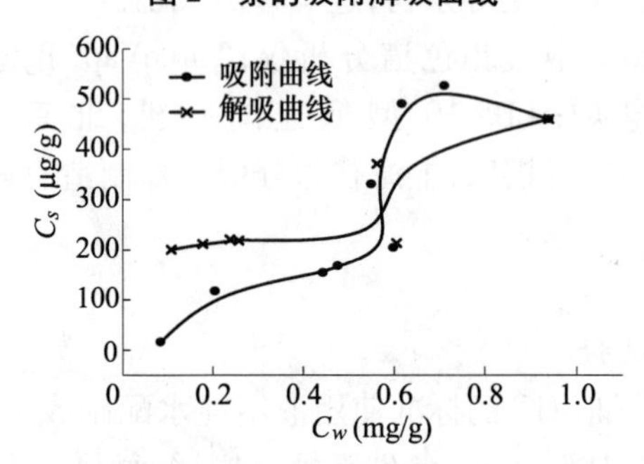

图 3　BHT 的吸附解吸曲线

解吸试验选用萘浓度为 1.60 ppm、BHT 浓度为 2.80 ppm、含沙量均为 3 g/L 的溶液进行试验。达吸附平衡后，在转速为 3 000 r/min 的条件下离心分离 10 分钟，然后用纯水替换掉 160 mL(80%)上清液。按照吸附试验方案对此上清液进行色谱定量，其中有机物浓度为 C_{w0}。然后将替换后的水样在 20 ℃、185 r/min条件下恒温振荡，每隔 24 h 进行一次替换并得到一个 C_{wi} 值，由所测定出的 C_{wi} 值按式(1)、式(2)可以计算出每次解吸后水体沉积物上有机物的剩余吸附量 C_{si}剩余。C_{wi} 对 C_{si}剩余作图可以得到有机物的解吸曲线。解吸曲线与吸附曲线绘于同一坐标中，如图 2、图 3 所示。

$$\triangle Q_{i\text{被解吸量}} = [C_{wi} - C_{w(i-1)}(1-r)]V_w/W_s \tag{1}$$

$$C_{si\text{剩余}} = C_{i-1s\text{剩余}} - \triangle Q_{i\text{被解吸量}} \tag{2}$$

式中：r 为每次解吸后，代替上层清液的百分比数；V_w 为解吸试验中样品溶液的体积；W_s 为解吸试验样品溶液中所含沉积物的质量；C_{wi}为 每次解吸后液相中萘的浓度；$C_{si\text{剩余}}$为第 i 次解吸后沉积物上有机物的剩余吸附量。

1.2.3　萘和 BHT 分析的色谱条件

本文采用正己烷液液萃取气相色谱分析法对萘和 BHT 进行定量分析，为了确保二者都能够完全分离,本文采用了程序升温的方法。所使用的分析条件如下:HP-5 石英毛细管色谱柱(30 m×530 μm×1.50 μm);进样量:2 μL;进样口温度:260 ℃;检测器(FID)温度:280 ℃;分流比:10∶1;程序升温:145 ℃(2 min),20 ℃/min 至 180 ℃(2 min),15 ℃/min 至 240 ℃(5 min)。

2 结果与讨论

2.1 萘及 BHT 吸附平衡时间的确定

吸附平衡时间的确定是绘制吸附等温线的关键,不同的化合物在不同的沉积物上达到吸附平衡的时间是不相同的,本文以含沙量为 3.0 g/L、萘和 BHT 的浓度均为 1.00 ppm 的一系列溶液在不同的时间测定其液相浓度来确定,结果如图 1 所示。在吸附的前 2 h 内,水体沉积物上的吸附量随时间迅速增加,在 4 h 时,萘和 BHT 基本达到吸附平衡。此后,随着时间的增加,固相浓度基本不变。为确保能充分达到吸附平衡,后续试验中的吸附平衡时间确定为 8 h。

2.2 黄河兰州段水体颗粒物对萘和 BHT 的吸附特性

对于吸附试验,常用的基本的吸附等温线有 Langmuir · Freundlich 和 BET 等。本文在 20℃,转速为 185 r/min 的条件下分别测定了萘和 BHT 在黄河兰州段水体颗粒沉积物上的吸附特性,并绘制了二者的吸附等温线,如图 2、图 3 所示。由结果可以看出,二者的吸附曲线走势均呈较为明显的"S"形,可以初步地判断萘和 BHT 的吸附为多分子层吸附。而在吸附曲线的低浓度范围,二者均表现出一定的线性吸附。为了进一步确定二者的吸附曲线与这三个吸附等温式的符合情况,本文利用此三种吸附等温式对试验数据进行了拟合,结果如表 1 所示。

表 1 不同吸附等温线的数学拟合结果

化合物	等温线形式								
	Langmuir 吸附等温线			Freundlich 吸附等温式			BET 等温式		
	$1/kQ$	$1/Q$	r	K	$1/n$	r	$\frac{1}{XmA}$	$\frac{A-1}{XmC0A}$	r
Nap	0.650	510.536	0.820	0.029	1.280	0.935	87.778	-74.114	0.627 3
BHT	0.031	17986.125	0.841	0.040	1.398	0.944	25.732	-36.47	0.633

结果表明,二者的 Freundlich 等温线的拟合系数 r 均在 0.935 以上,优于其他两种等温式拟合的相关系数。因此,萘和 BHT 在黄河兰州段颗粒物上的吸附形式更好地符合于 Freundlich 吸附等温式。此外,Freundlich 吸附等温式中的 n 值反映了吸附过程的非线性情况,此次拟合结果中萘和 BHT 的拟合的 n 值分别

为0.781和0.715,由此可知萘在黄河兰州段颗粒物上的吸附均属于非线性吸附。

由文献[3]的观点可知,沉积物有机质的异质性是引起有机污染物非线性吸附过程的主要原因,由此可以进一步推知黄河兰州段的水体颗粒沉积物具有异质性且表面具有不规则性。

2.3 黄河兰州段颗粒物对萘和BHT的解吸特性

河流中沉积物上的有机污染物会通过解吸对环境造成二次污染,因此研究有机化合物在固体颗粒物上解吸特性也是研究有毒有机物在环境中迁移转化的一个重要环节。在研究黄河兰州段水体颗粒沉积物对萘和BHT吸附的基础上,对其解吸也进行初步研究,解吸曲线如图2和图3所示。由图可知,萘和BHT的解吸过程存在一定的滞后现象。这可能和有机物的化学结构以及固体沉积物中的微小孔隙有一定关系。有关文献也报道了[4]有机污染物在沉积物中的吸附解吸具有迟滞现象。Kan等认为,底泥或土壤对有机污染物的吸附包含可逆吸附和不可逆吸附两部分[5],而其中的不可逆吸附是导致吸附解吸迟滞现象的主要因素之一。

由图可以看出,外延解吸曲线的末端与纵轴交点和吸附曲线外延线与纵轴的交点不能重合。可以推测,固相中所吸附的有机污染物不会完全解吸到液相中,从而在固相中存在一定残留。由试验结果可知,BHT的极限残留量要大于萘的极限残留量。这种极限残留量的多少,除了与固体吸附物的性质有关外,也与被吸附化合物的结构和性质有关。从二者的结构可知,萘的分子中存在有两个苯环,而BHT带有两个叔丁基和一个甲基,具有较大的疏水性,从而导致了BHT在水中的溶解度较小,具有较大的极限残留量。

2.4 水温对吸附的影响

环境温度也是影响吸附的重要因素,本文用1 ppm的溶液在5 ℃、15 ℃、20 ℃的条件下分别考察了不同环境温度对萘和BHT在黄河兰州段水体颗粒沉积物上吸附行为。试验结果表明,萘和BHT在沉积相中的平衡吸附量随着环境温度的升高而逐渐减小。这可能是因为环境温度的升高增加了二者在液相中的溶解度,从而导致了其分配系数的减小。由此可以初步判定,萘和BHT在黄河兰州段水体颗粒沉积物上的吸附为放热吸附。

2.5 含沙量对吸附的影响

在20 ℃的环境温度下,分别以1 ppm的溶液考查了含沙量对吸附的影响。结果表明,当含沙量较低时,水体颗粒沉积物对萘和BHT的平衡吸附量较大,沉积物中萘和BHT的含量也相对较高,这样加重了水体颗粒物的污染。随着含沙量的不断增加,其平衡吸附量也逐渐减小,最后达到一个稳定的平台区。这可能是由于随着含沙量的增加,体系中的吸附点位的数量也不断地增加。因此,萘和BHT的吸附也逐渐地由多分子层吸附向单分子层过渡,从而也导致了单位吸附量的减小和液相中有机物浓度变化微小的现象。

2.6 不同流速对吸附的影响

本文还考查了不同流速对吸附的影响。结果表明,随着流速的增加,萘和BHT的平衡吸附量呈逐渐减小之势。这可能是因为过大的流速对已经吸附在沉积物上的有机物具有冲刷作用。这为研究有机污染物不同的水期,(如丰水期和枯水期),在河流环境中的迁移分布规律提供了一定的参考依据。

3 结论

本文通过试验考查了萘和BHT在黄河兰州段水体颗粒沉积物上的吸附和解吸行为,并对不同水文条件对试验的影响进行了考察。此外,还对吸附试验数据进行了数据拟合。结果表明,萘和BHT在黄河兰州段颗粒物上的吸附形式更好地符合于Freundlich吸附等温式,并发现萘和BHT的解吸均具有一定的滞后性。这些初步的结论为今后开展多环芳烃和酚类有机污染物在多泥沙河流中的迁移、转化和归宿,以及有效控制其对环境的污染等方面的研究提供了一定的科学依据。

参 考 文 献

[1] Mcveety B D, Hites R A. The distribution and accumulation of PAHs in environment[J]. Atomspheric Environment, 1988, 22(1):511 - 536.

[2] 高宏,暴维英,张曙光,等. 多泥沙河流污染化学与生态毒理学研究[M]. 郑州:黄河水利出版社,2001,8:21 - 23.

[3] Wber W J Jr, Huang W. A distributed reactivity model for sorption by soil and sediments. 4. Intraparticle heterogeneity and phase - distribution relationships under nonequilibrium conditions[J]. Environ. Sci. Technol, 1996, 30: 881 - 888.

[4] 梁重山,党志,刘丛强,等. 菲在土壤/沉积物上的吸附 - 解吸过程及滞后现象的研究[J]. 土壤学报, 2004, 41(3):329 - 335.

[5] Kan A T. Irreversible adsorption of naphthalene and tetrachlorobiphenyl to Lula and surrogate sediments[J]. Environ Sci Technol, 1997, 31(8):2176 - 2185.

八盘峡水电站污染物来源与数量的初步分析

戴　东[1]　刘彦娥[1]　顾明林[2]

（1. 黄河水利委员会水文局;2. 黄河水利委员会上游水文水资源局）

摘要:针对来自汛期黄河支流湟水、大通河漂浮和固体污染物对黄河干流八盘峡水电站正常运行带来的问题,通过弄清污染物的来源、种类和分布情况,分析洪水来源、发生时间、等级与污染物数量、种类的关系;定性预报污染物的多少,根据污染物预报提出水电站排污调度的原则。

关键词:污染物　污染物预报　调度　八盘峡水电站

1　前言

八盘峡水电站位于黄河上游甘肃省兰州市境内,水库库容 0.49 亿 m^3,电站以发电为主,兼有灌溉等综合效益,装机容量 180 MW,年发电量 11 亿 kWh。

八盘峡水电站仅具有日调节能力,装机容量在系统中所占比重也不大,但其作为兰州河段综合用水的最后一级调控水库,在甘肃黄河梯级水库中具有重要地位。黄河上游水量调节主要由龙羊峡、刘家峡水库承担,由于八盘峡库区有支流湟水河汇入,其暴雨洪水突发性强,给水库调度运行带来一定困难。而湟水河流域是青海省的经济发达地区,人口集中,垦殖发达,每年的第一场较大洪水会将大量的生活垃圾、麦草、树枝及泥沙等杂物集中冲入河道,并挟带进入八盘峡水库,在短时间内造成水轮发电机组拦污栅堵塞,威胁电厂安全运行。有时还会发生刘家峡水库库区支流洮河沙峰过程与湟水河杂物同步发生的恶劣情况,进一步加剧系统运行和调度工作难度。

多年来,由于对于湟水河污染物的运动规律缺乏系统性研究,排污调度十分被动。从现象上看,生活垃圾主要为漂浮物,在水面运行;树枝等为悬浮物,基本在水中运行。目前水文站还没有设立相应的观测项目,难以对其进行监测。污物到底在多大流量下开始增多,总量有多少,什么时间到达坝前并如何更好地实施调度等问题亟待研究解决。

八盘峡排污研究就是针对水库运行调度的实际问题，对影响电厂运行的悬浮在水中的固体污染物进行研究。通过该课题研究基本能够认识和掌握湟水河污染物运动规律，明确八盘峡电厂防污调度方式，从而提高八盘峡电站本身及甘肃电网的安全运行水平。

2 湟水、大通河流域基本概况

2.1 八盘峡水库以上流域水系

八盘峡水库位于兰州上游52 km的黄河干流上，距河口3 395 km，流域面积21.585 1万km^2。上游有刘家峡水库、盐锅峡水库，分别相距50 km及17 km。大坝上游5.1 km处有湟水汇入。

上诠站为干流入库站，大通河享堂站、湟水民和站、巴州沟吉家堡站为支流入库站，兰州站为出库站。水库干流长16.7 km，支流长12.8 km。在正常高水位1 578 m以下，水库宽度为100～700 m，相应库面面积6.2 km^2。上诠站是八盘峡水库干流入库站，地理坐标东经103°18′，北纬36°04′，集水面积18.28万km^2，水、沙受盐锅峡水库和刘家峡水库调节，径流日过程呈双峰双谷变化。该站多年径流量277.3亿m^3，多年平均输沙量4 370万t。

湟水、大通河是黄河上游的重要支流。大通河在湟水民和站下游约1 km处巴州沟汇入湟水，流经74 km后在八盘峡坝前汇入黄河。湟水、大通河入库漂浮污染物是造成八盘峡机组拦污栅堵塞，增加水库弃水，影响电厂安全的主要因素。

（注：湟水、大通河是指整个流域，湟水是指民和以上流域，大通河是指享堂以上流域。）

2.2 湟水流域基本概况

湟水是黄河上游的一条重要支流。湟水流域位于东经101°～103°和北纬36.3°～37.5°之间，面积1.61万km^2，其中控制站民和以上面积1.53万km^2，干流全长约300 km，其中西宁—民和干流长126 km。两侧支流发育，水系呈树枝状和羽毛状分布。

根据高程、流水侵蚀切割程度、自然地理及农业生产的特点，全流域可分为三种地貌单元：中高山、低山丘陵和河谷地带。源头是海拔2 750 m以上的中高山区，山势高耸；气候寒冷，年降水量较多，植被较好，水土流失不太严重。低山丘陵区面积占全流域一半左右，海拔在2 000～2 750 m之间，因长期雨水冲刷，地形破碎；分布在湟水干流及各支沟中下游山地，地势起伏很大，植被很差，由于该地区暴雨强度大，水土流失严重，是湟水河流泥沙的主要产地。河谷地带主要集中在干流和主要支沟中下游山地及河谷台地，海拔在1 650～2 500 m之间，植被较好,面积占流域的10%;地势较低、平坦的地方,农田以自流灌溉为主,是青海省主要的工农业区。

流域降水量时空分布不均,年降水量在300~600 mm之间,流域内降水主要集中在6~9月。径流年内分配与降水相一致,6~10月径流占年径流的70%左右,年际变化更为突出,最大年水量是最小年水量三倍;较大洪水都由暴雨形成,涨落较快,在暴雨集中的山区小河有时出现泥石流现象。湟水在青海省境内的泥沙主要来自西宁以下地区,特别是大峡以下的浅山地区。

2.3 大通河流域基本概况

大通河流域位于东经98.6°~102.8°和北纬36.3°~38.5°之间,流域面积1.51万km^2,干流全长560.7 km。流域呈羽毛状,地形狭长,水系发育,根据流域地形地貌特征,可将大通河分为以下三段。河源至尕大滩水文站为上游,河段长297.1 km,流域面积7 893 km^2,平均比降5.2‰;上游以高山草原为主要特征,区域内多沼泽地区,水草丰美,地势较高,气候严寒。尕大滩至甘肃连城为中游,河段长223.4 km,区间流域面积6 021 km^2,平均比降4.7‰,植被较好。连城以下为下游,河段长40.2 km,区间流域面积1 216 km^2,平均比降4.6‰,下游地形破碎,多荒山秃岭,是大通河泥沙的主要来源区。

大通河流域年降水量300~600 mm之间,从东南向西北递减,年内降水主要集中在6~9月,区内属大陆性气候,年平均温度为0.6~8.3 ℃之间。径流年内分配不均匀,但年际变化小,径流年内分配与降水相一致,6~9月占年径流的63%~72%,大通河流域大部分支流发源于祁连山南坡,祁连山的森林及植被对于流域的水源涵养、保持水土、调节径流、净化水质和改善生态环境具有重要作用。大通河流域是黄河流域水土流失最轻微地区;水沙集中在7~8月,大洪水主要来自尕大滩以上,涨落慢,沙量主要来自天堂寺以下。

2.4 污染物来源

(1)影响八盘峡电站安全的污染物主要来自湟水、大通河流域的中下游地区,盐锅峡至八盘峡干流区间,污染物下泄量很少,对八盘峡电厂安全威胁很小。

(2)影响八盘峡电站安全的污染物种类主要是天然的树木和水草、生活垃圾中的各种塑料制品、沿河谷施工和工农业生产所废弃的编织袋以及河谷中堆放的麦草、玉米秆、生产施工工地废弃物、施工用的枕木等;树木水草主要分布在湟水、大通河河谷滩地、支流,生活垃圾分布在人口集中的城镇、居民点沿河及支流的岸边;生产废弃物集中在垃圾及沿河谷的生产工地。

(3)污染物在暴雨以及由暴雨产生的洪水作用下会集在湟水、大通河河道中被带到八盘峡水库中,从而对电厂安全构成危害。

(4)湟水河谷因高速公路的修建所废弃的塑料编织袋等,有可能成为今后编织袋污染物的一大来源。

3 污染物预报方案编制

3.1 洪水来源、量级与污染物数量、种类的关系

一般情况下,中、小洪水所挟带的污染物比较少,并且所挟带的污染物种类主要是生活垃圾、塑料泡沫、水草、泥沙、树枝等;洪峰流量在600 m^3/s 以上的大水和特大水所挟带的污染物数量开始增多,种类也比较多,树木、树枝、编制袋等对电厂安全构成威胁的污染物比较多。当流量在1 000 m^3/s,河水开始漫滩,污染物来源的地方增多,特别是树木很容易被冲下来。

不同来源的洪水所挟带的污染物种类也不同。洪水来源于湟水上游一般所挟带的污染物主要是塑料泡沫、生活垃圾、编织袋等;洪水来源于湟水中、下游地区,树木、树枝、泥沙成为主要的挟带污染物,还有堆积在山洪沟、河滩地的麦草等;洪水来源于大通河流域上游,树木、树枝为主要的洪水挟带物,在洪水向下游传播过程中,河道中生活垃圾也被冲下;来源于大通河中下游的洪水,洪水含沙量较大、洪水所挟带的生活垃圾也比较多。来自于民和、享堂站未控区间(民和、享堂以下至八盘峡库区)的洪水一般从几十到500多 m^3/s 多,该区间洪水的传播时间一般为3~6 h,污染物主要是两边山洪沟中的生活垃圾、树枝、塑料废弃物,对电厂安全构成的危害很大。

一般地来自于未控区以及湟水、大通河上游的洪水,污染物出现在峰的前面,来自于湟水、大通河中下游的洪水污染物出现在峰顶和峰后。污染物出现在峰前峰后还与降水区域、洪水的组成情况有关,例如洪水来自上游,雨区向下游地区移动,且降雨强度不减弱,污染物出现在峰顶和峰后的可能性很大。总之,影响污染物在洪水中出现的时机的因素比较复杂,其组合类型比较多,需要在产生洪水的过程中加以确定。

3.2 不同场次洪水对污染物种类和数量影响分析

由于非汛期水小,湟水仅有几个到十几个流量,湟水河谷、滩地就成为生活垃圾的倾倒场所,农用地膜、玉米秆、麦草等废弃物堆积在山洪沟、河谷中和河岸的两边,在每年汛期第一场洪水中被冲入河道,因此每年第一场洪水中污染物数量很多。统计近期十几年的资料可知,湟水第一场洪水一般发生在6月末或7月份,第一场洪水流量在400 m^3/s 以上,洪水所挟带的污染物数量很多;第一场洪水产生在农作物成熟以后;洪水挟带的污染物对电站运行威胁大。

第二场洪水如果比第一场洪水小或比第一场洪水大但达不到漫滩标准,污

染物数量会明显减少，污染物以树木、泥沙为主；如果第二场洪水比第一场大，洪水达到漫滩标准，污染物数量不会少，数量和种类比较多，特别是树木、树枝等对水库电厂运行安全的污染物将增加。

3.3 污染物预测

由于污染物来源极其复杂，以前也没有进行过污染物监测和预报，缺少定量的数据，因此本方案仅是一个对可能进入八盘峡水库污染物数量和种类区别为很多、多、较多或少的定性预估（见表1）。

表1 八盘峡水库入库洪水污染物预测方案

序号	洪水来源	洪水量级(m^3/s)	传播时间(h)	是否首场洪水	污染物数量	主要污染物种类
1	湟水大峡以上	200 以下	10～15	是 否	较多 少	树枝、垃圾、泥沙 泥沙
		200～600	7～10	是 否	多 少	垃圾、树枝、泥沙 泥沙
		600～1 000	6～7	是 否	很多 较多	树木、垃圾、泥沙 树枝、泥沙
		1 000 以上	5～6	是 否	很多 很多	树木、垃圾、泥沙 树木、泥沙
2	湟水大峡以下	200 以下	10～15	是 否	较多 少	泥沙、树枝、垃圾 泥沙
		200～600	7～10	是 否	很多 较多	垃圾、树枝、泥沙 泥沙、树枝、垃圾
		600～1 000	6～7	是 否	很多 多	树木、垃圾、泥沙 泥沙、树木
		1 000 以上	5～6	是 否	很多 多	泥沙、树木、垃圾 树木、泥沙
3	大通河尕大滩以上	200 以下	10～15	是 否	少 少	垃圾
		200～600	7～10	是 否	较多 少	垃圾、树枝
		600～1 000	6～7	是 否	多 较多	树木、垃圾 树木
		1 000 以上	5～6	是 否	多 较多	树木、垃圾 树木

续表 1

序号	洪水来源	洪水量级(m^3/s)	传播时间(h)	是否首场洪水	污染物数量	主要污染物种类
4	大通河尕大滩以下	200 以下	10 ~ 15	是	少	泥沙、垃圾
				否	少	泥沙
		200 ~ 600	7 ~ 10	是	较多	垃圾、泥沙
				否	少	泥沙
		600 ~ 1 000	6 ~ 7	是	多	垃圾、泥沙
				否	少	泥沙
		1 000 以上	5 ~ 6	是	很多	垃圾、泥沙
				否	较多	泥沙

4　八盘峡水库排污调度方式

4.1　拦污栅工作原理

污染物在拦污栅上不能通过栅条空隙，在水流的作用下，被吸附在拦污栅上，与拦污栅框架、栅条一起构成拦污骨架。随着不可变形物的不断堆积，细小可变形物也被拦在拦污骨架上。但洪水中挟带的污物量较多时，许多污物被拦污栅拦住，可能迅速堵塞拦污栅。

拦污栅的设置，就是为了防止对机组安全发电有害的污物进入蜗壳。一般的理论认为，允许进入蜗壳的污物的最大外行尺寸应小于导叶间距的 1/2 或转轮直径的 1/20。据此计算，八盘峡的拦污栅的栅条间距设定为小于 26 cm。从实际运行情况看，拦污栅本身在运行过程中，没有对机组安全发电造成不良影响。衡量拦污栅效果的要因：①保证机组安全运行；②水头损失较小；③排污能力较强；④清污省时省力。1999 年以来，对拦污栅进行改造，目前有三台套投运。从实际效果看，新型拦污栅在四个要因方面，均取得一定效果。

4.2　排污调度原则

排污调度的任务就是通过水量调度手段，将洪水中的污物尽可能使其从泄洪建筑物通过，减轻对拦污栅的堵塞。排污调度发电运行应服从排污需要。排污调度应根据洪水预报方案、洪水与污物的关系，具体确定闸门开启方式及发电机组运行方式。当干流和湟水、大通河同时发生洪水时，应考虑实施错峰调度，尽可能减少弃水。

4.3　排污调度闸门运用方式

(1) 如果水库漂浮物达到较多及以上标准，应开启一孔平板闸门排污，同时减少机组发电流量，将主流引导到泄洪闸门上，在满足电网需要及厂用安全的前提下，闸门 $8^{\#}$全开。

(2)平板闸门主要用于排污，弧形闸门用于拉沙和调节流量。平板闸门选择8#或6#，弧形闸门选择9#或5#、7#组合；优先推荐8#、9#组合。

(3)闸门应及时开启，如果是首次洪水，且流量达到600 m³/s以上时，应在洪水到达水库前开启平板闸门。

(4)拦污栅压差达到1.0m及以上时，应及时清理拦污栅，开门排污。

4.4 其他注意事项

(1)应考虑干流水库排沙需要；

(2)当洪水到来时，一般1#、5#机组压差容易上升，因此在负荷分配时，应首先考虑在1#、5#机组上减负荷；

(3)排污调度应在满足"电网平衡和流量平衡"条件下进行。

排污调度闸门运用方案见表2。

表2　排污调度闸门运用方案

序号	流量 m³/s	是否为本年度首次出现	污物情况	水位控制(m)	机组运行方式	弧型闸门开启时间(9#或5#、7#组合)
1	< 200			1 577.00以上		
2	200 ~ 600	是	多及以上	1 576.50 ~ 1 577.00	1#、5#机组减少出力	9#/平板门对应
		是	少	1 576.50 ~ 1 577.00	1#、5#机组减少出力	调节多余流量
		否	多及以上	1 576.50 ~ 1 577.00	1#、5#机组减少出力	调节多余流量
		否		1 577.00以上		
3	600 ~ 1 000	是	多及以上	1 576.30 ~ 1 576.80	1#、5#机组停机，其余机组减少出力	9#/平板门对应
		是	少	1 576.30 ~ 1 576.80	1#、5#机组减少出力或停机	调节多余流量
		否	多及以上	1 576.30 ~ 1 576.80	1#、5#机组停机，其余机组减少出力	调节多余流量
		否	少	1 576.30 ~ 1 576.80	1#、5#机组减少出力或停机	调节多余流量
4	> 1 000	是	多及以上	1 576.30 ~ 1 576.80	1#、5#机组停机，其余机组减少出力	9#/平板门对应
		是	较多	1 576.30 ~ 1 576.80	1#、5#机组停机，其余机组减少出力	调节多余流量
		否	多及以上	1 576.30 ~ 1576.80	1#、5#机组停机，其余机组减少出力	调节多余流量
		否	较多	1 576.30 ~ 1 576.80	1#、5#机组停机，其余机组减少出力	调节多余流量

5 结语

通过本次对八盘峡以上流域漂浮物来源查勘，对湟水、大通河洪水、泥沙规律的分析，对洪水、泥沙、污染物预报预测方案的编制以及抗污调度方案和对策研究，形成了下面几点基本认识和结论：

(1)影响八盘峡水库正常运行的污染物主要来自湟水、大通河流域，干流盐锅峡至八盘峡区间的杂物不构成对八盘峡电厂安全的威胁。

(2)1990 年以后，每次洪水会挟带大量的污物，而且逐年增加，树木、工业品、生活垃圾占大多数。这与湟水河流域的生态保护及城市污染有密切关系。湟水、大通河流域水沙异源，中下游流域植被较差，地形破碎，主要工农业生产经济活动和人口集中在中下游地区，因此泡沫塑料、编织袋、生活垃圾以及泥沙基本来自湟水、大通河流域的中下游。

(3)洪水是污染物的载体，每年汛期第一场洪水将挟带非汛期集中在河道中的生活垃圾等杂物到坝前，中下游流域的暴雨洪水将山洪沟中树枝、树木和生活垃圾冲入河道，漫滩洪水将非汛期集中在河道滩地以及河岸两边滩地上的杂草、树木树枝以及生活垃圾冲入河道。

(4)每年的第一次洪水，当流量级别大于 600 m^3/s 时，会对整个河道进行大规模冲洗，俗称“洗河道”。这样的洪水中，必然挟带整个非汛期以来，堆积在河床的绝大部分污物。随着流量级别的增大，其危害程度也会加剧。

(5)污物在洪水中的分布，一般主要集中在起洪阶段。污物量在河道中的时空分布比洪峰衰减快。因此，抓住污物的时空特性分布，是排污调度取得成功的关键。

由于湟水、大通河流域自然环境、暴雨洪水及污物特性复杂，而且流域工农业生产及人类活动向深度和广度的发展都会造成流域污物产地及成分组成的变化，这对指导和提高八盘峡水库抗污调度工作能起到一定作用。

(6)八盘峡水库污染物治理可以采取非工程措施和工程措施。

非工程措施：水库抗污调度是一个全新的问题，过去对水中漂浮污染物的监测预报从来没进行过，今后可以在本次工作的基础上，开展水中漂浮污染物的监测预报工作，为八盘峡水库调度提供依据；建立民和、享堂至八盘峡区间(未控区)的气象－水文耦合洪水预报模型，对未控区由暴雨产生的污染物数量和到达库区时间进行预测。还可以通过加强宣传和流域管理以减少工地遗弃物等人为污物的数量。

工程措施：由于黄河干流上有盐锅峡水库，在湟水河大峡建有小水电；在大通河天堂寺附近是引大入秦工程的取水口枢纽，大通河享堂峡建有小水电；因此可以在湟水、大通河上拦截部分漂浮污染物。在湟水入库口处修建拦污工程，把来自湟水、大通河的漂浮污染物拦截在水库外面，减少污染物对电厂安全危害。

黄河水量统一调度以来下游干流水质状况分析

樊引琴[1] 王丽伟[1] 于松林[2] 刁立芳[1] 王 霞[1]

(1. 黄河流域水环境监测中心;2. 黄河水利委员会水资源管理与调度局)

摘要:为了解黄河水量统一调度以来下游干流的水质状况,根据2006年水质监测资料,对下游的水质现状进行分析,并采用Daniel趋势检验法对1999~2006年下游5个断面的水质变化趋势进行统计分析。结果表明,黄河下游的现状水质较好,汛期水质较非汛期好;自1999年黄河水量统一调度以来下游干流水质逐渐好转,与水资源保护管理部门的不懈努力和黄河水量的科学调度、合理配置有密切关系,但下游的废污水排放量和入黄量仍呈增加趋势,黄河水资源保护工作依然任重道远。

关键词:黄河下游 水质 变化趋势

1 黄河下游概况

黄河干流自桃花峪以下为黄河下游,河长786 km,河床普遍高出两岸地面,汇入支流很少。支流主要有天然文岩渠、金堤河、大汶河。桃花峪—高村河段,河长206.5 km,属游荡性河段,冲淤变化剧烈,水流宽、浅、散、乱;高村—艾山河段,河长193.6 km,属过渡性河段;艾山—利津河段,河长281.9 km,属河势比较规顺、稳定的弯曲性河段。

黄河为河口三角洲的工农业生产、生活及生态环境用水提供了丰富的淡水资源,河口地区水资源需求量约95%依赖黄河供给。因此,黄河水资源是黄河三角洲社会经济和生态环境可持续发展的重要保障,水质的优劣直接影响着河口三角洲地区的用水安全。

为了解黄河下游的水质状况,选择黄河下游具有代表性的5个断面,花园口、高村、艾山、泺口、利津,对其水质现状和变化趋势进行分析。花园口为下游的起始水质断面,也是黄河由河南进入山东前的重要控制断面;高村为黄河进入山东境内的上游水质把口断面;艾山为金堤河、大汶河入黄后水质控制断面;泺口为济南市郊的控制断面;利津为黄河入海口的水质控制断面。

2 水质现状分析

根据2006年黄河下游的水质监测结果，依据《地表水环境质量标准》（GB 3838—2002），选择水温、pH值、溶解氧、高锰酸盐指数、化学需氧量、五日生化需氧量、氨氮、氰化物、砷、挥发酚、六价铬、氟化物、汞、镉、铅、铜、锌和石油类18项监测因子，采用单因子评价法对黄河下游花园口、高村、艾山、泺口、利津5个断面的水质进行评价，评价结果见表1。

表1 黄河下游水质评价结果

断面	1月	2月	3月	4月	5月	6月	7月	8月	9月	10月	11月	12月	全年
花园口	Ⅲ	Ⅳ	Ⅳ	Ⅳ	Ⅲ	Ⅲ	Ⅲ	Ⅲ	Ⅲ	Ⅲ	Ⅲ	Ⅲ	Ⅲ
高村	Ⅲ	Ⅴ	Ⅴ	Ⅳ	Ⅲ	Ⅲ	Ⅲ	Ⅲ	Ⅲ	Ⅲ	Ⅳ	Ⅳ	Ⅲ
艾山	Ⅲ	Ⅳ	Ⅳ	Ⅲ	Ⅲ	Ⅲ	Ⅲ	Ⅲ	Ⅲ	Ⅲ	Ⅲ	Ⅴ	Ⅲ
泺口	Ⅲ	Ⅳ	Ⅲ	Ⅲ	Ⅲ	Ⅲ	Ⅲ	Ⅲ	Ⅲ	Ⅲ	Ⅲ	Ⅳ	Ⅲ
利津	Ⅲ	Ⅳ	Ⅲ	Ⅲ	Ⅲ	Ⅳ	Ⅲ	Ⅲ	Ⅲ	Ⅲ	Ⅲ	Ⅲ	Ⅲ
Ⅲ类(%)	100	0	40	60	100	80	100	100	100	100	80	40	100
Ⅳ类(%)	0	80	40	40	0	20	0	0	0	0	20	40	
Ⅴ类(%)	0	20	20	0	0	0	0	0	0	0	0	20	

根据水质评价结果，2006年黄河下游全年水质较好，5个断面全年水质均为Ⅲ类。全年12个月中1月、5月、7月、8月、9月、10月的水质较好，全部为Ⅲ类；6月、11月水质次之，Ⅲ类水质断面占80%，Ⅳ类水质断面占20%；2月份水质最差，5个断面水质均超过Ⅲ类标准，Ⅳ类水质断面占80%，Ⅴ类水质断面占20%。从总体来看，汛期的水质较非汛期好，这可能与汛期的水量较非汛期大有关。

从2006年黄河下游各断面主要超标项目来看，氨氮、化学需氧量、五日生化需氧量、石油类、挥发酚是黄河下游的主要污染物（见表2）。

表2 2006年黄河下游各断面主要超标项目

断面	超标项目					
	2月	3月	4月	6月	11月	12月
花园口	氨氮	氨氮	氨氮			
高村	氨氮	氨氮	COD_{Cr}		石油类	石油类
艾山	氨氮	氨氮				COD_{Cr}、BOD_5、挥发酚、石油类
泺口	氨氮					石油类
利津	氨氮			BOD_5		

3 水质变化趋势分析

1999 年黄河水量实施统一调度以来,通过水资源的统一调度和科学配置,实现了黄河连续 7 年不断流的斐然成绩。水资源的统一调度管理增加下游河口地区生态环境用水,使河口三角洲地区生态环境明显得到改善,实现了人水和谐相处,促进了河口三角洲地区社会经济和生态环境可持续发展。

本文选用 1999 ~ 2006 年 8 年水质资料系列,对黄河下游水质变化趋势进行分析。花园口、利津断面 1999 ~ 2006 年主要污染物氨氮、化学需氧量、高锰酸盐指数、五日生化需氧量随时间的变化趋势见图 1 ~ 图 4。

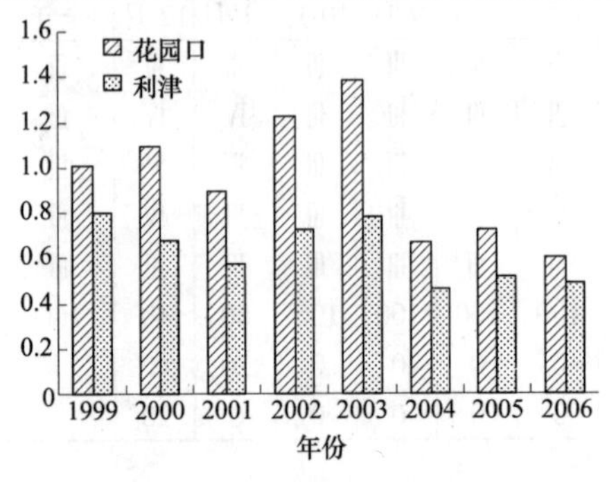

图 1 氨氮变化趋势

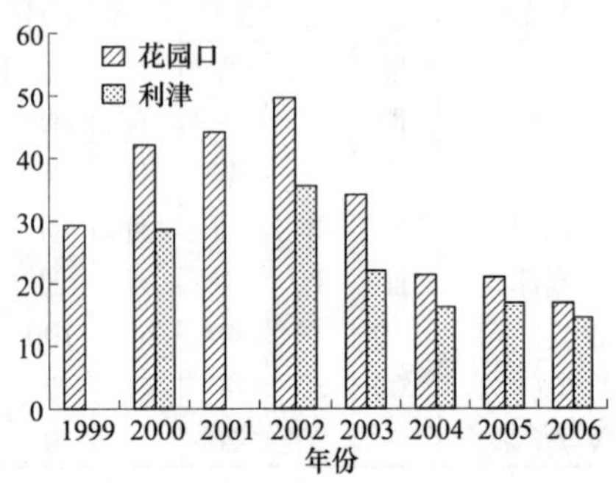

图 2 化学需氧量变化趋势

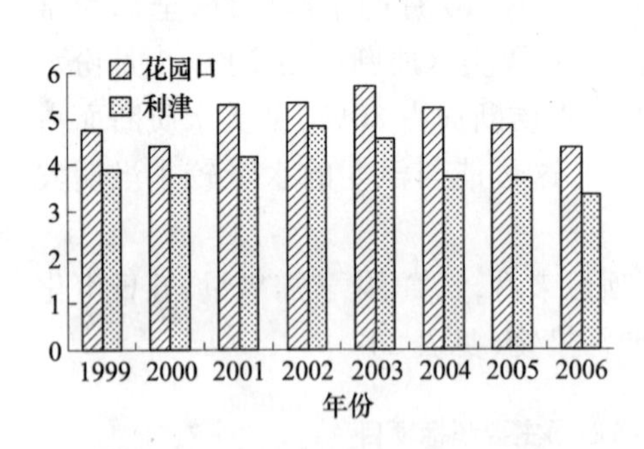

图 3 高锰酸盐指数的变化趋势

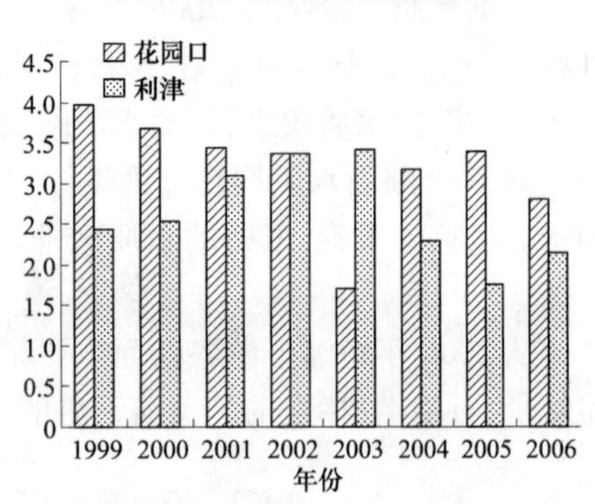

图 4 五日生化需氧量变化趋势

由于水质监测结果受多种因素的影响,常表现出一时波动的特性,有些时段的监测值趋于上升,有些时段的监测值趋于下降,很难确定整个污染的趋势是上升还是下降,因此水质变化趋势的定量分析必须借助于统计学原理进行趋势检验。

本文采用统计上衡量水质污染变化有无显著趋势最常用的 Daniel 趋势检验法。该方法使用 spearman 秩相关系数,要求样本数大于 4,适用于单因素小样本数的相关检验。方法简明扼要,精确度高。

设有一组监测时序为 $Y_1, Y_2, \cdots, Y_n$ 和对应的浓度值 C(即均值 $C_1, C_2, \cdots, C_n$),按浓度值的大小,从小到大给出它们的序号 X_i,这种监测值在序列中的排列次序,称为该监测值的秩。然后,通过下式计算出这组值的秩相关系数 r_s:

$$r_s = 1 - 6\sum_{i=1}^{N} d_i^2/(N^3 - N)$$

$$d_i = X_i - Y_i$$

式中:d_i 为变量 X_i 和 Y_i 的差值;X_i 为周期 N 按浓度值从小到大排序的序号;Y_i 为按时间排列的序号;N 为年份。

将秩相关系数 r_s 的绝对值同秩相关系数统计表中的临界值进行比较。如果 $|r_s| \geq W_p$(95%的可信度),则表明变化趋势有显著意义。如果 r_s 是负值,则表明为下降趋势;反之则为上升趋势。

根据1999~2006年黄河下游花园口、高村、艾山、泺口、利津5个断面的水质监测资料,选用主要污染物化学需氧量、高锰酸盐指数、氨氮、五日生化需氧量、挥发酚的年平均值,采用Daniel趋势检验法对各主要污染物变化趋势进行统计,秩相关系数 r_s 的计算结果见表3,当 $n=6$,$r_s0.05=0.886$;$n=7$,$r_s0.05=0.786$;$n=8$,$r_s0.05=0.738$。主要污染物变化趋势统计结果见表4。

表3 黄河下游1999~2006年主要污染物秩相关系数

断面	化学需氧量	氨氮	高锰酸盐指数	生化需氧量	挥发酚
花园口	-0.667	-0.571	-0.071	-0.762	-0.417
高村	-0.857($n=7$)	-0.762	-0.595	-0.595	0.202
艾山	-0.714($n=6$)	-0.667	-0.571	-0.405	-0.262
泺口	-0.857($n=7$)	-0.786	-0.405	-0.595	-0.440
利津	-0.886($n=6$)	-0.714	-0.571	-0.500	-0.536

表4 黄河下游1999~2006年主要污染物变化趋势统计结果

断面	化学需氧量	氨氮	高锰酸盐指数	生化需氧量	挥发酚
花园口	下降	下降	下降	显著下降	下降
高村	显著下降	显著下降	下降	下降	基本持平
艾山	下降	下降	下降	下降	下降
泺口	显著下降	显著下降	下降	下降	下降
利津	显著下降	下降	下降	下降	下降

根据统计结果可以看出,除高村断面的挥发酚浓度变化基本持平外,其余主要污染物浓度变化在各断面均呈下降趋势,其中高村、泺口、利津断面的化学需氧量,高村、泺口断面的氨氮,花园口断面的生化需氧量浓度变化均呈显著下降趋势。结果表明,从1999年黄河水量统一调度以来黄河下游水质逐渐好转,这一方面与水资源保护管理部门的不懈努力分不开,另一方面与黄河水量科学调度和合理配置有关。

2000~2005年黄河下游花园口、高村、利津断面年径流量变化见表5。可以看出,自黄河水量统一调度以来,下游花园口、高村、利津断面的年径流量有所增加,尤其是利津断面,径流量从2003年开始有明显增加。水量统一调度使得下游河道断面的基流得到保证,水量的增加在一定程度上对水体中污染物浓度起到一定的稀释作用,使得水质有所好转,但仅仅依靠增加水量来改善水质不是解决黄河水污染的根本办法。

表5 2000~2005年黄河下游断面年径流量变化 (单位:亿 m^3)

断面	2000年	2003年	2005年
花园口	165.3	272.7	257.0
高村	136.9	257.6	243.4
利津	48.59	192.6	206.8

4 废污水排放情况

2000~2005年黄河下游(花园口以下)废污水排放量见表6。可以看出,黄河下游工业废污水排放量呈下降趋势,生活废污水排放量呈上升趋势,总废污水排放量呈递增趋势,总废污水入河量也呈增加趋势。黄河下游两岸城市密集,随着城镇人口的增多,生活废污水排放量有较大增加,所占比例由2000年的17.4%上升到2005年的56.1%;工业废污水排放量有所减少,所占的比例由2000年的82.6%下降到2005年的33.3%。

表6 2000~2005年黄河下游废污水排放量和入黄量变化 (单位:亿 t/a)

年份	废污水排放量					废污水入黄量
	总量	工业	%	生活	%	
2000	2.87	2.37	82.6	0.5	17.4	
2003	3.05	0.95	31.1	1.82	59.7	1.25
2005	3.12	1.04	33.3	1.75	56.1	1.86

5 结语

黄河水量统一调度以来,由于水资源的科学调度和合理配置,下游河道的基流在枯水期基本得到满足,断流的局面基本得到扼制,水量的增加在一定程度上使得水体中污染物的浓度得到稀释,水质有所好转。但下游的废污水排放量和污染物入黄量仍呈逐年上升趋势,由于黄河流域城市污水处理率很低,大部分污染源还很难实现稳定达标排放,偷排和超排现象仍然存在。今后随着经济发展,人口增加,废污水及污染物排放量仍将进一步加大,在黄河天然来水量一定甚至减少的情况下,水污染加重是不可避免的。因此,要想从根本上改善下游水质,保护好黄河水资源,促进黄河下游河口地区水资源与社会经济和生态环境协调发展,维持黄河健康生命,不能仅仅依赖增加河流的流量来稀释水体中污染物浓度而达到提高黄河水资源质量的目的,必须加大下游污染的防治力度,减少污染物入河量。

关于孤东水库加强生态建设改善水质的初步探讨

王春梅

（胜利油田供水公司滨河水源大队）

摘要：对影响黄河口平原水库——孤东水库水质的因素进行了探讨，找出了影响因素，并对水质影响因素的影响原理进行了描述，针对水库水质的改善问题提出了建议措施，介绍了孤东水库生态建设措施。近年来水库水质指标的变化证实了孤东水库改善水库水质措施的有效。

关键词：平原水库　富营养化　水库水质影响因素　水库生态建设 改善水质

1　前言

胜利油田地处黄河两岸、渤海之滨的黄河三角洲平原上，自然条件较差，黄河水是油田唯一能饮用的客水资源。为满足油田开发建设和当地居民的生产生活用水需求，胜利油田在黄河三角洲平原上陆续建设了总库容达4.5亿m^3的平原水库群。孤东水库位于东营市河口区仙河镇南约6 km处，是一座黄河三角洲平原水库。近年来，由于工业废水和生活污水的不断注入，黄河水水质逐年下降，营养盐含量较高，造成包括孤东水库在内的黄河口平原水库出现富营养化的趋势，导致水库内水草、藻类大量的孳生。水质进一步恶化的现象，严重影响了胜利油田及东营市人民的身体健康，并增加了水处理成本。因此，改善黄河三角洲引黄水库水质以保障当地居民的身体健康成为一项十分紧迫的任务。近年来，孤东水库在强化环境管理、采取生态修复技术提高水库水质方面进行了有益的尝试。

2　孤东水库水质状况

将孤东水库2003年以来的水质化验资料进行统计，选择能够代表水体富营养化程度的五项指标，即氨氮、总磷、总氮、高锰酸盐指数、氯化物进行数据对比分析。从对比曲线图中可以看出：从2003年至今五项指标均有不同程度的降低，说明水库水体富营养化程度正在逐年降低，水质得到一定改善，验证了孤东水库创建生态水源已取得了初步的成效。

通过近年来水库水质变化规律和部分资料显示,分析影响水库水质的因素主要有引用黄河水质状况,以及水库水体本身生物链的结构是否合理,库区环境的治理程度,季节温度的变化,水库水深的波动。

表1　2003～2006年孤东水库水质氨氮指标检测

月份	2003年	2004年	2005年	2006年	标准值
1月	0.21	0.21	0.28	0.62	1
2月	0.13	0.45		0.26	1
3月	0.48	0.32	0.49	0.29	1
4月	0.17	0.57	0.47		1
5月	0.12	0.41	0.60	0.15	1
6月	0.25	0.18	0.64	0.11	1
7月	0.10	0.18	0.50	0.26	1
8月	0.05	0.45	0.66	0.52	1
10月	0.49	0.41	0.30		1
11月	0.62	0.35	0.52		1
12月	0.30	0.08	0.46		1

表2　2003～2006年孤东水库水质总磷指标检测

月份	2003年	2004年	2005年	2006年	标准值
1月	0.03	0.01	<0.01	0.01	0.05
2月	0.24	0.01		0.02	0.05
3月	0.10	0.02	<0.01	0.06	0.05
4月	0.07	0.04	<0.05		0.05
5月	0.04	0.02	0.02	0.02	0.05
6月	0.03	0.01	0.02	0.05	0.05
7月	0.02	0.01	0.02	0.02	0.05
8月	0.04	0.02	0.02	0.02	0.05
10月	0.05	0.41	0.03		0.05
11月	0.05	0.03	0.03		0.05
12月	0.02	0.02	0.02		0.05

表 3　2003 ~ 2006 年孤东水库水质总氮指标检测

月份	2003 年	2004 年	2005 年	2006 年	标准值
1 月			1.26	0.86	1
2 月				1.71	1
3 月		3.06	2.48	1.44	1
4 月	0.37	3.72	2.20		1
5 月	3.32	3.08	1.60	2.05	1
6 月	2.01	2.19	2.22	1.89	1
7 月	1.18	1.46	2.77	1.56	1
8 月	5.84	2.51	1.40	1.10	1
10 月	0.88	3.13	2.26		1
11 月	0.62	2.89	1.06		1
12 月	1.90	3.64	1.10		1

表 4　2003 ~ 2006 年孤东水库水质高锰酸盐指数检测

月份	2003 年	2004 年	2005 年	2006 年	标准值
1 月	2.32	4.67	2.20	3.97	6
2 月	2.99	2.90	2.39	3.98	6
3 月	2.32	4.00	3.47	3.04	6
4 月	3.07	4.10	3.68		6
5 月	4.61	5.47	3.88	3.37	6
6 月	4.65	5.79	4.76	3.00	6
7 月	4.78	4.62	4.77	4.09	6
8 月	5.09	4.54	3.66	3.18	6
10 月	4.14	4.22	4.26		6
11 月	4.62	5.12	4.62		6
12 月	4.40	4.18	3.77		6

表5　2003～2006年孤东水库水质氯化物指标检测

月份	2003年	2004年	2005年	2006年	标准值
1月	195	273	221	231	250
2月	98	246		223	250
3月	171	246	230	222	250
4月	191	264	221		250
5月	227	170	237	155	250
6月	225	225	202	154	250
7月	203	223	210	162	250
8月	198	211	181	161	250
10月	206	216	202		250
11月	210	209	206		250
12月	204	215	206		250

3　水质影响因素分析

3.1　水体中生物链结构的影响

生态修复技术主要原理是营养盐污染物在水域生态系统中，沿着各条食物链不断流动，最终通过各种高等水生动物的捕捞上岸而离开水体，实现水质好转。在以水库为主的水源生态系统中，经过多年的自然选择和人为鱼类放养，基本的食物链结构已经建立，如浮游生物、水草、底栖生物、各种鱼类已经存在，但所组成的生态系统还不完善，主要表现在水生生物的多样性不足(高级水生生物)和水生生物数量控制不合理，无法实现营养物质的快速上岸。

3.2　库区环境的影响

库区植被起到阻挡风沙，防止水土流失，吸收土壤中营养盐的作用，例如芦苇对磷的去除率达到65%。由于库区植被覆盖率较低，对水库水质不但没有起到辅助性的保护作用，反而增加了岁修工作量，增加了人为的污染因素。

3.3　季节的影响

菹草从3月初到5月底处于旺盛的生长阶段，由于温度的不断升高，菹草的生物量达到最高峰的同时，大部分植株开始腐烂死亡引起藻类的大量孳生。同时，藻类组成和规模与季节、温度、光照有关。藻类于3月份硅藻占优势，5月蓝藻开始占优势，7～10月份蓝藻有时达到最大。菹草、藻类的大量孳生死亡将引起水体中磷等营养盐污染物含量的增加，造成水质恶化。

3.4 水深的影响

浅水水体中，浮游植物的光合作用促使水草藻类的大量孳生，风力的影响、底栖动物的搅动促使底泥中的营养物质向水中释放，导致水体中营养盐污染物含量增加。

4 水库生态建设的具体措施

4.1 建立、完善水体生物链，实现水体自净

在水库水体中建立完善、合理高效的食物网系统，为营养物质上岸创建更多的途径。2002 年 5 月，孤东水库发生水草大批死亡上浮，水草死亡，又进一步促使藻类大量孳生，造成水质恶化情况的发生。2002 年 6 月，水源队在分公司的帮助下，与莱阳农科院结合进行水体研究，在对水体营养盐、有机物、水生物（水草、藻类、浮游生物）等进行调查分析的基础上，投放草鱼（控制水草数量在合理范围）4 000 kg，投放鲢、鳙（主要降低水体中底层浮游生物）各 2 000 kg。经过一年的分析研究，通过进一步对水体中营养盐、有机物、水生物（水草、藻类、浮游生物）等进行调查分析，2003 年共投放草鱼 2 000 kg，投放鲢、鳙各 2 000 kg。2004 年、2005 年在总结分析过去两年经验的基础上，加大对水体的调查研究，在供水公司科技中心的帮助和支持下，摸清水体中营养盐、有机物含量，掌握水生物（水草、藻类、浮游生物）现状及变化规律，精确投放鱼种的数量，建立优良的水体生物链，实现生态水源水体自净的目标。有计划地投放草食性鱼类，如草鱼和武昌鱼；投放滤食性鱼类，如鲢鱼、鳙鱼，稳定浮游生物群落的结构，从而通过光照和营养盐的竞争抑制水草的生长。2006 年，在进一步对水体进行调查研究的基础上，投放草鱼、鲢鱼各 2 000 kg，虾 1 000 万尾，增加了高等水生生物的种类和数量，建立优良的水体生物链，实现生态水源水体自净的目标。

4.2 加大库区环境的治理力度

近年来，根据滨海地区风沙特点，在水库南北部种植了 12 万株生态林；在水库北坝下平台滩地种植了 100 亩苜蓿地；加大了水库背水坡草皮的种植和养护，目前草皮覆盖率达到 98%；对水库周边的芦苇进行了养护；水库周围开挖了隔离截渗沟，实行封闭式管理，防止外来人员及车辆的进入。目前，孤东水库蓝天碧水，草绿花香，鸟禽成群，达到了人与动物的自然和谐。

4.3 做好水库库水位运行计划

做好水库水利运行计划，根据季节、温度对水体生物链结构的影响因素，及时与上级部门联系，于春季进水抬高库水位，降低光照，最大限度地抑制水生植物的大量繁殖。